农林废弃物
制备生物炭实践与应用

PRACTICE AND APPLICATION OF PREPARING BIOCHAR FROM

AGRICULTURAL AND FORESTRY WASTES

徐广平　沈育伊　主编

U0396503

广西科学技术出版社

图书在版编目（CIP）数据

农林废弃物制备生物炭实践与应用 / 徐广平，沈育伊主编.——
南宁：广西科学技术出版社，2022.8
ISBN 978-7-5551-1831-2

Ⅰ.①农… Ⅱ.①徐… ②沈… Ⅲ.①农业废物—应用—活性
炭—制备—研究 Ⅳ.①TQ424.1

中国版本图书馆CIP数据核字（2022）第142961号

NONGLIN FEIQIWU ZHIBEI SHENGWUTAN SHIJIAN YU YINGYONG

农林废弃物制备生物炭实践与应用

徐广平　沈育伊　主编

责任编辑：黎志海　韦秋梅　　　　　　　封面设计：梁　良
责任印制：韦文印　　　　　　　　　　　责任校对：池庆松

出 版 人：卢培钊
出版发行：广西科学技术出版社　　　　　地　　址：广西南宁市东葛路66号
邮政编码：530023　　　　　　　　　　网　　址：http://www.gxkjs.com

经　　销：全国各地新华书店
印　　刷：广西彩丰印务有限公司

开　　本：787 mm×1092 mm　1/16
字　　数：460千字　　　　　　　　　　印　　张：21.5
版　　次：2022年8月第1版　　　　　　　印　　次：2022年8月第1次印刷
书　　号：ISBN 978-7-5551-1831-2
定　　价：78.00元

《农林废弃物制备生物炭实践与应用》
编 委 会

主　编

徐广平　沈育伊

副主编

张德楠　黄科朝　孙英杰

编　委

滕秋梅　牟芝熠　陈运霜

曹　杨　王紫卉　段春燕

罗亚进　席琳乔　邱正强

毛馨月　周龙武　莫　凌

承蒙以下科研项目资助：

国家自然科学基金项目（42267007，31760162）

广西自然科学基金项目（2020GXNSFBA297048，2018GXNSFAA050069）

广西科学院基本科研业务费项目（CQZ-E-1912）

广西重点研发计划项目（AB2306013、AB21220057）

广西漓江流域景观资源保育与可持续利用重点实验室研究基金（LRCSU21K0203）

广西喀斯特植物保育与恢复生态学重点实验室基金（19-50-6，19-185-7，20-065-7，22-035-26）

广西岩溶动力学重大科技创新基地开放课题资助项目（KDL & Guangxi 202004）

感谢以下人员提供帮助：

杨晓东　程桂霞　刘建春　程启磊　田　垒　郭泽霖　于倩倩

前　言

　　生物炭（biochar）通常指由木材、农林废弃物、植物组织和动物骨骼等生物质或其他生物质废弃物在缺氧的情况下，通过高温热解炭化，发生不完全燃烧热裂解后所形成的稳定的富碳产物。常见的生物炭包括木炭、竹炭、玉米芯炭、秸秆炭等，因其孔隙结构丰富、表面官能团多样化、碳元素含量高且稳定等良好特性，在土壤改良、环境治理及固碳减排等领域具有广阔的应用前景。

　　随着农业现代化进程的加快，农林废弃物的数量日趋上升，农业环境问题也日益突出。农林废弃物也称农业垃圾，指的是整个农业生产过程中所废弃的有机物质，其种类较多，大体上可分为农业加工产生的废弃物、农林业活动产生的植物类废弃物、牧渔业活动产生的动物类废弃物，以及农村城镇生活垃圾等。农林业废弃物也是一种有效的资源，但处理不当就是污染源，如能将其合理利用可以变成丰富的再生资源。以农林废弃生物质为主要原料制备的生物炭，在应对农业问题上独具优势，可以同时实现经济效益、环境效益与社会效益的有机统一，备受科技人员的关注。广西地处热带亚热带地区，丰富的水、光和热给该地区带来丰富的生物质资源，生物炭制备在原料供应上有充足的保证。本书围绕广西主要农林废弃物的生物炭制备及其应用效果，基于室内实验和田间监测试验，对农林废弃物生物炭的生态功能和环境效应等进行系统的研究，并提出农林废弃物制备生物炭相应的发展建议，旨在丰富广西主要农林废弃物制备生物炭实践与应用的基础数据，为农林废弃物的资源化利用提供科学依据。

　　本书采用各章独立又相互联系的形式进行撰写，共21章。第一章，综述农林废弃物资源化利用的研究现状和生物炭在农林业生产中的研究进展，由徐广平、曹杨和陈运霜撰写；第二章介绍该书中研究区域的概况以及相关研究方法，由徐广平、沈育伊撰写；第三章研究不同裂解温度对生物炭理化性质的影响，由徐广平撰写；第四章研究不同来源农林废弃物对生物炭理化性质的影响，由沈育伊撰写；第五章研究生物炭施用对酸性红壤理化性质的影响，由徐广平、牟芝熠撰写；第六章研究生物炭施用对土壤水分特征的影响，由徐广平、沈育伊撰写；第七章研究生物炭施用对土壤团聚体稳定性的影响，由徐广平撰写；第八章研究生物炭施用对土壤腐殖质组成的影响，由徐广平、沈育伊撰写；第九章研究生物炭施用对土壤碳库管理指数的影响，由沈育伊撰写；第十章研究生物炭施用对土壤氮素固持转化的影响，由徐广平撰写；第十一章研究施用生物炭对土壤磷吸附解吸特征的影响，由沈育伊、王紫卉撰写；第十二章研究生物炭施用对土壤微生物群落结构的影响，由徐广平、沈育伊撰写；第十三章研究生物炭施用对桉树人工林土壤酶活性的影响，由沈育伊、段春燕撰写；第十四章研究生物炭施用对土壤动物群落结构的影响，由徐广平、沈育伊、邱正强撰写；第十五章研究生物炭施用对农田重金属污染土壤的修复效应，由徐广平撰写；第十六章研究生物炭施用对菜地磺胺类抗生素及沙门氏菌的影响，由沈育伊、徐广平撰写；第十七章研究生物炭施用对蕉园土壤及香蕉枯萎病的作用效果，由徐广平撰写；第十八章研究生物炭施用对红壤地区番茄青枯病的防治效果，由沈育伊、徐广平撰写；第十九章研究生物炭施用对菜地土壤化学性质、蔬菜产量及品质的影响，由徐广平、沈育伊撰写；第二十章研究生物炭施用对酸化茶园土壤养分及茶叶质量的影响，由徐广平撰写；第二十一章总结本书的研究结论，提出农林废弃物生物炭制备的研究展望及建议，由沈育伊撰写。

徐广平对全书文字和图表等进行了统稿。

本书从组织策划、撰写到出版的全过程中，得到了广西壮族自治区中国科学院广西植物研究所各位领导及同事的关心和大力支持，在此表达最诚挚的感谢！也向所有在研究工作中给予了诸多帮助的研究生、实习生和朋友们致以深深的谢意！

由于作者水平所限，不足之处在所难免，敬请读者不吝批评指正。

徐广平

2021 年 12 月

目　录

第一章

绪　论

1　农林废弃物资源化利用的研究现状

1.1　农林废弃物的类型及现有资源量

生物质一般指来自农业（包括植物源和动物源）、林业与相关产业（包括渔业和水产养殖业）的生物来源产品、废物和残留物的可生物降解部分，以及工业和城市废物的可生物降解部分（张贤钊等，2022）。农林废弃物指农业和林业在生产加工过程中被丢弃的副产物，是一类具有巨大潜力的生物质资源（郭文斌等，2021）。随着科学技术的不断进步和农村经济快速发展，农作物产量不断提高、农产品加工产业迅速发展以及新农村建设不断展开，包括农作物秸秆在内的各种农林废弃物总量和种类呈上升趋势，特别是随着农村城市化进程步伐的加快，对可用作燃料和肥料的农林废弃物的利用率越来越低，农林废弃物的高效处理处置及资源化利用已成为制约农业可持续发展的一个难题（吕豪豪等，2015）。中国拥有丰富的农作物秸秆及其他废弃生物质资源，但由于技术、传统和观念等因素的制约，我国农林废弃生物质的利用率较低。

农林废弃物根据种类来源可以划分为4种类型，第一种是农作物秸秆、枯枝落叶、果实外壳等生产废弃物，第二种是甘蔗渣、甜菜渣、土豆渣等加工废弃物，第三种是鸡、牛、羊粪便等禽畜废弃物，第四种是厨余垃圾、餐饮垃圾、有害垃圾等生活废弃物（胡明秀，2004；葛磊，2018）。谢光辉等（2019）对中国的废弃物生物质资源量进行评估，认为2015年中国固体废弃物资源量高达 16.91×10^8 t，其中玉米芯、稻壳、小麦秸秆等农作物秸秆资源产量为 9.12×10^8 t，位居第一；畜禽粪便，枯枝、木屑等林业剩余物的产量分别为 4.17×10^8 t和 2.51×10^8 t，位居第二和第三。广西位于我国南部，属于亚热带季风气候，具备良好的水热条件，农业在总产值中占比大，农林废弃物种类多、数量大。广西2019年秸秆的资源总量为 4.5986×10^7 t，其中水稻秸秆和甘蔗渣等主要的经济农作物废弃物占比高，禽畜粪便的资源总量为 4.2421×10^7 t（汪自松等，2020）。

我国香蕉种植面积约 3.6×10^5 hm^2，年产量达 1.2×10^7 t，在我国农业经济发展中占据重要地位（张锐等，2022）。香蕉具有生长周期短、生物产量高和茎叶等副产物多的特点，每年约有 $4.2×10^7$ t 的香蕉废弃物弃置于野外，造成巨大的环境压力和资源的浪费（杨永智等，2012）。香蕉秆、茎叶含有丰富的磷、钾、钙、铁、锌等多种元素和胡萝卜素、烟酸、硫胺素等碳水化合物（韩丽娜和李建国，2006），可作为一种养分丰富的农业资源。随着化石燃料等不可再生能源的日益枯竭，农作物秸秆、林木生物质、禽畜粪便等生物质资源再利用不仅能有效提高废弃物的无害化处理效率，而且能在一定程度上缓解能源短缺问题（穆献中等，2017）。

1.2 农林废弃物的资源化利用途径

我国主要通过肥料化、能源化、饲料化、基质化和原料化利用等5种途径对农林废弃物进行资源化利用，使农林废弃物利用成为现代农业产业链的重要环节（陈卫红和石晓旭，2017）。

1.2.1 生产有机肥料

张娜等（2014）用不同施用量的小麦秸秆生物炭对夏季玉米进行大田试验研究，发现施用生物炭有利于提高夏季玉米的产量，并且低施用量比高施用量对玉米植株的生长和产量产生更好的效果。柯跃进等（2014）研究了水稻秸秆在不同温度制备的生物炭对耕地有机碳及其 CO_2 释放的影响，发现低温裂解得到的生物炭比高温裂解的更有利于提高耕地有机碳的含量，经过生物炭处理的土壤能有效降低土壤 CO_2 排放量，减排效果明显。研究表明，农林废弃物肥料化利用的处理方式有2种，分别是将废弃物机械粉碎后与土壤充分混合翻耕直接还田，或将废弃物通过堆肥处理、炭化技术、菌渣培养植物等技术手段间接还田（田慎重等，2018）。利用炭化技术处理农林废弃物是近几年废弃物治理的热点，生物炭是将农林废弃物经过完全或部分缺氧条件下炭化形成的一类碳含量高的固态物质，生物炭可以增加土壤持水量、提高土壤对养分的吸附利用，在提升土壤肥力、固碳减排等方面效果显著（吕豪豪等，2015）。

1.2.2 开发新能源

能源化利用主要是通过生物质发电、废弃物固体燃料的利用和生物质热裂解技术等，将农林废弃物变废为宝、提高资源利用效率（胡明秀，2004）。沼气发电主要运用厌氧发酵技术制造沼气来代替传统能源燃料进而驱动发电机发电。欧洲国家的废弃物处理技术发展较为成熟完善，其中德国沼气工程在全球处于领先地位（Achinas 等，2017）。我国直燃生物质发电技术较完善，利用农林废弃物具有一定的黏合能力的特点，将各类废弃物通过机械挤压成固体燃料，固体燃料具有和煤炭类似的良好燃烧性、硫含量低的特点，恰当的燃烧处理能降低环境中 SO_2 的排放（胡东南，1994；杨冬和张铭远，2021）。

生物质热裂解技术是可再生能源领域的研究重点之一，该工艺技术主要以废弃生物质为原料，通过流化床反应器进行快速热裂解从而制取高产量、易储存和运输的生物油，生物油可以直接用于燃烧，或进一步加工提取为柴油作为动力燃料，副产品可制成焦炭、活性炭（刘荣厚，2007）。王树荣等（2004）利用几种不同农林废弃物高温裂解获取生物油，发现热裂解过程中快速升温有利于降低副产物炭的生成，从而提高液化生物油的产率；从制取生物油的产率和品质来看，灰分含量低的木屑比稻秆更具有优势，花梨木屑制取的生物油质量相比杉木和水曲柳的效果更佳。我国的生物质发电和生物质热裂解技术发展迅速，但目前废弃物原料的收集、运输成本方面存在一些需要解决的瓶颈问题，制约着废弃物资源产业化发展。

1.2.3　制作饲料

农林废弃物饲料化利用主要采用青贮、氨化的方法降解植物性废弃物中的纤维素等成分，改善饲料的口感，增加畜牧业的经济效益（葛磊，2018）。秸秆资源数量位居农林废弃物的首要地位，我国传统利用方式是将秸秆资源直接切碎加工成草糠与细粮混合作为动物辅助食物，通过过腹还田的方式，将废弃物再次循环利用，但是粗加工的秸秆饲料口感不佳，动物采食率低、营养消化吸收速度慢（韩鲁佳等，2002）。一些学者对秸秆资源在青贮领域进行了研究，包括添加酶菌复合添加剂处理秸秆青贮饲料（陶莲等，2016）、不同种类的青贮饲料对奶牛瘤胃降解的影响（夏科等，2012）、收割时间与青贮饲料营养成分之间的关系（余汝华等，2006）等方面。农林废弃物中含有动物生长发育过程所需要的营养元素，将废弃物经过加工处理后形成动物喜食的饲料，能缓解生产实践中畜牧行业饲料不足的紧张局面。

1.2.4　其他利用途径

农林废弃物资源可作为食用菌培养的基质原料，香菇、黑木耳、金针菇等食用菌的营养价值高，食用菌生长过程中对部分废弃物进行分解，培养后产生的菌渣再加工处理，可以用于二次栽培或作为蔬菜幼苗无土栽培的基质，延长生态产业链（郭远等，2022）。原料化是指利用农林废弃物含有植物性纤维等成分，适当加工形成生物质材料。利用生物质资源中含有的天然纤维素提取纳米纤维素，制成的复合材料具有可降解性、良好的阻隔性，可以应用于造纸、可降解薄膜等工艺领域（郏冰玉等，2017）。研究表明，香蕉废弃物可应用在食品添加剂、牲畜饲料和废水处理等吸附剂方面（Tanweer and Mohammed，2018）。育苗基质中添加林业废弃物或将其经过生物处理后使用，可以显著促进幼苗的生长，实现废弃物的资源化利用（夏思瑶等，2021）。

1.3 农林废弃物资源化利用的研究进展

1.3.1 对重金属离子吸附性能的研究

随着我国工业发展水平的提升，废水排放、土壤修复中的重金属污染问题日益突出，利用农林废弃物制备生物吸附剂在废水处理领域的应用引起学者的广泛关注。梁丽萍（2011）用小麦秸秆制备的生物炭作吸附剂处理溶液中的铬离子，结果表明，该生物炭对铬离子的吸附能力随炭化温度的升高而降低，并且作为生物吸附剂处理高浓度含铬离子的废水效果更佳。赵蓓（2020）利用霉变的蔗渣粉末作吸附剂处理废水中的铬离子，研究发现普通甘蔗渣作吸附剂对铬离子具有一定的吸附能力，霉变后的蔗渣吸附效果更佳，经过普通蔗渣处理后，pH 值为 4 时废水中铬离子去除率为 67.84%，霉变后的甘蔗渣粉末处理后，pH 值为 6 时铬离子去除率高达 93.63%。农林废弃物具有多孔的物理结构，纤维素、木质素、果胶等成分含有的活性官能团与重金属离子亲和力高，通过酸碱盐、有机溶剂、炭化等方法对农林废弃物改性处理的生物吸附剂对重金属污染的吸附效果良好，可以降低经济成本，提高环保效益（刘雪梅等，2018）。

1.3.2 制备低聚木糖及其对动物生长的研究

低聚木糖是由蔗渣、玉米秸秆、棉籽壳等农林废弃物制备而成的一种功能性低聚糖，具有预防龋齿、促进钙吸收、刺激肠道微生物增殖等功能，被应用于医疗保健、食品等行业（丁胜华等，2010）。制备低聚木糖可以通过高温水解、酸水解、碱水解、生物酶解等方法，从农林废弃物中的半纤维素成分中提取木聚糖，经过木聚糖酶水解后得到低聚木糖（潘晴等，2020）。覃兵兵等（2016）用不同剂量的低聚木糖代替抗生素对断奶猪仔进行研究，发现饲料中添加低聚木糖能够缓解猪仔腹泻，并且少量的低聚木糖能够促进猪仔的采食率，促进猪仔的生长。邓奇志（2019）在饲料中添加 1% 的玉米芯低聚木糖，罗非鱼苗的平均日增重量显著高于另外 2 个试验组，说明玉米芯低聚木糖有利于促进肠道乳酸菌、双歧杆菌等益元菌的增殖，改善罗非鱼的生长性能。李淑珍等（2021）的研究也表明，饲料中添加杨木低聚木糖后，对鸡的十二指肠内消化酶活性有显著影响，促进饲料的消化率，从而提高营养物质的利用率。

1.3.3 广西农林废弃物资源现状

广西农业经济发展迅速，其中桉树、香蕉、甘蔗是广西较为突出的经济作物。桉树产业是广西的优势产业之一，由于技术研发先进和经济效益突出、生态效益良好，桉树在广西的种植面积广、采伐产量高，桉树人工林采伐加工后产生废弃物数量多（黄国勤等，2014）。目前，学者对于桉树废弃物的研究主要侧重于以桉树木屑作为秀珍菇、黑木耳等食用菌类的培养基质（王灿琴等，2016；刘春丽等，2021）。香蕉是单子叶草本植物，属于热带性水果，种植区域主要分布在我国的广西、广东、海南等地区（李继武等，2015）。香蕉叶鞘相互包裹形成香蕉地面上粗壮直立的假茎，在香蕉收获的季节，香蕉茎秆废弃物的数量巨大（刘国欢等，2012）。对香蕉废弃物资源的研究主要集中在用作青贮饲料喂养动物或制备香蕉茎秆生物炭（周璐丽等，2015；蒋艳红等，2018）。有研究表明，香蕉茎叶能够改良土壤性状，丰富土壤微生物群落结构（吕娜娜等，2019；徐广平等，2020）。

广西的甘蔗种植面积广，蔗糖产量约占全国蔗糖产量的70%，占全国食用糖产量的60%，是国内蔗糖主要生产区之一（覃泽林等，2015）。甘蔗剩余废弃物主要包括甘蔗尾叶以及甘蔗制糖后产生的蔗渣，甘蔗废弃物的利用率低，通常是将其直接遗弃在农田或就地焚烧处理（赵辰龙，2013）。广西林业科学院唐健团队应用甘蔗废弃物作为主要原料生产有机肥料，建立试验示范田，实施期间利用蔗渣生产15000 t生物有机肥，为企业新增利润1200万元（唐建等，2016）。国内学者对于甘蔗废弃物制备吸附剂进行了许多研究，如对重金属离子的吸附、改性蔗渣处理工业废水等（施国健，2017；孟雅静等，2018）。农林废弃物的资源化利用，特别是在土壤结构改良和土壤培肥方面的研究仍需深入探究。

总之，我国农林废弃物资源丰富，广西的废弃物资源中桉树木屑、香蕉秸秆及蔗渣等农林废弃物占据重要地位，通过肥料化、能源化、饲料化等途径将废弃物进行无害处理，避免环境污染问题的加剧。农林废弃物资源化利用需要政府补贴支持、低成本高效的科学研究、群众的意识观念等各方面因素的加强。目前，国内外对于农林废弃物的相关研究较为的重视，农林废弃物资源化利用具有很大的发展空间。

2　生物炭在农林业生产中的研究进展

生物炭是在限氧或隔绝氧的环境条件下，通过高温裂解，将农业生产过程中产生的作物秸秆、树枝、粪便等有机废弃物经碳化形成的稳定且不易分解的富碳物质（张忠河等，2010；汪勇等，2021），包括农作物废弃物（玉米秸秆、花生壳）、林业废料（锯末、木屑）、禽畜粪便、城市生活垃圾、河流底泥、市政污泥、藻类等（Xiong等，2019）。根据生物质材料的来源，生物炭可分为木炭、竹炭、秸秆炭、稻壳炭、动物粪便炭等（张卓然等，2021）。生物炭的物理化学性质，与其制备方法有关。生物炭化技术是近年来新兴的农林废弃物资源化利用新技术，主要通过将农林废弃物生物炭化并以稳定态生物炭的形式固定下来，形成新型的生物炭产品。生物炭产品不仅在土壤改良与肥料增效、固碳减排方面具有良好作用，而且在土壤环境修复与水污染处理等一系列环境资源领域中也具有广阔的应用前景。

2.1 农林废弃物生物炭的制备

生物炭的制备方法主要分为慢速热解法（SP）、快速热解法（TP）、气化法、水热炭化（HTC）和微波热解法，其中慢速热解和快速热解是生物炭的常用制备技术。慢速热解法的温度控制在 300~700℃，在加热速率较慢和较长的热解时间下完成，该方法对缺氧条件的要求十分严格。慢速热解法制备的生物炭产率较高（30%~55%）、碳含量高、性能较好（彭昌盛等，2022）。快速热解法的温度为 400~600℃，升温速率快，气体滞留时间短，挥发分快速逸出冷却致使生物焦油产量高，生物炭产率较低（15%~25%），生物燃料的制备通常采用这种方法（杨巧珍等，2018）。气化法的气化过程温度较高，为 700~1000℃，是在生物质快速热解的基础上通入气化介质，使热解焦油进一步分解为 CO、H_2、CH_4等小分子气体产物，生物炭产量则较低（10%~20%）（彭昌盛等，2022；Catherine 等，2009）。水热炭化是在密闭的水环境中进行，温度为 150~375℃，采用此方法制备的生物炭具有高疏水性和丰富的表面官能团，与原料相比碳含量增加，缺点是生物质热解过程中产生的有害物质容易对水体造成污染，且生物炭的稳定性一般较差（Liu 等，2013）。微波热解法制备生物炭的过程具有升温快、均匀加热等特点，制备的生物炭比表面积较高且具有发达的孔隙结构。由于微波热解法的热量来源于微波辐射，不同的原材料对微波的吸收能力不同，导致微波热解难以精确地控制反应温度（Peter 等，2012）。目前采用太阳能热解法制备生物炭是比较先进的方法，符合当下节能减排的时代背景，需要进一步探索（彭昌盛等，2022）。不同的制备方式会导致生物炭具有不同的物理化学性质，一般选择温度 400~700℃较多。不同的炭化原料、工艺和方法产生的生物炭性质差异较大，生物炭的环境效应与其物理特性密切相关，特别是在土壤生态系统中。

2.2 农林废弃物生物炭的元素组成和 pH 值

生物炭的组成元素主要为 C、H、O 等，以高度富含碳（70%~80%）为主要特征，烷基和芳香结构是生物炭中最主要的成分。经过热解后生物炭的 C 含量可从生物质初始的 40%~50% 提高到 70%~80% 的水平，对于灰分含量低的生物炭 C 含量甚至高达 90%，而 H、O 所占质量比逐渐降低。一般而言，随着炭化温度的上升，生物炭的 C 含量越高，芳香化程度也越高。除 C 含量高外，生物炭中 N、P、K、Ca、Mg 的含量也较高。在热解过程中，生物质原料中部分养分被浓缩、富集，因此制备的生物炭中 P、K、Ca、Mg 含量高于原料（戴静等，2013）。随着热解温度的升高，猪粪生物质的生物炭的 C、H、O 和 N 的百分比的值分别为 36.0%、5.0%、36.8% 和 2.6%，其中 H、O、N 的含量逐渐降低，这是由于有机组分分解产生气体（如 CO、N_2 和 H_2 等），且表面官能团大量分解使得官能团元素大量减少（Zornoza 等，2016）。代兵等（2019）对荷梗生物炭（HBC）的元素进行分析，热解温度对 HBC 元素组成产生了显著影响，随着热解温度升高，C 含量增加，而 H 含量、O 含量降低；H/C 由 0.071 降至 0.027，O/C 由 0.403 降至 0.211，而 N/C 变化不显著。不同原料和热解温度的生物炭其元素组成和原子比存在差异。赵越等（2020）探究得出 3 种秸秆类生物炭的 C、H、O、N 含量在相同热解温度下各不相同，但所有生物炭的元素含量均为 C＞O＞H＞N；随热解温度的升高，灰分和 C 含量开始增加，相反，O、H 含量逐渐减少；在相同热解温度下，3 种原料生物炭的 H/C 比值接近，说明秸秆类生物炭的芳香性差别较小，而稻秆炭的 O/C 和（N+O）/C 大小均高于麦秆炭和玉米秆炭，表明在相同热解温度下稻秆炭的极性和亲水性更强。

蔡润众等（2022）研究制备的柚皮生物炭的理化性质，发现不同热解温度的生物炭 pH 值显著上升，与生物质相比，pH 值分别提高 5.91、5.71 和 5.81 个单位；这是由于全纤维素和木质素受热分解，导致羧基和羟基等酸性官能团中较弱的氧氢键断裂，酸性官能团减少，故制备的生物炭 pH 值呈碱性。生物质原料对生物炭的碱性也有影响，研究发现动物粪便生物炭比植物生物炭的碱性更强，豆科植物制备的生物炭的碱性高于非豆科植物制备的生物炭（戴静等，2013）。生物炭一般呈碱性，主要是因为其成分中含有的钾、钠、镁等元素都是以氧化物、碳酸盐的形式存在，这些物质溶于水后呈碱性。从工业分析的角度，生物炭包括灰分、挥发分和固定碳 3 种成分。干燥的生物炭在一定温度下隔绝空气加热后产生的气体或蒸气称为挥发分（VM），而将生物炭完全燃烧至恒重后的残渣定义为灰分（Ash），固定碳则是除灰分和挥发分外剩余的部分（100-VM-Ash，%）。生物炭的灰分含量主要取决于制备原料，基本符合畜禽粪便＞草本生物质＞木本原料的规律。一般情况下，灰分含量越大，灰分中矿质元素含量越高，其生物炭的 pH 值也越高（雷光宇等，2019）。

2.3 农林废弃物生物炭的比表面积、表面官能团结构和持水性

生物质原料和热解条件对生物炭的比表面积影响很大，不同原料和条件产生的生物炭比表面积有时相差数百倍。在一定温度范围内，比表面积随热解温度的升高而增加。郭晓慧等（2018）的研究结果表明，随温度升高，柚皮生物炭和杏壳生物炭的比表面积和总孔容增大，而平均孔径则减小，生物炭的孔径由大而少的分布转变为细小而密集的结构；热解温度对两者生物炭的比表面积影响不同，400℃和600℃的柚皮生物炭比表面积相差的很小，分别为 4.1633 m^2/g 和 5.7827 m^2/g，而杏壳生物炭的比表面积分别为 3.5404 m^2/g 和 27.1928 m^2/g，增加非常明显。

研究表明，通过红外光谱分析可以了解到生物炭表面官能团信息，以及随热解温度升高生物炭表面官能团的变化特征（Cai 等，2020）。蔡润众等（2022）探究柚皮生物炭的理化性质，得出黄色粉末状柚皮吸附剂（PS）经过热解后开始出现脱甲基化，羟基减少；

随热解温度升高，芳香结构逐渐完善，主要的表面基团包括醇基、羟基和羧基等含氧官能团。郭晓慧等（2018）采用傅里叶变换红外光谱对生物炭的表面官能团结构进行分析，随热解温度升高，柚皮与杏壳生物炭的酚羟基 O−H 和脂肪族 C−H 特征峰强度不高且变化不明显，而羰基−C＝O−伸缩振动特征峰减弱，表面在热解温度从 400 ℃ 升至 600 ℃ 时仍有脱氧碳化反应；苯环 C＝C 骨架振动特征峰减弱，表面随热解温度升高苯环结构亦发生了裂解；芳香化结构 C−H 键面外弯曲特征峰增强，表面脱氢反应和芳香化聚合反应的持续发生。生物炭表面具有丰富的含氧官能团，这些含氧官能团使生物炭具有良好的吸附特性、亲水或疏水的特点以及对酸碱的缓冲能力，有利于生物炭在土壤环境化学中的应用。

热解温度越高，生物炭的持水性越弱，这是由于热解温度越高，导致生物炭表面的极性官能团越少，表面疏水性增强，因而不易保持土壤间隙水，持水性减弱（戴静等，2013）。吴成等（2007）发现黑炭随热解温度升高，比表面积增大，芳香化程度加深，表面疏水性增强。总体来说，生物炭疏松多孔，具有巨大的比表面积，大量的表面负电荷，以及高电荷密度的特性，能够吸持大量的水分和养分，生物炭对污染物也有很好的吸附固定作用，可降低污染物在多孔介质中的迁移性和生物有效性。

2.4 农林废弃物生物炭对土壤理化性质的影响

相关研究表明，应用生物炭能够改善土壤容重，调节土壤物理性质。张亚楠等（2020）研究发现对黑土添加生物炭会明显降低土壤容重；当秸秆生物炭添加量为 200 g/kg 时，土壤容重显著降低；随着生物炭用量的增加土壤孔隙度呈现递增的变化趋势。付玉荣等（2022）探究在优化水氮和优化 80% 水氮条件下，分别施加 40 t/hm²、20 t/hm² 的生物炭，土壤容重分别减小 6.44%、5.96%，土壤含水率分别增加 36.26%、39.66% 和 33.53%、35.78%。陈泽斌等（2018）在对生物炭的骨架密度及包裹物密度的测量中发现，生物炭的施入，能够有效改善土壤的体积密度，当生物炭的骨架密度从 1.34 g/cm³ 转变为 1.96 g/cm³ 时，包裹物密度也由 0.25 g/cm³ 转变为 0.62 g/cm³。这也说明，在生物炭施用条件下，可实现对土壤紧实度的改良。土壤疏松透气，能够更好地促进土壤中真菌菌丝的生长。杜思垚等（2022）将密度小且较轻的秸秆和良好孔隙结构的生物炭掺混入土壤表层后改变了原本质地黏重的盐碱土壤，显著降低了土壤容重，提高了土壤的渗透性，有效地改善了土壤结构。

生物炭施用有利于改善土壤水分条件。纪立东等（2021）研究生物炭对土壤理化性质的影响时发现，土壤水稳定性大团聚体（直径大于 0.25 mm）的数量随着生物炭施用量的增加而显著增加，土壤的稳定性也显著增强。张海晶等（2021）探究生物炭用量对黑土理化性质的影响，发现生物炭施用量为 10 t/hm²、30 t/hm²、50 t/hm² 时土壤饱和导水率（SHC）分别提升139%、182%和134%，差异均达到显著水平；由于研究区土壤质地较黏，生物炭疏松多孔的性质导致黏性土壤变得相对疏松，因此施用生物炭显著提高土壤 SHC。张新俊等（2022）研究发现随着生物炭施用量的增加，连作菊花土壤容重明显降低，含水量逐渐增加；不同生物炭施入量处理间，土壤温度的差异不大。张亚楠等（2020）探究发现秸秆生物炭添加对黑土田间持水量和饱和持水量均呈现出增加的结果，当秸秆生物炭添加量为200 g/kg 时，土壤饱和持水量显著增加；当秸秆生物炭添加量为100 g/kg 时，对土壤田间持水量影响最大。袁晶晶等（2018）在研究中发现，对于不同性质的土壤，生物炭的作用效果不同。对于地质粗松的土壤，生物炭的使用能够减小土壤中的大孔隙，增加小空隙，进而降低了土壤的渗透性；对于地质细致的土壤，生物炭的使用可形成相反的效果。生物炭和秸秆可以与土壤颗粒形成微小的团粒结构，增加对水分子的吸附能力，在土壤中添加秸秆和生物炭能够提高土壤含水量（杜思垚等，2022）。

生物炭施用可提高土壤的 pH 值。随着土地资源的不断开发，人为因素导致的土壤酸化或盐碱化等问题会严重影响植物的生长，进而对整个生态系统造成影响。生物炭影响土壤 pH 值大多与自身性质和生物炭的硝化作用有关，同时取决于土壤的性质，可以降低或增加土壤的 pH 值。王小芳等（2022）的3年试验表明，施用生物炭可以显著降低棉花生育初期和生育末期0~30 cm 土层的 pH 值，降低幅度与生物炭使用量成正比，由于所用生物炭是经硫酸亚铁酸化后的生物炭，略小于当地土壤 pH 值，故一定程度上降低了土壤的 pH 值。随着生物炭施用量的增加，连作菊花土壤的 pH 值逐渐增大；随着秸秆生物炭添加量的增加，土壤的 pH 值呈增大的趋势，这是由于生物炭含有机官能团（—COOH 等）、无机碱金属离子（Na^+ 等）等（张新俊等，2022；张亚楠等，2020）。随着土地资源的不断开发，人为因素导致的土壤酸化问题日益突出。土壤酸化会导致铝毒的发生，进而影响到农作物的生长。通过生物炭的施用，能够有效改善土壤的酸化问题，进而缓解土壤铝毒。

生物炭施用可影响土壤养分含量。汤奥涵等（2022）在培养时施入不同生物质来源的碳材料后，发现施入量与酸性紫色土壤的有机碳含量的变化趋势基本一致，均能增加土壤有机碳含量，且随着培养时间的延长其增幅呈下降趋势；施用鸡蛋壳、紫茎泽兰和玉米秸秆生物炭后，土壤有机碳含量增幅分别为3.87%~5.12%、105.72%~126.85%和113.1%~134.49%。耿娜等（2022）的研究结果表明，生物炭施用对土壤养分影响较大，显著提高了土壤的全氮、速效磷和速效钾含量，增幅分别为34.87%~72.03%、29.42%~378.23% 和49.34%~276.56%。包明琢等（2022）研究表明，施加磷肥的条件下，二代杉木人工林土壤中添加生物炭能够有效改善土壤养分，但生物炭氧化后会降低土壤溶解性有机碳、速效钾和速效磷的含量，减弱了土壤养分的改善效果。

2.5 农林废弃物生物炭对土壤微生物学特征的影响

土壤酶是综合反映土壤肥力的指标，主要来源于植物残体、根系分泌物和土壤微生物，对土壤生态系统中养分的转化和利用有着不可替代的作用，同时受土壤物理、化学和生物学因子等综合因素影响（袁访等，2022）。牟芝熠等（2023）研究得出，在桉树人工林施用桉树枝条生物炭对土壤酶活性有着明显的影响，在不同土层，土壤脲酶、过氧化氢酶、脱氢酶和 $\beta-$ 葡萄糖苷酶含量随生物炭施用量的增加而增加，均在 6% 施用量时最高；而亮氨酸氨基肽酶和酸性磷酸酶含量随生物炭施用先增加后减少，在 2% 施用量时最高；纤维二糖苷酶和蔗糖酶含量则在 4% 施用量时最高；随着土层深度的增加，生物炭对酶活性的影响逐渐减弱，土壤酶活性与土壤理化性质密切相关。耿娜等（2022）的研究结果表明，生物炭施用后对土壤酶活性的影响较大，显著提高了土壤中脲酶、过氧化氢酶和磷酸酶活性，提高的幅度分别为 12.44%~188.89%、9.34%~112.80%、11.11%~50.00%；花生壳生物炭对脲酶活性的提高随炭化温度的升高而增强；牛粪生物炭施用对土壤脲酶和过氧化氢酶活性的提高效果要优于果树枝生物炭和花生壳生物炭；花生壳生物炭施用对土壤中磷酸酶活性的提高效果要优于牛粪生物炭和果树枝生物炭。谷思雨等（2014）的研究结果表明，当土壤中施用一定量的生物炭时，对土壤蔗糖酶、过氧化氢酶和水解酶活性起到了促进作用，进而对土壤有机碳的积累和土壤的新陈代谢起到正向的积极作用。

在生物炭对土壤微生物影响的应用研究中，微生物丰富度的影响研究是重要方向。纪立东等（2021）研究得出，在减氮 20% 的基础上，随着生物炭施用量的增加，土壤微生物总数和细菌数表现出先升高后降低的趋势，当生物炭施用量为 4.50 t/hm² 时，细菌数和总菌数达到最大值；生物炭施用量增加对放线菌和真菌及细菌都具有明显的促进作用，同时生物炭对细菌的促进作用存在阈值。张新俊等（2022）的研究结果表明，随着生物炭施用量的增加，菊花连作土壤细菌和放线菌数量呈先增加后降低的趋势，土壤中真菌的数量升高，其中施加 10% 生物炭的土壤细菌、真菌和放线菌数量均最多。生物炭可以增加土壤中微生物的数量，生物炭具有多孔性、含高芳香烃结构，容易成为土壤微生物的栖息地，给土壤微生物生长提供场所和养分（谷思玉等，2014）。

微生物群落是影响土壤生态效应的重要因素，其变化决定了生态功能的强弱。丁玮等（2022）探究生物炭对不同水稻品种的土壤细菌群落多样性、丰富度及结构的影响，发现生物炭施加量为 3.5 t/hm²（Tr1）和 7 t/hm²（Tr2）时均显著提高了水稻品种 Yu 的土壤细菌群落多样性，生物炭 Tr2 处理提高了 Yu 的细菌群落丰富度，生物炭 Tr1 处理显著提高了水稻品种 Hua 的土壤细菌群落丰富度。包明琢等（2022）的研究表明，生物炭施加后促进土壤细菌物种数目与多样性，抑制真菌物种数目，其中氧化后的生物炭对土壤细菌物种数的促进效果最为明显；添加生物炭改变了土壤细菌相对丰富度，提高了土壤微生物群落的多样性。

土壤微生物的生长代谢活动是驱动土壤元素循环和有机污染物降解的主要动力，也是反映土壤健康状况的重要指标。生物炭的施加会影响土壤中微生物的丰富度、多样性、群落结构和活性的变化，进而影响土壤微生物的代谢活动，影响它的功能。胡瑞文等（2018）研究发现，施加生物炭显著提高了土壤微生物对羧酸类和聚合物类碳源的利用能力，当生物炭用量过多时，会降低土壤微生物对酚酸类碳源的利用能力，而对碳水化合物类、氨基酸类和胺类碳源无显著影响；与烤烟根际土壤微生物群落代谢功能密切相关的碳源主要有碳水化合物类、羧酸类和氨基酸类。谭春玲等（2022）等探究发现生物炭含有的多环芳烃（PAHs）、挥发性有机物（VOCs）、环境持久性自由基（EPFRs）以及生物质中富集的重金属等物质浓度较高时可能对土壤微生物产生毒性，对微生物生长代谢活动具有抑制作用。

2.6　农林废弃物生物炭对重金属污染的影响

土壤中重金属具有迁移性、不可降解性、稳定性和毒害性等特性。周雷等（2021）的研究结果表明，施用稻草秸秆生物炭后，通过吸附或矿化作用，污染土壤中的镉有效态含量从 47.63 mg/kg 降至 20.38 mg/kg，铅有效态含量从 89.52 mg/kg 降至 22.73 mg/kg，分别降低 57.2% 和 74.6%；同时，生物炭的施用还显著减少土壤中镉和铅的酸溶态含量（分别减少了 53.1% 和 74.1%），增加了残渣态含量（分别增加了 615.3% 和 378.2%），实现了土壤中重金属的固化稳定化。彭成法等（2017）研究发现以城市污泥为原材料制备的生物炭，其表面芳香磺胺中氮的孤对电子可与 Pb^{2+} 配位，与 SO_4^{2-}、Cl^- 等形成络合物；同时，生物炭表面羧基、酚羟基也可与铬形成络合物。Jiang 等（2012）发现稻秆生物炭表面 OH^- 与土壤中 Cu^{2+}、Pb^{2+} 和 Cd^{2+} 结合生成沉淀，导致土壤重金属迁移性降低。

改性生物炭通过掺杂选择性元素和官能团，具有特定活性位点，对特定的重金属污染物有着较强的吸附性能（范毅烽等，2022）。生物炭改性方法主要包括物理化学活化及负载金属氧化物或化合物，结合富含官能团的有机物、纳米粒子等。在生物炭表面负载纳米零价铁可以避免零价铁团聚、增加生物炭表面吸附位和表面积，可以显著提高生物炭对重金属离子的吸附能力（王重庆等，2019）。Wang 等（2017）对生物炭进行过氧化氢和硝酸活化，然后负载纳米零价铁，显著提高生物炭对 As^{5+} 和 Ag^+ 的吸附能力，最大吸附量分别达到 109 mg/g 和 1217 mg/g。Mohan 等（2014）发现磁性铁氧化物与橡胶树生物炭复合后，有机质含量减少、孔径增大，对水中 Pb^{2+}、Cd^{2+} 的吸附能力增强。Medha 等（2021）比较了 3- 氨基丙基三乙氧基硅烷改性稻草生物炭和铁改性稻草生物炭对矿区土壤中的铬和锌的吸附效果，发现添加胺基的生物炭对铬有较大的吸附量，而铁改性生物炭对锌有较大的吸附量。

生物炭对土壤中重金属迁移性和生物有效性的影响包括两个方面，固定重金属减少生物有效性或迁移重金属增加生物有效性，后者可通过改性方法来降低重金属的迁移性和生物有效性（王宏胜等，2018）。随着工业的快速发展，土壤重金属污染问题变得日益严重，为了研究生物炭对重金属的去除效果，需要明确其吸附过程的基本机理。生物炭具有多孔结构、较大的比表面积和孔隙体积以及表面丰富的官能团。这些性质决定了生物炭修复重金属污染土的机理，包括物理吸附、离子交换、静电作用、络合作用和沉淀作用（王宏胜等，2018）。而利用农林废弃物生物炭吸附去除重金属以及污染水体中的重金属离子是一种经济、高效的技术手段。

2.7　农林废弃物生物炭对土壤固碳减排的影响

常见的生物炭包括秸秆炭、木炭、玉米芯炭、竹炭等，用于制备生物炭的原料为农林业废弃物等生物质，我国作为农业大国，秸秆资源十分丰富，据不完全统计，我国可利用秸秆资源产量约为 9×10^8 t/ 年。生物炭在土壤中的应用被认为是最具潜力的减排措施之一，它的减排潜势（以 Ceq 计）达 0.7×10^9 t/ 年（王紫君等，2021）。

涂保华等（2019）的研究表明在土壤中添加生物炭可以显著降低土壤中 CH_4、N_2O 的排放量，增加 CO_2 排放量，小麦、水稻和玉米秸秆炭处理的 CH_4 排放量分别降低了 46.05%、44.82% 和 39.62%，N_2O 排放量分别降低了 17.20%、27.96% 和 26.88%，CO_2 排放量分别增加了 22.04%、17.83% 和 25.29%；添加生物炭可以显著降低全球变暖潜能值（GWP），降低温室效应的影响。王紫君等（2021）开展了椰糠生物炭对热区双季稻田 N_2O 和 CH_4 排放影响的研究，发现生物炭可减少早稻季 N_2O 排放，对晚稻季 N_2O 无显著影响；高量生物炭可降低早稻季 CH_4 排放，却显著增加晚稻季 CH_4 排放；从总体看，氮肥配施低量或高量椰糠生物炭对热区双季稻田无明显固碳减排作用。杨世梅等（2022）探究秸秆与生物炭覆盖对温室气体排放的影响发现，秸秆和生物炭覆盖均提高了土壤 CO_2 累积排放量；与对照组相比，半量生物炭覆盖的 CH_4 累积排放量降低了 93.39%；秸秆和生物炭添加均有降低 N_2O 累积排放量的趋势；试验中的所有处理均具有潜在温室效应。贾俊香等（2020）研究生物炭与有机肥配施对菜地温室气体排放的影响，发现氮肥、有机肥与生物炭配施能显著降低 N_2O 排放，且抑制效果最佳；所有处理间 CH_4 累积排放量无显著差异；施加生物炭累积 CO_2 排放量均显著高于非施加处理的，证明生物炭施用促进了 CO_2 释放。

对全球碳平衡而言，土壤有机碳库是 CH_4、CO_2、N_2O 等温室气体的源与汇。土壤有机碳库的微小变化也会对全球碳循环及温室气体排放产生重要影响，进而影响全球温室效应等。生物炭的制备可以将生物质中碳元素以比较稳定的形态固定到碳材料中，研究表明生物炭中的碳元素可以稳定存在 90～1600 年，且生物炭也能够减少土壤中氮氧化物

和 CH_4 气体的释放（王重庆等，2019）。近年来，生物炭作为土壤改良剂在改善土壤物理化学性质、固碳减排等方面显示出较大潜力（汤奥涵等，2022）。

综上所述，目前生物炭能改善土壤理化性质，如改善土壤容重、土壤水分条件、土壤酸碱度和土壤养分含量，有效缓解铝毒，提高有机质含量等；能吸附土壤中的污染物，降低其生物有效性和迁移转化能力；生物炭可以为微生物提供生长繁殖的场所，有利于微生物对污染物的降解，但同时又可以保护被吸附的有机物免受微生物的降解，对不同的微生物影响不同。研究表明，土壤修复、吸附性、重金属等为环境工程领域的研究热点，纳米零价铁、表面络合和固定重金属是生物炭环境修复研究的 3 个主要方向（庞新宇等，2021）。需要加强深入研究的方面主要有：

（1）不同的原材料、热解温度和制备时间长短等，得到的生物炭性状存在差异性；将不同生物炭施加在相同质地的土壤中，对土壤的物理化学性质也会产生不同的影响；将相同的生物炭施加在不同质地土壤中亦如此。生物炭的相关研究不够系统性，下一步应该制定不同类别生物炭的使用分类标准。

（2）目前生物炭研究大多是在实验室进行的，实际环境比实验室环境更为复杂，生物炭进入土壤后其本身也会缓慢降解，理化性质和生态环境效应会随时间发生变化。因此，需要进一步开展田间试验来检验其实际应用效果的研究，并关注其在环境中的长期稳定性，考虑并探究其在环境中潜存的负面影响等。

（3）农林废弃生物炭化技术在农业上的推广应用能够极大提高陆地生态系统固碳减排的潜力，改良土壤和肥料增效，净化水体，修复污染土壤，解决粮食安全和能源危机等（吕豪豪等，2015）。在生物炭大面积、长期还田环境安全性评估方面的研究仍较为薄弱；我国生物炭与肥料复合及肥料效益改善，生物炭固碳潜力，减排效应估算与评价等，仍缺乏系统全面和翔实的基础资料；生物炭在环境保护领域的应用仍需进一步探究其潜在的机理。

（4）关于生物炭在温室气体和重金属方面的研究，不同学者的结果存在差异，有学者提出生物炭施加在土壤中可以减缓温室气体的排放，但有学者提出生物炭的添加会增加温室气体的排放，或对温室气体变化无影响。关于土壤重金属修复，多数学者认为生物炭的添加可以修复受污染的土壤，但对生物炭进行针对性的改性，其修复效果会更加显著，但同样也存在潜在未知的负面影响。因此，关于生物炭的固碳减排功能需要长期的试验监测和研究。

参考文献

［1］包明琢，曲雪铭，高倩倩，等.磷肥和生物炭配施对杉木林地土壤微生物的影响［J］.西北林学院学报，2022，37（2）：10-19.

［2］蔡润众，谭长银，曹雪莹，等.柚皮生物炭的理化性质及对镉的吸附效应［J］.湖南师范大学自然科学学报，2022，45（1）：57-66.

［3］陈卫红，石晓旭.我国农林废弃物的应用与研究现状［J］.现代农业科技，2017（18）：148-149.

［4］陈泽斌，高熹，王定斌，等.生物炭不同施用量对烟草根际土壤微生物多样性的影响［J］.华北农学报，2018，33（1）：224-232.

［5］代兵，谭长银，曹雪莹，等.荷梗生物炭理化性质及其对水中Cd的吸附机制［J］.环境科学研究，2019，32（3）：513-522.

［6］戴静，刘阳生.生物炭的性质及其在土壤环境中应用的研究进展［J］.土壤通报，2013，44（6）：1520-1525.

［7］邓奇志.玉米芯源低聚木糖对罗非鱼幼苗生长性能和先天免疫反应的影响［J］.中国饲料，2019（19）：72-74.

［8］丁胜华.利用蔗渣制备低聚木糖的研究［D］.广州：暨南大学，2010.

［9］丁玮，阳树英，刘洋，等.广东潮土生物炭对不同水稻品种的土壤细菌群落的影响［J］.华南农业大学学报，2022（3）：1-12.

［10］杜思垚，郭晓雯，王芳霞，等.生物炭施用对咸水滴灌棉田土壤理化性质及酶活性的影响［J］.西南农业学报，2022，35（3）：571-580.

［11］范毅烽，涂凌云，廖长君，等.生物炭修复矿区重金属污染土壤的研究进展［J］.应用化工，2022，51（4）：1083-1087.

［12］付玉荣，张衍福，刘凯，等.生物炭对冬小麦土壤理化性质和产量的影响［J］.济南大学学报（自然科学版），2022，36（1）：38-44.

［13］葛磊.农业废弃物资源化利用现状及前景展望［J］.农村经济与科技，2018，29（21）：18-19.

［14］耿娜，康锡瑞，颜晓晓，等.酸化棕壤施用生物炭对油菜生长及土壤性状的影响［J］.土壤通报，2022，53（3）：648-658.

［15］谷思玉，李欣洁，魏丹，等.生物炭对大豆根际土壤养分含量及微生物数量的影响［J］.大豆科学，2014，33（3）：393-397.

［16］郭文斌，齐文静，王志鹏，等.混配成型条件下农林废弃物资源化利用现状及发展分析［J］.中国农业大学学报，2021，26（1）：143-150.

［17］郭晓慧，康康，于秀男，等.磁改性柚子皮与杏仁壳生物炭的理化性质研究［J］.农业

工程学报，2018，34（S1）：164-171.

[18] 郭远，宋爽，高琪，等.食用菌菌渣资源化利用进展[J].食用菌学报，2022，29（2）：103-114.

[19] 韩丽娜，李建国.香蕉茎叶残体综合利用研究进展[J].东南园艺，2006，136（1）：18-20.

[20] 韩鲁佳，闫巧娟，刘向阳，等.中国农作物秸秆资源及其利用现状[J].农业工程学报，2002（3）：87-91.

[21] 胡东南.农林废弃物生物质压块燃料[J].广西科学院学报，1994（2）：68-69.

[22] 胡明秀.农业废弃物资源化综合利用途径探讨[J].安徽农业科学，2004，32（4）：757-759，767.

[23] 胡瑞文，刘勇军，周清明，等.生物炭对烤烟根际土壤微生物群落碳代谢的影响[J].中国农业科技导报，2018，20（9）：49-56.

[24] 黄国勤，赵其国.广西桉树种植的历史、现状、生态问题及应对策略[J].生态学报，2014，34（18）：5142-5152.

[25] 纪立东，柳骁桐，司海丽，等.生物炭对土壤理化性质和玉米生长的影响[J].干旱地区农业研究，2021，39（5）：114-120.

[26] 贾俊香，熊正琴，马智勇，等.生物炭与有机肥配施对菜地温室气体强度的影响[J].应用与环境生物学报，2020，26（1）：74-80.

[27] 蒋艳红，叶成慧，林慕雨丹，等.负载镁香蕉茎秆基生物炭的制备与表征[J].环境科学与技术，2018，41（10）：56-61.

[28] 柯跃进，胡学玉，易卿，等.水稻秸秆生物炭对耕地土壤有机碳及其CO_2释放的影响[J].环境科学，2014，35（1）：93-99.

[29] 雷光宇，王璐瑶.不同制备条件对生物炭理化性质影响研究[J].西部大开发（土地开发工程研究），2019，4（4）：48-52.

[30] 李继武，李乐，蒋菊生，等.海南省香蕉茎秆与甘蔗渣利用现状及资源评价研究[J].现代农业科技，2015（7）：226-228.

[31] 李淑珍，刘娇，陈志敏，等.杨木低聚木糖对肉鸡生长性能、肠道消化酶活性和短链脂肪酸含量及血清激素水平的影响[J].动物营养学报，2021，33（2）：832-840.

[32] 梁丽萍.秸秆类生物吸附剂的制备及其对溶液中六价铬的吸附性能研究[D].兰州：兰州理工大学，2011.

[33] 刘春丽，刘绍雄，孙达锋，等.利用桉树木屑栽培黑木耳及其营养成分分析[J].中国食用菌，2021，40（12）：30-33.

[34] 刘国欢，邝继云，李超，等.香蕉秸秆资源化利用的研究进展[J].可再生能源，2012，30（5）：64-68.

[35] 刘荣厚.生物质快速热裂解制取生物油技术的研究进展[J].沈阳农业大学学报，2007（1）：

3–7.

[36] 刘雪梅，赵蓓.农林废弃物吸附废水中重金属的研究进展[J].现代化工，2018，38（12）：39–42.

[37] 吕豪豪，刘玉学，杨生茂.生物炭化技术及其在农林废弃物资源化利用中的应用[J].浙江农业科学，2015，56（1）：19–22.

[38] 吕娜娜，沈宗专，陶成圆，等.蕉园土壤及香蕉植株不同组织可培养细菌的群落特征[J].南京农业大学学报，2019，42（6）：1088–1097.

[39] 孟雅静，王晓雨，温海莲，等.玉米秸秆与甘蔗渣生物炭的制备及其对 Cr^{6+} 离子的吸附性能研究[J].农产品加工，2018（5）：1–3.

[40] 牟芝熠，段春燕，黎彦余，等.生物炭施用对桂北桉树人工林土壤酶活性的影响[J].广西植物，2023，43（5）：880–889.

[41] 穆献中，余漱石，徐鹏.北京市生物质废弃物资源化利用潜力评估[J].可再生能源，2017，35（3）：323–328.

[42] 潘晴，孙丕智，徐文彪，等.玉米秸秆制备低聚木糖的研究进展[J].林产工业，2020，57（10）：8–12.

[43] 庞新宇，刘文士，李猛，等.生物炭环境修复应用研究的文献计量学分析[J].环境工程技术学报，2021，11（4）：740–749.

[44] 彭昌盛，魏茜茜，赵婷婷，等.太阳能热解技术制备生物炭的研究进展[J].现代化工，2022，42（2）：61–67.

[45] 彭成法，肖汀璇，李志建.热解温度对污泥基生物炭结构特性及对重金属吸附性能的影响[J].环境科学研究，2017，30（10）：1637–1644.

[46] 郤冰玉，唐亚丽，卢立新，等.纳米纤维素在可降解包装材料中的应用[J].包装工程，2017，38（1）：19–25.

[47] 覃泽林，孔令孜，李小红，等.广西蔗糖产业发展竞争力分析[J].南方农业学报，2015，46（4）：722–728.

[48] 施国健.农作物废弃物（花生壳、甘蔗渣）对水中苯胺的吸附性研究[D].苏州：苏州科技大学，2017.

[49] 谭兵兵，姬玉娇，丁浩，等.低聚木糖对断奶仔猪生长性能、腹泻率和血浆生化参数的影响[J].动物营养学报，2016，28（8）：2556–2563.

[50] 谭春玲，刘洋，黄雪刚，等.生物炭对土壤微生物代谢活动的影响[J].中国生态农业学报（中英文），2022，30（3）：333–342.

[51] 汤奥涵，肖怡，鲜昕，等.不同生物炭施入对酸性紫色土有机碳矿化特征的影响[J].四川农业大学学报，2022：1–13.

[52] 唐健，邓小军，宋贤冲，等.利用甘蔗废弃物生产微生物有机肥产业化[Z].广西壮族

自治区林业科学研究院，2016-02-29.

[53] 陶莲，冯文晓，王玉荣，等.微生态制剂对玉米秸秆青贮发酵品质、营养成分及瘤胃降解率的影响 [J].草业学报，2016，25（9）：152-160.

[54] 田慎重，郭洪海，姚利，等.中国种养业废弃物肥料化利用发展分析 [J].农业工程学报，2018，34（S1）：123-131.

[55] 涂保华，胡茜，张艺，等.基于不同类型秸秆制备的生物炭对稻田土壤温室气体排放的影响 [J].江苏农业学报，2019，35（6）：1374-1380.

[56] 汪勇，吕茹洁，黎星，等.生物炭对双季稻生长与土壤理化性质的影响及其后效 [J].中国土壤与肥料，2021（4）：96-103.

[57] 汪自松，杨郑州，黄斌，等.广西壮族自治区农业废弃物资源化调查与分析 [J].农村经济与科技，2020，31（23）：14-17.

[58] 王灿琴，吴圣进，韦仕岩，等.以桉木屑为主料的秀珍菇栽培配方筛选 [J].南方农业学报，2016，47（4）：624-628.

[59] 王宏胜，唐朝生，巩学鹏，等.生物炭修复重金属污染土研究进展 [J].工程地质学报，2018，26（4）：1064-1077.

[60] 王树荣，骆仲泱，董良杰，等.几种农林废弃物热裂解制取生物油的研究 [J].农业工程学报，2004（2）：246-249.

[61] 王小芳，李毅，姚宁，等.生物炭对棉花-甜菜间作土壤理化性质与盐分的影响 [J].农业机械学报，2022：1-16.

[62] 王重庆，王晖，江小燕，等.生物炭吸附重金属离子的研究进展 [J].化工进展，2019，38（1）：692-706.

[63] 王紫君，王鸿浩，李金秋，等.椰糠生物炭对热区双季稻田 N_2O 和 CH_4 排放的影响 [J].环境科学，2021，42（8）：3931-3942.

[64] 吴成，张晓丽，李关宾.黑碳制备的不同热解温度对其吸附菲的影响 [J].中国环境科学，2007（1）：125-128.

[65] 夏科，姚庆，李富国，等.奶牛常用粗饲料的瘤胃降解规律 [J].动物营养学报，2012，24（4）：769-777.

[66] 夏思瑶，王冲，刘萌丽.基于农林有机废弃物处理的育苗基质应用效果 Meta 分析 [J].中国农学通报，2021，37（12）：31-38.

[67] 谢光辉，方艳茹，李嵩博，等.废弃生物质的定义、分类及资源量研究述评 [J].中国农业大学学报，2019，24（8）：1-9.

[68] 徐广平，滕秋梅，沈育伊，等.香蕉茎叶生物炭对香蕉枯萎病防控效果及土壤性状的影响 [J].生态环境学报，2020，29（12）：2373-2384.

[69] 杨冬，张铭远.生物质能源的发电现状及前景 [J].区域供热，2021（2）：40-43.

[70] 杨巧珍, 钟金魁, 李柳. 生物炭对多环芳烃的吸附研究进展 [J]. 环境科学与管理, 2018, 43 (5): 60-63.

[71] 杨世梅, 何腾兵, 杨丽, 等. 秸秆与生物炭覆盖对土壤养分及温室气体排放的影响 [J]. 湖南农业大学学报 (自然科学版), 2022, 48 (1): 75-81.

[72] 杨永智, 王树明, 杨芩. 香蕉茎叶资源的开发利用研究 [J]. 现代农业科技, 2012, 8 (4): 294-295.

[73] 余汝华, 莫放, 赵丽华, 等. 刈割时间对青贮玉米秸秆饲料营养成分的影响 [J]. 中国农学通报, 2006 (6): 10-13.

[74] 袁访, 李开钰, 杨慧, 等. 生物炭施用对黄壤土壤养分及酶活性的影响 [J]. 环境科学, 2022, 43 (9): 4655-4661.

[75] 袁晶晶, 同延安, 卢绍辉, 等. 生物炭与氮肥配施改善枣区土壤微生物学特性 [J]. 植物营养与肥料学报, 2018, 24 (4): 1039-1046.

[76] 张海晶, 王少杰, 田春杰, 等. 生物炭用量对东北黑土理化性质和溶解有机质特性的影响 [J]. 土壤通报, 2021, 52 (6): 1384-1392.

[77] 张娜, 李佳, 刘学欢, 等. 生物炭对夏玉米生长和产量的影响 [J]. 农业环境科学学报, 2014, 33 (8): 1569-1574.

[78] 张锐, 梁雨峰, 邢洁洁, 等. 不同耕层结构对海南香蕉地砖红壤物理特性的影响 [J]. 农机化研究, 2022, 44 (2): 214-218.

[79] 张贤钊, 甄大卫, 刘丰茂, 等. 植物源生物炭材料的制备及其在农药残留领域中的应用进展 [J]. 色谱, 2022, 40 (6): 499-508.

[80] 张新俊, 杨芳绒, 张书文, 等. 生物炭对连作土壤性质及菊花生长和品质的影响 [J]. 山东农业大学学报 (自然科学版), 2022, 53 (1): 34-38.

[81] 张亚楠, 郭薇, 赵倩, 等. 600℃秸秆生物炭添加对典型黑土理化性质的影响 [J]. 国土与自然资源研究, 2020 (6): 52-54.

[82] 张忠河, 林振衡, 付娅琦, 等. 生物炭在农业上的应用 [J]. 安徽农业科学, 2010, 38 (22): 11880-11882.

[83] 张卓然, 刘清华, 王伟刚, 等. 制备温度对竹炭基生物炭理化特征的影响 [J]. 环境工程, 2021, 39 (11): 96-102.

[84] 赵蓓. 霉变甘蔗渣生物吸附废水中 Cr (Ⅵ) 特性研究 [D]. 南昌: 华东交通大学, 2020.

[85] 赵辰龙. 利用甘蔗尾叶发酵生产蛋白饲料 [D]. 南宁: 广西大学, 2013.

[86] 赵越, 赵保卫, 刘辉, 等. 热解温度对生物炭理化性质和吸湿性的影响 [J]. 环境化学, 2020, 39 (7): 2005-2012.

[87] 周雷, 嵇梦圆, 桑文静, 等. 稻草秸秆生物炭对土壤中重金属 Cd 和 Pb 的固化稳定化机制 [J]. 化工环保, 2021, 41 (5): 612-617.

［88］周璐丽，王定发，周雄，等 . 日粮中添加青贮香蕉茎秆饲喂海南黑山羊的试验研究［J］. 家畜生态学报，2015，36（7）：28-32.

［89］Achinas S，Achinas V，Euverink GJW. A technological overview of biogas production from biowaste［J］. Engineering，2017，3（3）：49-66.

［90］Cai T，Liu X，Zhang J，et al. Silicate-modified oiltea camellia shell-derived biochar：A novel and cost-effective sorbent for cadmium removal［J］. Journal of Cleaner Production，2021，281（15）：125390.

［91］Catherine E B，Klaus S，Justinus A S. Characterization of biochar from fast pyrolysis and gasification systems［J］. Environmental Progress & Sustainable Energy，2009，28（3）：386-396.

［92］Jiang J，Xu R K，Jiang T Y，et al. Immobilization of Cu（Ⅱ），Pb（Ⅱ）and Cd（Ⅱ）by the addition of rice straw derived biochar to a simulated polluted Ultisol［J］. Journal of Hazardous Materials，2012，229-230.

［93］Liu Z G，Queka A，Hoekmanb S，et al. Production of solid biochar fuel from waste biomass by hydrothermal carbonization［J］. Fuel，2013（103）：943-949.

［94］Medha I，Chandra S，Vanapalli K R，et al.（3-Aminopropyl）triethoxysilane and iron rice straw biochar composites for the sorption of Cr（Ⅵ）and Zn（Ⅱ）using the extract of heavy metals contaminated soil［J］. Science of the Total Environment，2021，771：144764.

［95］Mohan D，Sarswa A，Ok Y S，et al. Organic and inorganic contaminants removal from water with biochar，a renewable，low cost and sustainable adsorbent：a critical review［J］. Bioresource Technology，2014（160）：191-202.

［96］Peter S，Vitaliy B，Mark G，et al. Low temperature microwave-assisted vs conventional pyrolysis of various biomass feedstocks［J］. Journal of Natural Gas Chemistry，2012，21（3）：270-274.

［97］Tanweer A，Mohammed D. Prospects of banana waste utilization in wastewater treatment：A review［J］. Journal of Environmental Management，2018，206：330-348.

［98］Wang S，Zhou Y，Gao B，et al. The sorptive and reductive capacities of biochar supported nanoscaled zero-valent iron（nZVI）in relation to its crystallite size［J］. Chemosphere，2017（186）：495-500.

［99］Xiong X，Yu I K M，Tsang D C W，et al. Value-added chemicals from food supply chain wastes：state-of-the-art review and future prospects［J］. Chemical Engineering Journal，2019（375）：121983.

［100］Zornoza R，Moreno-Barriga F，Acosta J A，et al. Stability，nutrient availability and hydrophobicity of biochars derived from manure，crop residues，and municipal solid waste for their use as soil amendments［J］. Chemosphere，2016（144）：122-130.

第二章

研究区域概况与研究方法

1 研究区域概况

实验区1。位于广西壮族自治区国有黄冕林场，位于广西柳州市鹿寨县与广西桂林永福县交界处，位于东经109°43′46″~109°58′18″、北纬24°37′25″~24°52′11″。黄冕林场地势起伏大，坡面险峻，最高海拔达895.91 m。地貌主要有低山地貌和丘陵地貌，属于中亚热带气候，气候温和，四季分明，无霜期长，雨热同季；年平均气温为19℃，年平均降水量1750 mm，年平均蒸发量1426 mm，热量丰富，雨量充沛。黄冕林场林地地质年代属泥盆系，成土母岩以砂页岩、夹泥岩和紫红砂砾岩发育而成的红壤、山地黄红壤为主。

实验区2。位于海南省乐东黎族自治县香蕉园试验基地。位于海南西南部，位于东经108°39′~109°24′、北纬18°24′~18°58′。气候温暖，光照充足，雨量充沛，热量丰富，年平均降水量为1600 mm，年平均温度24℃，年日照时数1900 h。试验地为同一农户耕种、集中平坦的农田，已连作9年的香蕉种植地，2014年该农田香蕉枯萎病发病率达58%以上。土质为轻黏壤土，土层深厚。试验地土壤理化性质的相关背景值为阳离子交换量（CEC）8.21 cmol/kg，土壤容重0.99 g/m³，pH值5.86，有机质含量5.47 g/kg，全氮含量1.08 g/kg，全磷含量0.61 g/kg，全钾含量2.27 g/kg，速效氮含量65.18 mg/kg，速效磷含量3.19 mg/kg，速效钾含量93.99 mg/kg。

实验区3。位于桂林市雁山区雁山镇广西植物研究所试验基地，位置为东经110°18′、北纬25°04′。该地区属中亚热带季风气候区，年平均降水量为1900 mm，年平均日照为1550 h，全年无霜期为300 d左右，年平均气温为19℃，海拔为150 m。

实验区4。城郊菜地试验土壤为蔬菜地表土，采自南宁市和桂林市郊区农户蔬菜种植地，土壤主要类型为红壤、水稻土和黄壤等。

实验区5。河池市试验土壤为农田地表土，采自某矿区及周边农用耕地土壤，土壤主要类型为红壤、赤红壤、水稻土等。

2　实验研究方案

2.1　不同供试生物质原材料

本研究选取多种农林生物质废弃物原料，分别是花生壳、木薯渣、甘蔗渣、玉米渣、桉树皮、香蕉秸秆、荔枝干、水稻秆、木薯秆、青冈栎枝条、毛竹、杉木枝条和香蕉茎叶，将收集到的原料自然风干，磨碎后过 2 mm 筛，保存备用。

2.2　生物炭的制备

分别选取青冈栎枝条（QG）、毛竹（MZ）、杉木枝条（SM）、香蕉茎叶（XJ）、香蕉秸秆、玉米秸秆和桉树枝条等不同生物质材料，自然风干后置于烘箱内 70℃烘干至恒重，用粉碎机将以上材料分别粉碎，过孔径为 2mm 的筛装密封袋用于生物炭的制备。采用低氧升温炭化法（叶协锋等，2017），利用程序控温马弗炉（SX2-8-10NP）制备秸秆生物炭。具体方法：将风干的不同生物质材料放入 200 ml 坩埚内，压紧盖上盖子，用锡箔纸包裹置于马弗炉反应腔内，密封后抽真空，然后充氮气（纯度 ≥ 99.99%）形成厌氧环境并加热，关闭炉门，开启加热程序和控温升温程序，热解温度分别设置为 300℃、500℃和 700℃，制备温度分别设置为 100℃、200℃、300℃、400℃、500℃、600℃、700℃、800℃和 900℃，在低氧条件下以 20℃/min 的速度升温，达到热解温度后炭化 2 h，关闭马弗炉电源，持续通入氮气冷却至室温，取出样品称重。根据生物质材料炭化前后的质量比算出产率。各处理在相同温度条件下均重复制备 3 次。将得到的炭化产物装密封罐中待分析。

2.3　生物炭施用蔬菜盆栽试验

盆栽试验采用生物炭单因素试验设计，参照农业试验的常规做法（邱良祝等，2017；柯贤林等，2021），生物炭质量添加率为 1%，同时设置不施加生物炭的对照处理。播种前土壤与生物炭和肥料充分混匀后装盆，盆钵直径为 25 cm，每盆装土 2.5 kg，均匀播种 30 粒菜心种子。第 20 天后间苗至 10 株，第 35 天取土壤测定 pH 值、速效钾含量、容重和田间持水量等，取 10 株菜心测定地上部重量。盆栽试验中菜心生长 30 天后按盆分别收获并立即称重。各盆新鲜样品采集后置于冰箱中 -4℃保存。具体分析方法：水杨酸比色法测定硝酸盐含量；2, 6- 二氯靛酚滴定法测定维生素 C 含量；蒽酮比色法测定可溶性糖含量；考马斯亮蓝比色法测定可溶性蛋白含量。收集盆栽土壤进行分析，具体方法：采用土水比 1：2.5（w/v）制备悬液，浸提，分别采用 PHS-3CpH 计电位法和 DDS-307A 电导率仪测定土壤 pH 值和电导率；重铬酸钾容量法测定有机碳含量；浓硫酸消解 – 半微量凯氏法测定土壤全氮含量；碳酸氢钠浸提－钼蓝比色法测定土壤有效磷含量；醋酸铵浸提—火焰光度法测定土壤速效钾含量。将蔬菜根系和茎叶用自来水冲洗后，用蒸馏水冲洗干净，测定根系卵块数和单个卵块中的虫卵数，之后烘干测定根干重。将茎叶和根分别放入烘箱中105℃杀青30 min，75 ℃烘干至恒重，计算各小区根系和茎叶干物质重。

2.4 生物炭对红壤中不同铝形态、水分入渗及蒸发的影响

生物炭对红壤中不同铝形态影响的试验设置4个生物炭水平，即CK、T1（2.0 t/hm²）、T2（4.0 t/hm²）、T3（6.0 t/hm²）、T4（12 t/hm²），每组处理设4次重复。土壤水分入渗和蒸发采用室内定容重土柱模拟方法（詹舒婷等，2021），设置5种生物炭和1个对照处理，共计6个处理，各3次重复。选用内径为10 cm、高度为25 cm的透明有机玻璃柱进行，装土高度为20 cm。装土前在土柱底部放置一层300目的尼龙网和滤纸。为减少管壁效应，在土柱内侧涂抹一层凡士林。生物炭添加量为5%，装土容重控制在1.2 g/cm³，炭土混合均匀后，按每层5 cm填装。装土完成后，土柱静置48 h。

2.5 生物炭对土壤团聚体结构的影响

采用人工筛分方法测定土壤大团聚体组成。机械稳定性团聚体采用干筛法，水稳性大团聚体采用湿筛法。将采集的土样掰成直径为10~12 mm的小块，风干后过孔径为10 mm、7 mm、5 mm、3 mm、1 mm、0.5 mm、0.25 mm的筛组进行干筛，筛完后用百分位的天平称量各级团聚体的重量，并计算各级团聚体比例。把风干土壤样品按比例重新配成50 g作为准备湿筛的样品。为防止细小团聚体湿筛时堵塞筛孔，在湿筛样品中取出小于0.25 mm的团聚体。

2.6 生物炭对抗生素吸附效率的影响

研究水稻秸秆生物炭对磺胺类抗生素的吸附平衡时间、吸附容量，以及在各种因素（温度、溶液pH、生物炭施用量等）的影响下水稻秸秆生物炭的吸附情况。由静态吸附实验结果得出生物炭吸附的优化操作条件。称取一定量的生物炭于150 ml的具塞锥形瓶中，加入100 ml磺胺类抗生素溶液，于150 r/min恒温摇床中振荡，做2组空白，每个处理3个重复，用过滤装置使其固液分离（过滤对剩余溶液的吸光度无影响），用HPLC–MS/MS测定剩余溶液含量。

抗生素生物炭吸附热力学试验。通过改变水稻秸秆生物炭施用量对磺胺嘧啶SDZ和磺胺氯哒嗪SCP进行分组实验，用Langmuir吸附等温方程和Freundlich吸附等温方程对

实验结果进行拟合，从热力学的角度探讨磺胺类抗生素在水稻秸秆生物炭上的吸附机理（Yang 等，2011）。

吸附动力学试验。模拟实验在水稻秸秆生物炭添加量、磺胺类抗生素初始含量和 pH 在优化条件下，分别在不同温度下吸附不同时间，通过对吸附动力学研究水稻秸秆生物炭对磺胺类抗生素的吸附性质。选用拟 1 级动力学方程、拟 2 级动力学方程、颗粒内扩散方程 3 种动力学模型对实验数据进行拟合，根据线性相关系数 R^2 来确定 3 种动力学模型的适应性（Rajapaksha 等，2016）。

分别称取一定量的供试土壤（砖红壤 1.0000 g，生物炭土壤 0.4000 g）置于聚乙烯离心管中，加入 25 ml 10 mg/L 的氧氟沙星溶液（其中含 0.01 mol/L $CaCl_2$ 和 0.01 mol/L NaN_3）。塞紧瓶塞，于 25℃（±0.5 ℃）、200 r/min 下振荡培养。分别在 30 min、60 min、120 min、240 min、720 min、1440 min 和 2880 min 取样。4500 r/min 下离心 5 min；取上清液过 0.45 μm 滤膜，测定氧氟沙星的浓度。吸附实验结束后，弃去上清液，加入 25 ml 不含氧氟沙星的空白溶液进行解吸动力学实验。吸附 – 解吸实验参照 OECD Guideline 106 批量平衡方法进行（Oecd，2020），称取不同生物炭浓度的土壤样品 0.4000~1.0000 g 于 50 ml 聚丙烯塑料离心管中，以 0.01 mol/L $CaCl_2$ 溶液为支持电解质，加入 25 ml 含不同浓度氧氟沙星的 $CaCl_2$ 溶液。吸附实验结束后进行解吸实验，具体操作方法参考陈淼等（2013）的方法。

2.7　生物炭对蕉园土壤及香蕉枯萎病的影响

以海南省乐东黎族自治县同一香蕉种植地块及周边区域的香蕉茎叶废弃物为原料，经过高温（500℃）厌氧条件裂解，由济宁德汉齐机械工程科技有限公司制备生物炭，炭化时间为 2 h。生物炭 pH 值采用木质活性炭 pH 值的测定方法（GB/T 12496.7—1999），固定碳、灰分使用木炭和木炭试验方法（GB/T 17664—1999），碳、氮、硫采用德国 Elementar Vario EL Ⅲ 元素分析仪进行分析，P 采用钼锑抗比色法，钙、铁、铜、镁、钾等元素含量采用 IRIS1000ER/S 型等离子体发射光谱仪测定，生物炭比表面积采用 ASAP–2020 表面积分析仪（Micromeritics Instrument Corporation，US），N_2 作为吸附质，在液氮温度 77 K 下测定。香蕉茎叶生物炭的基本性质：比表面积 80.51 m^2/g，阳离子交换量 48.31 cmol/kg，灰分 39.05%，pH 值 10.33，碳含量 462.59 mg/g，氢含量 23.95 mg/g，氧含量 179.31 mg/g，氮含量 13.67 mg/g，磷含量 5.41 mg/g，硫含量 5.39 mg/g，钾含量 42.77 mg/g，钙含量 15.18 mg/g，镁含量 10.75 mg/g，铁含量 6.99 mg/g，铜含量 2.81 mg/g。

于 2015 年 1 月布置生物炭施用小区试验，以蕉园土壤作为研究对象，生物炭输入比例按生物炭与土壤的质量百分比进行控制（郭艳亮等，2015），设置 CK（无生物炭施用）、C1（1%，10 t/hm^2 生物炭）、C2（2%，20 t/hm^2 生物炭）和 C3（3%，30 t/hm^2 生物炭）4 个处理，每个处理设 4 次重复，采用完全随机区组设计，共设 16 个试验小区，每个处理小区面积为250 m²（50 m×5 m），小区之间由畦沟分隔开。参考完全混合的方法（郭艳亮等，2015），使用农耕工具分别将各小区内表层20 cm深的土壤均匀翻耕，将生物炭一次性按照设定的比例与翻耕的土壤充分混合，再回填并轻微压实以复原土位，对照样地采用同样的翻耕等处理。施用生物炭1个月后，移栽种植巴西蕉（Musa AAA Giant Cavendish cv. Baxi），每试验小区种植40株，香蕉苗购买自广东省农业科学院果树研究所。在香蕉生长期间，其他施肥等果园管护措施按照当地的蕉园管理办法进行。

对各试验小区的所有香蕉，使用卷尺测定香蕉株高（从香蕉基部到倒数第三片叶叶柄处的高度），同时观察香蕉枯萎病的发病情况，以典型症状（黄叶、维管束堵塞坏死和叶片下垂等）作为发病标准（杨秀娟等，2006），统计香蕉染病率及病情指数，将香蕉枯萎病分为0~4级5个标准。相关计算公式如下：

香蕉黄叶率（%）= 黄叶数 / 总叶数 ×100

香蕉枯萎病发病率（%）= 染病植株总数 /（染病植株总数 + 健康植株总数）×100

病情指数（%）=∑（各级病株数 × 该级级数值）/（总株数 × 最高级数值）×100

防病效果（%）=（对照病情指数 − 处理病情指数）/ 对照病情指数 ×100

生物炭施用1年后，在试验地各小区内采用5点取样法采集土样，距离植株根围20~30 cm，采集0~20 cm土壤，均匀混合。将采集的土壤样品装在无菌保鲜袋中，用密封冰盒带回实验室，部分鲜样保存于4℃冰箱，用于分析土壤酶活性、土壤微生物数量及微生物多样性等，土壤养分含量采用风干样品。

土壤理化性质的测定参照鲍士旦（2000）的方法。土壤酶活性分析参考关松荫（1986）的方法。土壤可培养微生物数量通过稀释平板计数法统计（许光辉和郑洪元，1986）。尖孢镰刀菌采用Komada改良培养基（Smith等，2008）培养。记录平板上的菌落数，转换成每克干土形成的菌落数（colony forming unit，CFU），再取对数，以单位cfu/g（干土）表示。土壤微生物功能多样性的测定采用生态板（Biolog-ECO）实验方法，基于31种碳源的生态板分析土壤微生物多样性特征，土壤微生物利用碳源的能力和活性，用孔的平均颜色变化率（Average well color development，AWCD）表示（Kurten and Barkon，2016）：

$$AWCD=\sum (C_i-R)/n$$

式中，C_i 为每个有培养基孔的光密度值；R 为对照孔的光密度值；n 为培养基碳源种类，本研究为31。

丰富度（Richness）是指被利用碳源的总数目，为每孔中（$C-R$）值大于0.25的孔数。多样性指数Shannon-Wiener（H'）：

$$H'=-\sum (P_i\cdot \ln P_i)$$

式中，P_i 为有培养基的孔和对照孔的光密度值差与整板总差的比值，即 $P_i=(C_i-R)/\sum (C_i-R)$。

2.8 生物炭对番茄园土壤青枯菌生长的影响

采用稀释平板计数法（谷益安，2017）测定不同生物炭施用量对青枯菌生长的影响。向施用不同生物炭含量的 NB 液体培养基（生物炭：NB 培养基，$m:v$=0/0.5/1.5/3/5：100）中接种等量稀释的青枯病菌悬液（浓度为 3×10^8 cfu/ml），分别为 Bc0（CK）、Bc0.5、Bc1.5、Bc3、Bc5 处理，每个处理 3 次重复，NB 培养基 pH 值为 7.0±0.2。30℃下震荡培养 15 h，各处理培养液经逐级稀释 9 个梯度后，吸取 10 μl 涂布于含有 TTC 的 NA 培养基上，30℃培养 36 h，取适宜记录的最低稀释倍数平板进行计数。每毫升菌落形成单位（cfu/ml）= 同一稀释度的平均菌落数 × 稀释倍数 ×100。

2.9 生物炭对番茄园土壤青枯菌的吸附作用和运动性的影响

将 3×10^8 cfu/ml 青枯菌悬液与生物炭混合，制备成 0、0.5%、1.5%、3%、5%（生物炭：菌悬液，$m:v$）不同生物炭含量的菌悬液。取 5 ml 转移到离心管，30℃、90 r/min 震荡孵育 60 min，静置 60 min。取孵育后上清液，用无菌水 10 倍梯度稀释 9 个梯度，吸取 10 μl 各梯度样品涂布于含 TTC 的 NA 培养基上，30℃培养 24 h 后记录各梯度菌落数，研究吸附作用（谷益安，2017），计算方法同 2.8。运动性测定参照谷益安（2017）和程承等（2017）相关研究方法：吸取 2.5 μl 孵育后的菌液，垂直滴于半固体 SMM 培养基（0.35%琼脂）上，30℃恒温培养 32 h 后测定每个平板上 3 个菌落的直径，取平均值，每个处理 3 次重复。运动性 = 测量直径（mm）– 起始接菌直径（mm）。

2.10 生物炭对番茄生长及根际细菌群落多样性的影响

该试验在温室大棚中进行，添加不同量生物炭，制备成 0、0.5%、1.5%、3%、5%（生物炭：土壤，质量比）不同生物炭含量的土壤，每盆 1 kg 土。番茄苗移栽于不同生物炭含量的土壤中，每个处理 4 次重复。在移栽后 40 天、80 天，调查番茄主要农艺性状，包括株高、叶数、最大叶长和最大叶宽。移栽 80 天后，抖根法收集根际土壤样品，保存至 –80℃冰柜中，用于根际微生物群落结构多样性的测定；四分法收集所有土壤样品，风干后用于理化性质的测定。

2.11 生物炭对番茄青枯病的防治效果

盆栽试验在温室进行。番茄苗培育到大十字期后，用无菌水小心漂洗根部，分别移栽于 0、0.5%、1.5%、3%、5% 不同生物炭含量的土壤中，每个处理 15 株，3 次重复。待番茄苗定植 10 天后，采用灌根法接种，每株接种 3×10^8 cfu/ml 的青枯菌悬液 30 ml，接种后每天观察番茄发病情况，直至对照处理发病率超过 80%，参照番茄病虫害分级及调查方法（方中达，1998）进行病害分级，计算发病率、病情指数和防治效果。

土壤和番茄茎中青枯菌数量测定。土壤中青枯菌数量的测定参考刘琼光等（2006）的方法进行。将番茄植株连土移出，捏碎大土块，采用抖根法收集根际土壤。称取 5 g 新鲜土样，加入盛 45 ml 无菌水的 100 ml 三角瓶中，170 r/min 振荡 30 min，使土样均匀地分散在稀释液中成为土壤悬液，吸取 1 ml 土悬液到 9 ml 无菌水中，按 10 倍法依次稀释至 10^{-6}。取 10^{-4}、10^{-5}、10^{-6} 的稀释液各 1 ml，分别接入相应标号的培养皿中，然后倒入 20 ml TTC 培养基，待培养基凝固后放入 30℃ 恒温培养箱中，48 h 后取出记录每个培养皿中青枯菌菌落数，最后换算成每克干土青枯菌的平均数。

2.12 生物炭对茶园土壤理化性质及茶叶品质的影响

试验采用单因素随机区组设计，共设 4 个处理，即生物炭的田间施用量分别为 0（CK）、10t/hm² （Bc10）、20t/hm² （Bc20）、40t/hm² （Bc40），每个处理 4 次重复，小区面积为 30 m²。将生物炭均匀撒在供试小区地表，翻土深 20 cm，使其与土壤充分混匀。茶园按常规管理，每年施肥量为每公顷氮素 300 kg、P_2O_5 75 kg、K_2O 112.5 kg，以尿素、重过磷酸钙、硫酸钾进行春季、夏季和秋季施肥，春季、夏季、秋季施肥量分别占全年总量的 40%、30% 和 30%（郑慧芬等，2019）。分析测定土壤理化性质、微生物数量、酶活性及茶叶品质指标（茶叶百芽重、芽青产量、水浸出物、咖啡碱、茶多酚等）。

2.13 土壤碳库管理指数样品的采集

在野外详细调查的基础上，选择由本底资料和时间一致的城郊菜地为研究对象，各设置间隔约 100 m 的 3 块面积约 20 m×20 m 的样地作为 3 次重复。同时，在邻近农田中，设置 3 块 20 m×20 m 标准样地作为对照。采样前去除地表凋（桩）落物，按照 S 形方法在各样地中选取 5 个代表性样点采集土壤样品，按 0~20 cm 用土壤取样器（直径 5 cm）取土。将采集的土壤样品，装在无菌自封袋中，带回实验室风干后做常规处理，用于土壤理化性质的测定。

2.14 土壤动物群落特征的调查

在城郊菜地选择 3 个实验样地作为土壤动物取样的重复。取样方法参考热带土壤生物学和肥力计划（TSBF）（Anderson 等，1993）。每个样地随机选择 S 形 5 个样点，每个样点间的距离大于5 m，每个样点取样面积为40 cm×40 cm。先收集样方内的凋枯落物，用手捡法采集其中的大型土壤动物，然后沿土壤剖面分0~10 cm，10~20 cm，20~30 cm和30~40 cm不同土层采集土壤样品等，样品带回实验室内，分别用干漏斗法（Tullgren法）和湿漏斗法（Baermann法）分离中小型土壤动物（《土壤动物研究方法手册》编写组，1998）。

2.15　桉树枝条生物炭输入小区试验

在广西国有黄冕林场桉树人工林实验区，选择与桂北地区成土母质一致、海拔和坡度接近、地势相对缓和平坦、具有代表性的一代林4年龄桉树人工林作为试验样地，林分窄行的株行距为2 m×3 m，宽行间距为5 m，2年前基肥施用量为750 kg/hm^2，施用长沙达君肥业生产的达君复合肥，总养分≥25%，氮、磷、钾三元素含量比为13∶5∶7。生物炭输入试验期间，不再施用其他追肥。于2017年春季（3月）布置生物炭施用量定位小区试验，以桉树人工林土壤作为研究对象，生物炭输入比例参考生物炭与土壤的质量百分比进行控制（郭艳亮等，2015），设置CK（无生物炭添加）、T1（0.5%，相当于原土0~30 cm土层重的0.5%）、T2（1%，相当于原土0~30 cm土层重的1.0%）、T3（2%，相当于原土0~30 cm土层重的2.0%）、T4（4%，相当于原土0~30 cm土层重的4.0%）和T5（6%，相当于原土0~30 cm土层重的6.0%）6个处理，每个处理设3次重复，采用完全随机区组设计，共设18个试验小区，每个小区规格为8 m×8 m，小区间设1 m宽的缓冲带。生物炭施用结合林场所采用的施肥方式，参考郭艳亮等（2015）采用的完全混合方法，采用农耕工具分别将各小区内表层30 cm深的土壤均匀翻耕，将生物炭一次性按照设定的比例与翻耕的土壤充分混合，然后将混合后的土壤回填并轻微压实复原土位。考虑到翻耕对地表植物可能的扰动，对照样采用同样的翻耕等处理。

3　实验研究方法

3.1　生物炭产率、pH值、灰分和碳、氮含量的分析

产率测定。生物炭产率为炭化后与炭化前质量比。

pH值测定。称取1.00 g生物炭放入50 ml离心管内，加入20 ml无CO$_2$蒸馏水密封，室温180 r/min振荡3 h，过滤，弃去初滤液5 ml，收集滤液，用pH计测定滤液pH值。采用乙酸钠交换法测定阳离子交换量（CEC）。采用DDS–307A电导率仪测定生物炭电导率（EC）。

生物炭灰分和碳、氮含量测定。将30 ml瓷坩埚置于高温炉中（650℃）灼烧至恒

重，冷却称重，称取生物炭 1.00 g 置于已灼烧至恒重的瓷坩埚中，将坩埚送入高温电炉中，打开坩埚盖，逐渐升高温度，在 800℃灰化 4 h，冷却取出称量计算灰分（Karimi 等，2020）。称取 100 mg 过 100 目筛生物炭样品，采用元素分析仪（Elementar Vario EL CUBE，Hanau，Germany）测定生物炭中碳、氢、氮等元素的质量百分含量，同时计算各种生物炭中有机质组分的 H/C、O/C 的原子摩尔比。采用钼黄比色法和火焰光度法分别测定生物炭中磷和钾等养分含量。生物炭中矿质元素含量采用 VISTA-MPX 光谱仪测定。

3.2 傅立叶变换红外光谱分析（FTIR）

采用傅立叶变换红外光谱仪（Nicolet 6700，美国尼高利）测定生物炭的红外光谱（Zhao 等，2018）。将生物炭磨碎后过 100 目筛，烘干后，将样品与 KBr 以质量比 1∶200 混合，用玛瑙研钵研磨后于压片机上压成均匀的薄片，红外光谱仪测定范围为 400~4000 cm^{-1}，分辨率为 4 cm^{-1}，通过波谱特征分析生物炭的表面特征。

3.3 X 射线能谱分析、比表面积及孔径分析

称取 1 g 生物炭样品，用 OCT 化合物（Sakura Finetek，日本）涂片，立即置于液氮中冷却，在 -150℃低温下测定表面形态及元素组成。比表面积及孔径分析采用比表面积及孔径分布仪（BELSORP-mini Ⅱ）测定生物炭的比表面积和孔径分布，比表面积测定选择 BET 模型（任刚等，2015），孔径分析采用 BJH 模型（简敏菲等，2015），在液氮温度 77 K 下，以液态氮为吸附介质，完成氮气吸附、脱附实验。测定前所有的样品均在 150℃、真空条件下脱气 2 h，以清除试样表面已经吸附的物质，99.999% N_2 为吸附质，饱和蒸气压为 1.0360 MPa，P/P_0 取点在 0.05~0.35。根据国际纯粹与应用化学协会（IUPAC）定义，微孔孔径小于 2 nm，介孔孔径为 2~50 nm，大孔孔径大于 50 nm。

3.4 Bohem 滴定法

Boehm 滴定法是根据不同强度的碱与不同的表面含氧官能团反应进行定性与定量分析（Boehm，1994）。一般认为 $NaHCO_3$ 中和羧基，Na_2CO_3 中和羧基和内酯基，NaOH 中和羧基、内酯基和酚羟基，HCl 中和碱性官能团，根据酸碱的消耗量可以计算出相应含氧官能团的含量。具体实验步骤：准确称取 4 份 1 g 300℃生物炭，分别放入 150 ml 磨口带塞锥形瓶，然后在 4 个锥形瓶中分别加入 0.05 mol/L 的 NaOH、$NaHCO_3$、Na_2CO_3、HCl 各 25 ml，在 25℃ 150 r/min 振荡 24 h，前 3 个样品上清液用 0.05 mol/L HCl 反滴定，甲基红作指示剂，第 4 个样品用 0.05 mol/L NaOH 反滴定，酚酞作指示剂。依照此法分别测定热解终温

400~700℃下制备的生物炭，并设置空白对照，每个样品3次重复。

3.5　生物炭的归一化相对质量指数

采用多属性决策法对生物炭性质及土壤质量进行归一化处理（靳振江等，2012），首先将所有生物炭或土壤样本性质指标分别进行归一化，得到单个样本归一化的土壤质量值。通过将每个样本均一化的所有指标值与权重相乘后相加得到单个样本归一化质量指标，生物炭的综合指标选取的生物炭的性质（权重）分别为pH值（1）、电导率（-3）、总有机碳含量（3）、灰分（1）、阳离子交换量（1）、氮（1）、磷（2）、钾（2）。其中，土壤肥力的综合指标选取的土壤指标和权重分别为pH值（1）、电导率（-3）、土壤有机质（3）、全氮（1）、有效磷（2）、有效钾（2）（Li等，2015）。参照土壤质量评价法和蔬菜品质评价法进行生物炭质量的综合评价和蔬菜品质提升评价（Lin等，2020）。

3.6　土壤活性铝含量的测定

土壤活性铝的含量采用庞叔薇等（1986）提出的浸提方法测量，采用KCl、NH_4Ac、HCl、NaOH共4种浸提剂分别浸提。其中，KCl浸提交换性铝离子，而NH_4Ac浸提交换性铝离子、单聚体羟基铝离子，HCl浸提出交换性铝离子、单聚体羟基铝离子及胶体$Al(OH)_3$，NaOH能浸提的活性铝包括所有能形成羟基铝化合物的无机铝及腐殖酸铝。

3.7　土壤水分入渗过程的测定

采用一维定水头垂直积水入渗法测定土壤的入渗过程（詹舒婷等，2021），水头高度控制在5 cm，采用马氏瓶供水，调整马氏瓶位置及内管高度，土壤表面加入5 cm水深的水量，开始入渗，观察湿润锋的深度和马氏瓶的水位，记录相应时间下的运移深度和水位刻度。湿润锋到达土柱底部时，入渗过程结束。马氏瓶继续供水，待土柱底部流出溶液，观测相同时间内流出液体相等时停止供水，所有土柱静置24 h。将所有土柱放置在环境相对稳定的室内测定蒸发，每天中午12：00称量土柱重量，测定土壤水分日损失量，蒸发过程持续30天，日蒸发量的计算公式参考肖茜等（2015）的研究方法。为进一步研究不同材料生物炭对土壤入渗过程的影响，采用Philip模型、Kostiakov模型和Horton模型进行土壤入渗和蒸发的拟合（张妙等，2018）。

马氏瓶通水后即开始观察并记录湿润锋及入渗率变化情况，前30 min每分钟测量记录1次，30 min后每5 min测量并记录1次，直至入渗完成。在入渗结束后随机选择3个重复试验继续等待，先用橡胶塞堵住玻璃导管，待水将底部砾石部分灌满后，打开橡胶塞，待水流稳定后，用10 ml量筒接经由玻璃导管导出的水。每分钟读1次数，共读数10 min，用来计算饱和导水率，计算方法参照文献（邢旭光等，2017）。

3.8 土壤物理性质及水分特征的测定

土壤水分特征及有关物理性状的测定。采用环刀法在田间条件下测定土壤容重，在实验中采用威尔科克斯法（颜永豪等，2013）测定土壤饱和持水量及田间持水量；采用李笑吟等（2006）的方法计算土壤总孔隙度、毛管孔隙度和非毛管孔隙度。

土壤吸湿系数及凋萎湿度测定。采用饱和K_2SO_4法测定（李笑吟等，2006）。称取过2 mm孔径的风干土样10 g置于已知质量的称量瓶（精确至0.001 g）中，将盛有土样的称量瓶放入干燥器的有孔瓷板上，勿使称量瓶贴近瓶壁。在干燥器底部盛有饱和K_2SO_4溶液（每1 g土样放入约3 ml饱和K_2SO_4溶液），将干燥器密封好，抽干干燥器内的空气，放置在温度较稳定处保持恒温20℃。在土壤吸湿后7天左右取出称量瓶立即称重（精确至0.001 g），然后重新放入干燥器内，每3天按同法称量一次直至恒重，计算时取其最大值。将达到恒定质量的土样置于烘箱中，在105℃烘至恒重（精确至0.001 g）。

土壤保水性能测定。采用王浩等（2015）的方法。称取过2 mm孔径的风干土壤100 g置于5 cm×5 cm×10 cm的已知质量塑料瓶（精确至0.001 g）中，向瓶中补水至其土壤田间持水量，敞口置于室内恒温处阴干14天，逐日定时称重，计算样品每日剩余水量，评价不同生物炭添加量对土壤保水能力的影响。

3.9 土壤团聚体组成和团聚体稳定性的测定

按照团聚体粒径，将机械稳定性团聚体分为机械稳定性大团聚体（大于0.25 mm）、机械稳定性微团聚体（小于0.25 mm）；将水稳性团聚体分为团聚体A1（大于2.00 mm）、团聚体A2（2.00~0.25 mm）、微团聚体（小于0.25 mm）。将风干土过0.25 mm筛网后，采用MS 2000型激光粒度仪测定土壤微团聚体。按照龚伟等（2007）提出的分类方法，基于粒径将土壤微团聚体划分成0.25~0.05 mm、0.05~0.02 mm、0.02~0.002 mm、<0.002 mm。

土壤团聚体组成和团聚体稳定性指标以大于0.25 mm机械团聚体和水稳性团聚体百分含量（$R > 0.25$）、土壤团聚体结构破坏率（PAD，%）、团聚体平均重量直径（MWD，mm）、几何平均直径（GMD，mm）、分形维数（D）等指标表示。湿筛大团聚体含量（$R > 0.25$）和土壤团聚体破坏率的计算采用刘文利等（2016）推导公式；土壤团聚体稳定性评价指标——平均重量直径和几何平均直径计算采用姜敏等（2016）推导的公式；土壤的分形维数（D）引用杨培岭等（1993）推导的公式。

3.10 土壤腐殖质组分及胡敏酸结构的测定

采用腐殖质组成修改法（于水强等，2005）提取水溶性物质（WSS）、胡敏酸（Humic acid，HA）、富里酸（Fulvic acid，FA）和胡敏素（Humin，Hu），并测其有机碳含量。胡敏酸的提取和纯化：将过 60 目的干土 100 g 按土∶液 =1∶10 的比例，用 0.1 mol/L NaOH 在室温下提取，向上述溶液中加入 2.5 mol/L HCl 酸化至 pH 值为 1.5，将酸化的混合液置于低速离心管中离心，离心所得沉淀即为粗胡敏酸。粗胡敏酸处理具体步骤见文献（窦森，2010）。土壤有机碳的测定均采用重铬酸钾外加热法；胡敏酸、富里酸等水溶性有机碳含量采用岛津 TOCVCPH 仪测定。

腐殖质元素组成采用元素分析仪（德国，Vario EL Ⅲ analyzer）进行测定，应用 CHN 模式，O+S 含量用差减法计算，依据样品中各元素的大致含量确定称样量（各样品称样量均为 3 mg），并用差热分析的灰分和含水量数据对元素分析数据进行校正。红外光谱分析（Infrared spectrometry，IR）应用美国 NICOLET–EZ360 红外光谱仪，扫描模式为 $4000\sim400\ cm^{-1}$，采用 KBr 压片法测定。采用 OMNIC（Thermo Fisher，美国）软件对谱线选取特征峰，并对官能团的振动峰进行半定量分析。

3.11 土壤有机碳、氮及碳库管理指数等的测定

土壤和生物炭的基本理化性质参照《土壤农化分析》常规方法测定（鲍士旦，2000），其中，土壤总有机碳（TOC）采用重铬酸钾 – 浓硫酸外加热法；土壤全氮（TN）采用混合催化剂 – 流动分析仪法。土壤活性有机碳（AOC）、中活性有机碳（MAOC）和高活性有机碳（HAOC）分别采用 333 mmol/L、167 mmol/L、33 mmol/L 高锰酸钾氧化法测定（Blair 等，1995；吴建富等，2013）；土壤水溶性有机碳（WSOC）采用 Ghani 等（2003）的测定方法；土壤容重采用环刀法；土壤 pH 值采用 pH 计测定（水土比为 2.5∶1）。其他相关指标的计算（徐明岗等，2006；吴建富等，2013；兰延等，2014）：碳库活度（*A*）= 活性有机碳 / 非活性有机碳含量；碳库活度指数（*AI*）= 土壤碳库活度 / 参考土壤碳库活度；活性碳有效率（*AC*）= 活性有机碳 / 有机碳；碳库指数（*CPI*）= 土壤有机碳 / 参考土壤有机碳；碳库管理指数（*CPMI*）= 碳库指数 × 碳库活度指数 ×100。土壤非活性有机碳（*NLOC*）= 土壤有机碳 – 土壤活性有机碳。

3.12 土壤理化性质的测定

土壤含水量测定采用烘干法进行测定；土壤孔隙度由公式孔隙度 =1– 容重 / 密度计算得到；土壤有机碳（SOC）用总有机碳 TOC 仪测定（岛津 5000A，日本）；全钾（TK）

用硫酸－高氯酸消煮，火焰光度法；速效氮（AN）用碱解扩散法；速效磷（AP）用碳酸氢钠浸提，钼锑抗比色法；速效钾（AK）用火焰光度法（鲍士旦，2000）。土壤阳离子交换量采用 1 mol/L 乙酸铵交换法，土壤电导率采用电导率仪（DDS–307A）测定（水土比为 5∶1）。土壤交换性酸、交换性铝和交换性氢用 1 mol/L KCl 提取，0.02 mol/L NaOH 滴定法（鲁如坤，2000）。交换性钠、土壤交换性钙、交换性镁采用 Mehlich 3 浸提剂浸提，水土比 10∶1 混合振荡，滤液稀释 5 倍，用电感耦合等离子体发射光谱仪（ICP，美国 PE optima 5300DV）测定（马立峰等，2007）。

土壤全氮采用德国 Vario EL Ⅲ 型元素分析仪进行测定；硝态氮（NO_3^-–N）和铵态氮（NH_4^+–N）用 2 mol/L KCl 浸提后通过连续流动分析仪测定（SKALAR–SAN++8505，荷兰）。土壤微生物生物量碳氮比采用氯仿熏蒸浸提法测定（吴金水等，2006）。

3.13　土壤微量元素及重金属元素的测定

将采集的土壤样品带回实验室，烘干过筛后备分析用，各样品中的磷、钾、钙元素含量采用 HP3510 原子吸收分光光度计测定（鲁如坤，2000）。铜、铁、猛、锌、镁、铅、钼、镉、镍含量采用全消解－电感耦合等离子体质谱法（Agilent 7700X）测定。砷、汞含量采用全消解－原子荧光分光光度法（北京吉天 AFS–9130）测定。实验测定采用国家一级标样和重复样片进行精度监控，其准确度和精密度均满足试验要求。

3.14　土壤分形维数的测定

分形几何学通常以不规则的或支离破碎的物体为研究对象，从看似混沌的物体结构中寻找出规律，即分形体的自相似性，分析这一特征的方法主要是分形维数。计算分形维数时，一般采用在双对数坐标下进行回归分析，得出拟合直线的斜率即为分形维数值（D）。本研究采用基于土壤颗粒重量分布的方法（Tyler 等，1992；杨培岭等，1993；高传友等，2016），计算土壤粒径质量分形维数。

$$(Ri'/Rmax)^{3-D}=W(r<Ri')/Wo$$

式中，Ri' 为粒级 Ri 与 $Ri+1$ 间粒径的平均值；$Rmax$ 为最大粒级的平均粒径；$W(r<Ri')$ 为小于 Ri 的累积土粒质量；Wo 为土壤各粒级质量的总和；$3-D$ 是线性拟合方程的斜率，D 为分形维数。最后用 $\lg(Ri'/Rmax)$、$\lg W/Wo$ 为横坐标、纵坐标，用回归分析计算分形维数。

3.15 土壤抗蚀性指标的测定

土壤抗蚀性采用静水崩解法测定（任改等，2009；赵洋毅等，2014），将干筛后留在 3 mm 筛上的 3~6 mm 的土壤粒体数统计登记，分 4 次放入盛水容器中 1 mm 筛上进行浸水试验，水要浸没土粒，每隔 1 min 记录崩塌的土粒数，连续记录 10 min，计算抗蚀指数，计算公式为 S（%）=（总土粒数 − 崩塌土粒数）/ 总土粒数 ×100。

团聚度（%）= 团聚状况 / 大于 0.05 mm 微团聚体分析值 ×100%；团聚状况（%）= 大于 0.05 mm 微团聚体分析值 − 小于 0.05 mm 土壤机械组成分析值；分散率（%）= 小于 0.001 mm 微团聚体分析值 / 小于 0.001 mm 机械组成分析值 ×100%；结构破坏率（%）= 大于 0.25 mm 团聚体分析值（干筛 − 湿筛）/ 大于 0.25 mm 团聚体干筛分析值 ×100%。

土壤入渗采用双环法（赵阳等，2011），在每个样地随机选取 3 个样点进行入渗重复试验，取其平均值进行统计分析。土壤初渗透速率、稳渗速率的计算参照中华人民共和国林业行业标准《森林土壤渗滤率的测定》（LY/T1218—1999）。

3.16 生物炭输入后土壤对无机氮的吸附解吸特性

等温吸附解吸试验。称取 1 g 供试生物炭土壤，置于离心管中并称重（W_1），加入 30 ml 含氮量分别为 0 mg/L、20 mg/L、40 mg/L、60 mg/L、80 mg/L、100 mg/L、120 mg/L、160 mg/L、200 mg/L 的 NH_4^+–N 溶液（氯化铵配制）/NO_3^-–N 溶液（硝酸钾配制），（以 0.01 mol/L KCl 溶液作为背景电解质，溶液），初始 pH 值为 6.5，充分混匀后，放置于 25℃恒温箱中持续振荡 24 h，3800 r/min 条件下离心 10 min，过滤后取滤液进行测定，每个处理 3 次重复。取浓度为 20 mg/L、100 mg/L、200 mg/L 的上述样品，分离上清液后将离心管称重（W_2），然后加入 0.01mol/L KCl 溶液 30 ml，搅匀振荡 1 h。放置 25℃下恒温平衡 24 h，于 3800 r/min 条件下离心 10 min，倾倒上清液并过滤，取滤液进行测试。每个处理 3 次重复。等温吸附试验中，倾出上清液并过滤，原子吸收分光光度计测定滤液中 NH_4^+–N、NO_3^-–N 浓度，差减法计算吸附量。土壤对氮素的等温吸附过程用 Langmuir；Freundlich；Temkin 方程拟合（林婉嫔，2019）。

氮矿化培养试验。用 1 L 的塑料瓶，装相当于烘干土重 1.2 kg 的风干土，单一土壤处理（CK）、不同生物炭土壤（分别在 300℃、500℃和 700℃温度下制备生物炭；生物炭 / 土壤质量比分别为 2%、4%、6%）处理，每个处理设 3 次重复。将土壤与生物炭充分混匀，加入去离子水，使各个处理土壤含水量达到田间持水量的 65%，并称重（W）。将塑料瓶用保鲜膜覆盖，戳小孔，置于 25℃恒温恒湿培养箱中密闭培养，分别于第 1 天、第 3 天、第 6 天、第 10 天、第 20 天、第 40 天、第 60 天和第 90 天时采集土壤样品。采集样品时，采集约 100 g 表层土壤，以最大限度减少对土壤样品的扰动。同时测定土壤含水量并通过称重法补充剩余水分（培养期间每7天补充1次水分）。

采集土壤样品后风干，经晾晒后磨细过筛，全氮采用凯氏定氮法测定。无机氮由于样品经风干或烘干易引起硝态氮变化，因此采用新鲜土。铵态氮采用靛酚蓝比色法，硝态氮采用双波比色法测定。土壤下渗水量采用量筒计量，水样测定全氮和全磷指标，分别采用过硫酸钾氧化 – 紫外分光光度法和过硫酸钾消解法（国家环境保护总局，2002）。全氮和全磷的流失量计算采用陈重军等（2015）的计算方法。

3.17 生物炭对土壤磷吸附等温线、动力学及磷解吸的影响

准确称取 1.250 g 过 10 目筛的风干土壤样品，放入 50 ml 离心管内，按照 2%、4%、8% 的质量比分别向离心管中加入由玉米秸秆、水稻秸秆、蔗渣和香蕉茎叶制备的生物炭，每个处理 3 次重复。并以不添加生物炭为对照，与土壤充分混匀，分别向离心管中加入 25 ml 含磷量为 0 mg/L、20 mg/L、60 mg/L、90 mg/L、120 mg/L、160 mg/L KH_2PO_4 溶液（该溶液以 0.01 mol/L KCl 为平衡电解质，下同），每个离心管中添加 2 滴甲苯以抑制土壤中微生物的活性。将所有离心管于 25℃条件下以 230 r/min 的速度振荡 24 h，取出离心管依次进行离心和过滤，最后用钼锑抗比色法测定过滤液中磷的浓度。

生物炭对土壤磷吸附动力学的测定。准确称取 1.250 g 过 10 目筛的风干土壤样品，放入 50 ml 离心管内，分别按照 2%、4%、8% 的质量比分别向离心管中加入由玉米秸秆、水稻秸秆、蔗渣和香蕉茎叶制备的生物炭，每个处理设 3 次重复。并以不添加生物炭为对照，与土壤充分混匀，向每个离心管中加入 25 ml 含磷量为 60 mg/L 的 KH_2PO_4 溶液，每个离心管中添加 2 滴甲苯以抑制土壤中微生物的活性。将所有离心管于 25℃条件下以 230 r/min 的速度分别振荡 0.5 h、1 h、2 h、4 h、8 h、12 h、24 h 后，依次进行离心和过滤，最后用钼锑抗比色法测定过滤液中磷的浓度。

生物炭对土壤磷解吸的测定。准确称取 1.250 g 过 10 目筛的风干土壤样品，放入 50 ml 离心管内，加入 25 ml 磷含量为 30 mg/L 的 KH_2PO_4 溶液，每个离心管中添加 2 滴甲苯以抑制土壤中微生物的活性。将所有离心管于 25℃条件下以 230 r/min 的速度振荡 24 h，取出离心管依次进行离心和过滤，最后用钼锑抗比色法测定过滤液中磷的浓度。弃去离心后的上清液，保留离心管中的土，并称离心管和土的总重量。按照 2%、4%、8% 的质量比分别向离心管中加入由玉米秸秆、水稻秸秆、蔗渣和香蕉茎叶制备的生物炭，再加入 25 ml 0.01 mol/L KCl 溶液，置于恒温振荡器中振荡 24 h，离心过滤后，用钼锑抗比色法测定过滤液中磷的浓度。每个处理设 3 次重复。各生物炭处理下土壤对磷的吸附总量和的解吸总量的计算，参考张璐等（2015）和李仁英等（2017）的方法。

3.18　土壤微生物群落功能多样性分析

采用抖根法采集蔗田根际土壤。去除黏附在根系上的较大土壤结块，轻轻抖动根系收集根际土壤，将相同处理的4份根际土壤均匀混合后分为两部分，一部分用于土壤微生物测定，一部分在4℃下保存。土壤中的细菌、真菌、放线菌、氨化细菌和固氮菌分别使用牛肉膏蛋白胨培养基、马丁氏培养基、高氏1号培养基、蛋白胨琼脂培养基和改良阿须贝无氮琼脂培养基培养，菌数采用平板计数法计算（韩光明，2013）。将样品土壤用无菌水振荡后，稀释到适当浓度进行平板涂布。细菌、真菌、放线菌和固氮菌通过平板上形成的单菌落数（CFU）进行计数。氨化细菌使用MPN稀释法（邢肖毅等，2013）计数。采用BIOLOG–ECO板（生态板）对土壤微生物的群落代谢特征进行研究，待测土壤的处理依照Lagerlof等（2014）的方法：取待测土样10 g加入到灭菌三角瓶中，再向三角瓶中加入90 ml灭菌的质量分数为0.85%的NaCl溶液（生理盐水），封口后200 r/min振荡30 min。取1 ml提取液至无菌试管，加入9 ml无菌生理盐水，依次进行梯度稀释至与原提取液稀释比例为1∶1000。将150 μl的稀释液加入到ECO板的每个孔中，置于25 ℃恒温培养箱中暗培养，每隔12 h利用ThermoMultiskan Ascent酶标仪测定ECO板每孔590 nm（颜色＋浊度）和750 nm（浊度）（Jiang等，2013）波长处的吸光度值，连续测定7天。通过平均颜色变化率（average well color development，AWCD）、物种丰度指数（H）、均匀度指数（E）和碳源利用丰度指数（S）对BIOLOG–ECO板进行数据分析（郑丽萍等，2013）。土壤中溶磷菌的数量采用磷酸钙培养基平板稀释计数法测定，培养温度28℃。平板上长出有溶磷透明圈的细菌数在30~100个的为有效计数结果。

采用土壤DNA提取试剂盒（omega bio–tekInc，doravilla，GA，USA）提取茶园土壤细菌的DNA，用1%琼脂糖凝胶电泳检测DNA的质量，然后将土壤细菌的DNA送至上海美吉生物医药科技有限公司，以Illumina MiSeq平台进行高通量测序和分析。土壤细菌高通量测序数据分析均是基于上海美吉生物医药科技有限公司所提供的云服务进行。具体的数据分析软件和算法参考上海美吉生物医药科技有限公司官方网站提供的说明。样品的原始序列已经提交至NCBI SRA。

3.19　土壤酶活性的测定

土壤酶活性参考关松荫（1986）的方法，每个样品3个平行，苯酚钠比色法测定脲酶（URE），以37 ℃在脲酶作用48 h内每克土壤中氨态氮的毫克数表示（mg/g）；采用3,5–二硝基水杨酸比色法测定蔗糖酶（SUS），以37 ℃在蔗糖酶作用24 h内的每克土壤中葡萄糖的毫克数表示（mg/g）；采用磷酸苯二钠比色法测定酸性磷酸酶（ACP），以37 ℃在磷酸酶作用24 h内的每克土壤中酚的毫克数表示（mg/g）；采用高锰酸钾滴定法测定过氧化氢酶（CTA），以过氧化氢酶作用下每克土壤24 h所消耗的0.1 mol/L KMnO$_4$的体积表示（ml/g）。采用氯化三苯基四唑还原法测定土壤脱氢酶活性［DHA，μg/（g·h）］，以三甲基甲臜［TPF，μg/（g·h）］表示；采用硝基酚比色法测定β–葡萄糖苷酶活性［BG，μg/（g·h）］，以对硝基酚［PNP，μg/（g·h）］表示；采用微孔板荧光法（Bell等，2013）测定土壤纤维二糖苷酶［CB，nmol/（g·h）］和亮氨酸氨基肽酶［LAP，nmol/（g·h）］。

3.20　土壤动物群落及线虫的分离与鉴定

采用Tullgren土壤动物分离漏斗进行土壤动物的收集（肖玖金等，2015）；使用德国Zeiss金相显微镜（Primotech公司）观察土壤动物，并依据《中国土壤动物检索图鉴》对土壤动物进行鉴定（尹文英，1998）。称取土壤50 g，采用浅盘法分离土壤中的线虫（毛小芳等，2004），随机数100条线虫，参考《中国土壤动物检索图鉴》（尹文英，2000）及Bongers（1988）主编的 *De nematoden van Nederland* 进行线虫鉴定。将线虫分为4个营养类群：食细菌线虫（Bacterivores）、食真菌线虫（Fungivores）、植食性线虫（Plant-parasites）和杂食/捕食性线虫（Omnivores/predators）（李琪等，2007）。并根据线虫的食性和生活策略（r–策略和k–策略）对线虫划分为1~5的c-p值（Bongers，1988）。采用多种生态指数对土壤线虫的多样性和群落结构进行评价（李玉娟等，2005），如植物寄生线虫成熟度指数（PPI）（Bongers，1988），线虫通路指数（NCR）（Yeates等，2003）等。

3.21　生物炭施用后农田污染土壤重金属含量的测定

选择河池市某镉污染水稻田，于当季水稻成熟后采集稻谷、稻秆和稻田土壤样品。将采集的谷粒样品置于室外阳光下晒干，稻秆装入编号信封置于105 ℃烘箱内杀青2 h，再调至65℃烘至恒重后备用；谷粒晒干后用糙米机分出糙米，稻秆用植物粉碎机粉碎为植物样品后装入密封瓶中保存待分析用。土壤样品经自然风干后过筛，用自封袋保存备用。

同时，采自河池市周边重金属砷污染的0~20 cm某菜地耕作层土壤，为偏酸性红壤土，土壤pH值为6.08~6.33，砷总含量为121.04 mg/kg，土地利用类型是旱地，常年种植蔬菜。土壤中砷的含量均超过国家土壤环境质量的二级标准，为砷污染土壤。铅总含量44.71 mg/kg，铬总含量0.324 mg/kg，根据《土壤环境质量标准》（GB 15618—1995），该试验点土壤镉含量超过土壤环境质量二级标准。土壤培养试验设置4个处理：未添加生物炭的空白对照CK，分别添加质量分数为1%的蔗渣生物炭C300、C500、C700，每个处理3次重复。

试验采用对土壤进行室内培养的方法。用百分之一的天平分别称取过20目筛的土壤样品500 g，转移至一系列1000 ml玻璃烧杯中，并分别称取一定量的不同温度制备的玉米秸秆生物炭（添加量1%），将土壤与玉米秸秆生物炭混匀后加去离子水，调节至土壤水层约20 cm，在室温（25℃）下培养120 d，每6天测定土壤的氧化还原电位并取鲜土样约20.0 g，测定其pH及各形态As含量，每个处理3次重复。

土壤镉含量采用HCl–HNO₃–HF–HClO₄消煮法测定，土壤有效态镉含量采用DTPA萃取法测定（宋波等，2019），稻秆和稻米镉含量根据《食品安全国家标准食品中镉的测定》（GB 509.15—2014）的规定采用湿式法消解测定。铅形态分析采用改进的BCR法（张朝阳等，2012），分为弱酸可提取态、可还原态、可氧化态、残渣态，所有样品处理过程均同时带试剂空白、平行样和质控样，用ICP–OES进行分析测定。砷形态分析采用分级测定的方法（武斌等，2006；Myoung等，2011），分为交换态砷（AE–As）、铝结合态砷（Al–As）、铁结合态砷（Fe–As）、钙结合态砷（Ca–As）、残渣态砷（O–As），总砷的消解采用EPA3050B方法（1996），采用AFS–920双道原子荧光光度计测定其含量。

青菜叶绿素含量采用酒精丙酮浸提法测定，丙二醛（MDA）含量采用硫代巴比妥酸比色法测定，超氧化物歧化酶（SOD）活性采用氮蓝四唑光还原法（NBT）测定，过氧化物酶（POD）活性采用愈创木酚比色法测定，过氧化氢酶（CAT）活性采用碘量滴定法测定（董树刚和吴以平，2006）。青菜各部位中铅含量利用4∶1的HNO₃–HClO₄（体积比）进行消煮，使用电感耦合等离子光谱仪（ICP–OES）进行测定。为了进一步反应铅在青菜各部位的累积与转运情况，对其富集系数与转运系数进行了计算。

富集系数（EC）= 植物中重金属含量 / 土壤中重金属含量 ×100

转运系数（TF）= 地上部位重金属含量 / 地下部位重金属含量 ×100

3.22 磺胺类抗生素和氧氟沙星的测定

采用HPLC–MS/MS分析磺胺类抗生素的含量，色谱柱为Merk Purosphere STAR RP–18e（5μm）250 mm×4.6 mm；On–line SPE LC–MS/MS条件为在线固相萃取柱采用C18柱；流动相为乙腈（A）和质量分数0.1%甲酸–5 mmol/L甲酸铵水溶液（B），体积流量为0.6 ml/min，柱温设置为30℃，进样量5 μl。梯度洗脱程序为0 min 20% A，8 min 40% A，11 min 70% A，13 min 80% A，15 min 80% A，16 min 20% A。质谱采用电喷雾离子化源（ESI）在正模式下对抗生素进行分析；雾化器压力为310 kPa；干燥气体积流量和温度分别设为10 L/min和325 ℃；毛细管电压为4 kV；碰撞能、碎裂电压、母离子和子离子选择等其他质谱条件则采用软件Optimizer自动进行优化。

采用高效液相色谱仪（Waters Alliance HPLC 2695）测定氧氟沙星浓度，紫外检测器为Waters 2487，色谱柱为Gemini C18色谱柱（150 mm×4.6 mm I.D.，5 μm）；流动相为乙腈∶0.1%甲酸溶液 = 20∶80（$V∶V$）；流速1 ml/min；柱温30℃；检测波长为294 nm；进样量为10 μl。外标法定量检测氧氟沙星浓度，加标回收率为91%~113%。

3.23 生物炭对根际土壤细菌群落结构多样性影响的测定

番茄根际土壤微生物基因组总DNA采用E.Z.N.A.® soil DNA kit（Omega Bio-tek，Norcross，GA，U.S.）试剂盒提取。实验室分析时，使用引物为338F（5′-ACTCCTACGG GAGGCAGCAG-3′）和806R（5′-GGACTACHVGGGTWTCTAAT-3′）对16S rRNA基因V3-V4区进行扩增。PCR反应条件为95℃ 3 min；95℃ 30 s、55℃ 30 s、72℃ 45 s，30个循环；72℃延伸10 min。PCR产物经纯化、检测、定量后使用NEXTFLEX Rapid DNA-Seq Kit进行建库。测序工作由上海美吉生物医药科技有限公司利用Illumina公司的MiseqPE300平台完成。呼吸作用采用隔离罐 - 碱液吸收法（鲁如坤，2000）。硝化作用采用土壤悬液法。土壤有效硅含量的测定参照鲍士旦（2000）的方法，植株硅含量的测定参照Diogo等（2007）的方法。

3.24 施用生物炭后大棚土壤根结线虫病的测定

单株根系卵块数的测定。以黄瓜根系为实验观察对象，植株根系先用清水清洗，再用蒸馏水洗净，干净纱布吸干水分，置于0.1 g/L伊红Y（eosin-Y）水溶液中，室温下染色30 min，统计黄瓜根系单株卵块数（Garcia and Sanchez-Puerta，2012）。

单个卵块卵粒数的测定。根据Terefe等（2009）的方法并略作修改后测定单个卵块的卵粒数。各处理随机选取10棵黄瓜根系，用镊子将卵块从根系中挑出，单株根系选取大小一致的卵块10个，加入1 ml 0.5% NaOCl溶液，强力振荡2 min。将卵悬液定容至5 ml，吸取20 μl观察、计数。

城郊菜地土壤中根结线虫二龄幼虫（J2）数量的测定。土壤中线虫的分离提取采用蔗糖浮选离心法（刘满强等，2009）。线虫总数通过Olympus ZX10体视显微镜直接计数，将土壤线虫数量换算成100 g干土中线虫的数量，然后每个样品随机抽取100~200条线虫进行制片，于Olympus BX51光学显微镜下进行线虫形态鉴定。

3.25 茶园土壤化学指标的测定

硝态氮、铵态氮采用70℃热水浸提（土水比1∶5），荷兰SKALAR SAN++连续流动注射分析仪测定，速效磷采用钼锑抗比色法测定，速效钾采用火焰光度计法测定，土壤交换性钙和交换性镁采用1 mol/L醋酸铵提取 - 原子吸收分光光度法测定。按鲍士旦（2000）的方法用DTPA提取，称取过2 mm筛孔的风干土样5.00 g放入250 ml塑料瓶中，加入DTPA提取剂25.0 ml，在室温下（25℃）于水平式往复振荡器振荡提取2 h，过滤后用原子吸收法测定元素含量。

　　土壤微生物数量测定。细菌、真菌、放线菌分别用牛肉膏蛋白胨琼脂培养基、马丁氏培养基、改良高氏1号培养基稀释平板法计数。解无机磷细菌、解钾细菌分别用磷酸三钙无磷培养基、硅酸盐培养基稀释平板法计数（李振高等，2008）。土壤微生物量碳（MBC）采用氯仿熏蒸浸提法测定，KEC=0.45。参考关松荫（1986）土壤酶活性的测定方法，β-葡萄糖苷酶采用对硝基苯酚法，土壤脲酶活性采用靛酚蓝比色法测定，酸性、碱性磷酸酶采用对硝基苯磷酸二钠法。

3.26　茶叶光合作用、产量及品质指标的测定

　　采用叶绿素仪（Chlorophyll Meter Model SPAD-502）测定各处理茶叶相同部位（即新芽往下第三片茶叶）的 SPAD 值，并调查茶芽头密度和百芽重。在各处理小区随机设定3个点，使用测产框（33 cm×33 cm）采摘框中的一芽二叶鲜茶叶后计数（即茶芽数），换算成每平方米的茶芽头数（即为茶芽头密度）。各小区每批次茶叶采摘后单独称量芽头重量，合计折算为百芽重，将各批次采摘的茶芽头重量相加即为各处理的茶青产量，并折算为单位面积产量（kg/hm²）。

　　茶叶生化成分。茶叶全氮采用碳氮元素分析仪法，全磷采用 H_2SO_4-H_2O_2 消煮—钼锑抗比色法，全钾采用 H_2SO_4-H_2O_2 消煮 – 火焰光度计法；全钙、全镁采用 H_2SO_4-H_2O_2 消煮—原子吸收分光光度法。茶叶茶多酚采用福林酚比色法（GB/T 8313—2018）测定；咖啡碱采用紫外分光光度法（GB/T8312—2013）测定；游离氨基酸采用茚三酮比色法（GB/T 8314—2013）测定；水浸出物采用沸水浸提 – 重量法（GB/T 8305—2013）测定。由茶多酚与氨基酸含量计算酚氨比。茶叶品质（综合品质，以品质综合指数表示）采用各单项品质指标加权平均的方法求得，各品质指标的权重采用主成分分析法确定（傅海平等，2011）。

4　数据统计分析

　　应用 Excel 2010、SPSS 23.0 进行图表制作和数据处理，采用单因素方差分析（One-way ANOVA）、LSD 多重比较（α=0.05）进行数据统计分析，对土壤各理化性质指标进行 Pearson 相关性等统计分析。

参考文献

［1］鲍士旦.土壤农化分析［M］.三版.北京：中国农业出版社，2000.

［2］陈重军，刘凤军，冯宇，等.不同原料来源生物炭对蔬菜种植土壤氮磷流失的影响［J］.

农业环境科学学报，2015，34（12）：2336-2342.

［3］陈淼，俞花美，葛成军，等.环丙沙星在3种热带土壤中的吸附－解吸特征研究［J］.环境污染与防治，2013，35（2）：38-42.

［4］程承，李石力，刘颖，等.试验土壤中烟草青枯病菌的RT-qPCR检测分析［J］.烟草科技，2017，50（1）：12-16.

［5］董树刚，吴以平.植物生理学实验技术［M］.青岛：中国海洋大学出版社，2006.

［6］窦森.土壤有机质［M］.北京：科学出版社，2010.

［7］方中达.植物研究方法［M］.三版.北京：中国农业出版社，1998.

［8］傅海平，张亚莲，常硕其，等.茶园土壤肥力质量的综合评价［J］.江西农业学报，2011，23（3）：78-81.

［9］高传友，赵清贺，刘倩.北江干流河岸带不同植被类型土壤粒径分形特征［J］.水土保持研究，2016，23（3）：37-42.

［10］龚伟，胡庭兴，王景燕，等.川南天然常绿阔叶林人工更新后土壤微团聚体分形特征研究［J］.土壤学报，2007，44（3）：571-575.

［11］谷益安.土壤细菌群落和根系分泌物影响番茄青枯病发生的生物学机制［D］.南京：南京农业大学，2017.

［12］关松荫.土壤酶及其研究方法［M］.北京：农业出版社，1986.

［13］郭艳亮，王丹丹，郑纪勇，等.生物炭添加对半干旱地区土壤温室气体排放的影响［J］.环境科学，2015，36（9）：3393-3400.

［14］国家环境保护总局.水和废水监测分析方法［M］.四版.北京：中国环境科学出版社，2002.

［15］韩光明.生物炭对不同类型土壤理化性质和微生物多样性的影响［D］.沈阳：沈阳农业大学，2013.

［16］简敏菲，高凯芳，余厚平，等.不同温度生物炭酸化前后的表面特性及镉溶液吸附能力比较［J］.生态环境学报，2015，24（8）：1375-1380.

［17］姜敏，刘毅，刘闯，等.丹江口库区不同土地利用方式土壤团聚体稳定性及分形特征［J］.水土保持学报，2016，30（6）：265-270.

［18］靳振江，邸继承，潘根兴，等.荆江地区湿地与稻田有机碳、微生物多样性及土壤酶活性的比较［J］.中国农业科学，2012，45（18）：3773-3781.

［19］柯贤林，恽壮志，刘铭龙，等.不同来源生物质废弃物热解炭化农业应用潜力分析：生物炭产率、性质及促生效应［J］.植物营养与肥料学报，2021，27（7）：1113-1128.

［20］兰延，黄国勤，杨滨娟，等.稻田绿肥轮作提高土壤养分增加有机碳库［J］.农业工程学报，2014，30（13）：146-152.

［21］李琪，梁文举，欧伟.潮棕壤线虫群落对土地利用方式的响应［J］.生物多样性，2007（2）：172-179.

［22］李仁英，吴洪生，黄利东，等.不同来源生物炭对土壤磷吸附解吸的影响［J］.土壤通报，2017，48（6）：1398–1403.

［23］李笑吟，毕华兴，张建军，等.晋西黄土区土壤水分有效性研究［J］.水土保持研究，2006（5）：205–208，211.

［24］李玉娟，吴纪华，陈慧丽，等.线虫作为土壤健康指示生物的方法及应用［J］.应用生态学报，2005，16（8）：1541–1546.

［25］李振高，骆永明，腾应.土壤与环境微生物研究法［M］.北京：科学出版社，2008.

［26］林婉嫔.不同热解温度茶渣生物炭对土壤氮素固持转化的影响研究［D］.雅安：四川农业大学，2019.

［27］刘满强，黄菁华，陈小云，等.地上部植食者褐飞虱对不同水稻品种土壤线虫群落的影响［J］.生物多样性，2009，17（5）：431–439.

［28］刘琼光，杨艳.番茄品种抗性与青枯菌和土壤微生物的关系［J］.仲恺农业技术学院学报，2006（3）：31–34.

［29］刘文利，吴景贵，傅民杰，等.种植年限对果园土壤团聚体分布与稳定性的影响［J］.水土保持学报，2016，28（1）：129–135.

［30］鲁如坤.土壤农业化学分析方法［M］.北京：中国农业科技出版社，2000.

［31］马立峰，杨亦杨，石元值，等.Mehlich 3浸提剂在茶园土壤养分分析中的应用［J］.土壤通报，2007，38（4）：745–748.

［32］毛小芳，李辉信，陈小云，等.土壤线虫三种分离方法效率比较［J］.生态学杂志，2004，23（3）：149–151.

［33］庞叔薇，康德梦，王玉保，等.化学浸提法研究土壤中活性铝的溶出及形态分布［J］.环境化学，1986（3）：70–78.

［34］邱良祝，朱脩玥，马彪，等.生物炭热解炭化条件及其性质的文献分析［J］.植物营养与肥料学报，2017，23（6）：1622–1630.

［35］任改，张洪江，程金花，等.重庆四面山几种人工林地土壤抗蚀性分析［J］.水土保持学报，2009，23（3）：28–32.

［36］任刚，余燕，彭素芬，等.沸石和改性沸石对孔雀绿（MG）和磺化若丹明（LR）的吸附特性［J］.环境化学，2015，34（2）：367–376.

［37］宋波，王佛鹏，周浪，等.广西镉地球化学异常区水稻籽粒镉含量预测模型研究［J］.农业环境科学学报，2019，38（12）：2672–2680.

［38］《土壤动物研究方法手册》编写组.土壤动物研究方法手册［M］.北京：北京林业出版社，1998.

［39］王浩，焦晓燕，王劲松，等.生物炭对土壤水分特征及水胁迫条件下高粱生长的影响［J］.水土保持学报，2015，29（2）：253–287.

［40］吴建富，曾研华，潘晓华，等.稻草还田方式对双季水稻产量和土壤碳库管理指数的影响［J］.应用生态学报，2013，24（6）：1572-1578.

［41］吴金水，林启美，黄巧云.土壤微生物生物量测定方法及其应用［M］.北京：气象出版社，2006.

［42］武斌，廖晓勇，陈同斌，等.石灰性土壤中砷形态分级方法的比较及其最佳方案［J］.环境科学学报，2006，26（9）：1467-1473.

［43］肖玖金，张利，李雪菲，等.柳杉人工林林窗土壤动物群落结构特征［J］.中国科学院大学学报，2015，32（1）：57-62.

［44］肖茜，张洪培，沈玉芳，等.生物炭对黄土区土壤水分入渗、蒸发及硝态氮淋溶的影响［J］.农业工程学报，2015，31（16）：128-134.

［45］邢肖毅，黄懿梅，安韶山，等.黄土丘陵区不同植被土壤氮素转化微生物生理群特征及差异［J］.生态学报，2013，33（18）：5608-5614.

［46］邢旭光，张盼，马孝义.掺混菜籽油渣减少土壤入渗改善持水特性［J］.农业工程学报，2017，33（2）：102-108.

［47］徐明岗，于荣，孙小凤，等.长期施肥对我国典型土壤活性有机质及碳库管理指数的影响［J］.植物营养与肥料学报，2006，12（4）：459-465.

［48］许光辉，郑洪元.土壤微生物分析方法手册［M］.北京：农业出版社，1986.

［49］颜永豪，郑纪勇，张兴昌，等.生物炭添加对黄土高原典型土壤田间持水量的影响［J］.水土保持学报，2013，27（4）：120-190.

［50］杨培岭，罗远培，石元春.用粒径的重量分布表征土壤分形特征［J］.科学通报，1993，38（20）：1896-1899.

［51］杨秀娟，陈福如，黄月英，等.接种枯萎病菌香蕉苗病症及其组织病理特征［J］.福建农林大学学报（自然科学版），2006，35（6）：578-581.

［52］叶协锋，周涵君，于晓娜，等.热解温度对玉米秸秆炭产率及理化特性的影响［J］.植物营养与肥料学报，2017，23（5）：1268-1275.

［53］尹文英.中国土壤动物［M］.北京：科学出版社，2000.

［54］尹文英.中国土壤动物检索图鉴［M］.北京：科学出版社，1998.

［55］于水强，窦森，张晋京，等.不同氧气浓度对玉米秸秆分解期间腐殖物质形成的影响［J］.吉林农业大学学报，2005，27（5）：528-532.

［56］詹舒婷，宋明丹，李正鹏，等.不同秸秆生物炭对土壤水分入渗和蒸发的影响［J］.水土保持学报，2021，35（1）：294-300.

［57］张朝阳，彭平安，宋建中，等.改进BCR法分析国家土壤标准物质中重金属化学形态［J］.生态环境学报，2012，（11）：1881-1884.

［58］张璐，贾丽，陆文龙，等.不同碳化温度下玉米秸秆生物炭的结构性质及其对氮磷的吸

附特性［J］.吉林大学学报（理学版），2015，53（4）：802-808.

［59］张妙，李秧秧，白岗栓.生物炭和 PAM 共施对黄绵土水分入渗和蒸发的影响［J］.水土保持研究，2018，25（5）：124-130.

［60］赵阳，余新晓，吴海龙，等.华北土石山区典型森林枯落物层和土壤层水文效应［J］.水土保持学报，2011，25（6）：148-152.

［61］赵洋毅，舒树淼.滇中水源区典型林地土壤结构分形特征及其对土壤抗蚀、抗冲性的影响［J］.水土保持学报，2014，28（5）：6-11.

［62］郑慧芬，吴红慧，翁伯琦，等.施用生物炭提高酸性红壤茶园土壤的微生物特征及酶活性［J］.中国土壤与肥料，2019（2）：68-74.

［63］郑丽萍，龙涛，林玉锁，等.Biolog-ECO 解析有机氯农药污染场地土壤微生物群落功能多样性特征［J］.应用与环境生物学报，2013（5）：759-765.

［64］Anderson J M, Ingram J S. Tropical Soil Biology and Fertility: a Handbook of Methods［M］. Oxford: CAB International，1993.

［65］Bell C W, Fricks B E, Rocck J D, et al. High-throughput fluorometric measurement of potential soil extracellular enzyme activities［J］. Jove-Journal of Visualized Experiments，2013，81：1-16.

［66］Blair G J, Lefroy R D B, Lisle L, Soil carbon fractions based on their degree of oxidation, and the development of a carbon management index for agricultural systems［J］. Australia Journal of Agricultural Research，1995，46：1459-1466.

［67］Boehm H P. Some aspects of the surface chemistry of carbon blacks and other carbons［J］. Carbon，1994，32（5）：759-769.

［68］Bongers T. Denematoden van nederland［M］. Utrecht: Stichting Uitgeverij Koninklijke Nederlandse Natuurhistorische Vereniging，1988.

［69］Diogo R V C, Wydra K. Silicon-induced basal resistance in tomato against Ralstonia solanacearum is related to modification of pectic cell wall polysaccharide structure［J］. European Journal of Clinical Microbiology，2007，70（4-6）：120-129.

［70］Garcia L E, Sanchez-Puerta M V. Characterization of a root-knot nematode population of Meloidogyne arenaria from Tupungato（Mendoza, Argentina）［J］. Journal of Nematology，2012，44（3）：291.

［71］Ghani A, Dexter M, Perrott K W. Hot-water extractable carbon in soils: A sensitive measurement for determining impacts of fertilization, grazing and cultivation［J］. Soil Biology and Biochemistry，2003，35（9）：1231-1243.

［72］Jiang Z, Li P, Wang Y H, et al. Effects of roxarsone on the functional diversity of soil microbial community［J］. International Biodeterioration & Biodegradation，2013，76（1）：

32-35.

[73] Karimi A, Moezzi A, Chorom M, et al. Application of biochar changed the status of nutrients and biological activity in a calcareous soil [J]. Journal of Soil Science and Plant Nutrition, 2020, 20 (2): 450-459.

[74] Kurten G L, Barkon A. Evaluation of community-level physiological profiling for monitoring microbial community function in Aquaculture ponds [J]. North American Journal of Aquaculture, 2016, 78 (1): 34-44.

[75] Lagerlof J, Adolfsson L, Borjesson G, et al. Land-use intensification and agroforestry in the Kenyan highland: Impacts on soil microbial community composition and functional capacity [J]. Applied Soil Ecology, 2014, 82 (7): 93-99.

[76] Li J Y, Liu Z D, Zhao W Z, et al. Alkaline slag is more effective than phosphogypsum in the amelioration of subsoil acidity in an Ultisol profile [J]. Soil & Tillage Research, 2015, 149: 21-32.

[77] Lin Z, Rui Z P, Liu M L, et al. Pyrolyzed biowastes deactivated potentially toxic metals and eliminated antibiotic resistant genes for healthy vegetable production [J]. Journal of Cleaner Production, 2020, 276: 124208.1-124208.10.

[78] Myoung J K, Taesuk K. Extraction of arsenic and heavy metals from contaminated mine tailings by soil washing [J]. Soil & Sediment Contamination An International Journal, 2011 (6): 631-648.

[79] OECD. OECD Guidelines for Testing of Chemicals, Test Guideline 106: Adsorption/ Desorption Using a Batch Equilibrium Method. Paris: Revised Draft Document OECD, 2000: 1-45.

[80] Rajapaksha A U, Vithange M, Lee S S, et al. Steam activation of biochars facilitates kinetics and pH-resilience of sulfamethazine sorption [J]. Journal of Soils and Sediments, 2016, 16 (3): 889-895.

[81] Smithl J, Smith M K, Tree D, et al. Development of a small-plant bioassay to assess banana grown from tissue culture for consistent infection by *Fusarium oxysporum* f. sp. Cubense [J]. Australasian Plant Pathology, 2008, 37 (2): 171-179.

[82] Terefe M, Tefera T, Sakhuja P K. Effect of a formulation of Bacillus firmus on root-knot nematode Meloidogyne incognita infestation and the growth of tomato plants in the greenhouse and nursery [J]. Journal of Invertebrate Pathology, 2009, 100 (2): 94-99.

[83] Tyler S W, Wheatcraft S W. Fractal scaling of soil particle size distributions: analysis and limitations [J]. Soil Science, 1992, 56 (2): 362-369.

[84] Yang W B, Zheng F F, Xue X X, et al. Investigation into adsorption mechanisms of

sulfonamides onto porous adsorbents ［ J ］. Journal of Colloid and Interface Science，2011，362（2）：503–509.

［85］Yeates G W. Nematodes as soil indicators：functional and biodiversity aspects ［ J ］. Biology & Fertility of Soils，2003，37（4）：199–210.

［86］Zhao B，O'connor D，Zhang J L，et al. Effect of pyrolysis temperature，heating rate，and residence time on rapeseed stem derived biochar ［ J ］. Journal of Cleaner Production，2018，174：977–987.

第三章

不同裂解温度对生物炭理化性质的影响

生物炭是生物有机材料（植物秸秆、畜禽粪便以及生活垃圾等材料）在厌氧条件下进行高温裂解所产生的固体物质（Ahmad 等，2014）。生物炭的主要特点是碳含量相对较高、性质稳定（袁金华和徐仁扣，2011），含有大量的 H、O、N 等元素（Schmidt and Noack，2000），有羧酸酯化、芳香化和链状的分子结构（Steinbeiss 等，2009），富含羧基、酚羟基、羟基、脂族双键（Steinbeiss 等，2009），并具有丰富的孔隙结构（Titirici 等，2007）。基于上述特点，生物碳在土壤改良、土壤微生态的调控、提高农作物产量等方面的应用受到了人们极大的关注（刘玉学等，2013；徐广平等，2020）。

前人的研究表明，适宜的裂解温度可明显改善生物炭的物理和化学性质，生物炭的pH 值、比表面积及吸附性等特征，都与裂解温度有着极大的关系（Gai 等，2014）。Al-Wabel 等（2013）发现聚合果属生物炭内的元素含量随温度的升高呈显著上升趋势，并且生物炭内的碱性官能团比例逐渐增多，而酸性官能团如羧基、酚羟基的比例随温度的升高逐渐减少；Suliman 等（2016）发现随裂解温度的升高，杂交杨树生物炭和道格拉斯冷杉生物炭内的微孔数量增多，比表面积以及孔体积也随温度的升高呈上升趋势。生物炭施入到土壤后可提高土壤养分且有利于植物对养分的吸收。

许燕萍等（2013）通过对比研究300~500℃玉米和小麦生物炭的理化特性后发现，生物炭的 pH 值、碳含量、灰分含量、全磷含量等随温度的升高而升高。叶协锋等（2017）的研究结果表明，玉米秸秆的最佳制备裂解温度为400~500℃，此温度下制备的生物炭产出率相对较高，氮、碳养分损失少，生物炭的理化性能和养分利用均达到最优。由于原材料、裂解温度、保温时间以及生产工艺的不同，生物炭的理化性质（pH 值、阳离子交换量、吸附性、比表面积、孔隙结构和元素含量及生物学特性）也有所差异（Mukome 等，2013；Zhao 等，2013）。本研究对不同裂解温度下（300~700℃）制备的各种生物炭的元素组成、理化性质等进行了对比和分析，可为生物炭在农业土壤改良、环境污染治理等方面的应用提供理论依据。

1　不同裂解温度下不同材料生物炭理化性质的比较

1.1　不同裂解温度下不同材料生物炭产率对比

4种材料在不同温度下的生物炭产率如表3-1所示，相同材料制备的生物炭，随着温度的升高，产率逐渐降低。裂解温度从300℃升高至500℃或700℃，香蕉茎叶生物炭（XJ-Bc）、青冈栎枝条生物炭（QG-Bc）、毛竹生物炭（MZ-Bc）和杉木枝条生物炭（SM-Bc）的产率分别降低了9.11%和25.66%、26.64%和35.73%、25.58%和39.34%、9.01%和26.15%。4种不同原料制备的生物炭各温度条件下均表现为QG-Bc产率最高，300℃、500℃和700℃分别为62.64%、45.95%和40.26%。300℃时，4种材料中XJ-Bc产率最低，裂解温度为500℃和700℃时，QG-Bc、MZ-Bc和SM-Bc的产率在不同温度间均有显著差异（$P < 0.05$）。表明以青冈栎枝条为原料制备生物炭比香蕉茎叶、毛竹和杉木为原料制备生物炭的产率高，这可能与生物质本身的木质素与纤维素含量比例不同有关。

表3-1　不同温度下不同材料生物炭产率

指标	处理	XJ-Bc	QG-Bc	MZ-Bc	SM-Bc
生物炭产率(%)	300℃	34.92 a	62.64 a	55.47 a	37.67 a
	500℃	31.74 a	45.95 b	41.28 b	34.24 a
	700℃	25.96 b	40.26 c	33.65 c	27.82 b

注：XJ-Bc、QG-Bc、MZ-Bc和SM-Bc分别代表香蕉茎叶生物炭、青冈栎枝条生物炭、毛竹生物炭和杉木枝条生物炭，同列不同小写字母表示差异显著（$P < 0.05$）。下同。

1.2　不同裂解温度下不同材料生物炭灰分含量、灰分碱度和 pH 值变化

从表3-2可以看出，不同材料生物炭灰分含量均随温度升高而增加，当裂解温度从300℃升高至500℃或700℃，XJ-Bc、QG-Bc、MZ-Bc和SM-Bc灰分含量分别增加了60.95%和95.42%、40.94%和85.13%、44.50%和101.11%、47.78%和79.31%；与产率的变化趋势相反，生物炭的灰分含量随着制备温度的升高而升高。不同原料制备的生物炭的灰分含量不尽相同，灰分含量由高到低依次为SM-Bc、QG-Bc、MZ-Bc和XJ-Bc，可能是杉木、青冈栎枝条原料所含的无机矿物组分较高。在相同裂解温度下，不同材料生物炭灰分含量的大小关系为SM-Bc > QG-Bc > MZ-Bc > XJ-Bc。不同原料生物炭的 pH 值和灰分碱度均随温度升高而升高，当裂解温度从300℃升高至500℃或700℃，XJ-Bc、QG-Bc、MZ-Bc和SM-Bc的灰分碱度分别增加了6.76%和15.77%、12.06%和25.88%、5.65%和20.70%、14.93%和25.36%；pH 值分别增加了16.77%和27.27%、11.52%和26.69%、14.84%和25.19%、14.24%和27.18%。相同裂解温度下，不同材料生

物炭灰分碱度和 pH 的大小关系为 QG–Bc > SM–Bc > MZ–Bc > XJ–Bc。

表3-2　不同温度下不同材料生物炭灰分含量、灰分碱度和 pH 值的变化

指标	处理	XJ–Bc	QG–Bc	MZ–Bc	SM–Bc
灰分含量（%）	300℃	12.01	16.88	14.36	17.98
	500℃	19.33	23.79	20.75	26.57
	700℃	23.47	31.25	28.88	32.24
灰分碱度（mol/L）	300℃	3.55	4.56	3.72	4.22
	500℃	3.79	5.11	3.93	4.85
	700℃	4.11	5.74	4.49	5.29
pH 值	300℃	6.38	7.12	6.67	6.88
	500℃	7.45	7.94	7.66	7.86
	700℃	8.12	9.02	8.35	8.75

1.3　不同裂解温度下不同材料生物炭碳、氢、氧和氮含量

如表3-3所示，不同材料在不同裂解温度下制备的生物炭碳和氮含量及 C/N 存在差异。前人研究指出，生物炭的碳含量大多在30%~90%（袁帅等，2016）。本研究中，4种材料制备的生物炭的碳含量在46.99%~87.01%。随着温度升高，4种生物炭的碳含量均升高，这与其他研究结果一致（朱启林等，2022）。QG–Bc 和 SM–Bc 的氮含量均随裂解温度的升高而降低，而 XJ–Bc 的氮含量随温度升高而升高，MZ–Bc 的氮含量随温度先升高而后降低，这说明不同材料生物炭的 N 含量随温度变化的响应不完全相同。对比4种材料生物炭的平均氮含量，在各温度条件下，QG–Bc 的氮含量最高，其次为 SM–Bc，XJ–Bc 的最低。4种材料生物炭的 C/N 均随温度的升高而升高。

此外，不同制备温度下，4种生物炭中元素含量从大到小顺序依次为碳、氧、氢、氮。随着温度的升高，氢、氧元素含量减少。一般使用 H/C 值判断生物炭的芳香性，O/C 值判断其极性。H/C 值越小，说明其芳香性越大；O/C 值越大，则极性越强（计海洋等，2018）。随着制备温度升高，H/C、O/C 均呈现下降趋势，这说明随着制备温度的升高，4种生物炭的芳香性增强，而极性则减弱。

表3-3　不同温度下不同材料生物炭元素含量

指标	处理	XJ-Bc	QG-Bc	MZ-Bc	SM-Bc
C 含量（%）	300℃	46.99	69.25	53.24	64.17
	500℃	51.18	76.55	64.23	69.89
	700℃	71.24	87.01	80.11	82.57
O 含量（%）	300℃	12.67	18.02	14.22	16.66
	500℃	11.19	15.87	11.67	14.01
	700℃	5.34	10.16	7.71	9.87
H 含量（%）	300℃	3.54	4.98	3.99	4.22
	500℃	2.26	3.11	2.61	2.85
	700℃	1.54	2.76	2.01	2.16
N 含量（%）	300℃	1.14	1.43	1.21	1.26
	500℃	1.22	1.25	1.26	1.15
	700℃	1.25	1.22	1.18	1.02
H/C	300℃	0.08	0.07	0.07	0.07
	500℃	0.04	0.04	0.04	0.04
	700℃	0.02	0.03	0.03	0.03
O/C	300℃	0.27	0.26	0.27	0.26
	500℃	0.22	0.21	0.18	0.20
	700℃	0.07	0.12	0.10	0.12
C/N	300℃	41.22	48.43	44.00	50.93
	500℃	41.95	61.24	50.98	60.77
	700℃	56.99	71.32	67.89	80.95

1.4　不同裂解温度下不同材料生物炭表面官能团变化

不同温度下制备的生物炭表面官能团变化特征如表3-4所示。Boehm滴定实验结果表明，原材料和温度对生物炭官能团数量均有一定影响，随着制备温度的升高，4种生物炭的官能团总量呈现上升趋势，其中碱性官能团数量呈现上升趋势，羧基、酚羟基和内酯基呈现下降趋势。在300℃时，不同生物炭的羧基、内酯基和酚羟基总量均大于碱性基团数量；500℃时，除MZ-Bc和SM-Bc外，XJ-Bc和QG-Bc的羧基、内酯基和酚羟基总量大于碱性基团数量；而在700℃时，碱性基团数量明显增多，远高于羧基、内酯基和酚羟基三者的总量，表明较高裂解温度有利于碱性官能团的形成。另外，从原料上看，QG-Bc的官能团总量大于其他材料的生物炭。生物炭表面官能团对生物炭的亲水性、疏水性、表面行为等均具有很大影响，其中表面酸性官能团具有阳离子交换特性，有助于吸附各种极性较强的化合物。因此选择合适的制备温度对提高生物炭的吸附性能，在农业土壤改良、环境污染治理上有重要影响（高凯芳等，2016）。

表3-4   不同温度下不同材料生物炭表面官能团含量

处理	指标（mmol/g）	XJ-Bc	QG-Bc	MZ-Bc	SM-Bc
300℃	碱性基团	0.71	0.84	0.64	0.77
	羧基	0.21	0.26	0.22	0.28
	酚羟基	0.57	0.66	0.49	0.62
	内酯基	0.44	0.51	0.31	0.55
	小计	1.93	2.27	1.66	2.22
500℃	碱性基团	0.92	0.98	1.02	1.15
	羧基	0.18	0.24	0.14	0.24
	酚羟基	0.46	0.58	0.41	0.46
	内酯基	0.41	0.41	0.22	0.42
	小计	1.97	2.21	1.79	2.27
700℃	碱性基团	1.02	1.17	1.24	1.33
	羧基	0.17	0.16	0.12	0.18
	酚羟基	0.38	0.42	0.23	0.31
	内酯基	0.22	0.22	0.14	0.26
	小计	1.79	1.97	1.73	2.08

比表面积是指1 g固体物质的总表面积，即固体晶格内部的内表面积和晶格外部的外表面积之和，是多孔生物炭吸附性能或催化性能的表征指标之一。不同温度下不同材料生物炭的比表面积结果如表3-5所示，可以看出，随着裂解温度的升高，QG-Bc和SM-Bc的比表面积呈现逐渐增大的趋势，XJ-Bc和MZ-Bc的比表面积呈现先增大后减小的趋势，不同材料生物炭比表面积间有显著差异。本研究中4种材料生物炭比表面积的变化规律与高凯芳等（2016）的研究结果比较接近。

表3-5   不同温度下生物炭的比表面积

指标	处理	XJ-Bc	QG-Bc	MZ-Bc	SM-Bc
比表面积（m²/g）	300℃	37.99 c	69.88 c	46.25 c	49.24 c
	500℃	125.24 a	129.97 b	124.01 a	85.66 b
	700℃	80.47 b	250.45 a	82.36 b	160.88 a

2　不同温度对香蕉秸秆、玉米秸秆和桉树枝条生物炭性质的影响

2.1　裂解温度对香蕉秸秆、玉米秸秆和桉树枝条生物炭产率的影响

从表3-6可知，随着裂解温度的升高，炭化的程度逐渐增强，3种材料所得固体生物炭产率逐渐降低。裂解温度从100℃升至900℃时，产率由最高89.9%降低到11.0%。尤其是在100~300℃时，炭化产率下降幅度较大。从400℃升至700℃时，各材料生物炭产率的下降幅度趋势逐渐变缓，之后随着裂解温度升高，其产率的降低程度趋于稳定状态。经回归分析发现，生物炭产率（y）与热解温度（x）均呈指数相关关系，$y_1=109.82e^{-0.319x}$（$R^2=0.987$），$y_2=110.24e^{-0.298x}$（$R^2=0.969$），$y_3=108.96e^{-0.317x}$（$R^2=0.987$），可以较为准确地表明产率与温度的关系。总体上，随着裂解温度的升高，3种材料的炭化程度增强，产率随之降低，逐渐趋于平缓。

表3-6　不同温度下不同材料生物炭的产率

指标	处理	100℃	200℃	300℃	400℃	500℃	600℃	700℃	800℃	900℃
产率（%）	香蕉秸秆	87.5	66.9	42.1	36.5	29.7	23.2	19.5	16.3	11.0
	玉米秸秆	85.6	64.7	40.2	36.8	30.2	24.1	18.6	15.2	12.1
	桉树枝条	89.9	68.8	58.7	39.5	32.6	28.4	22.1	18.9	13.4

2.2　不同温度下香蕉秸秆、玉米秸秆和桉树枝条生物炭全碳含量、全氮含量和碳氮比

由表3-7可知，3种材料生物炭的全碳含量随着热解温度的升高而呈现先升高后降低的趋势，碳含量介于41.2%~79.7%，在700℃时含量较高，为72.8%~79.7%。生物炭的全氮含量随着热解温度的升高也呈现先升高后降低的趋势，在400℃时含量较高，为1.38%~1.44%，900℃时全氮含量较低。C/N总体上随热解温度的升高逐渐增加，整个热解温度内C/N的值为33.77~95.76。

表3-7　不同温度下不同材料生物炭的全碳、全氮含量及碳氮比

指标	处理	100℃	200℃	300℃	400℃	500℃	600℃	700℃	800℃	900℃
TC含量（%）	香蕉秸秆	41.3	42.8	47.3	55.4	61.5	65.3	72.8	69.5	60.7
	玉米秸秆	41.2	43.6	48.9	57.5	64.7	67.3	78.5	72.1	63.2
	桉树枝条	42.4	44.1	53.4	62.2	68.9	74.5	79.7	74.6	67.8

续表

指标	处理	100℃	200℃	300℃	400℃	500℃	600℃	700℃	800℃	900℃
TN 含量 （%）	香蕉秸秆	1.21	1.24	1.26	1.38	1.21	1.06	0.82	0.74	0.68
	玉米秸秆	1.22	1.28	1.24	1.43	1.14	1.02	0.83	0.75	0.66
	桉树枝条	1.15	1.26	1.35	1.44	1.22	1.08	1.01	0.82	0.71
C/N	香蕉秸秆	34.13	34.52	37.54	40.14	50.83	61.60	88.78	93.92	89.26
	玉米秸秆	33.77	34.06	39.44	40.21	56.75	65.98	94.58	96.13	95.76
	桉树枝条	36.87	35.00	39.56	43.19	56.48	68.98	78.91	90.98	95.49

注：TC、TN 表示全碳、全氮。

2.3 不同温度下香蕉秸秆、玉米秸秆和桉树枝条生物炭含氧官能团含量以及 pH 值的变化

由表3-8可知，不同材料生物炭的 pH 值均随着炭化温度的升高而呈现上升的趋势，热解温度在100~300℃时，生物炭 pH 值变化不大，且呈酸性；当热解温度由300℃升高至400℃时，pH 值急剧升高；随着热解温度的继续升高，逐渐呈碱性甚至强碱性。碱性含氧官能团的变化规律与 pH 值的变化规律相似，随着热解温度的继续升高而逐渐增大。

酸性官能团主要包括羧基、内酯基和酚羟基（毛磊等，2011），可以看出，酸性官能团的变化规律与碱性含氧官能团相反，羧基随着热解温度的继续升高而逐渐降低，酚羟基含量多于内酯基和羧基，其中内酯基和酚羟基的含量在温度100~300℃时先升高，当热解温度升高到400℃时后逐渐降低。当温度高于700℃时，香蕉秸秆和桉树枝条碱性含氧官能团含量高于酸性含氧官能团含量，当温度高于600℃时，玉米秸秆碱性含氧官能团含量高于酸性含氧官能团含量。

表3-8 不同温度下不同材料生物炭 pH 值以及表面含氧官能团含量

指标	处理	100℃	200℃	300℃	400℃	500℃	600℃	700℃	800℃	900℃
pH 值	香蕉秸秆	5.02	5.20	5.77	9.24	10.34	10.44	10.47	10.50	10.54
	玉米秸秆	5.04	5.19	5.82	9.07	10.39	10.46	10.48	10.49	10.51
	桉树枝条	4.97	5.16	5.66	8.99	9.53	10.31	10.44	10.46	10.49
碱性 官能团 （mmol/ g）	香蕉秸秆	1.95	2.88	3.74	4.12	5.46	6.53	7.55	7.73	7.98
	玉米秸秆	1.98	3.12	3.77	4.32	5.72	6.84	7.85	7.92	8.11
	桉树枝条	2.02	3.43	3.82	4.56	6.11	7.25	7.99	8.25	8.39
酚羟基 （mmol/ g）	香蕉秸秆	5.44	6.04	6.97	5.46	5.22	4.98	4.23	3.15	2.07
	玉米秸秆	5.59	6.11	7.19	5.72	4.68	4.12	3.08	2.12	1.55
	桉树枝条	6.11	6.34	7.46	6.88	6.02	5.87	4.65	3.38	2.46

续表

指标	处理	100℃	200℃	300℃	400℃	500℃	600℃	700℃	800℃	900℃
内酯基（mmol/g）	香蕉秸秆	2.56	2.45	2.88	2.74	2.05	1.91	1.55	1.01	0.72
	玉米秸秆	2.58	2.66	3.01	2.54	2.11	1.85	1.62	1.02	0.83
	桉树枝条	2.62	2.75	3.15	2.69	2.09	1.74	1.69	1.12	0.92
羧基（mmol/g）	香蕉秸秆	1.42	1.40	1.38	1.11	0.65	0.52	0.41	0.34	0.21
	玉米秸秆	1.52	1.46	1.31	1.02	0.76	0.55	0.43	0.38	0.26
	桉树枝条	1.49	1.42	1.36	1.01	0.88	0.61	0.39	0.35	0.22

2.4　不同温度下香蕉秸秆、玉米秸秆和桉树枝条生物炭阳离子交换量的变化

生物炭的 CEC 大小对增加土壤中营养元素的吸附能力和改善土壤肥力具有重要作用。由表3-9可知，热解温度在100~300℃时，不同材料生物炭中 CEC 变化较小，当温度达到400℃时，CEC 逐渐升高，在温度在600℃达到最高值，600℃以后表现出逐渐降低的趋势，这主要与生物炭中的芳香族碳结构的变化有关联（Moreno-Castilla 等，2004）。

表3-9　不同温度下不同材料生物炭阳离子交换量

指标	处理	100℃	200℃	300℃	400℃	500℃	600℃	700℃	800℃	900℃
CEC cmol/kg	香蕉秸秆	33.85	38.74	40.99	48.32	50.35	71.49	56.87	50.34	40.35
	玉米秸秆	38.64	42.72	43.01	59.88	62.42	76.88	61.35	51.23	42.35
	桉树枝条	35.46	39.88	41.03	48.97	51.52	75.23	60.02	52.42	41.06

2.5　不同温度下香蕉秸秆、玉米秸秆和桉树枝条生物炭矿质元素含量的变化

由表3-10可知，热解温度对香蕉秸秆、玉米秸秆和桉树枝条不同材料制备生物炭的大量、中量和微量矿质元素含量影响显著。大量元素磷、钾和中量元素钙、镁的含量在100~400℃时呈现出缓慢增加的趋势。在热解温度为500℃时生物炭中的磷、钾、钙、镁4种矿质元素的含量变化极为显著，与热解温度为300℃时相比，其含量表现为升高。

表3-10　不同温度下不同材料生物炭大量和中量矿质元素含量变化

指标	处理	100℃	200℃	300℃	400℃	500℃	600℃	700℃	800℃	900℃
P（mg/g）	香蕉秸秆	1.10	2.75	4.97	9.38	10.68	10.21	7.68	17.25	12.02
	玉米秸秆	0.35	0.42	0.85	1.01	1.12	1.21	1.08	1.28	1.16
	桉树枝条	0.46	0.51	0.83	0.92	1.02	1.18	1.05	1.13	1.01

续表

指标	处理	100℃	200℃	300℃	400℃	500℃	600℃	700℃	800℃	900℃
K (mg/g)	香蕉秸秆	16.8	34.58	88.7	141.2	186.5	155.7	140.7	131.6	120.9
	玉米秸秆	10.1	22.6	78.1	110.5	126.9	152.4	132.9	120.5	117.8
	桉树枝条	11.3	19.8	75.24	105.6	115.8	136.3	120.4	106.7	89.5
Ca (mg/g)	香蕉秸秆	13.6	27.9	77.9	132.2	166.5	149.9	125.7	110.2	86.6
	玉米秸秆	18.5	34.2	86.5	155.9	190.2	254.3	156.2	133.7	110.2
	桉树枝条	12.9	25.4	73.7	122.5	147.7	130.9	120.5	102.6	87.6
Mg (mg/g)	香蕉秸秆	1.68	1.86	2.24	2.97	3.29	2.94	2.24	2.15	1.88
	玉米秸秆	1.44	1.63	1.78	33.0	5.22	4.71	4.25	4.16	3.22
	桉树枝条	1.55	1.96	2.57	3.58	7.01	4.69	4.31	4.22	3.14

注：P、K、Ca、Mg分别表示磷、钾、钙、镁。以下表格同。

由表3-11可以看出，铁、铜和锌3种矿质元素的含量有相似的变化规律：在100~200℃时，各生物炭3种矿质元素含量变化不明显；热解温度为300℃时，铁、铜的含量分别快速提高；在600℃时3种矿质元素含量均较高，在700~900℃时，三者表现为逐渐降低的变化趋势。

表3-11 不同温度下不同材料生物炭微量元素含量变化

指标	处理	100℃	200℃	300℃	400℃	500℃	600℃	700℃	800℃	900℃
Fe (mg/g)	香蕉秸秆	1.22	6.72	20.53	24.97	32.28	40.74	36.49	33.81	30.12
	玉米秸秆	1.41	9.73	23.45	30.84	37.55	44.65	40.16	41.65	37.43
	桉树枝条	1.62	10.45	28.94	34.81	41.22	48.73	44.67	42.58	40.27
Cu (mg/g)	香蕉秸秆	0.92	1.12	1.85	2.78	3.54	4.88	3.75	2.45	2.02
	玉米秸秆	0.82	0.92	1.35	2.52	3.11	2.71	3.49	2.62	2.05
	桉树枝条	0.55	0.78	1.24	2.24	2.86	2.54	2.32	2.16	1.88
Zn (mg/g)	香蕉秸秆	2.16	2.85	4.05	4.29	4.58	5.88	5.04	3.66	2.79
	玉米秸秆	2.21	2.92	3.78	4.02	4.16	6.55	7.12	6.58	5.43
	桉树枝条	2.35	3.11	4.26	4.57	4.96	7.25	6.32	5.77	4.59

注：Fe、Cu、Zn分别表示铁、铜、锌。以下表格同。

2.6　不同温度下香蕉秸秆、玉米秸秆和桉树枝条生物炭比表面积和平均孔径的变化

由表3-12可知，3种材料生物炭的比表面积和平均孔径均随着热解温度的升高先变大后变小的趋势。3种材料生物炭的BET比表面积、平均孔径在热解温度为400℃时快速上升，BET比表面积在400~500℃达到较高水平，平均孔径在600~700℃达到较高水平。

表3-12　不同温度下不同材料生物炭的比表面积和平均孔径

指标	处理	100℃	200℃	300℃	400℃	500℃	600℃	700℃	800℃	900℃
SSA（m²/g）	香蕉秸秆	0.82	1.62	2.87	6.11	6.87	5.26	4.52	1.24	1.01
	玉米秸秆	1.02	1.88	3.12	7.54	8.55	6.35	5.77	2.25	1.56
	桉树枝条	1.15	2.02	3.55	8.25	9.46	7.06	6.22	3.75	2.19
AP（nm）	香蕉秸秆	1.26	1.45	1.95	2.15	2.97	5.15	4.89	4.15	3.24
	玉米秸秆	1.85	1.88	2.11	2.65	3.89	6.24	5.35	4.57	4.29
	桉树枝条	1.96	2.12	2.57	3.12	4.26	7.22	6.78	6.14	5.35

注：SSA表示BET比表面积（m²/g），AP表示平均孔径（nm）。

3　讨论与小结

3.1　不同裂解温度对生物炭基本性质的影响

生物炭的裂解过程分为3个阶段，随着裂解温度的升高，依次分解半纤维素、纤维素和木质素，温度越高，原材料的分解越彻底（Teng等，2020），因此温度越高，生物炭产率越低。生物炭制备过程中，裂解是包含脱水、裂解和炭化3个过程复杂的热化学过程（Hossain等，2011），温度作为裂解反应的最重要因素，与生物炭制炭率和理化性质密切相关（Zhao等，2018）。生物炭材料对其性质也会产生一定影响，一般生物炭材料决定了表面官能团种类和数量，以及生物炭表面化学性质（Wang等，2015）。对于生物炭的碳含量变化，前人研究表明，生物炭碳含量大多在30%~90%，随裂解温度升高，生物炭碳含量呈降低趋势（袁帅等，2016），这与本研究结果一致。本研究中，4种生物炭产率均随温度升高而降低，产率在11.0%~89.9%；裂解温度达到500℃后，降低趋势逐渐减缓，主要原因在于生物炭的成分主要为纤维素、半纤维素和木质素等，在较低温度下，原料中的纤维素和半纤维素等首先开始分解，造成生物炭产率的急速下降，导致低温环境的产炭率变化较大，而当温度达到500℃左右，分解成分主要为木质素，且到

达此温度后，生物炭材料基本热解完全，因此产量变化趋于平缓（简敏菲等，2016；叶协锋等，2017）。

本研究中玉米秸秆、香蕉秸秆和桉树枝条制备生物炭的产率随热解温度的升高而降低，且降低过程为先急速下降后再缓慢下降，这与尹云锋等（2014）的研究结果一致。玉米秸秆由大量的纤维素、半纤维素和木质素组成，半纤维素的分解温度一般为200~260℃，纤维素的分解温度一般为240~350℃，木质素的分解温度一般为280~500℃（Hamelinck等，2005），所以当热解温度升高到500℃时，玉米秸秆中所含有的纤维素、木质素等成分几乎全部热解，导致产率急剧下降，温度继续升高到500℃以上时，高沸点物质和难挥发物质逐渐缓慢分解，生物炭产率缓慢下降。因此，生物炭的特性在满足用途的前提下，应该实现产率最大化，根据不同温度的产率确定最佳的热解温度。当热解温度为100~200℃时，由于有机物还未大量热解，损失的主要是水蒸气，所以全碳、全氮含量变化不大（Şensöz等，2002），当热解温度达到300℃时，纤维素和半纤维素大量分解，尤其是半纤维素中羧基和羰基的分解，并释放出大量的 H_2O、CO_2、CO，相应地使全氮含量略有上升。随热解温度升高，有机物分解加剧，氧被消耗殆尽（Bridle and Pritchard，2004），剩下富含碳的残留物质，使玉米秸秆、香蕉秸秆和桉树枝条的相对全碳含量升高。

生物炭的灰分与 pH 之间存在一定的关系，简敏菲等（2016）对不同温度下水稻秸秆生物炭的研究发现，生物炭灰分和 pH 值之间呈现极显著的正相关关系（$P < 0.01$）。本研究中，同一材料制备的生物炭，其 pH 随制备温度升高而升高，主要原因可能是制备温度较低时，生物炭表面通常含有丰富的—COO^- 和—O^- 等有机阴离子含氧官能团，形成的酸性物质会有部分残留在制备的生物炭中（Yuan等，2011）；而当热解温度升高时，一方面高温条件下，酸性物质会逐渐挥发，因此 pH 值会有所升高（Fidel等，2017）；另一方面，高温制备生物炭时，会析出碱金属，而碱金属含量会随温度升高而增加，所以导致生物炭 pH 值随温度升高而增加（于晓娜等，2017）。本研究中，随温度升高，剩余灰分占生物质初始灰分的质量分数下降，300℃的灰分含量显著高于500℃和700℃，当温度在升高至500~700℃时，温度升高灰分含量下降趋势减缓，而对应的 pH 值趋势也呈现出此规律，这与先前诸多研究结果一致（朱启林等，2022）。

3.2 不同温度下不同材料生物炭理化性质的差异

目前，制备生物炭的生物质材料极其丰富，包括木材、农业秸秆、禽畜粪便和其他废弃物等。原材料是影响生物炭结构和理化性质的主要因素之一（Novak等，2014），另外，裂解终温、保温时间、升温速率都会影响生物炭的性能（陈静文等，2014）。生物炭多孔，比表面积大，表面富含官能团，具有很强的吸附性。生物炭的吸附性能主要由其物理性质和化学性质决定，物理性质主要为生物炭的比表面积和孔结构性质；化学性质为生物炭的表面化学性质，如表面官能团的种类和性质。比表面积和孔结构性质直接影响生物炭对污染物的吸附量，而表面化学性质则影响着生物炭与吸附质之间同极性或非极性的相互作用力。生物炭具有发达的微孔结构，孔隙大小不一，升温裂解过程中孔隙表面一部分被烧掉，结构出现不完整的生物炭孔隙，加之灰分的存在，生物炭自身的结构产生缺陷现象，氧原子和氢原子吸附于缺陷部位，形成了各种含氧官能团（孟冠华等，2007）。生物炭的表面化学性质很大程度上由表面官能团的类别和数量决定（Yang等，2004），生物炭表面最常见的官能团是含氧官能团。表面含氧官能团对生物炭的表面反应、表面行为、亲水性、疏水性和表面电荷等均具有很大影响，从而影响生物炭的吸附行为。本研究中，温度和原材料对生物炭官能团数量均有一定的影响，青冈栎枝条生物炭的总官能团数量要大于其他材料生物炭，且均随制备温度的升高而呈现增大趋势。丁文川等（2011）在700℃用松木制备的生物炭比表面积为453.19 m^2/g，高于本文生物炭的比表面积。张鹏等（2012）在700℃时用猪粪制备的生物炭比表面积仅32.6 m^2/g，低于本研究生物炭的比表面积。原因可能是不同原材料的结构不同，松木孔隙较猪粪更丰富，因此比表面积大小也存在较大差异性。说明孔隙丰富的原材料制备出的生物炭比表面积更大，要获得比表面积大的生物炭，原材料应该多选择孔隙结构丰富的生物质材料。

前人研究棉花秸秆生物炭时发现，CEC 随炭化温度的升高而降低（姚红宇等，2013）。Bird 等（2011）研究表明，不同种类的海藻在300~500℃温度范围内制备的生物炭 CEC 随温度升高而升高。本研究结果表明，玉米秸秆、香蕉秸秆和桉树枝条在500~700℃下制备的生物炭具有较高的 CEC，而当温度在800~900℃范围表现出降低的趋势。与前人研究结果不一致的原因，可能与生物质原料不同及生物炭的表面积、羟基、羧基和羰基官能团有关（Lee 等，2010）。生物炭的表面积在一定的温度范围内最大，而大的表面积含有较多的—COOH 和—OH 含氧官能团（Sevilla and Fuertes，2009）。

一般在热解过程中，生物炭原材料决定了生物炭的基本结构，对其理化性质具有决定性的影响。在本研究中，裂解温度在300~700℃范围时，不同材料生物炭的产率降低，这与李飞跃等（2015）和朱启林等（2022）的结果相一致。主要原因在于，生物质在低温条件下（300℃）分解主要以纤维素和半纤维素为主，所以生物炭产率随温度升高迅速降低，500℃时生物质分解以木质素为主，温度再升高，原料热解趋于完全，产率变化较为平缓（叶协锋等，2017），各温度下，青冈栎枝条生物炭的产率均显著高于其他材料的生物炭，原因可能是由于其他材料的木质素含量较高，高温导致木质素热解完全，所以产率相对较低。有研究表明，制备的生物炭 pH 值一般介于4~12（Cantrell 等，2012）。本研究中 pH 值均随温度升高而升高，700℃下制备的生物炭 pH 值最高，可能原因是随温度升高，各生物炭材料析出碱金属，在一定温度范围内，析出量与温度呈正比。生物炭制备过程中，温度是裂解反应最重要的因素，一般情况下，温度越高，碳含量越高。4种材料对比发现，各裂解温度下，碳含量最高的为青冈栎枝条生物炭，而香蕉茎叶生物炭的碳含量相对较低，结合其他学者的研究，可以说明茎叶制备的生物炭的碳含量要显著低于乔木制备的生物炭。虽然通过 Boehm 滴定法不能完全精确给出生物炭表面官能团的准确数量，但其所得出的半定量值可以说明制备生物炭表面含氧官能团的变化趋势（刘守新等，2008）。

3.3 小结

（1）随裂解温度升高，青冈栎枝条生物炭、毛竹生物炭、杉木枝条生物炭和香蕉茎叶生物炭的 pH 值和灰分含量均升高，4种材料生物炭的产率逐渐下降，各温度下，青冈栎枝条生物炭的产率明显高于其他材料。不同裂解温度下，不同材料制备的生物炭其元素组成存在较大差异性。

（2）不同制备温度下，青冈栎枝条生物炭、毛竹生物炭、杉木枝条生物炭和香蕉茎叶生物炭中元素含量由大到小顺序依次为碳、氧、氢、氮。随着温度的升高，碳元素含量增加，氢、氧、氮元素含量减少，H/C、O/C 均呈现下降趋势，表明随制备温度升高，4种生物炭的芳香性增强，而极性则减弱。

（3）原材料和温度对生物炭官能团数量均有一定影响，随着制备温度的升高，4种原材料制备的生物炭比表面积均呈显著增大的趋势，官能团总量呈现下降趋势，其中碱性官能团数量呈现上升趋势，较高裂解温度有利于碱性官能团的形成。青冈栎枝条生物炭的官能团总量较高。

（4）不同材料生物炭的最佳表面特性的制备温度有所不同，其中，青冈栎枝条和杉木枝条生物炭的最佳表面特性的制备温度为700℃，而香蕉茎叶和毛竹生物炭的最佳表面特性的制备温度为500℃。在一定范围内，随着裂解温度升高，生物炭孔隙结构更发达、比表面积增大，碱性官能团数量增加。可通过适当升高裂解温度获得表面性能较好的生物炭。综合各项指标，玉米秸秆、香蕉秸秆和桉树枝条生物质的最佳热解温度为400~500℃，此温度下制备的生物炭产率相对较高，氮、碳养分损失较少，生物炭的理化性能和养分利用均达到最优。

参考文献

［1］陈静文，张迪，吴敏，等.两类生物炭的元素组分分析及其热稳定性［J］.环境化学，2014，33（3）：417-482.

［2］丁文川，曾晓岚，王永芳，等.生物炭载体的表面特征和挂膜性能研究［J］.中国环境科学，

2011，31（9）：1451-1455.

［3］高凯芳，简敏菲，余厚平，等.裂解温度对稻秆与稻壳制备生物炭表面官能团的影响［J］.
环境化学，2016，35（8）：1663-1669.

［4］计海洋，汪玉瑛，刘玉学，等.生物炭及改性生物炭的制备与应用研究进展［J］.核农学报，
2018，32（11）：207-213.

［5］简敏菲，高凯芳，余厚平.不同裂解温度对水稻秸秆制备生物炭及其特性的影响［J］.环
境科学学报，2016，36（5）：1757-1765.

［6］李飞跃，汪建飞，谢越，等.热解温度对生物炭碳保留量及稳定性的影响［J］.农业工程
学报，2015，31（4）：266-271.

［7］刘守新，陈曦，张显权.活性炭孔结构和表面化学性质对吸附硝基苯的影响［J］.环境科
学，2008，29（5）：1192-1196.

［8］刘玉学，王耀锋，吕豪豪，等.不同稻秆炭和竹炭施用水平对小青菜产量、品质以及土壤
理化性质的影响［J］.植物营养与肥料学报，2013，19（6）：1438-1444.

［9］毛磊，童仕唐，王宇.对用于活性炭表面含氧官能团分析的 Boehm 滴定法的几点讨论［J］.
炭素技术，2011，30（2）：17-19.

［10］孟冠华，李爱民，张全兴.活性炭的表面含氧官能团及其对吸附影响的研究进展［J］.
离子交换与吸附，2007，23（1）：88-94.

［11］徐广平，滕秋梅，沈育伊，等.香蕉茎叶生物炭对香蕉枯萎病防控效果及土壤性状的影
响［J］.生态环境报，2020，29（12）：2373-2384.

［12］许燕萍，谢祖彬，朱建国，等.制炭温度对玉米和小麦生物炭理化性质的影响［J］.土壤，
2013，45（1）：73-78.

［13］姚红宇，唐光木，葛春辉，等.炭化温度和时间与棉杆炭特性及元素组成的相关关系［J］.
农业工程学报，2013，29（7）：199-206.

［14］叶协锋，周涵君，于晓娜，等.热解温度对玉米秸秆炭产率及理化特性的影响［J］.植
物营养与肥料学报，2017，23（5）：1268-1275.

［15］尹云锋，张鹏，雷海迪，等.不同热解温度对生物炭化学性质的影响［J］.热带作物学报，
2014，35（8）：1496-1500.

［16］于晓娜，张晓帆，李志鹏，等.热解温度对花生壳生物炭产率及部分理化特性的影响［J］.
河南农业大学学报，2017，51（1）：108-114.

［17］袁金华，徐仁扣.生物炭的性质及其对土壤环境功能影响的研究进展［J］.生态环境学报，
2011，20（4）：779-785.

［18］袁帅，赵立欣，孟海波，等.生物炭主要类型、理化性质及其研究展望［J］.植物营养与肥料学报，2016，22（5）：1402-1417.

［19］张鹏，武健羽，李力，等.猪粪制备的生物炭对西维因的吸附与催化水解作用［J］.农

业环境科学学报，2012，31（2）：416−421.

［20］朱启林，索龙，刘丽君，等.裂解温度对海南不同材料生物炭理化特性的影响［J］.热带作物学报，2022，43（1）：216−223.

［21］朱庆祥.生物炭对 Pb、Cd 污染土壤的修复试验研究［D］.重庆：重庆大学，2011.

［22］Ahmad M，Rajapaksha A U，Lim J E，et al. Biochar as a sorbent for contaminant management in soil and water：a review［J］.Chemosphere，2014（99）：19−33.

［23］AI−Wabel M I，Al−Omran A，El−Naggar A H，et al. Pyrolasis temperature induced changes in characteristics and chemical composition of biochar produced from conocarpus wasters［J］.Bioresource Technology，2013，131：374−379.

［24］Bird M I，Wurster C M，de Paula Silva P H，et al. Algal biochar production and properties［J］.Bioresource Technology，2011，102（2）：1886−1891.

［25］Bridle T R，Pritchard D. Energy and nutrient recovery from sewage sludge via pyrolysis［J］.Water Science and Technology，2004，50（9）：169−175.

［26］Cantrell K B，Hunt P G，Uchimiya M，et al. Impact of pyrolysis temperature and manuresource on physicochemical characteristics of biochar［J］.Bioresource Technology，2012（107）：419−428.

［27］Fidel R B，Laird D A，Thompson M L，et al. Characterization and quantification of biochar alkalinity［J］.Chemosphere，2017，167：367−373.

［28］Gai X P，Wang H Y，Liu J，et al. Effects of feedstock and pyrolysis temperature on biochar adsorption of ammonium and nitrate［J］.PLoS One，2014，9（12）：113888.

［29］Hamelinck C N，Hooijdonk G V，Faaij A P C. Ethanol from lignocellulosic biomass techno−economic performance in short−middle and long−term［J］.Biomass and Bioenergy，2005，28（4）：384−410.

［30］Hossain M K，Vladmir S，Chan Y，et al. Influence of pyrolysis temperature on production and nutrient properties of wastewater sludge biochar［J］.Journal of Environmental Management，2011，92（1）：223−228.

［31］Lee J W，Kidder M，Evans B R，et al. Characterization of biochars produced from corn stovers for soil amendment［J］.Environmental Science and Technology，2010，44（20）：7970−7974.

［32］Moreno−Castilla C，Álvarez−Merino M A，López−Ramon M V，et al. Cadmium ion adsorption on different carbon adsorbents from aqueous solutions. Effect of surface chemistry，pore texture，ionic strength，and dissolved natural organic matter［J］.Langmuir，2004，20（19）：8142−8148.

［33］Mukome F N D，Zhang X M，Silva L C R，et al. Use of chemical and physical characteristics to investigate trends in biochar feedstocks［J］. Journal of Agricultural & Food Chemistry，2013，61（9）：2196-2204.

［34］Novak J M，Cantrell K B，WattsD W，et al. Designing relevant biochars as soil amendments using lignocellulosic-based and manure-based feedstocks［J］. Journal of Soils and Sediments，2014，14（2）：195-206.

［35］Schmidt M W I，Noack A G. Black carbon in soils and sediments：Analysis，distribution，implications，and current challenges［J］. Global Biogeochemical Cycles，2000，14（3）：777-793.

［36］Şensöz S，Can M. Pyrolysis of pine（Pinus Brutia Ten.）chips：1. Effect of pyrolysis temperature and heating rate on the product yields［J］. Energy Sources，2002，24（4）：347-355.

［37］Sevilla M，Fuertes A B. Chemical and structural properties of carbonaceous products obtained by hydrothermal carbonization of saccharides［J］. Chemistry，2009，15（16）：4195-4203.

［38］Steinbeiss S，Gleixner G，Antonietti M. Effect of biochar amendment on soil carbon balance and soil microbial activity［J］. Soil Biology & Biochemistry，2009，41（6）：1301-1310.

［39］Suliman W，Harsh J B，Abu-Lail N I，et al. Influence of feedstock source and pyrolysis temperature on biochar bulk and surface properties［J］. Biomass and Bioenergy，2016（84）：37-48.

［40］Teng F Y，Zhang Y X，Wang D Q，et al. Iron-modified rice husk hydrochar and its immobilization effect for Pb and Sb in contaminated soil［J］. Journal of Hazardous Materials，2020（398）：122977.

［41］Titirici M M，Thomas A，Yu S H，et al. A direct synthesis of mesoporous carbons with bicontinuous pore morphology from crude plant material by hydrothermal carbonization［J］. Chemistry of Materials，2007，19（17）：4205-4212.

［42］Wang X B，Zhou W，Liang G Q，et al. Characteristics of maize biochar with different pyrolysis temperatures and its effects on organic carbon，nitrogen and enzymatic activities after addition to fluvo-aquic soil［J］. Science of the Total Environment，2015（538）：137-144.

［43］Yang Y N，Chun Y，Sheng G Y，et al. pH-dependence of pesticide adsorption by wheat-residue-derived black carbon［J］. Langmuir，2004，20（16）：6736-6741.

［44］Yuan J H，Xu R K，Zhang H. The forms of alkalis in the biochar produced from crop residues at different temperatures［J］. Bioresource Technology，2011，102（3）：3488-3497.

［45］Zhao B，O'connor D，Zhang J L，et al. Effect of pyrolysis temperature，heating rate，and residence time on rapeseed stem derived biochar［J］. Journal of Cleaner Production，2018，

174: 977-987.

[46] Zhao L, Cao X, Masek O, et al. Heterogeneity of biochar properties as a function of feedstock sources and production temperatures [J]. Journal of Hazardous Materials, 2013 (256/257): 1-9.

第四章

不同来源农林废弃物对生物炭理化性质的影响

随着农业快速发展，农林废弃物的产出量与日俱增，其资源化处理及农田循环的产业化途径是当前农业环保和土壤肥料急需解决的问题（Singh 等，2015）。已有的废弃物资源化利用技术包括生物质固体成型技术，生物质直接燃烧技术，生物质液化、气化和热裂解技术，好氧和厌氧生物发酵技术（王群，2013）。热裂解技术得到生物质气体燃料、生物炭和生物质热解液（俗称木醋液）等三相产物，其中生物炭能够改善土壤和提高肥料效益（刘铭龙等，2017；Ji 等，2018）。通过将作物废弃物管理、生物质燃料生产及生物炭的农业应用相结合，热解炭化可以构建一个生物炭从农业到经济和环境效益相结合的生态产业链（Lehmann，2007；黄永东等，2018）。农林废弃物热裂解炭化是土壤改良、化肥替代和环境治理的新型循环农业方式，能够服务于农业绿色发展（潘根兴等，2015）。生物炭因具有良好的解剖结构和理化性质，广泛的材料来源和广阔的产业化发展前景，使其成为当今农业、能源与环境等领域的研究热点。

中国是世界上农林废弃物产出量较大的国家，年排放量达到$4×10^9$ t（陶思源，2013）。农业中常见秸秆处置方式为直接还田和燃烧，这些方式存在影响耕作、残留有害病菌、污染大气等环境问题，寻找合理的农林废弃物处理方式仍有待进一步研究。合理利用各类农林废弃物制备生物炭有利于控制农业环境污染，可实现农林废弃物资源化利用，有利于解决废弃生物质弃置、焚烧、随意排放等环境污染问题。由于生物质原料的来源复杂、炭化工艺多样，不同废弃物的生物炭性质和功能差异较大（Masek 等，2018；柯贤林等，2021）。

广西地处我国热带亚热带、地区，丰富的水、光和热使得该地区生物质资源丰富，生物炭制备在原料供应上有充足保证。目前已有较多针对不同原料和温度下制备生物炭的特性研究（林珈羽等，2016），但来源于热带、亚热带地区原材料的研究相对不足，且所用原料也不够典型。本研究选取广西9种具有代表性的农林废弃物制备生物炭，分析其主要基本理化性状，研究不同来源生物炭理化性质的主要差异，筛选出适宜的生物炭制备资源，以期为我国农业固碳减排、农林废弃物综合利用和亚热带地区生物炭的推广应用提供理论参考。

1 广西典型农林废弃物制备生物炭的特性

1.1 不同原料热解炭化制备生物炭的基本性质

表4-1为9种原料分别在同一温度下制备的生物炭属性，可以看出，不同原料的生物炭属性在相同温度下有较大差异。例如，产率的大小关系依次为花生壳炭、木薯渣炭、甘蔗渣炭、桉树皮炭、玉米渣炭、香蕉茎炭、荔枝枝条炭、水稻秆炭和木薯秆炭。pH值的大小关系依次为香蕉茎炭、木薯秆炭、水稻秆炭、玉米渣炭、荔枝枝条炭、桉树皮炭、花生壳炭、木薯渣炭和甘蔗渣炭。电导率的大小关系依次为香蕉茎炭、水稻秆炭、木薯秆炭、桉树皮炭、荔枝枝条炭、玉米渣炭、木薯渣炭、花生壳炭和甘蔗渣炭。阳离子交换量的大小关系依次为花生壳炭、玉米渣炭、甘蔗渣炭、木薯渣炭、木薯秆炭、桉树皮炭、香蕉茎炭、水稻秆炭和荔枝枝条炭。碳含量的大小关系依次为玉米渣炭、木薯秆炭、荔枝枝条炭、桉树皮炭、甘蔗渣炭、水稻秆炭、香蕉茎炭、木薯渣炭和花生壳炭。氮含量的大小关系依次为木薯渣炭、玉米渣炭、花生壳炭、甘蔗渣炭、荔枝枝条炭、木薯秆炭、水稻秆炭、香蕉茎炭和桉树皮炭。

同时，磷含量的大小关系依次为玉米渣炭、木薯渣炭、花生壳炭、水稻秆炭、荔枝枝条炭、香蕉茎炭、桉树皮炭、甘蔗渣炭和木薯秆炭。钾含量的大小关系依次为香蕉茎炭、水稻秆炭、木薯秆炭、荔枝枝条炭、玉米渣炭、桉树皮炭、花生壳炭、甘蔗渣炭和木薯渣炭。氢含量的大小关系依次为荔枝枝条炭、木薯渣炭、木薯秆炭、桉树皮炭、香蕉茎炭、水稻秆炭、花生壳炭、甘蔗渣炭和玉米渣炭。硫含量的大小关系依次为荔枝枝条炭、木薯渣炭、木薯秆炭、桉树皮炭、水稻秆炭、花生壳炭、甘蔗渣炭、香蕉茎炭和玉米渣炭。灰分含量大小关系依次为香蕉茎炭、木薯渣炭、水稻秆炭、木薯秆炭、荔枝枝条炭、桉树皮炭、玉米渣炭、花生壳炭和甘蔗渣炭。结果表明生物炭的产率和灰分含量与原材料类型关系密切。

表4-1 不同温度下不同原料生物炭产率

生物炭	产率	pH值	EC	CEC	C	N	P	K	H	S	灰分
甘蔗渣炭	51.2	8.35	0.28	79.05	528.7	8.22	1.77	4.34	2.14	0.45	20.11
花生壳炭	56.12	8.74	1.02	91.88	165.28	9.26	7.34	7.61	2.23	0.53	30.14
木薯渣炭	53.62	8.42	1.08	66.52	184.22	16.41	16.23	3.59	2.78	0.62	64.31
玉米渣炭	42.41	9.38	1.35	84.22	877.24	15.61	19.47	12.91	2.12	0.34	30.92
荔枝枝条炭	38.24	9.15	123.2	46.85	701.2	1.53	5.24	18.71	3.38	0.78	44.12
桉树皮炭	45.32	8.87	231.4	52.32	563.24	0.52	3.32	12.62	2.55	0.56	40.38
香蕉茎炭	40.12	9.95	4125	51.21	470.62	0.95	4.62	166.21	2.54	0.41	66.54
水稻秆炭	37.25	9.74	1560	50.22	504.89	1.29	5.74	75.24	2.44	0.55	51.21

续表

生物炭	产率	pH值	EC	CEC	C	N	P	K	H	S	灰分
木薯秆炭	31.85	9.76	682.2	63.59	715.23	1.41	0.45	41.12	2.75	0.61	45.56

注：产率（%）；pH值表示酸碱度值；EC表示电导率（μS/cm）；CEC表示阳离子交换量（cmol/kg）；C、N、P、K，分别表示碳（g/kg）、氮（g/kg）、磷（g/kg）、钾（g/kg）；H、S分别表示氢（g/kg）、硫（%）；灰分（g/100g）。以下表格同。

生物炭属性和原材料间的相关系数见表4-2，除生物炭中氢和硫含量与原料无显著相关性（$P > 0.05$），生物炭中碳、氮、磷、钾、钙、镁的含量与原料中的含量呈极显著正相关（$P < 0.01$）。这说明，生物炭由不同原生物质材料裂解而来，则其属性必然受原料影响，但并非生物炭所有属性与原料性质都有相关性。

表4-2 生物炭属性与原料性质间相关性

生物炭	C	N	P	K	H	S	Ca	Mg
R^2	0.952**	0.966**	0.795**	0.968**	0.621	0.35	0.977**	0.857**

注：*和**分别表示在$P < 0.05$和$P < 0.01$水平上达到显著水平。

1.2 不同原料生物炭自身属性之间的相关性

表4-3为9种原料制备生物炭各属性间的相关系数矩阵。生物炭pH值分别与电导率和碳含量显著正相关（$P < 0.05$），与氢含量和硫含量极显著负相关（$P < 0.01$），与钾含量极显著正相关（$P < 0.01$）。电导率与阳离子交换率显著正相关（$P < 0.05$），与钾含量极显著正相关（$P < 0.01$）。阳离子交换量与氮含量显著正相关（$P < 0.05$），与钾含量极显著正相关（$P < 0.01$）。碳含量分别与氮、钾、钙和镁含量显著正相关（$P < 0.05$），与磷含量显著负相关（$P < 0.05$）。氢含量与硫含量极显著正相关（$P < 0.01$），与磷含量显著负相关（$P < 0.05$）。磷含量与硫含量极显著负相关（$P < 0.01$），与钙含量和镁含量极显著正相关（$P < 0.01$）。钙含量与镁含量显著正相关（$P < 0.05$）。

表4-3 不同材料生物炭属性间的相关性矩阵

pH值										
0.67*	EC									
0.11	0.69*	CEC								
0.55*	−0.44	−0.54	C							
−0.85**	−0.29	−0.35	0.24	H						
0.25	−0.39	0.74*	0.62*	0.36	N					
0.44	0.15	0.24	−0.59*	−0.59*	0.34	P				
0.69**	0.98**	0.59**	0.55*	−0.41	0.21	0.43	K			
−0.72**	−0.38	0.26	0.18	0.88**	0.37	−0.44**	0.22	S		
0.25	−0.34	0.18	0.71*	−0.33	0.18	0.68**	0.15	0.11	Ca	
0.15	0.21	0.14	0.66*	−0.44	0.15	0.74**	0.19	−0.23	0.82*	Mg

2 不同来源农林废弃物生物炭的应用潜力分析

2.1 不同原料生物炭的归一化相对质量指数

从表4-4可以看出，依据土壤质量评估法得到的归一化相对质量指数，将不同原料炭化的生物炭可分为3类，肥力品质较高的木薯秆炭、水稻秆炭和香蕉茎炭（相对质量指数大于0.5）；品质中等的玉米渣炭、荔枝枝条炭和桉树皮炭（相对质量指数介于0.35~0.50）；以及其他的品质稍低的木薯渣炭、花生壳炭和甘蔗渣炭（相对质量指数小于0.35）。

同时，从表4-4可以看出，根据质量平衡原理，依据养分含量及生物炭的质量回收率估计出的不同原料炭化后有机碳和氮的生物炭回收率特征。与质量回收率相比，废弃物热解炭化的生物炭有机碳和总氮的回收率略低，平均值分别为46.40%和47.08%。其中，甘蔗渣、荔枝枝条、桉树皮、香蕉茎、水稻秆和木薯秆炭化后生物炭有机碳回收率在50%以上，而花生壳、甘蔗渣、玉米渣、桉树皮炭化后氮回收率在50%以上。可见，不同原料热解炭化后的生物炭获得率和碳氮回收率并不一致，质量回收率及碳氮回收率均在50%以上的原材料中有甘蔗渣、桉树皮和香蕉茎。

表4-4 不同原料生物炭的归一化相对质量指数、碳氮回收率

指标	木薯渣	花生壳	甘蔗渣	玉米渣	荔枝枝条	桉树皮	香蕉茎	水稻秆	木薯秆
AI	0.29	0.32	0.34	0.37	0.41	0.44	0.58	0.62	0.75
NR	26.9	52.4	50.6	51.1	48.7	50.7	49.9	46.2	47.2
CR	32.4	26.4	52.2	42.8	52.1	50.5	52.8	54.7	53.9

注：AI表示生物炭的归一化相对质量指数；NR表示生物炭氮回收率（%）；CR表示碳回收率（%）。

2.2 不同原料生物炭的微量矿质元素

本研究中采用电感耦合等离子体质谱法（Agilent 7700X）测定不同材料的重金属元素。表4-5是生物炭中微量矿质元素的检测结果，数据显示，相对于常见土壤而言，生物炭中的铁、锰、铜和锌含量较高，而钼、镍含量较低，生物炭施用具有增加土壤中的铁、锰、钼含量的作用。生物炭铁含量为821~2432 mg/kg，其中玉米渣炭最低，而香蕉茎炭最高；锰含量为96~1125 mg/kg，其中花生壳炭最低，荔枝枝条炭最高；钼含量为0.92~6.75 mg/kg，其中玉米渣炭最低，甘蔗渣炭最高。

表4-5 不同原料生物炭的微量矿质元素含量

生物炭	Fe	Mn	Cu	Zn	Mo	Ni
甘蔗渣炭	1422	123	13.12	16.42	6.75	1.84

续表

生物炭	Fe	Mn	Cu	Zn	Mo	Ni
花生壳炭	2024	96	17.94	22.41	2.11	4.49
木薯渣炭	1232	667	5.24	8.06	4.16	1.16
玉米渣炭	821	186	22.61	19.72	0.92	2.11
荔枝枝条炭	1987	1125	7.68	13.54	5.89	3.44
桉树皮炭	1765	974	8.02	12.14	4.98	3.21
香蕉茎炭	2432	154	9.58	12.74	5.64	2.55
水稻秆炭	1844	1065	6.77	8.22	4.37	1.48
木薯秆炭	1622	985	5.79	9.15	5.01	1.39

注：Fe、Mn、Cu、Zn、Mo、Ni 分别表示铁、锰、铜、锌、钼、镍，各含量单位为 mg/kg。

2.3　不同原料生物炭的重金属元素

有毒重金属检测结果如表4-6所示，中国农业行业标准《有机肥料》（NY 525—2012）要求，有机肥料中铬、铅、砷、镉、汞分别不高于150 mg/kg、50 mg/kg、15 mg/kg、3 mg/kg、2 mg/kg。除水稻秆（22.1 mg/kg）和木薯秆炭（22.13 mg/kg）的砷超标外（＞15 mg/kg），其他生物炭均未超标。汞均未检测出。

表4-6　不同原料生物炭的有毒重金属含量

生物炭	Cr	Pb	As	Cd	Hg
甘蔗渣炭	27.6	4.05	1.46	0.06	n
花生壳炭	33.8	3.26	1.82	0.091	n
木薯渣炭	2.87	3.56	13.14	0.042	n
玉米渣炭	18.9	5.57	2.44	0.152	n
荔枝枝条炭	6.99	5.44	2.88	0.104	n
桉树皮炭	5.78	5.12	2.35	0.125	n
香蕉茎炭	17.7	5.36	3.42	0.137	n
水稻秆炭	4.44	5.32	22.1	0.261	n
木薯秆炭	4.12	5.06	22.13	0.068	n

注：Cr、Pb、As、Cd、Hg 分别表示铬、铅、砷、镉、汞，各含量单位为 mg/kg。

3 讨论与小结

3.1 不同原料对生物炭属性的影响

我国是农业大国，农林秸秆资源丰富，据估算2015年全国主要农作物秸秆理论资源量为$10.4×10^8$ t，可收集资源量9.0×10^8 t，利用量为7.2×10^8 t（石祖梁等，2017），仍有大量农林秸秆及其他生物质资源没有得到有效利用。目前将农林废弃物炭化还田实现了良好的经济和环境效应（陈温福等，2014），同时可避免直接燃烧带来的大气环境污染问题，还能提高养分利用效率，降低肥料损失（Oladele等，2019）。生物炭由原料经过缺氧裂解而制得，因此原料性质对生物炭属性具有一定影响（Zhang等，2015）。依据来源和途径，可以将生物质废弃物分为原生生物质、次生生物质和加工生物质（潘根兴等，2017）。原生生物质多为植物残体，具有高热值、富含结构有机质的特性；次生生物质是动物源废弃物，其热值较低、含水量及养分含量较高；而加工生物质是经过农产品工业加工的剩余物，其特性与原料来源及生产加工工艺有关。秸秆生物质由大量有机的纤维素、半纤维素、木质素组分和少量无机灰分元素组成，半纤维素稳定性差，最先分解；纤维素稳定性介于半纤维素与木质素之间；半纤维素与纤维素一般在200~500℃区间大量分解；而木质素的热分解温度最高，在400℃以上时才开始分解且热解过程较缓慢（叶协锋等，2017）。本研究选取二大类共9种生物质废弃物原料，分别是属于原生生物质的木薯秆、水稻秆、香蕉茎、桉树皮、荔枝枝条和花生壳等6种，属于加工生物质的玉米渣、甘蔗渣、木薯渣等3种材料。在王维棉（2015）的研究中，生物炭的固定碳含量与制炭原材料的类型有关，与本文研究结果一致。

原料决定生物炭性质的另一方面表现为不同原料间所得到的生物炭性质有差异。本研究发现香蕉茎和水稻秸秆生物炭具有较高的pH值，木薯秆炭和桉树皮炭具有较高的碳含量，而玉米渣炭具有较高的磷含量，香蕉茎炭具有较高的钾含量等，这都是受原料本身某种元素含量高的影响。因此，原材料对生物炭的属性是有显著影响（$P<0.05$）。通过分析原料性质与生物炭属性间的相关性（表4-2）发现生物炭中氢、硫2种元素含量在不同原料中的含量呈现不显著的相关性（$P>0.05$），这表明原料对生物炭中这2种元素含量的影响无法统一判定，但是原料与生物炭中碳元素含量极显著正相关（$P<0.01$），可能是因为各种原料中碳含量比较高，裂解过程中碳损失可以忽略。虽然生物炭属性受原材料影响较大，但生物炭自身属性又有一定的独特性，不考虑原料的情形下，生物炭自身属性存在紧密的内在关联性。如生物炭pH值与其钾含量为极显著正相关（$R=0.69$，$P<0.01$），与氢含量为极显著负相关（$R=-0.85$，$P<0.01$）。香蕉茎和水稻秸秆富含钾，因此制成生物炭后，尤其是在高温下（500℃），生物炭pH值较大。同样，钾含量也影响了生物炭的电导率（$R=0.98$，$P<0.01$）和CEC（$R=0.59$，$P<0.01$）。因此，通过分析生

物炭属性的内在关联性，有助于更好地了解不同材料的特性，从而筛选出更好的制备原料。例如，氢、硫含量高的原料，有可能获得更高的生物炭比表面积，而钾含量高的原料可以获得更高 pH 值的生物炭等。

陈静文（2014）研究得出生物质原材料木质素含量相对较高的玉米秸秆生物炭的抗氧化性高于生物质木质素含量相对较低的小麦秸秆生物炭。生物炭的 pH 值与原生物质材料有关。Yuan 等（2015）的研究结果表明，豆科植物秸秆制备的生物炭 pH 值高于非豆科植物秸秆生物炭的 pH 值。虽然大量研究表明生物炭对土壤重金属以及有机污染物具有吸附或降解作用，能降低其有效性（Kong 等，2018），然而大量施用生物炭后自身重金属和有机污染物是否会带来潜在风险值得关注。已有文献指出，生物炭在制备过程中会产生多环芳烃，并且随温度升高而减少（罗飞等，2016）。本研究中所选用的 7 种原料制备的生物炭中其他重金属含量均不超标，主要原因是原材料中自身重金属含量不超标。因此，对于重金属含量超标的原料必须谨慎用于生物炭制备。

3.2　其他因素对生物炭性质的影响

生物炭制备过程中除限制氧气外，炭化温度是另一个关键因素。通常生物炭制备是在较低温条件下进行（低于 700℃），温度太高可能没有太大实际意义，因为产率是随温度升高而显著下降的。选择合理的裂解温度，获得更好的生物炭属性是生物炭制备的必然要求。《生物炭基有机肥料》（NY/T 3618—2020）中规定生物炭基有机肥料中碳的质量分数应大于 20%，总养分（$N+P_2O_5+K_2O$）的质量分数应大于 5%。本研究中有 2 种炭（花生壳炭、木薯渣炭）的碳质量分数小于 20%，其他 7 种（木薯秆炭、水稻秆炭、香蕉茎炭、桉树皮炭、荔枝枝条炭、玉米渣炭、甘蔗渣炭）的碳质量分数大于 50%。说明在这些废弃物在炭化生产制肥的过程中，可以采取多种原料配比方法以提高炭化产物的碳含量以及养分总量。

酸性红壤是中国南方地区重要的土壤资源，广西亦有大面积分布，特殊的水热季节导致该地区土壤质地黏重，通气透水性差，土壤酸度高，土壤中 K、P、Ca 和 Mg 等盐基性养分含量较低，保肥性能差。本研究中，以广西 9 种农林废弃物裂解制备的生物炭具有高 pH 值，高钾、磷、钙和镁等盐基性养分含量高，施入土壤中可有效提高土壤 pH 值及钾、磷、钙和镁含量，增强土壤的保肥性。依据有机肥料标准，本研究所施用的生物炭中，除水稻秆炭（22.1 mg/kg）和木薯秆炭（22.13 mg/kg）的砷含量超标外，其他生物炭均未超标，可能是由于生物炭制备后重金属残余率存在不同程度的降低（李智伟等，2016），即使是高重金属风险的原料，在 500℃ 热解后也会转化成低风险（Zhao 等，2017）。

本研究选取广西地区典型的 9 种原料，在 500℃ 下制备生物炭，比较后发现原材料对生物炭性质影响较大，而不同温度下，如 300~900℃ 下生物炭的理化性质的变化，还有待进一步明确。前人研究表明，生物炭中碳含量大多数随温度升高而增加，但有些原料（如椰子壳、水稻秆等）在温度为700℃时碳含量下降，大部分生物炭中氮含量是随温度升高而降低，但橡胶杆生物炭中氮含量呈增高趋势（邹刚华等，2020）。因此，温度对生物炭中各元素含量的影响不能一概而论，尤其是对容易以气态形式损失的元素。本研究中，更主要是受原料影响，不同原料制备的生物炭某些性质并没有统一变化规律。相比较而言，从成本和生物炭属性综合考虑，本研究所选择的裂解温度500℃是一个相对较好的折中温度（韦思业，2017）。如果单独考虑某些特别的属性，比如获得更高的pH值和比表面积等，则700℃可能会更好（邹刚华等，2020）。

3.3　小结

（1）9种不同废弃物制备生物炭中的碳、氮、磷、钾、钙、镁等含量与原料属性呈极显著正相关（$P < 0.01$），原料中钾含量是影响生物炭pH值、电导率和阳离子交换量的重要因素。9种生物炭可分成3类：肥力品质较高的木薯秆炭、水稻秆炭和香蕉茎炭；品质中等的玉米渣炭、荔枝枝条炭和桉树皮炭；其他品质稍低的木薯渣炭、花生壳炭和甘蔗渣炭。

（2）生物炭含有大量稳定的碳、大量矿质元素、微量元素和少量重金属元素，不同类别生物炭理化性质差异较大，主要表现为速效钾、钠、钙、镁等盐基矿质元素含量的差异。综合考虑产率、碳含量、比表面积、阳离子交换量以及矿质元素等性质，相对而言，原生生物质的生物炭（木薯秆、玉米渣、荔枝枝条、桉树皮、香蕉茎、水稻秆生物炭等）表现较好，本研究可以为较好解决广西农林废弃物的处置问题提供新的思路。

参考文献

[1] 陈静文. 两类生物炭的热稳定性和化学稳定性比较 [D]. 昆明：昆明理工大学，2014.
[2] 陈温福，张伟明，孟军. 生物炭与农业环境研究回顾与展望 [J]. 农业环境科学学报，2014，33（5）：821–828.
[3] 黄永东，杜应琼，陈永坚，等. 农业废弃物生物炭理化性质的差异及对菜心产量的影响 [J]. 生态环境学报，2018，27（2）：356–363.
[4] 柯贤林，恽壮志，刘铭龙，等. 不同来源生物质废弃物热解炭化农业应用潜力分析：生物炭产率、性质及促生效应 [J]. 植物营养与肥料学报，2021，27（7）：1113–1128.
[5] 李智伟，王兴栋，林景江，等. 污泥生物炭制备过程中氮磷钾及重金属的迁移行为 [J]. 环境工程学报，2016，10（3）：1392–1399.

［6］林珈羽，张越，刘沅，等 . 不同原料和炭化温度下制备的生物炭结构及性质［J］. 环境工程学报，2016，10（6）：3200-3206.

［7］刘铭龙，刘晓雨，潘根兴 . 生物炭对植物表型及其相关基因表达影响的研究进展［J］. 植物营养与肥料学报，2017，23（3）：789-798.

［8］罗飞，宋静，陈梦舫 . 油菜饼粕生物炭制备过程中多环芳烃的生成、分配及毒性特征［J］. 农业环境科学学报，2016，35（11）：2210-2215.

［9］潘根兴，卞荣军，程琨 . 从废弃物处理到生物质制造业：基于热裂解的生物质科技与工程［J］. 科技导报，2017，35（23）：82-93.

［10］潘根兴，李恋卿，刘晓雨，等 . 热裂解生物炭产业化：秸秆禁烧与绿色农业新途径［J］. 科技导报，2015，33（13）：92-101.

［11］石祖梁，贾涛，王亚静，等 . 我国农作物秸秆综合利用现状及焚烧碳排放估算［J］. 中国农业资源与区划，2017，38（9）：32-37.

［12］陶思源 . 关于我国农业废弃物资源化问题的思考［J］. 理论界，2013（5）：28-30.

［13］王群 . 生物质源和制备温度对生物炭构效的影响［D］. 上海：上海交通大学，2013.

［14］王维锦 . 原料和温度对生物炭性质的影响及便捷式生物炭化机的试验研究［D］. 南京：南京农业大学，2015.

［15］韦思业 . 不同生物质原料和制备温度对生物炭物理化学特征的影响［D］. 广州：中国科学院大学（中国科学院广州地球化学研究所），2017.

［16］叶协锋，周涵君，于晓娜，等 . 热解温度对玉米秸秆炭产率及理化特性的影响［J］. 植物营养与肥料学报，2017，23（5）：1268-1275.

［17］中华人民共和国农业农村部种植业管理司 . 生物炭基有机肥料 NY/T 3618—2020.［S］. 北京：中国农业出版社，2020.

［18］邹刚华，戴敏洁，赵凤亮，等 . 海南典型农林废弃物生物炭特性分析［J］. 热带作物学报，2020，41（7）：1498-1504.

［19］Ji C，Cheng K，Nayak D，et al. Environmental and economic assessment of crop residue competitive utilization for biochar，briquette fuel and combined heat and power generation［J］. Journal of Cleaner Production，2018（192）：916-923.

［20］Kong L L，Gao Y Y，Zhou Q X，et al. Biochar accelerates PAHs biodegradation in petroleum-polluted soil by biostimulation strategy［J］. Journal of Hazardous Materials，2018（343）：276-284.

［21］Lehmann J. A handful of carbon［J］. Nature，2007，447（7141）：143-144.

［22］Masek O，Buss W，Roy-Poirier A，et al. Consistency of biochar properties over time and production scales：A characterisation of standard materials［J］. Journal of Analytical and Applied Pyrolysis，2018（132）：200-210.

[23] Oladele S O，Adeyemo A J，Awodun M A. Influence of rice husk biochar and inorganic fertilizer on soil nutrients availability and rain-fed rice yield in two contrasting soils [J] . Geoderma，2019，336：1-11.

[24] Singh R，Babu J N，Kumar R，et al. Multifaceted application of crop residue biochar as a tool for sustainable agriculture：An ecological perspective [J] . Ecological Engineering，2015（77）：324-347.

[25] Yuan J H，Xu R K. The amelioration effects of low temperature biochar generated from nine crop residues on an acidic Ultisol [J] . Soil Use & Management，2015，27（1）：110-115.

[26] Zhang J，Liu J，Liu R L. Effects of pyrolysis temperature and heating time on biochar obtained from the pyrolysis of straw and lignosulfonate [J] . Bioresource Technology，2015（176）：288-291.

[27] Zhao B，Xu X，Xu S，et al. Surface characteristics and potential ecological risk evaluation of heavy metals in the biochar produced by co-pyrolysis from municipal sewage sludge and hazelnut shell with zinc chloride[J] . Bioresource Technology，2017（243）：375-383.

第五章

生物炭施用对酸性红壤理化性质的影响

我国南方广泛分布着酸性红壤，酸度高、肥力低（李庆逵和张效年，1957），一些地区由于常年施用化学肥料，导致土壤表层盐分聚集，严重影响作物生长（张绪美等，2017）。土壤酸化与肥力下降等已成为制约现代农业发展的主要因素（徐仁扣等，2018）。如何针对红壤理化性质特点，改良其障碍因子，是提高红壤综合生产能力的关键问题。土壤物理性状主要体现在土壤容重、比重、孔隙结构、持水能力等方面。生物炭具有疏松多孔、比表面积大等特点，因此在土壤中施用生物炭会对包括总孔隙率、孔径分布、容重、比重、含水量、田间持水能力、通气以及透水能力等造成影响（张峥嵘，2014）。

生物炭是生物质材料在缺氧条件下通过高温裂解制备的高含碳量物质（Lehmann 等，2015），因其原料特性而含有大量微量元素，制备条件简单，具有提高土壤肥力、固碳减排的功能（Lehmann 等，2006）。研究表明，生物炭可有效修复土壤污染（O' Connor 等，2018）、调节微生物群落结构并缓解作物土传病害等（牟苗等，2018）。由于生物炭的高孔隙性，其在土壤中的应用可能通过新孔隙的直接贡献来改善土壤的物理性质。近年来，生物炭作为一种新型土壤改良材料，广泛应用于土壤环境修复及废弃物资源化利用等领域。

我国南方酸性红壤地区，土壤酸化等问题较为突出。生物炭在土壤改良方面的应用研究已有较多的文献报道，针对南方旱地酸性红壤区土壤改良方面的研究仍需进一步探究。然而，不同原材料制备的生物炭，其理化性质常存在较大差异，且对土壤肥力与作物生长的影响也随施用时间的不同而变化（Hu 等，2021）。玉米收割后会伴随有大量秸秆生物质废弃物，简单作为薪柴燃烧，不仅造成资源浪费，还污染大气环境，增加温室气体排放，加剧气候变化。如将玉米秸秆制备为生物炭，炭化还田，可能有利于提高酸性红壤区土壤的改良效果。因此，本研究采用田间试验，以玉米秸秆生物炭土壤改良剂为材料，通过秸秆炭化还田 3 年后，分析施用不同用量（CK：0 t/hm²、T1：2.0 t/hm²、T2：4.0 t/hm²、T3：6.0 t/hm²、T4：12 t/hm²）生物炭对红壤基本理化性状的影响，以期为玉米秸秆废弃物资源化利用与红壤改良提供理论依据和技术支持。

1 玉米秸秆生物炭不同施用量对红壤物理性质的影响

1.1 施用玉米秸秆生物炭对红壤容重的影响

土壤容重是指土壤在自然状态下单位体积的干重，影响土壤水分、空气、热量、养分转化等土壤理化性质（查金花等，2020）。生物炭对红壤容重的影响如表5-1所示。施用生物炭3年后，相对于对照，生物炭有效降低了土壤容重，随着生物炭土壤改良剂施用量的增加，红壤容重呈逐渐下降的趋势。

在0~20 cm 土层中，当玉米秸秆生物炭施用量为2.0 t/hm²、4.0 t/hm²、6.0 t/hm²和12 t/hm²时，各处理与对照CK相比，容重分别降低了6.72%、9.48%、12.39%和24.51%，除T1、T2和T3两两间没有显著差异外（$P > 0.05$），其他处理间均达到显著差异水平（$P < 0.05$）。在20~40 cm 土层中，当施用量为2.0 t/hm²、4.0 t/hm²、6.0 t/hm²和12 t/hm²时，各处理与对照CK相比，容重分别降低了8.82%、15.63%、22.31%和29.82%，除CK和T1之间、T2和T3之间没有显著差异外（$P > 0.05$），其他处理间均达到显著差异水平（$P < 0.05$）。总体上，0~40 cm 土壤容重含量的平均值，随着秸秆生物炭施用量的增加而呈现逐渐减小的趋势。

表5-1　玉米秸秆生物炭对红壤土壤容重的影响（g/cm³）

土层	CK	T1	T2	T3	T4
0~20 cm	1.27 a	1.19 b	1.16 b	1.13 b	1.02 c
20~40 cm	1.48 a	1.36 a	1.28 b	1.21 b	1.14 c
均值	1.38	1.28	1.22	1.17	1.08

注：同行不同小写字母表示差异显著（$P < 0.05$）。本章下同。

1.2 施用玉米秸秆生物炭对红壤比重的影响

土壤比重是指单位体积土壤固体颗粒的烘干重量（孙树臣等，2020）。土壤固相中物质类别与含量决定了土壤比重的大小。表5-2是玉米秸秆生物炭土壤改良剂对红壤土壤比重的影响。施用生物炭3年后，生物炭施用降低了土壤的比重，且随着生物炭施用量的增加，土壤比重呈降低趋势。

相对于对照，在0~20 cm 土层中，施用玉米秸秆生物炭后，各处理的土壤比重分别降低了2.76%、10.59%、21.40%和40.32%，除CK与T1，T2与T3之间没有显著差异外（$P > 0.05$），其他处理间均达到显著差异水平（$P < 0.05$）。在20~40 cm 土层中，施用生物炭后，各处理的土壤比重与对照相比分别降低了4.60%、8.33%、15.68%和28.77%，除CK与T1，T2与T3之间没有显著差异外（$P > 0.05$），其他处理间均达到显著差异水平（$P < 0.05$）。总体上，0~40 cm 土壤比重的平均值，随着秸秆生物炭施用量的增加而呈现逐

渐减小的趋势。

表5-2　玉米秸秆生物炭对红壤土壤比重的影响（g/cm³）

土层	CK	T1	T2	T3	T4
0~20 cm	2.61 a	2.54 a	2.36 b	2.15 b	1.86 c
20~40 cm	2.73 a	2.61 a	2.52 b	2.36 b	2.12 c
均值	2.67	2.58	2.44	2.26	1.99

1.3　施用玉米秸秆生物炭对红壤孔隙度的影响

孔隙度分布是指不同级数的孔径所在的孔隙占总体孔隙度的比值。从表5-3、表5-4可以看出，随着生物炭施用量的增加，0~20 cm 和20~40 cm 土层中＜2 μm孔径的非活性孔隙的孔隙度分布呈波浪起伏下降趋势，2~20 μm孔径的毛管孔隙的孔隙度分布亦趋于减小，＞20 μm孔径的大孔隙的孔隙度分布呈逐渐上升趋势。

在0~20 cm 的土层中，施生物炭处理的土壤孔隙度分布与对照 CK 处理相比，＜2 μm孔径的孔隙度分别降低了14.63%、10.63%、5.85% 和20.29%，除 CK 与 T2，T3 两两之间，T1 与 T4 间没有显著差异外（$P > 0.05$），其他处理间均达到显著差异水平（$P < 0.05$）。2~20 μm孔径的孔隙度分别降低了12.58%、29.50%、34.57% 和32.74%，除 CK 与 T1 之间，T2、T3 与 T4 两两之间没有显著差异外（$P > 0.05$），其他处理间均达到显著差异水平（$P < 0.05$）。＞20 μm孔径的孔隙度则分别增加了55.83%、117.91%、128.13% 和135.51%。除 CK 与 T1 之间，T2、T3 与 T4 两两之间没有显著差异外（$P > 0.05$），其他处理间均达到显著差异水平（$P < 0.05$）。

表5-3　玉米秸秆生物炭对红壤土壤0~20 cm 孔隙度比例的影响（%）

孔径	CK	T1	T2	T3	T4
＜2 μm	10.25 a	8.75 b	9.16 a	10.85 a	8.17 b
2~20 μm	71.05 a	62.11 a	50.09 b	46.49 b	47.79 b
＞20 μm	18.70 b	29.14 b	40.75 a	42.66 a	44.04 a

在20~40 cm 土层中，施生物炭处理的土壤孔隙度分布与对照 CK 处理相比，＜2 μm孔径的孔隙度分别降低了12.72%、25.73%、5.45% 和49.20%，除 CK 与 T1、T3 两两之间，T2 与 T4 间没有显著差异外（$P > 0.05$），其他处理间均达到显著差异水平（$P < 0.05$）。2~20 μm孔径的孔隙度，除 T1 处理增加了7.79% 外，其他处理分别降低了1.82%、15.57% 和18.68%，除 CK 与 T1、T2 两两之间，T3 与 T4 间没有显著差异外（$P > 0.05$），其他处理间均达到显著差异水平（$P < 0.05$）。＞20 μm孔径的孔隙度，除 T1 处理降低了

10.41% 外，其他处理分别增加了16.89%、36.39% 和65.15%，除 CK 与 T1 间，T2 与 T3 之间没有显著差异外（$P > 0.05$），其他各处理间均达到显著差异水平（$P < 0.05$）。生物炭对红壤土壤20~40 cm 土层的孔隙度亦有一定的影响。

表5-4　玉米秸秆生物炭对红壤土壤20~40 cm 孔隙度比例的影响（%）

孔径	CK	T1	T2	T3	T4
< 2 μm	13.76 a	12.01 a	10.22 b	13.01 a	6.99 b
2~20 μm	58.95 a	63.54 a	57.88 a	49.77 b	47.94 b
> 20 μm	27.29 c	24.45 c	31.90 b	37.22 b	45.07 a

1.4　玉米秸秆生物炭施用后红壤土壤物理性质的相关性分析

从表5-5可知，在0~20 cm 土层，生物炭施用量分别与容重、比重和< 2 μm 孔隙度呈极显著负相关（$P < 0.01$），与> 20 μm 孔隙度呈极显著正相关（$P < 0.01$）。容重分别与比重和< 2 μm 孔隙度呈极显著正相关（$P < 0.01$），与> 20 μm 孔隙度呈极显著负相关（$P < 0.01$）。比重与< 2 μm 孔隙度呈极显著正相关（$P < 0.01$），与> 20 μm 孔隙度呈极显著负相关（$P < 0.01$）。

表5-5　玉米秸秆生物炭对红壤0~20 cm 土壤物理性质的相关性

相关性	容重	比重	< 2 μm 孔隙度	2~20 μm 孔隙度	> 20 μm 孔隙度
施用量	-0.924**	-0.878**	-0.798**	-0.604	0.696**
容重	1	0.887**	0.879**	-0.514	-0.772**
比重		1	0.809**	-0.472	-0.815**
< 2 μm 孔隙度			1	-0.214	-0.388
2~20 μm 孔隙				1	-0.419

注：* 表示在0.05水平上显著相关，** 表示在0.01水平上极显著相关。下同。

从5-6可知，在20~40 cm 土层，生物炭施用量分别与容重、比重和< 2 μm 孔隙度呈极显著负相关（$P < 0.01$），与> 20 μm 孔隙度呈极显著正相关（$P < 0.01$）。容重分别与比重和< 2 μm 孔隙度呈极显著正相关（$P < 0.01$），与> 20 μm 孔隙度呈显著负相关（$P < 0.05$）。比重与< 2 μm 孔隙度呈极显著正相关（$P < 0.01$），与2~20 μm 孔隙度和> 20 μm 孔隙度呈显著负相关（$P < 0.05$）。> 20 μm 孔隙度分别与< 2 μm 孔隙度和2~20 μm 孔隙呈显著负相关（$P < 0.05$）。表5-5和表5-6共同说明，玉米秸秆生物炭施入红壤土壤后，土壤大于> 20 μm 的通气孔隙数量、比例均有增加，非活性孔隙减少、通气孔隙增加，生物炭自身独有的孔隙结构改善了土壤结构，对缓解酸性土壤黏重有显著效果。

表5-6　玉米秸秆生物炭对红壤20~40 cm 土壤物理性质的相关性

相关性	容重	比重	<2 μm 孔隙度	2~20 μm 孔隙度	>20 μm 孔隙度
施用量	−0.825**	−0.796**	−0.864**	−0.543	0.961**
容重	1	0.902**	0.883**	−0.497	−0.682*
比重		1	0.862**	−0.773*	−0.744*
<2 μm 孔隙度			1	−0.464	−0.618*
2~20 μm 孔隙				1	−0.699*

2　玉米秸秆生物炭不同施用量对红壤化学性质的影响

2.1　施用玉米秸秆生物炭对红壤 pH 值的影响

我国土壤酸碱度可分为5个级别：pH 值＜5 为强酸性，pH 值 5.0~6.5 为酸性，pH 值 6.5~7.5 为中性，pH 值 7.5~8.5 为碱性，pH 值＞8.5 为强碱性（中国科学院南京土壤研究所，1978）。红壤土的障碍性因子之一是呈酸性，我国红壤土壤酸化程度已经日趋严重，土壤 pH 值的下降较为明显。表5-7 是施用不同量生物炭对土壤 pH 值变化的影响，施用生物炭处理的土壤 pH 值均高于对照 CK，大小关系表现为 T4处理＞ T3处理＞ T2处理＞ T1处理＞ CK 的趋势。随着生物炭的施用，不同深度土壤的 pH 值逐渐升高，并与施用量呈正相关。

生物炭因其组成特征，往往呈碱性。本试验区的对照土壤呈弱酸性（pH 平均值为 6.14），相对于对照，在 0~20 cm 土层中，施用生物炭后，各处理的土壤 pH 值分别升高了 3.70%、8.68%、10.77% 和 15.11%，除 CK、T_1、T_2、T_3 两两之间没有显著差异外（P＞0.05），其他处理间均达到显著差异水平（P＜0.05）。在 20~40 cm 土层中，施用生物炭后，各处理的土壤 pH 值与对照相比分别升高了 2.81%、4.96%、8.43% 和 13.55%，除 CK 与 T1 之间，T2、T3 和 T4 两两之间没有显著差异外（P＞0.05），其他处理间均达到显著差异水平（P＜0.05）。总体上，0~40 cm 土壤 pH 值的平均值，随着玉米秸秆生物炭施用量的增加而呈现增大的趋势。土壤 pH 值的升高可能是由于生物炭自身呈碱性，且高于对照土壤的 pH 值。

表5-7　玉米秸秆生物炭对红壤土壤 pH 值的影响

土层	CK	T1	T2	T3	T4
0~20 cm	6.22 b	6.45 b	6.76 b	6.89 b	7.16 a
20~40 cm	6.05 b	6.22 b	6.35 a	6.56 a	6.87 a
均值	6.14	6.34	6.56	6.73	7.02

2.2 施用玉米秸秆生物炭对红壤有机质的影响

土壤有机质是土壤的重要组成成分，对土壤形成、土壤肥力、土壤的缓冲性能和作物生长具有重要的作用。从表5-8可以看出，随着生物炭施用量的增加，土壤有机质呈现逐渐增加的趋势。随着生物炭施用量的增加，各处理的0~20 cm和20~40 cm土层的土壤有机质分别比对照CK处理增加了9.00%、17.09%、26.77%和32.77%，4.44%、10.32%、17.99%和25.19%。其中，0~20 cm土层各处理间均存在显著差异；20~40 cm土壤有机质含量相对较低，除CK与T1、T2与T3之间没有显著差异外（$P > 0.05$），其他处理间均达到显著差异水平（$P < 0.05$）。总体上，0~40 cm土壤有机质含量的平均值，随着玉米秸秆生物炭施用量的增加而呈现增大的趋势。

表5-8　玉米秸秆生物炭对红壤土壤有机质的影响（g/kg）

土层	CK	T1	T2	T3	T4
0~20 cm	32.35 e	35.26 d	37.88 c	41.01 b	42.95 a
20~40 cm	27.23 c	28.44 c	30.04 b	32.13 b	34.09 a
均值	29.79	31.85	33.96	36.57	38.52

2.3 施用玉米秸秆生物炭对红壤全氮的影响

从表5-9可以看出，随着玉米秸秆生物炭施用量的增加，土壤全氮含量大小呈现逐渐上升的趋势。随着生物炭施用量的增加，在0~20 cm和20~40 cm的土层中，施用生物炭各处理的土壤全氮含量与对照CK处理相比分别增加了9.94%、14.91%、21.74%和34.78%，10.71%、20.54%、44.64%和34.82%。其中，0~20 cm土层中，除T1与T2之间不存在差异（$P < 0.05$），其他处理间达到显著差异（$P < 0.05$）；20~40 cm土壤全氮含量相对较低。除CK与T1间，T3与T4之间没有显著差异外（$P > 0.05$），其他处理间均达到显著差异水平（$P < 0.05$）。总体上，0~40 cm土壤全氮含量的平均值，随着玉米秸秆生物炭施用量的增加而呈现增大的变化趋势。

表5-9　玉米秸秆生物炭对红壤土壤全氮的影响（g/kg）

土层	CK	T1	T2	T3	T4
0~20 cm	1.61 d	1.77 c	1.85 c	1.96 b	2.17 a
20~40 cm	1.12 c	1.24 c	1.35 b	1.62 a	1.51 a
均值	1.37	1.51	1.60	1.79	1.84

2.4 施用玉米秸秆生物炭对红壤全磷的影响

从表5-10可以看出，随着玉米秸秆生物炭施用量的增加，土壤全磷含量呈现逐渐增加的趋势。在0~20 cm和20~40 cm的土层中，施用生物炭各处理的土壤全磷含量与对照CK处理相比，分别增加了19.05%、30.16%、50.79%和82.54%，11.54%、19.23%、63.46%和42.31%。其中，0~20 cm土层中，除T1与T2之间不存在显著差异性，其他处理间达到显著差异性（$P < 0.05$）；20~40 cm土壤全磷含量相对较低。除CK与T1间，T3与T4之间没有显著差异外（$P > 0.05$），其他处理间均达到显著差异水平（$P < 0.05$）。总体上，0~40 cm土壤全磷含量的平均值，随玉米秸秆生物炭施用量的增加而呈现增大的趋势。

表5-10　玉米秸秆生物炭对红壤土壤全磷的影响（g/kg）

土层	CK	T1	T2	T3	T4
0~20 cm	0.63 d	0.75 c	0.82 c	0.95 b	1.15 a
20~40 cm	0.52 c	0.58 c	0.62 b	0.85 a	0.74 a
均值	0.58	0.67	0.72	0.90	0.95

2.5 施用玉米秸秆生物炭对红壤全钾的影响

土壤钾含量是影响作物生长发育的关键土壤因子，适量施用钾肥能够增强植物抗旱、抗寒及抗病虫害等能力。表5-11是玉米秸秆生物炭不同施用量对土壤全钾含量的影响，生物炭各处理的土壤全钾含量均高于对照CK，大小关系表现为T3处理＞T4处理＞T2处理＞T1处理＞CK的趋势。随着生物炭的施用，不同深度土壤的全钾含量呈现先升高后降低的趋势。

相对于对照，在0~20 cm土层中，施用生物炭各处理的土壤全钾含量分别升高了5.17%、26.88%、48.30%和29.54%，除T2和T4间无显著差异外（$P > 0.05$），其他各处理间具有显著性差异（$P < 0.05$）。在20~40 cm土层中，施用生物炭后各处理的土壤全钾含量分别升高了18.97%、38.60%、60.36%和44.51%，除T2、T3和T4两两间无显著差异外（$P > 0.05$），其他各处理间具有显著性差异（$P < 0.05$）。总体上，0~40 cm土壤全钾含量的平均值，随着玉米秸秆生物炭施用量的增加而呈现先增大后降低的趋势。

表5-11　玉米秸秆生物炭对红壤土壤全钾的影响（g/kg）

土层	CK	T1	T2	T3	T4
0~20 cm	6.77 d	7.12 c	8.59 b	10.04 a	8.77 b
20~40 cm	4.228 c	5.03 b	5.86 a	6.78 a	6.11 a
均值	5.50	6.08	7.23	8.41	7.44

2.6 施用玉米秸秆生物炭对红壤有效氮的影响

从表5-12可以看出，随着玉米秸秆生物炭施用量的增加，土壤有效氮呈现先升高后降低的趋势。相对于对照，在0~20 cm土层中，施用玉米秸秆生物炭各处理的土壤有效氮含量分别升高了5.84%、34.57%、60.27%和48.08%，除CK与T1之间，T2、T3和T4两两之间无显著差异外（$P > 0.05$），其他各处理间均有显著性差异（$P < 0.05$）。在20~40 cm土层中，施用生物炭后各处理的土壤有效氮含量分别升高了26.79%、55.55%、96.92%和81.68%，20~40 cm土壤有效氮含量相对较低，但增幅高于0~20 cm土层。除T3和T4之间无显著差异外（$P > 0.05$），其他各处理间均有显著性差异（$P < 0.05$）。总体上，0~40 cm土壤有效氮含量的平均值，随着玉米秸秆生物炭施用量的增加而呈现先增大后降低的趋势。

表5-12　玉米秸秆生物炭对红壤土壤有效氮的影响（mg/kg）

土层	CK	T1	T2	T3	T4
0~20 cm	155.23 b	164.29 b	208.89 a	248.79 a	229.87 a
20~40 cm	102.65 d	130.15 c	159.67 b	202.14 a	186.49 a
均值	128.94	147.22	184.28	225.47	208.18

2.7 施用玉米秸秆生物炭对红壤有效磷的影响

从表5-13可以看出，随着玉米秸秆生物炭施用量的增加，土壤有效磷呈现逐渐升高的趋势。相对于对照，在0~20 cm土层中，施用玉米秸秆生物炭各处理的土壤有效磷含量分别升高了36.73%、71.28%、100.10%和155.79%，除T2和T3之间无显著差异外（$P > 0.05$），其他各处理间差异显著（$P < 0.05$）。在20~40 cm土层中，施用生物炭后各处理的土壤有效磷含量分别升高了28.78%、50.64%、90.84%和60.85%，20~40 cm土壤有效磷含量相对较低。除T3和T4之间无显著差异外（$P > 0.05$），其他各处理间均有显著性差异（$P < 0.05$）。总体上，0~40 cm土壤有效磷含量的平均值，随着玉米秸秆生物炭施用量的增加而呈现逐渐增大的趋势。

表5-13　玉米秸秆生物炭对红壤土壤有效磷的影响（mg/kg）

土层	CK	T1	T2	T3	T4
0~20 cm	19.36 d	26.47 c	33.16 b	38.74 b	49.52 a
20~40 cm	12.44 d	16.02 c	18.74 b	20.01 a	23.74 a
均值	128.94	129.94	130.94	131.94	132.94

2.8　施用玉米秸秆生物炭对红壤有效钾的影响

从表5-14可以看出，随着玉米秸秆生物炭施用量的增加，土壤有效钾呈现逐渐先升高后降低的趋势。相对于对照，在0~20 cm土层中，施用玉米秸秆生物炭各处理的土壤有效钾含量分别升高了9.58%、17.02%、56.14%和51.44%，除T1与T2之间，T3与T4之间无显著差异外（$P > 0.05$），其他各处理间差异显著（$P < 0.05$）。在20~40 cm土层中，施用生物炭后各处理的土壤有效钾含量分别升高了6.43%、32.33%、105.10%和75.58%，20~40 cm土壤有效钾含量相对较低。除CK与T1之间、T3与T4之间无显著差异外（$P > 0.05$），其他各处理间均有显著性差异（$P < 0.05$）。总体上，0~40 cm土壤有效钾含量的平均值，随着秸秆生物炭施用量的增加而呈现先增大后降低的趋势。

表5-14　玉米秸秆生物炭对红壤土壤有效钾的影响（mg/kg）

土层	CK	T1	T2	T3	T4
0~20 cm	105.66 c	115.78 b	123.64 b	164.98 a	160.01 a
20~40 cm	58.98 c	62.77 c	78.05 b	120.97 a	103.56 a
均值	82.32	89.28	100.85	142.98	131.79

2.9　施用玉米秸秆生物炭对红壤阳离子交换量的影响

阳离子交换量代表了土壤可保持的养分数量，是土壤酸碱缓冲能力的主要来源，是科学施肥及改良土壤的重要依据。从表5-15可以看出，随着玉米秸秆生物炭施用量的增加，土壤阳离子交换量呈现逐渐增大的趋势。相对于对照，在0~20 cm土层中，施用生物炭各处理的土壤阳离子交换量分别升高了14.93%、35.18%、46.97%和69.31%，除T1、T2与T3两两之间无显著差异外（$P > 0.05$），其他各处理间差异显著（$P < 0.05$）。在20~40 cm土层中，施用生物炭后各处理的土壤阳离子交换量分别升高了20.51%、37.50%、75.20%和96.48%，20~40 cm土壤阳离子交换量相对较低。除T1与T2之间、T3与T4之间无显著差异外（$P > 0.05$），其他各处理间均有显著性差异（$P < 0.05$）。总体上，0~40 cm土壤阳离子交换量的平均值，随着玉米秸秆生物炭施用量的增加而呈现增大的趋势。

表5-15　玉米秸秆生物炭对红壤土壤阳离子交换量的影响（cmol/kg）

土层	CK	T1	T2	T3	T4
0~20 cm	9.58 c	11.01 b	12.95 b	14.08 b	16.22 a
20~40 cm	5.12 c	6.17 b	7.04 b	8.97 a	10.06 a
均值	7.35	8.59	10.00	11.53	13.14

2.10　施用玉米秸秆生物炭对红壤交换性酸的影响

从表5-16可以看出，随着玉米秸秆生物炭施用量的增加，土壤交换性酸含量呈现逐渐减小的趋势。相对于对照，在0~20 cm土层中，施用玉米秸秆生物炭各处理的土壤交换性酸含量分别降低了21.53%、34.72%、65.97%和90.63%，除CK与T1之间无显著差异外（$P > 0.05$），其他各处理间差异显著（$P < 0.05$）。在20~40 cm土层中，施用生物炭后各处理的土壤交换性酸含量分别降低了16.51%、50.47%、68.40%和93.87%，20~40 cm土壤交换性酸含量相对较低，除CK与T1之间、T2与T3之间无显著差异外（$P > 0.05$），其他各处理间均有显著性差异（$P < 0.05$）。总体上，0~40 cm土壤交换性酸含量的平均值，随着玉米秸秆生物炭施用量的增加而呈现减小的趋势。

表5-16　玉米秸秆生物炭对红壤土壤交换性酸的影响（cmol/kg）

土层	CK	T1	T2	T3	T4
0~20 cm	2.88 a	2.26 a	1.88 b	0.98 c	0.27 d
20~40 cm	2.12 a	1.77 a	1.05 b	0.67 b	0.13 c
均值	2.50	2.02	1.47	0.83	0.20

2.11　施用玉米秸秆生物炭对红壤交换性钠的影响

从表5-17可以看出，随着玉米秸秆生物炭施用量的增加，土壤交换性钠含量呈现逐渐增大的趋势。相对于对照，在0~20 cm土层中，施用生物炭各处理的土壤交换性钠含量分别增加了11.27%、93.66%、272.54%和370.42%，除CK与T1之间无显著差异外（$P > 0.05$），其他各处理间差异显著（$P < 0.05$）。在20~40 cm土层中，施用生物炭后各处理的土壤交换性钠含量分别增加了13.86%、32.67%、114.85%和152.48%，20~40 cm土壤交换性钠含量相对较低。除CK、T1与T2两两之间，T3与T4之间无显著差异外（$P > 0.05$），其他各处理间均有显著性差异（$P < 0.05$）。总体上，0~40 cm土壤交换性钠含量的平均值，随着玉米秸秆生物炭施用量的增加而呈现增大的趋势。

表5-17　玉米秸秆生物炭对红壤土壤交换性钠的影响（cmol/kg）

土层	CK	T1	T2	T3	T4
0~20 cm	0.142 d	0.158 d	0.275 c	0.529 b	0.668 a
20~40 cm	0.101b	0.115 b	0.134 b	0.217 a	0.255 a
均值	0.12	0.14	0.20	0.37	0.46

2.12　施用玉米秸秆生物炭对红壤交换性钙的影响

从表5-18可以看出，随着玉米秸秆生物炭施用量的增加，土壤交换性钙含量呈现逐渐增大的趋势。相对于对照，在0~20 cm土层中，施用生物炭各处理的土壤交换性钙含量分别增加了12.22%、39.96%、110.37%和200.55%。除T1与T2之间无显著差异外（$P > 0.05$），其他各处理间有显著差异（$P < 0.05$）。在20~40 cm土层中，施用生物炭后各处理的土壤交换性钙含量分别增加了46.21%、67.53%、116.24%和251.79%，20~40 cm土壤交换性钙含量相对较低。除CK与T1之间、T2与T3之间无显著差异外（$P > 0.05$），其他各处理间均有显著性差异（$P < 0.05$）。总体上，0~40 cm土壤交换性钙含量的平均值，随着玉米秸秆生物炭施用量的增加而呈现增大的趋势。

表5-18　玉米秸秆生物炭对红壤土壤交换性钙的影响（cmol/kg）

交换性钙	CK	T1	T2	T3	T4
0~20 cm	1.997 d	2.241 c	2.795 c	4.201 b	6.002 a
20~40 cm	1.201 c	1.756 c	2.012 b	2.597 b	4.225 a
均值	1.60	2.00	2.40	3.40	5.11

2.13　施用玉米秸秆生物炭对红壤交换性镁的影响

从表5-19可以看出，随着玉米秸秆生物炭施用量的增加，土壤交换性镁含量呈现逐渐增大的趋势。相对于对照，在0~20 cm土层中，施用玉米秸秆生物炭各处理的土壤交换性镁含量分别增加了16.11%、44.34%、51.43%和79.09%，除CK与T1之间、T2与T3之间无显著差异外（$P > 0.05$），其他各处理间均有显著差异（$P < 0.05$）。在20~40 cm土层中，土壤交换性镁含量相对较低，施用生物炭后各处理的土壤交换性镁含量分别增加了25.76%、86.64%、95.42%和122.14%。除CK与T1之间、T3与T4之间无显著差异外（$P > 0.05$），其他各处理间均有显著性差异（$P < 0.05$）。总体上，0~40 cm土壤交换性镁含量的平均值，随着玉米秸秆生物炭施用量的增加而呈现增大的趋势。

表5-19　玉米秸秆生物炭对红壤土壤交换性镁的影响（cmol/kg）

交换性镁	CK	T1	T2	T3	T4
0~20 cm	0.875 c	1.016 c	1.263 b	1.325 b	1.567 a
20~40 cm	0.524 c	0.659 c	0.978 b	1.024 a	1.164 a
均值	0.700	0.838	1.121	1.175	1.366

2.14 施用玉米秸秆生物炭对红壤交换性钾的影响

从表5-20可以看出，随着玉米秸秆生物炭施用量的增加，土壤交换性钾含量呈现逐渐增大的趋势。相对于对照，在0~20 cm土层中，施用玉米秸秆生物炭各处理的土壤交换性钾含量分别增加了78.32%、139.16%、205.02%和218.61%，除CK与T1之间，T2、T3与T4两两之间无显著差异外（$P > 0.05$），其他各处理间有显著差异（$P < 0.05$）。在20~40 cm土层中，施用生物炭后各处理的土壤交换性钾含量分别增加了277.69%、397.52%、539.67%和576.86%。20~40 cm土壤交换性钾含量相对较低，但增幅大于0~20 cm土层。T1、T2、T3与T4两两之间无显著差异（$P > 0.05$），但与对照均有显著性差异（$P < 0.05$）。总体上，0~40 cm土壤交换性钾含量的平均值，随着玉米秸秆生物炭施用量的增加而呈现增大的变化趋势。

表5-20　玉米秸秆生物炭对红壤土壤交换性钾的影响（cmol/kg）

交换性钾	CK	T1	T2	T3	T4
0~20 cm	0.618 b	1.102 b	1.478 a	1.885 a	1.969 a
20~40 cm	0.121 b	0.457 a	0.602 a	0.774 a	0.819 a
均值	0.370	0.780	1.040	1.330	1.394

2.15 施用玉米秸秆生物炭对红壤盐基饱和度的影响

交换性盐基主要包括交换性K^+、Na^+、Ca^{2+}、Mg^{2+}。盐基饱和度是交换性K^+、Na^+、Ca^{2+}、Mg^{2+}的总量占阳离子交换总量的百分比。从表5-21可以看出，随着玉米秸秆生物炭施用量的增加，土壤盐基饱和度含量呈现逐渐增大的趋势。相对于对照，在0~20 cm土层中，施用玉米秸秆生物炭各处理的土壤盐基饱和度含量分别增加了8.21%、18.36%、48.74%和65.97%，除T1与T2之间无显著差异外（$P > 0.05$），其他各处理间差异显著（$P < 0.05$）。在20~40 cm土层中，施用生物炭后各处理的土壤盐基饱和度含量分别增加了27.31%、39.18%、35.21%和68.94%，20~40 cm土壤盐基饱和度含量大于0~20 cm土层。除T2与T3之间无显著差异外（$P > 0.05$），其他各处理间均有显著性差异（$P < 0.05$）。总体上，0~40 cm土壤盐基饱和度含量的平均值，随着玉米秸秆生物炭施用量的增加而呈现增大的趋势。

表5-21　玉米秸秆生物炭对红壤土壤盐基饱和度的影响（%）

盐基饱和度	CK	T1	T2	T3	T4
0~20 cm	37.91 d	41.03 c	44.87 c	56.39 b	62.92 a
20~40 cm	38.03 d	48.41 c	52.93 b	51.42 b	64.24 a
均值	37.97	44.72	48.90	53.90	63.58

土壤酸化后，一般土壤中的交换性酸增多，交换性盐基离子减少，盐基饱和度降低。从以上结果（表5–15至表5–21）可以看出，施用生物炭可降低土壤交换性酸的含量，提高土壤的交换性盐基离子（大部分是交换性 K^+、Na^+、Ca^{2+}、Mg^{2+}）的含量，盐基饱和度随着生物炭处理施用量的增大而增大。因此，施用秸秆生物炭有利于红壤酸化土壤的改良。

2.16　施用玉米秸秆生物炭红壤化学性质间的相关性

从表5–22可知，在0~20 cm 土层中，玉米秸秆生物炭施用量分别与 pH 值、有机碳、全氮、全磷、全钾、有效氮、有效磷和有效钾含量呈极显著正相关（$P < 0.01$）。pH 值除与全钾含量呈显著正相关以外（$P < 0.05$），与其他指标间均呈极显著正相关（$P < 0.01$）。有机碳含量除与全磷、全钾含量呈显著正相关以外（$P < 0.05$），与其他指标间均呈极显著正相关（$P < 0.01$）。全氮含量除与全钾含量呈显著正相关以外（$P < 0.05$），与其他指标间均呈极显著正相关（$P < 0.01$）。全磷除与全钾含量呈显著正相关以外（$P < 0.05$），与其他指标间均呈极显著正相关（$P < 0.01$）。全钾含量除与有效钾含量呈极显著正相关以外（$P < 0.01$），与有效氮、有效磷含量呈显著正相关（$P < 0.05$）。有效氮、有效磷、有效钾含量两两之间均呈极显著正相关（$P < 0.01$）。

表5–22　玉米秸秆生物炭对红壤0~20 cm 土壤化学性质的相关性

相关性	pH 值	SOC	TN	TP	TK	AN	AP	AK
施用量	0.925**	0.976**	0.904**	0.943**	0.921**	0.899**	0.914**	0.899**
pH 值	1	0.882**	0.891**	0.902**	0.882*	0.818**	0.808**	0.856**
SOC		1	0.902**	0.913*	0.944*	0.876**	0.891**	0.903**
TN			1	0.904**	0.818*	0.875**	0.893**	0.911**
TP				1	0.799*	0.903**	0.896**	0.922**
TK					1	0.865*	0.904*	0.935**
AN						1	0.902**	0.897**
AP							1	0.903**

注：SOC、TN、TP、TK、AN、AP、AK 分别指有机碳、全氮、全磷、全钾、有效氮、有效磷、有效钾。下表同。

从表5–23可知，在20~40 cm 土层中，玉米秸秆生物炭施用量分别与 pH 值、有机碳、全氮、全磷、全钾、有效氮、有效磷、有效钾含量呈极显著正相关（$P < 0.01$）。pH 值除与全钾、有效钾含量显著正相关以外（$P < 0.05$），与其他指标间均呈极显著正相关（$P < 0.01$）。有机碳含量除与全磷、全钾含量显著正相关以外（$P < 0.05$），与其他指标间均

呈极显著正相关（$P < 0.01$）。全氮含量除与全钾、有效氮含量显著正相关以外（$P < 0.05$），与其他指标间均呈极显著正相关（$P < 0.01$）。全磷含量除与全钾含量呈显著正相关以外（$P < 0.05$），与其他指标间均呈极显著正相关（$P < 0.01$）。全钾含量与有效钾含量呈极显著正相关（$P < 0.01$），与有效氮、有效磷含量呈显著正相关（$P < 0.05$）。有效氮、有效磷、有效钾含量两两之间均呈极显著正相关（$P < 0.01$）。

表5-23　玉米秸秆生物炭对红壤20~40 cm土壤化学性质的相关性

相关性	pH 值	SOC	TN	TP	TK	AN	AP	AK
施用量	0.914**	0.925**	0.895**	0.903**	0.904**	0.876**	0.832**	0.816**
pH 值	1	0.802**	0.821**	0.885**	0.836*	0.799**	0.758*	0.812*
SOC		1	0.882**	0.893*	0.952*	0.931**	0.854**	0.863**
TN			1	0.9874**	0.822*	0.819*	0.881**	0.902**
TP				1	0.763*	0.873**	0.855**	0.903**
TK					1	0.852*	0.876*	0.852**
AN						1	0.862**	0.843**
AP							1	0.861**

表5-22和表5-23共同说明，玉米秸秆生物炭施用量与土壤pH值、有机碳、全氮、全磷、全钾、速效氮、速效磷和速效钾之间存在着显著或极显著的正相关关系，这表明在土壤中施用生物炭后增加了土壤的养分含量，生物炭施用可能促进了土壤微生物的活性，从而促进土壤养分的循环，增加了土壤养分含量。

3　玉米秸秆生物炭不同施用量对红壤不同形态铝含量的影响

3.1　施用玉米秸秆生物炭对红壤活性铝总量的影响

从表5-24可以看出，施用玉米秸秆生物炭对红壤活性铝总量有显著影响，随着生物炭施用量的增加，土壤活性铝总量呈现逐渐减小的趋势。相对于对照，在0~20 cm土层中，施用生物炭各处理的土壤活性铝总量分别降低了19.48%、37.27%、59.63%和70.79%，各处理间有显著差异（$P < 0.05$）。在20~40 cm土层中，施用生物炭后各处理的土壤活性铝总量分别降低了20.95%、45.21%、60.92%和79.73%，20~40 cm土壤活性铝总量相对较低。除CK与T1间，T2与T3之间无显著差异外（$P > 0.05$），其他各处理间均有显著性差异（$P < 0.05$）。总体上，0~40 cm土壤活性铝总量的平均值，随着秸秆生物炭施用量的增加而呈现减小的趋势。该结果表明施用秸秆生物炭会显著降低红壤活性铝含量，且其效果在一定范围内随着生物炭施用量的增加而上升。

表5-24　玉米秸秆生物炭对红壤土壤活性铝总量的影响（μg/g）

土层	CK	T1	T2	T3	T4
0~20 cm	996.24 a	802.15 b	624.99 c	402.18 d	291.01 e
20~40 cm	516.13 a	408.02 a	282.77 b	201.71 b	104.64 c
均值	756.19	605.09	453.88	301.95	197.83

3.2　施用玉米秸秆生物炭对红壤交换性铝离子的影响

从表5-25可以看出，施用玉米秸秆生物炭对红壤交换性铝离子含量有显著影响，随着生物炭施用量的增加，土壤交换性铝离子含量呈现逐渐减小的趋势。相对于对照，在0~20 cm土层中，施用生物炭各处理的土壤交换性铝离子含量分别降低了10.77%、33.82%、45.14%和73.99%，各处理间有显著差异（$P < 0.05$）。在20~40 cm土层中，施用生物炭后各处理的土壤交换性铝含量分别降低了27.84%、52.70%、57.70%和74.98%，20~40 cm土壤交换性铝离子总量相对较低。除T1与T2之间、T3与T4之间无显著差异外（$P > 0.05$），其他各处理间均有显著性差异（$P < 0.05$）。总体上，0~40 cm土壤交换性铝离子含量的平均值，随着秸秆生物炭施用量的增加而呈现减小的趋势。

表5-25　玉米秸秆生物炭对红壤土壤交换性 Al^{3+} 的影响（μg/g）

土层	CK	T1	T2	T3	T4
0~20 cm	338.56 a	302.09 b	224.07 c	185.74 d	88.06 e
20~40 cm	216.35 a	156.11 b	102.34 b	91.52 c	54.12 c
均值	277.46	229.10	163.21	138.63	71.09

3.3　施用玉米秸秆生物炭对红壤单聚体羟基铝离子的影响

从表5-26可以看出，随着玉米秸秆生物炭施用量的增加，土壤单聚体羟基铝离子 [$Al(OH)^{2+}$] 含量呈现逐渐增大的趋势。相对于对照，在0~20 cm土层中，施用生物炭各处理的土壤单聚体羟基铝离子含量分别增加了23.87%、53.49%、86.83%和100.46%，除T3与T4之间无显著差异外（$P > 0.05$），其他各处理间有显著差异（$P < 0.05$）。在20~40 cm土层中，施用生物炭后各处理的土壤单聚体羟基铝离子含量分别增加了10.17%、22.93%、26.09%和130.14%，20~40 cm土壤单聚体羟基铝离子含量相对较低。除CK与T1之间、T2与T3之间无显著差异外（$P > 0.05$），其他处理之间均有显著性差异（$P < 0.05$）。总体上，0~40 cm土壤单聚体羟基铝离子含量的平均值，随着施用量的增加而呈现增大的变化趋势。

表5-26　玉米秸秆生物炭对红壤土壤单聚体羟基铝离子的影响（µg/g）

土层	CK	T1	T2	T3	T4
0~20 cm	155.23 d	192.28 c	238.27 b	290.01 a	311.17 a
20~40 cm	88.65 c	97.67 c	108.98 b	111.78 b	204.02 a
均值	121.94	144.98	173.63	200.90	257.60

3.4　施用玉米秸秆生物炭对红壤胶体铝离子的影响

从表5-27可以看出，随着玉米秸秆生物炭施用量的增加，土壤胶体铝离子 $[Al(OH)_3]$ 含量呈现逐渐减小的趋势。相对于对照，在0~20 cm土层中，施用生物炭各处理的土壤胶体铝离子含量分别降低了16.75%、31.26%、40.88%和55.87%，除T2与T3之间无显著差异外（$P > 0.05$），其他各处理间有显著差异（$P < 0.05$）。在20~40 cm土层中，施用生物炭后各处理的土壤胶体铝离子含量分别降低了19.45%、29.28%、47.31%和60.75%，20~40 cm土壤胶体铝离子含量相对较低。除CK与T1之间，T2与T3之间无显著差异外（$P > 0.05$），其他处理之间均有显著性差异（$P < 0.05$）。总体上，0~40 cm土壤胶体铝离子含量的平均值，随着玉米秸秆生物炭施用量的增加而呈现降低的趋势。

表5-27　玉米秸秆生物炭对红壤土壤胶体铝离子的影响（µg/g）

土层	CK	T1	T2	T3	T4
0~20 cm	186.35 a	155.14 b	128.09 c	110.17 c	82.23 d
20~40 cm	99.34 a	80.02 a	70.25 b	52.34 b	38.99 c
均值	142.85	117.58	99.17	81.26	60.61

3.5　施用玉米秸秆生物炭对红壤腐殖酸铝的影响

从表5-28可以看出，随着玉米秸秆生物炭施用量的增加，土壤腐殖酸铝（Al-HA）含量呈现逐渐减小的趋势。相对于对照，在0~20 cm土层中，施用玉米秸秆生物炭各处理的土壤腐殖酸铝含量分别降低了31.78%、64.04%、78.25%和92.41%，各处理之间有显著差异（$P < 0.05$）。在20~40 cm土层中，施用生物炭后各处理的土壤腐殖酸铝含量分别降低了22.69%、50.01%、73.13%和84.79%，20~40 cm土壤腐殖酸铝含量相对较低。除T2与T3之间无显著差异外（$P > 0.05$），其他处理之间均有显著性差异（$P < 0.05$）。总体上，0~40 cm土壤腐殖酸铝含量的平均值，随着玉米秸秆生物炭施用量的增加而呈现降低的趋势。

表5-28 玉米秸秆生物炭对红壤土壤腐殖酸铝的影响（µg/g）

土层	CK	T1	T2	T3	T4
0~20 cm	294.75 a	201.07 b	105.98 c	64.12 d	22.37 e
20~40 cm	100.05 a	77.35 b	50.01 c	26.88 c	15.22 d
均值	197.40	139.21	78.00	45.50	18.80

3.6 施用玉米秸秆生物炭对红壤各形态活性铝比例的影响

由图5-29可知，CK 处理的红壤交换性铝离子及腐殖酸铝占据主要铝形态，T1 处理的红壤交换性铝离子及单聚体羟基铝离子占据主要铝形态。而 T2、T3 和 T4 处理的红壤单聚体羟基铝离子及交换性铝离子占据主要铝形态。由此可见，红壤交换性铝离子、胶体铝离子及腐殖酸铝比例随着生物炭施用量增加而下降，而单聚体羟基铝离子比例上升。上述结果表明，活性铝形态存在一定的相互转化，秸秆生物炭能调节红壤铝形态，降低红壤交换性铝离子、胶体铝离子及腐殖酸铝的比例，提高单聚体羟基铝离子比例。

表5-29 玉米秸秆生物炭对红壤土壤各形态活性铝比例的影响（%）

	CK	T1	T2	T3	T4
交换性铝离子	37.51	36.32	31.75	29.73	17.42
单聚体羟基铝离子	16.49	22.98	33.78	43.08	63.12
胶体铝离子	19.31	18.64	19.29	17.43	14.85
腐殖酸铝	26.69	22.07	15.17	9.76	4.61

4 讨论与小结

4.1 生物炭对红壤土壤理化性质的影响

研究表明，生物炭能有效降低土壤容重和比重（孙笛，2018），可能是因为生物炭自身孔隙度丰富（潘金华等，2016），质地较轻，其低密度和对土壤容重的稀释作用，还可能增加土壤微生物活性（孟繁昊等，2020），增加团聚体数量，改善土壤结构，施用土壤后能有效降低土壤容重。魏永霞等（2022）等将生物炭施入黑土中发现随着施入量增加，土壤比重下降，而土壤孔隙度增加。有可能是由于生物炭自身表面大小不同的微小孔隙，施入土壤后改变了土壤团聚体，从而改善了土壤孔隙的大小，也有可能是生物炭改变了土壤胶体状况等，导致孔隙度的增加（郭碧林，2019）。本研究中，玉米秸秆生物炭的施用降低了土壤容重与土壤比重，且土壤非活性孔隙与毛管孔隙的孔隙度分布逐渐下降，而大孔隙的孔隙度分布逐渐上升。这说明生物炭可以改善土壤物理性质，减少容重，加强土壤透气性，增加大孔隙的孔隙度分布，积极改良土壤结构，有利于水分的吸收，促进土壤微生物的活跃度。土壤 pH 值与生物炭 pH 值之间存在显著的线性相关性（张宏等，2016），张瑞钢等（2022）将秸秆生物炭加入 pH 值为 5.04 的酸性土壤，结果增加了土壤的 pH 值。本研究中生物炭的施用在一定程度上促进了土壤 pH 值的升高，且随着生物炭施用量的增加而增加，这与朱曦等（2021）的研究相一致，这是由于生物炭自身呈碱性增加了 pH 值，加上生物炭与酸性红壤中的 H^+ 发生了中和作用促进了 pH 值的增加。

根据土壤中孔隙的孔径大小，将土壤孔隙分为 3 类，包括非活性孔隙、毛管孔隙和通气孔隙（安宁等，2020）。非活性孔隙是孔径小于 2 μm 的孔隙，常被水充满，故称束缚水孔隙。非活性孔隙是植物和微生物无法利用的孔隙，也是透气性差、土壤肥力差的主要原因。毛管孔隙是孔径为 2~20 μm 的孔隙，植物根毛和微生物可以在其中延伸和移动，储存的水分可以被植物吸收和利用。通气孔隙是一种孔径大于 20 μm 的孔，这种孔中的水在重力的作用下可以迅速排出，因此成为水和空气的通道，所以称为通气孔隙。本研究中，生物炭施用后土壤微孔隙度显著提升，因生物炭的吸附性可以促进团聚体的形成，改善土壤物理结构，形成新的孔隙，秸秆生物炭自身疏松多孔的物理结构也会直接贡献孔隙度。

酸性红壤的主要特征是酸性强，pH 值低，氮、磷、钾等养分缺乏（林咸永等，1998），严重抑制了酸性土壤中作物的生长发育。有研究表明，生物炭提高土壤 pH 值，施用生物炭能够有效减少土壤铁氧化物对磷的吸附（Cui 等，2011），同时，生物炭具有强烈的吸附作用，减少了有效磷的淋失（李际会等，2012），从而提高土壤有效磷的含量。何绪生等（2011）研究发现，施用生物炭能够提高土壤有机质含量。本研究结果表明，酸性红壤 pH 值、有效钾、有效磷及有机质含量在施用生物炭后显著提升，这与前人的研究结果一致。生物炭本身的类型和特性以及受影响土壤的特性决定了它对土壤有机质的影响（孟李群，2014）。生物炭的施入会使土壤有机质含量增加，原因可能有如下几点：首先是因为生物炭自身存在有机质，施入土壤中后土壤有机质得到了外源性补充。其次是生物炭施用后为土壤中的微生物提供足够的养分，促进微生物对土壤中植物根系等的分解，进而增加了土壤中有机质含量。生物炭也会通过吸附土壤中的有机分子，催化其活性使其成为有机物。汤家喜等（2022）将生物炭施入沙漠土中发现显著提高了土壤有机质、全氮、全磷、全钾、有效磷和有效钾含量。张祥等（2013）将花生壳生物炭施用到红壤中，发现随着生物炭含量的增加，土壤有机质、有效磷、有效钾含量均不断增加。

朱曦等（2021）通过将生物炭施入酸性红壤中，发现随着施用量的增加，有效磷、有效钾、有机质含量均显著提高。杨慧豪等（2022）将生物炭施用到酸性菜田土壤中，发现土壤 pH 值、土壤有机质、全氮、有效磷、有效钾、交换性镁、交换性钙含量以及阳离子交换量均有一定的提高。本研究中，施用玉米秸秆生物炭后，有机质含量与阳离子交换量随着生物炭施用炭量的增加而增大；在0~40 cm 土壤中全氮、全磷、全钾、有效氮、有效钾、有效磷均有所提高，全钾则在 T3 处理时达到最大值，有效氮、有效钾在 T3 处理时含量最高，有效磷则在 T4 处理含量最高。这是由于生物炭本身丰富的碳素等特性，以及其吸附能力增加了对土壤有机质的吸附能力，提高有效磷、有效钾等含量，且生物炭促进硝化作用提高土壤全氮含量以及减少氮、磷、钾等元素的流失，而生物炭表面带有负电荷可以增加土壤胶体比表面，加强对阳离子的吸附能力（勾芒芒等，2013；刘玉学等，2015；Chintalar 等，2014）。土壤阳离子交换量可以指示土壤肥力的好坏以及缓冲能力，本研究中生物炭施用提高了土壤阳离子交换量，这表明玉米秸秆生物炭还田能显著提高土壤的养分含量。而且，本研究中生物炭施用量、pH 值、有机碳、全氮、全磷、全钾、有效氮、有效磷和有效钾之间互相存在显著的正相关关系，说明生物炭的添加也加强了土壤中养分的循环，改善了土壤质量。

4.2　生物炭对红壤土壤活性铝含量的影响

土壤交换性酸是用来衡量土壤酸度容量的指标之一，用降低土壤酸性的含量来改良酸性土壤。索龙等（2015）研究发现生物炭的添加能显著降低土壤酸性含量，且随着生物炭施用量的增加，交换性酸含量减少。李荣林等（2012）研究发现生物炭施用量与土壤交换性酸含量的减少幅度成正相关关系。本研究中随着生物炭的增加，土壤交换性酸呈现降低的趋势，这与索龙等（2015）的研究结果相一致。有研究表明土壤添加生物炭后交换性钾含量随着生物炭施用量增加而上升，同时交换性钙、镁含量也显著提高（丛铭等，2020）。李昌娟等（2021）将生物炭添入酸性茶园土壤中发现在一定程度上提高了土壤交换性钙、交换性镁含量，这与杨慧豪等（2022）和本研究的研究结果相一致。耿娜等（2022）发现生物炭均能提高交换性钙、交换性镁、交换性钾、交换性钠含量及盐基饱和度。这也许是由于生物炭自身带入了丰富的钾、钠、钙和镁等盐基离子，也可能是酸性红壤处理之前表面大部分为铝离子，而少量的生物炭添加即可加强土壤胶体对盐基离子的吸附作用，从而提高盐基饱和度（廖辉煌等，2022）。盐基饱和度的提高可以降低土壤酸化。本研究结果显示生物炭的添加显著降低了土壤交换性酸含量；而提高了土壤交换性镁、交换性纳、交换性钙、交换性钾含量以及盐基饱和度，均在 T4 处理达到最高。总体上，玉米秸秆生物炭的添加，对土壤化学性质起到了良好的改善作用，有利于减缓红壤的酸化趋势。

土壤酸化造成 Ca^{2+}、Mg^{2+}、K^+ 等盐基离子大量淋失，土壤中磷和微量元素钼和硼有效性降低，导致土壤肥力下降（杨向德等，2015）；土壤酸化促进铝、锰等毒性元素以及重金属元素的活化，从而抑制植物的正常生长（徐仁扣，2015）。土壤中的铝元素较为丰富，在一般的土壤中铝形态比较固定，而在酸性土壤中，难溶性铝会转变为活性铝，且活性铝对土壤以及植物具有毒害作用。将生物炭施入红壤中能降低土壤活性铝的含量，而且随着生物炭施用量的增加，效果越显著（朱盼等，2015）。有研究发现，红壤中施用生物炭能提高土壤 pH 值，改善土壤肥力（张祥等，2013），并能显著降低土壤活性铝的含量（朱盼等，2015）。生物炭中的碱性基团在施入土壤后可以很快释放出来，中和土壤酸度，使 pH 升高（袁金华和徐仁扣，2010）。生物炭对酸性土壤中活性铝的调节除吸附作用外（姜井军等，2014），苏有健等（2014）研究表明，土壤 pH 值提高会使活性铝部分转化为非活性铝，降低土壤活性铝含量。袁金华等（2011）研究发现，土壤 pH 值升高会使交换性 Al^{3+} 发生水解转化成羟基铝及部分形成铝的氢氧化物或氧化物沉淀，而生物炭对提升 pH 值有着显著效果。与以上相关研究相似，本研究结果表明随着玉米秸秆生物炭的添加，土壤活性铝总量呈现减少的趋势，增幅随生物炭施用量的增加而显著上升，这可能是因为生物炭对土壤中的活性铝有较好的吸收作用，说明玉米秸秆生物炭有利于缓解土壤酸性毒害，保持土壤养分。土壤中交换性 Al^{3+} 的增加是影响土壤酸化的重要因素，土壤酸化会导致土壤中的基盐离子流失，从而 Al^{3+} 在土壤中的含量增大。张瑞钢等（2022）的研究表明，生物炭会降低土壤中 Al^{3+} 的饱和度，这可能是因为生物炭中含有 Na^+、K^+ 等盐基离子。王宇函等（2019）通过将生物炭添加到酸性红壤中发现降低了土壤交换性 Al^{3+} 与腐殖酸铝的含量，而单聚体羟基铝离子增加。这与本研究结果相类似，施用秸秆生物炭显著降低了红壤交换性 Al^{3+} 与腐殖酸铝以及胶体铝离子的含量，而提高了红壤单聚体羟基铝离子含量。

生物炭还含有可溶态的灰分元素如钾、钙、镁等，可提高酸性土壤的盐基饱和度，并通过吸持作用来降低土壤氢离子和交换性铝的含量，降低土壤酸度（Van 等，2010）。王维君等（1991）的研究表明，交换性 Al^{3+} 是土壤酸的主要来源，且具有生物有效性。因此，有不少研究者用交换性 Al^{3+} 含量来判断酸性土壤是否存在铝毒，交换性 Al^{3+} 含量的转化减少会降低土壤铝毒效果。生物炭表面含有丰富的含氧官能团，能与铝形成稳定的配（螯）合物，使土壤交换性 Al^{3+} 转化为活性较低的有机络合态铝，从而降低土壤交换性 Al^{3+} 含量，降低铝毒效果。苏有健等（2014）也研究发现，土壤 pH 值提高会使活性铝中的交换性 Al^{3+} 会转换成单聚体羟基铝离子与胶体 $Al(OH)_3$，这与本研究和袁金华等（2011）的研究结果一致，表明土壤中部分交换性 Al^{3+} 在施用生物炭后会向单聚体羟基铝离子与胶体 $Al(OH)_3$ 转化，从而使具有毒害性的交换性 Al^{3+} 减少，从而缓解了铝的毒害。Sierra 等（2003）发现土壤 pH 值不同时，Al^{3+} 含量也随之发生变化，当 pH 值较小时，Al^{3+} 含量较多，这说明了生物炭可通过改变土壤 pH 值来改变 Al^{3+} 含量，并且使铝形态在一定程度发生转化，可能是当土壤 pH 值提高时，交换性铝发生水解而转化成其他铝形态。林庆毅等（2017）在红壤中施用不同量的花生壳生物炭，结果表明生物炭的添加能降低土壤活性铝的含量，其中土壤交换性 Al^{3+} 与腐殖酸铝的含量下降，单聚体羟基铝离子与胶体 $Al(OH)_3$ 含量有所增加，而在处理前交换性 Al^{3+} 与腐殖酸铝占主要铝形态，施用3%

生物炭量后单聚体羟基铝离子与胶体 Al（OH）$_3$ 占主要铝形态。这与本文研究结果相似，其不同之处可能是由于施用生物炭类型不一样，从而对土壤活性铝产生的影响也不尽相同，本研究结果表明，施用生物炭后，土壤活性铝总量有所降低，各形态活性铝之间存在转化关系，生物炭处理前与处理后各铝形态比例有所改变，且随着生物炭施用量的增加而幅度增加。这也说明土壤中部分交换性 Al^{3+} 在施用生物炭后会向单聚体羟基铝离子转化，是由于秸秆生物炭具有碱性使得土壤的 pH 值增加导致铝形态转变，而自身丰富有机质也会对红壤土壤中的铝离子产生影响。

4.3　小结

（1）红壤施用玉米秸秆生物炭 3 年后，随着生物炭施用量的增加，土壤容重、比重呈明显降低趋势，土壤 pH 值、有机质、全氮、全磷、全钾、有效氮、有效磷和有效钾呈明显升高趋势；孔径小于 2 μm 和 2~20 μm 的孔隙度分布分别降低，孔径大于 20 μm 的孔隙度分布分别增加。施用生物炭可以改变土壤孔隙度、容重和比重，进而影响土壤肥力。

（2）生物炭对于提高红壤土壤 pH、有机质、全氮、全磷、全钾、有效氮、有效磷、有效钾，降低土壤容重和比重效果显著；同时能改良土壤结构，增加毛管孔隙和通气孔隙，从而缓解土壤通气透水性差等问题。本试验中，高施用量（12 t/hm²）生物炭对红壤土壤理化性质的改良效果较好。

（3）玉米秸秆生物炭的施用提高了红壤中阳离子、交换性钠、交换性钙、交换性镁、交换性钾含量以及盐基饱和度，且随着施炭量的增加而增大，均在高施用量（12 t/hm²）时达到最高值，交换性酸含量则随着生物炭施用量的增加而减小，在高施用量（12 t/hm²）时达到最小值。施用秸秆生物炭可以提高土壤养分，改良土壤化学性质，增大基盐离子的含量，减缓土壤酸化。这为秸秆生物炭改良酸性土壤的应用提供了理论支持。

（4）生物炭施用量、pH 值、有机碳、全氮、全磷、全钾、有效氮、有效磷和有效钾之间互相存在着显著或极显著的正相关关系，其中生物炭施用量与其他成分均为极显著正相关关系。生物炭的施用可以提高土壤养分含量，有利于促进土壤养分循环，具有很好的保肥作用。

（5）随着玉米秸秆生物炭施用量的增加，土壤活性铝总量、交换性 Al^{3+}、胶体 Al（OH）$_3$、腐殖酸铝含量均逐渐减少，在高施用量（12 t/hm²）时达到最小值；单聚体羟基铝离子则呈现增大的趋势，在高施用量（12 t/hm²）时达到最大值；施用生物炭前交换性 Al^{3+} 及腐殖酸铝占据主要铝形态，施用生物炭后单聚体羟基铝离子占比最大。秸秆生物炭还田后，可以提高土壤 pH 值，通过改善土壤的理化性质，降低活性铝含量，促进具有生物毒害的交换性 Al^{3+} 向其他形态铝转化，达到降低土壤酸化的目的，减少了铝毒害，并且在一定范围内，效果随生物炭用量增加而增大。本研究可以为生物炭在我国南方酸性红壤的土壤改良与应用提供理论依据。

参考文献

［1］安宁，李冬，李娜，等.长期不同量秸秆炭化还田下水稻土孔隙结构特征［J］.植物营养
　　　与肥料学报，2020，26（12）：2150-2157.

［2］丛铭，张梦阳，夏浩，等.施用生物炭对红壤中不同形态钾含量及小白菜生长的影响［J］.
　　　华中农业大学学报，2020，39（4）：22-28.

［3］耿娜，康锡瑞，颜晓晓，等.酸化棕壤施用生物炭对油菜生长及土壤性状的影响［J］.土
　　　壤通报：2022，53（3）：648-658.

［4］勾芒芒，屈忠义.生物炭对改善土壤理化性质及作物产量影响的研究进展［J］.中国土壤
　　　与肥料，2013（5）：1-5.

［5］郭碧林.生物炭对红壤性水稻土理化性状、微生物特性和重金属含量及土壤肥力的影响
　　　［D］.南京：南京农业大学，2019.

［6］姜井军，郭瑞，陈伶俐.生物炭对酸性土和盐碱土改良效果的研究进展［J］.农业开发与
　　　装备，2014，（11）：30-32.

［7］何绪生，张树清，佘雕，等.生物炭对土壤肥料的作用及未来研究［J］.中国农学通报，
　　　2011，27（15）：16-25.

［8］李昌娟，杨文浩，周碧青，等.生物炭基肥对酸化茶园土壤养分及茶叶产质量的影响［J］.
　　　土壤通报，2021，52（2）：387-397.

［9］李际会，吕国华，白文波，等.改性生物炭的吸附作用及其对土壤硝态氮和有效磷淋失的
　　　影响［J］.中国农业气象，2012，33（2）：220-225.

［10］李庆逵，张效年.中国红壤的化学性质［J］.土壤学报，1957，5（1）：78-96.

［11］李荣林，黄继超，黄欣卫，等.生物炭对茶园土壤酸性和土壤元素有效性的调节作用［J］.
　　　江苏农业科学，2012，40（12）：345-347.

［12］廖辉煌，陈敏忠，朱银玲，等.石灰及生物炭对酸性砖红壤的改良效果比较［J］.热带
　　　农业科学，2022，42（2）：31-37.

［13］林庆毅，应介官，张梦阳，等.生物炭对红壤中不同铝形态及小白菜生长的影响［J］.
　　　沈阳农业大学学报，2017，48（4）：445-450.

［14］林咸永，章永松.浙江省酸性土壤中作物养分障碍因子的研究［J］.浙江大学学报（农业
　　　与生命科学版），1998（2）：86-90.

［15］刘玉学，吕豪豪，石岩，等.生物炭对土壤养分淋溶的影响及潜在机理研究进展［J］.
　　　应用生态学报，2015，26（1）：304-310.

［16］孟繁昊，于晓芳，王志刚，等.生物炭配施氮肥对土壤物理性质及春玉米产量的影响［J］. 玉米科学，2020，28（1）：142–150.

［17］孟李群.施用生物炭对杉木人工林生态系统的影响研究［D］.福州：福建农林大学， 2014.

［18］牟苗，吴凤云，徐武美，等.土壤熏蒸与施加生物炭对三七苗期存活率的影响［J］.云 南师范大学学报（自然科学版），2018，38（1）：35–39.

［19］潘金华，庄舜尧，曹志洪，等.生物炭添加对皖南旱地土壤物理性质及水分特征的影响 ［J］.土壤通报，2016，47（2）：320–326.

［20］苏有健，廖万有，王烨军，等.单宁酸对不同pH茶园土壤中活性铝形态分布的影响［J］. 中国生态农业学报，2014，22（1）：22–30.

［21］孙笛.生物炭添加对半干旱区土壤物理性质影响的定位研究［D］.杨凌：西北农林科技 大学，2018.

［22］孙树臣，赵鑫，翟胜，等.生物炭施用对土壤水分影响的研究进展［J］.灌溉排水学报， 2020，39（11）：112–119.

［23］索龙，潘凤娥，胡俊鹏，等.秸秆及生物炭对砖红壤酸度及交换性能的影响［J］.土壤， 2015，47（6）：1157–1162.

［24］汤家喜，李玉，朱永乐，等.生物炭与膨润土对辽西北风沙土理化性质的影响研究［J］. 干旱区资源与环境，2022，36（3）：143–150.

［25］王维君，陈家坊，何群.酸性土壤交换性铝形态的研究［J］.科学通报，1991，36（6）： 460–460.

［26］王宇函，吕波，张林，等.不同土壤改良剂对酸性铝富集红壤毒性缓解效应的差异［J］. 华中农业大学学报，2019，38（2）：73–80.

［27］魏永霞，朱畑豫，刘慧.连年施加生物炭对黑土区土壤改良与玉米产量的影响［J］.农 业机械学报，2022，53（1）：291–301.

［28］杨慧豪，郭秋萍，黄帮裕，等.生物炭基土壤调理剂对酸性菜田土壤的改良效果［J］. 农业资源与环境学报，2022（10）：1–16.

［29］杨向德，石元值，伊晓云，等.茶园土壤酸化研究现状和展望［J］.茶叶学报，2015， 56（4）：189–197.

［30］徐仁扣.土壤酸化及其调控研究进展［J］.土壤，2015，47（2）：238–244.

［31］徐仁扣，李九玉，周世伟，等.我国农田土壤酸化调控的科学问题与技术措施［J］.中 国科学院院刊，2018，33（2）：160–167.

［32］袁金华，徐仁扣.生物炭的性质及其对土壤环境功能影响的研究进展［J］.生态环境学报， 2011，20（4）：779–785.

［33］袁金华，徐仁扣.稻壳制备的生物炭对红壤和黄棕壤酸度的改良效果［J］.生态与农村

环境学报，2010，26（5）：472–476.

［34］查金花，应立忠，宋玉平，等.竹粉和竹炭对水稻土壤理化性质及其产量的影响［J］. 江苏农业科学，2020，48（17）：292–295.

［35］张宏，李俊华，高丽秀，等.生物炭对滴灌春小麦产量及土壤肥力的影响［J］.中国土 壤与肥料，2016（2）：55–60.

［36］张瑞钢，钱家忠，陈钰辉，等.玉米和小麦秸秆生物炭对土壤重金属污染修复实验研究 ［J］.合肥工业大学学报（自然科学版），2022，45（3）：347–355.

［37］张祥，王典，姜存仓，等.生物炭对我国南方红壤和黄棕壤理化性质的影响［J］.中国 生态农业学报，2013，21（8）：979–984.

［38］张绪美，沈文忠，胡青青.太仓市郊大棚菜地土壤盐分累积与分布特征研究［J］.土壤， 2017，49（5）：987–991.

［39］张峥嵘.生物炭改良土壤物理性质的初步研究［D］.杭州：浙江大学，2014.

［40］中国科学院南京土壤研究所土壤物理室编.土壤物理性质测定法［M］.北京：科学出版 社，1978.

［41］朱盼，应介官，彭抒昂，等.模拟降水条件下生物炭对酸性红壤理化性质的影响［J］. 中国农业科学，2015，48（5）：1035–1040.

［42］朱曦，王豪吉，程圆钦，等.施用橡胶木生物炭对高原酸性红壤理化性质的影响［J］. 云南师范大学学报（自然科学版），2021，41（6）：51–56.

［43］Chintalar，Schumacher T E，Mcdonld L M，et al. Phosphorus sorption and availability frombiochars and soilbiochar mixtures［J］. Clean–Soil，Air，Water，2014，42（5）：626– 634.

［44］Cui H J，Wang M K，Fu M L，et al. Enhancing phosphorus availability in phosphorus– fertilized zones by reducing phosphate adsorbed on ferrihydrite using rice straw–derived biochar ［J］. Journal of Soils and Sediments，2011，11（7）：1135–1141.

［45］Hu Y J，Sun B H，Wu S F，et al. After–effects of straw and straw–derived biochar application on crop growth，yield，and soil properties in wheat（*Triticum aestivum* L.）– maize（*Zea mays* L.）rotations：A four–year field experiment［J］. Science of The Total Environment，2021（780）：146560.

［46］Lehmann J，Gaunt J，Rondon M，et al. Biochar sequestration in terrestrial ecosystems：A review ［J］. Mitigation and Adaptation Strategies for Global Change，2006，11（2）：395–419.

［47］Lehmann J，Joseph S. Biochar for environmental management［M］. 2nd Edition. London： Earthscan，2015.

［48］O'Connor D，Peng T Y，Zhang J L，et al. Biochar application for the remediation of heavy metal polluted land：A review of in situ field trials［J］. Science of the Total Environment，

2018（619/620）：815-826.

［49］Sierra J，Noël C，Dufour L，et al. Mineral nutrition and growth of tropical maize as affected by soil acidity［J］. Plant and Soil，2003（252）：215-216.

［50］Van Zwieten L，Kimber S，Morris S，et al. Effects of biochar from slow pyrolysis of papermill waste on agronomic performance and soil fertility［J］. Plant and Soil，2010（327）：235-246.

第六章

生物炭施用对土壤水分特征的影响

土壤入渗是降水和灌溉水通过土壤表面进入土壤内部的过程，土壤蒸发是土壤水以水蒸气形式散失到大气中的过程，入渗过程决定了有多少水进入土壤，蒸发过程决定了有多少水流出土壤，两者都是农田水分循环的重要内容（邵明安等，2006）。土壤入渗和蒸发过程主要受气象、初始含水量、土壤质地和耕作措施等因素的影响，两者直接影响了土壤含水率，决定了农田水资源的有效利用程度，进而影响作物的水分利用效率（李帅霖等，2016）。如何通过有效措施提高土壤入渗能力，降低蒸发，提高土壤蓄水保墒能力，是提高水资源利用效率，实现农业可持续发展的重要内容（Li等，2018）。如何在有限的水资源条件下，改善蕉园土壤水分保持，减少水分的渗漏，以较少的水获取较大的产量已成为亟待解决的问题。

生物炭是指生物质在相对低温的条件下，经厌氧热解而形成的一类较稳定且含碳丰富的固体物质，具有丰富的表面活性官能团、孔隙度、较大的比表面积，是一种呈碱性且吸附能力强的多用途材料（郑庆福等，2014）。已有研究表明，施加生物炭能提高土壤有机质含量，降低土壤容重和紧实度，提高孔隙度，增强土壤的保水保肥能力（Githin，2014）。王红兰等（2015）对川中丘陵区紫色土的研究表明，施炭明显提高了土壤的孔隙度，同时土壤有效水含量增加，土壤导水率增大。李帅霖等（2016）研究表明，在土壤表层添加4%的生物炭能显著提高黏壤土的入渗能力，生物炭添加对土壤蒸发无显著影响。生物炭对于土壤入渗和蒸发的影响受生物炭种类、施用量和施用方式、土壤类型等多种因素的影响而存在显著不同（吉恒莹等，2016）。

虽然生物炭材料本身的稳定性较好，但长期的环境作用可能会导致其理化性质发生一定的改变。关于生物炭对于土壤入渗和蒸发过程的影响研究多集中在生物炭的用量和粒径以及土壤类型方面，而针对不同材料来源的生物炭对土壤入渗和蒸发过程的影响研究较少。本研究通过分析生物炭施用条件下土柱的湿润锋、入渗率、不同土层的含水量及饱和导水率的变化，对不同处理的水分参数进行对比分析，以期为蕉园土壤的保水改良提供理论依据与技术参考。

1　生物炭不同施用量对土壤物理性质及水分特征的影响

1.1　生物炭施用对蕉园土壤容重与孔隙度的影响

由表6-1可以看出，2种生物炭施用土壤后，土壤容重均呈现下降趋势（$P < 0.05$）。蔗渣生物炭（ZZ-Bc）的施用量在2%、4%和8%时与CK存在显著差异，下降的幅度分别为4.24%、11.86%和22.03%；香蕉茎叶生物炭（XJ-Bc）施用后，下降的幅度范围分别为5.08%，12.71%和31.36%。结果表明，土壤容重变化与施用生物炭的种类和输入量密切相关。

同时，从生物炭对土壤毛管孔隙度、非毛管孔隙度及总孔隙度来看，随着生物炭施用量的增加，土壤总孔隙度和毛管孔隙度随之增加，这主要与生物炭的孔隙结构有关。土壤非毛管孔隙度随着生物炭施用量的增加而有同样的趋势，说明 ZZ-Bc 和 XJ-Bc 均具有较好的孔隙结构与比表面积。有研究指出由于生物炭具有低密度和高孔隙度的特性，在土壤中施入生物炭可以一定程度降低土壤密度和增加土壤孔隙，从而降低了土壤容重的大小（Laird 等，2010）。

表6-1　生物炭施用对土壤容重和孔隙度的影响

处理	用量	容重（g/cm³）	毛管孔隙度	非毛管孔隙度	总孔隙度
CK	0	1.18 a	42.72 c	6.52 c	49.24 c
ZZ-Bc	2%	1.13 a	46.84 c	8.34 c	55.18 c
	4%	1.04 b	74.41 b	12.15 b	86.56 b
	8%	0.92 b	98.83 a	24.36 a	123.19 a
XJ-Bc	2%	1.12 a	47.34 c	7.98 c	55.32 c
	4%	1.03 b	77.55 b	13.24 b	90.79 b
	8%	0.81 b	96.411 a	24.04 a	120.45 a

注：同列不同小写字母表示处理间差异显著性（$P < 0.05$）。下同。

1.2　生物炭施用对蕉园土壤水分常数的影响

如表6-2所示，不同输入量的生物炭显著影响了土壤吸湿系数、凋萎湿度、饱和持水量和田间持水量（$P < 0.05$）。ZZ-Bc 和 XJ-Bc 的2%、4% 与8% 处理均与CK 表现出显著性差异（$P < 0.05$），说明生物炭施用比例与土壤的吸湿系数、凋萎湿度、饱和持水量和田间持水量间存在正相关关系。与 CK 相比，增加生物炭施用量，可以增加土壤的水分常数。王丹丹（2013）研究提出生物炭具备的发达孔隙结构和巨大表面能赋予其

良好持水效果。土壤中施入生物炭很可能改变了原土壤的孔隙结构，增加了土壤孔隙度和土壤蓄水性能。生物炭施用量越多，对原土壤孔隙状况影响越显著，土壤田间持水量的增幅越大。本试验关于生物炭对田间持水量影响的结论与王丹丹（2013）试验结果一致。

表6-2 生物炭施用对土壤水分常数的影响

处理	用量	吸湿系数	凋萎湿度	饱和持水量（%）	田间持水量（%）
CK	0	2.62 c	4.03 c	31.05 c	26.54 c
ZZ-Bc	2%	3.08 b	4.45 b	28.59 c	28.99 b
	4%	3.39 b	4.87 b	37.02 b	32.88 b
	8%	3.77 a	5.75 a	41.33 a	38.74 a
XJ-Bc	2%	3.43 b	5.22 b	34.87 c	30.88 b
	4%	3.84 b	5.86 b	45.36 b	42.74 b
	8%	4.26 a	6.55 a	55.67 a	46.39 a

研究表明，由于土壤有效水分含量可分为速效水、中效水和难效水，一般介于80%~100%的土壤有效水分称为速效水；介于60%~80%的土壤有效水分称为中效水；介于凋萎湿度与有效水分60%的称为难效水（王浩等，2015）。从表6-3可以看出，随着生物炭施用量的增加，蕉园土壤有效水分范围均增加，其中速效水增加比例最大。ZZ-Bc 2%、4%和8%施用量处理的速效水上限分别达29.01%、31.94%和34.97%；XJ-Bc 2%、4%和8%施用量处理的速效水上限分别达32.59%、42.52%和50.03%。随着生物炭施用量的增加，土壤中的速效水分逐渐增加，且均大于CK的速效水含量的上限28.13%。

ZZ-Bc 2%、4%和8%施用量处理的中效水上限分别达23.22%、27.63%和30.99%；XJ-Bc 2%、4%和8%施用量处理的中效水上限分别达26.04%、34.01%和40.02%。随着生物炭施用量的增加，土壤的中效水分逐渐增加，且均大于CK的速效水的上限22.44%。ZZ-Bc 2%、4%和8%施用量处理的难效水上限分别达19.61%、25.98%和28.04%；XJ-Bc 2%、4%和8%施用量处理的难效水上限分别达20.77%、26.65%和29.19%。随着生物炭施用量的增加，土壤中的难效水逐渐增加，且均大于CK的速效水上限17.01%。以上结果说明随着生物炭施用量的增加，尽管会逐渐增加土壤的难效水，可能不利于植物吸收，但相比较之下，难效水的量要小于中效水和速效水，因此相对影响不是很大。

表6-3　生物炭施用对土壤水分有效性的影响

处理	用量	速效水（%）	中效水（%）	难效水（%）
CK	0	22.44~28.13	17.01~22.44	4.14~17.01
ZZ-Bc	2%	23.22~29.01	19.61~23.22	5.39~19.61
	4%	27.63~31.94	25.98~27.63	6.11~25.98
	8%	30.99~34.97	28.04~30.99	8.42~28.04
XJ-Bc	2%	26.04~32.59	20.77~26.04	4.95~20.77
	4%	34.01~42.52	26.65~34.01	5.01~26.65
	8%	40.02~50.03	29.19~40.02	6.66~29.19

由表6-4所示，不同类型生物炭在不同输入量情况下对土壤剩余水量变化的影响不同。从试验开始至约80 h，ZZ-Bc在添加2%、4%和8%处理与CK的土壤剩余水量基本相同；约100 h后添加8%处理的土壤剩余水量最多，其次为4%和2%处理，CK最少；约200 h后各处理剩余水量趋于稳定，而添加8%处理的剩余水量最多，其次为4%和2%处理，CK最少。同样，从试验开始至约80 h，XJ-Bc在输入2%、4%和8%处理与CK的土壤剩余水量基本相同；约100 h后输入8%处理的土壤剩余水量最多，其次为4%和2%处理，CK最少；约200 h后各处理剩余水量趋于稳定，而添加8%生物炭处理的剩余水量最多，其次为4%和2%处理，CK最少。

总体上，不同类型生物炭的输入均能增强土壤的持水性能，从而有效控制土壤水分的蒸发，有利于增加土壤水分的稳定时间。不同生物炭施用量对土壤的持水性能影响也存在差异，生物炭施用比例越高，土壤水分的稳定时间越长，土壤失水越缓慢，可有效减少土壤的水分蒸发。本研究结果与潘金华等（2016）的研究结果接近。

表6-4　生物炭施用对土壤保水性能的影响（%）

处理	用量	1 h	5 h	10 h	20 h	40 h	80 h	100 h	150 h	200 h	250 h	300 h
CK	0	29.2	27.3	25.2	24.3	23.1	22.1	20.1	18.7	15.6	13.4	9.6
ZZ-Bc	2%	29.0	27.3	25.1	24.2	22.9	22.0	20.3	18.9	16.1	13.8	10.2
	4%	29.1	27.2	25.1	24.1	23.0	22.2	20.4	19.1	16.6	14.5	10.7
	8%	29.3	27.3	25.3	24.3	23.2	22.3	20.6	19.8	17.3	15.9	11.2
XJ-Bc	2%	29.1	27.2	25.2	24.1	23.2	22.3	20.4	19.0	16.2	13.9	10.4
	4%	29.2	27.3	25.3	24.2	23.4	22.5	20.5	19.2	16.8	14.7	11.1
	8%	29.3	27.4	25.3	24.4	23.5	22.8	20.8	19.9	17.8	16.3	12.9

2 不同生物炭对土壤水分入渗和蒸发的影响

2.1 不同生物炭对土壤入渗耗时和入渗总量的影响

由表6-5可知，与CK相比，不同材料来源的生物炭对入渗耗时和总入渗水量有显著影响（$P < 0.05$），入渗耗时指入渗水分到达土柱底部的时间，青冈栎枝条生物炭（QG-Bc）和桉树枝条生物炭（AS-Bc）的入渗耗时较高，毛竹生物炭（MZ-Bc）和香蕉茎叶生物炭（XJ-Bc）的入渗耗时次之，蔗渣生物炭（ZZ-Bc）的入渗耗时较低，但均明显大于对照处理（$P < 0.05$），其中不加生物炭处理的用时最短（118.2 min），QG-Bc的用时最长（246.3 min）。总入渗水量指湿润锋运移到土柱底部时的累积入渗量，QG-Bc和AS-Bc的入渗水量较高，分别为113.2 mm和107.8 mm；MZ-Bc和XJ-Bc的入渗水量次之，分别为103.2 mm和99.5 mm；ZZ-Bc的入渗水量较低（96.8 mm），但均明显大于对照处理（$P < 0.05$），其中不加生物炭处理的入渗水量最低（70.8 mm），QG-Bc的入渗水量最高（113.2 mm）。综合入渗耗时和入渗水量来看，平均入渗速率的大小关系为ZZ-Bc（0.78 mm/min）> XJ-Bc（0.66 mm/min）> MZ-Bc（0.64 mm/min）> CK（0.60 mm/min）> AS-Bc（0.55 mm/min）> QG-Bc（0.50 mm/min）。

表6-5 不同生物炭施用对土壤入渗耗时和入渗总量的影响

处理	CK	XJ-Bc	AS-Bc	QG-Bc	MZ-Bc	ZZ-Bc
入渗耗时（min）	118.2 e	150.1 c	202.9 b	246.3 a	166.4 c	123.6 d
入渗总量（mm）	70.8 c	99.5 b	107.8 b	113.2 a	103.2 b	96.8 b

注：CK为未施用生物炭，XJ-Bc、AS-Bc、QG-Bc、MZ-Bc和ZZ-Bc分别代表香蕉茎叶生物炭、桉树枝条生物炭、青冈栎枝条生物炭、毛竹生物炭和蔗渣生物炭。同行不同小写字母表示差异显著（$P < 0.05$）。下同。

2.2 不同生物炭对土壤湿润锋运移特征的影响

土壤水分入渗过程中，湿润区前端与干土层形成的明显交界面称为湿润锋，表征水分在土壤基质吸力和重力作用下的运动特征。不同材料来源的生物炭对土壤湿润锋的运移有显著影响（表6-6），随入渗时间增加，一维垂向运动逐渐增加，但运移速率逐渐减小。青冈栎枝条生物炭和桉树枝条生物炭明显增加了湿润锋运移速度，而毛竹生物炭和香蕉茎叶生物炭在中后期明显减缓了湿润锋的运移速度。在入渗时间为50 min时，青冈栎枝条生物炭湿润锋运移平均距离为128.9 mm，其次为桉树枝条生物炭（120.1 mm）和香蕉茎叶生物炭（105.4 mm）处理，蔗渣生物炭运移较慢，为96.3 mm。

表6-6　生物炭施用对土壤湿润锋运移特征的影响（mm）

处理	5 min	10 min	15 min	20 min	30 min	40 min	50 min	100 min	150 min	200 min	250 min
CK	21.2	33.6	48.2	49.1	52.3	64.4	86.7	120.2	136.8	144.4	143.5
XJ–Bc	20.2	32.8	48.1	48.9	52.1	64.7	105.4	118.7	132.2	140.1	138.7
AS–Bc	20.6	32.9	48.8	50.2	52.6	65.6	120.1	124.6	137.5	146.9	145.6
QG–Bc	21.1	34.1	47.5	49.8	53.5	66.7	128.9	128.7	140.4	146.7	148.5
MZ–Bc	20.1	32.6	48.1	48.8	51.9	63.8	97.8	116.2	130.4	135.4	132.3
ZZ–Bc	19.9	32.5	47.9	49.3	52.5	63.5	96.3	112.3	125.4	132.1	128.9

　　湿润锋推进距离 Y 与入渗时间 x 呈幂函数关系为 $Y=ax^b$。式中，a 为第一个计时单位后的湿润锋推进距离，b 为湿润锋进程的衰减程度。由表6-7可知，不同材料生物炭施用下湿润锋模拟的决定系数 R^2 均大于0.95，说明此幂函数能较好地模拟不同生物炭输入下土壤湿润锋的运移规律。生物炭施用处理，其系数 a 较对照明显的增大（$P<0.05$），表明生物炭施用增大了初始水分入渗速率，尤其 QG–Bc 的系数 b 减小，表明湿润锋进程衰减增大。本研究结果说明生物炭施用显著改变了土壤水分入渗过程，而且不同材料生物炭的影响存在差异性（$P<0.05$）。

表6-7　不同生物炭下湿润锋动态变化的模拟方程

处理	方程	R^2
CK	$Y=9.2x^{0.65}$	0.957**
XJ–Bc	$Y=17.5x^{0.51}$	0.962**
AS–Bc	$Y=14.1x^{0.49}$	0.983**
QG–Bc	$Y=16.3x^{0.45}$	0.991**
MZ–Bc	$Y=14.9x^{0.48}$	0.997**
ZZ–Bc	$Y=16.1x^{0.47}$	0.952**

2.3　不同生物炭对土壤累积入渗量的影响

　　土壤入渗过程达到稳定后可用稳定入渗率来表征土壤入渗能力，但在达到稳定入渗之前，常用累积入渗量来表征土壤入渗能力。从表6-8可知，输入生物炭显著改变了土壤的入渗过程，在入渗的前50 min，生物炭各处理的累积入渗量明显大于不加生物炭的对照，当入渗时间为50 min时，累积入渗量表现为 QG–Bc（48.9 mm/min）＞ AS–Bc（47.7 mm/min）＞ XJ–Bc（45.6 mm/min）＞ MZ–Bc（44.4 mm/min）＞ ZZ–Bc（42.8 mm/min）＞ CK（42.2 mm/min）（$P<0.05$）。

在50~150 min 这段时间，CK 的累积入渗量开始大于 MZ–Bc 和 ZZ–Bc，但小于 QG–Bc、AS–Bc 和 XJ–Bc。当入渗时间为200~250 min 这段时间，CK 的累积入渗量除大于 ZZ–Bc 外，均小于 QG–Bc、AS–Bc、XJ–Bc 和 MZ–Bc（$P < 0.05$）。

表6-8　不同生物炭施用下土壤累积入渗量动态变化（mm）

处理	5 min	10 min	15 min	20 min	30 min	40 min	50 min	100 min	150 min	200 min	250 min
CK	3.5	6.8	12.5	22.1	29.7	38.6	42.2	66.7	79.8	80.1	79.8
XJ–Bc	3.5	6.9	12.5	22.3	30.2	39.5	45.6	76.5	84.5	87.9	91.2
AS–Bc	3.6	6.9	12.6	21.9	29.8	39.6	47.7	79.1	90.3	97.8	99.5
QG–Bc	3.9	7.5	129	22.7	30.4	39.4	48.9	82.6	94.2	102.2	115.4
MZ–Bc	3.6	6.9	12.6	22.4	30.1	38.9	44.4	64.8	72.3	80.7	80.1
ZZ–Bc	3.5	6.9	12.6	22.2	29.8	38.5	42.8	64.3	70.1	72.9	74.5

2.4　生物炭对土壤入渗过程模拟与入渗特征参数的影响

为了进一步探究不同生物炭对土壤入渗过程的影响及入渗模型的适应性，本研究将土壤累积入渗量随时间变化的数据分别用 Philip 模型、Kostiakov 模型和 Horton 模型进行拟合，拟合结果见表6-9。Philip 入渗模型的拟合参数 S 值与 A 值分别表示土壤吸渗率和土壤稳渗率。S 可以用来表征土壤前期入渗能力且常被用来描述土壤通过毛管力吸收或释放液体的能力，并在土壤入渗过程中对初期入渗率的大小起主要作用（袁建平，2001）；而 A 则用来表征土壤的渗透性能且能体现出土壤的稳定下渗强度或稳定入渗率，并随入渗时间的增加 A 对土壤入渗率的大小起主要影响作用（原林虎，2013）。Phiiip 模型的决定系数 R^2 在0.857~0.999，模拟误差 RMSE 在0.674~4.215 mm，说明模型对入渗过程的拟合较好。吸渗率 S 能反映土壤前期的入渗能力，其值越大代表土壤入渗能力越强，施用生物炭处理土壤的 S 值均显著增大（$P < 0.05$），其中 QG–Bc 最大，为 CK 的2.37倍。稳渗率 A 反映土壤达到饱和时的入渗速率，施炭后土壤的 A 均显著减小。

Kostiakov 模型的 R^2 在0.896~0.999，RMSE 在0.814~2.421 mm，说明模型对入渗过程的拟合较好。参数 K 反映土壤的初始入渗能力，施用生物炭处理土壤的 K 值均显著增大（$P < 0.05$），其中 QG–Bc 最大，为 CK 的2.41倍。

Horton 模型的 R^2 在0.873~0.999，RMSE 在1.219~2.834 mm，说明模型对入渗过程的拟合较好。参数 a 反映土壤的最终入渗速率，施用生物炭处理土壤的最终入渗速率显著降低（$P < 0.05$），其中 ZZ–Bc 最小。参数 b 反映土壤初始入渗速率，其中 QG–Bc、AS–Bc 和 XJ–Bc 显著提高了 b 值，而 MZ–Bc 和 ZZ–Bc 显著降低了 b 值（$P < 0.05$）。施

用生物炭处理均提高了土壤早期的入渗速率，降低了土壤后期的稳定入渗速率，其中QG-Bc 和 AS-Bc 表现较好。相比较而言，在模拟施用生物炭后土壤的入渗过程方面，Kostiakov 模型表现较优。

表6-9 不同生物炭施用下土壤累积入渗模型拟合结果

处理	参数	CK	XJ-Bc	AS-Bc	QG-Bc	MZ-Bc	ZZ-Bc
Philip 模型	S	4.15	7.82	9.82	9.84	7.23	6.89
	A	0.36	0.25	0.27	0.31	0.15	0.12
	R^2	0.985	0.997	0.999	0.999	0.986	0.857
	RMSE	0.859	2.187	3.421	4.215	0.941	0.674
Kostiakov 模型	K	3.46	7.559	8.140	8.352	6.057	4.388
	n	0.59	0.26	0.44	0.52	0.33	0.18
	R^2	0.972	0.985	0.999	0.997	0.951	0.896
	RMSE	1.088	1.652	2.063	2.421	1.521	0.814
Horton 模型	a	0.59	0.25	0.34	0.41	0.22	0.13
	b	3.66	3.75	3.91	3.87	2.02	1.83
	R^2	0.957	0.977	0.986	0.999	0.873	0.902
	RMSE	1.012	2.045	2.414	2.834	1.887	1.219

2.5 生物炭对土壤累积蒸发量的影响

土壤蒸发和作物蒸腾是土壤水分损失的主要途径，抑制土壤的无效蒸发，对于提高农田土壤水分利用效率具有重要意义。土壤蒸发过程能反映土壤的持水能力，不同秸秆生物炭添加对土壤蒸发过程的影响见表6-10。随着时间的变化，土壤蒸发过程呈现显著的变化特征，在前期基本表现为线性增加较快，后期增速趋于变缓。在蒸发开始至第10天，各处理间的累积蒸发量差距增大，MZ-Bc 和 ZZ-Bc 分别与其他各处理间显著差异（$P < 0.05$）。连续蒸发20天后，生物炭各处理的累积蒸发量显著大于不施炭处理的对照（67.9 mm），分别比 CK 高出了11.78%、15.61%、18.70%、10.01% 和8.39%。蒸发30天后，生物炭各处理的累积蒸发量显著大于 CK（80.4 mm），分别比 CK 高出了6.72%、7.84%、9.95%、4.35% 和2.86%。相比较而言，生物炭施用显著增大了后期的蕉园土壤的蒸发量（$P < 0.05$）。

表6-10　不同时期土壤累积蒸发量及蒸发模拟参数的多重比较

处理	累积蒸发量（mm）			ω	β
	10 d	20 d	30 d		
CK	49.8 a	67.9 c	80.4 c	0.66	11.89
XJ–Bc	46.5 a	75.9 b	85.8 a	0.85	12.89
AS–Bc	44.3 a	78.5 a	86.7 a	0.93	14.35
QG–Bc	47.5 a	80.6 a	88.4 a	1.12	15.09
MZ–Bc	42.1 b	74.7 b	83.9 b	0.71	11.52
ZZ–Bc	40.8 b	73.6 b	82.7 b	0.62	10.76

从表6-11可知，本研究中各处理累积蒸发量与蒸发时间的 Rose 模型拟合（$=\omega x+\beta x^{1/2}$）的决定系数 R^2 在0.955~0.998，模拟误差 RMSE 在5.91~7.25 mm。不同秸秆生物炭对稳定蒸发参数 ω 的影响不同，除 ZZ–Bc 外，其他各生物炭施用后均显著增大了 ω 值。同时，除 QG–Bc 外，其他各生物炭施用后也均显著减小了水分扩散参数 β 值（$P < 0.05$）。说明当土壤比较干燥时，土壤蒸发主要以水汽扩散为主，虽然生物炭增加了稳定蒸发参数，但是降低了水分扩散系数。

总体上，施用不同类型生物炭，均能增强土壤的持水性能，从而有效控制水分的蒸发，增加了土壤水分的稳定时间。不同生物炭施用量对土壤的持水性能影响存在差异性，生物炭输入比例越高，土壤水分的稳定时间越长，土壤失水越缓慢，可有效减少土壤的水分蒸发量。

表6-11　不同来源生物炭对土壤累积蒸发量的影响

处理	方程	R^2
CK	$Y=0.65x+12.85x^{1/2}$	0.955**
XJ–Bc	$Y=0.79x+12.77x^{1/2}$	0.975**
AS–Bc	$Y=1.09x+11.47x^{1/2}$	0.988**
QG–Bc	$Y=1.36x+13.27x^{1/2}$	0.996**
MZ–Bc	$Y=0.88x+12.49x^{1/2}$	0.998**
ZZ–Bc	$Y=0.53x+10.78x^{1/2}$	0.966**

3　讨论与小结

3.1　生物炭对土壤水分有效性的影响

土壤容重随着生物炭施加量的增加逐渐降低，其原因可能是生物炭自身容重较低、质地疏松，对土壤能起到一定的稀释作用，可直接改善土壤松紧度（Herath 等，2013），这与 Githinji（2014）的研究结果一致。土壤容重降低，表明土壤总孔隙度的增加。随着生物炭施加量的增加，土壤孔隙度显著增加，可能是由于生物炭自身具有丰富的孔隙结构并且生物炭施用会导致土壤微生物活性增加、团聚性增强，使得土壤孔隙度增加。土壤有效水分是指介于田间持水量与土壤凋萎湿度之间的水分，这部分属于可被植物吸收和利用的水分。土壤水分有效性主要是指土壤水能否被植物吸收利用以及利用的难易程度（李笑吟等，2006）。土壤中的速效水分与中效水分的增加有利于提高土壤对植物的供水能力，速效水与中效水是植物易于吸收的水分（Lehmann 等，2009）。生物炭具有比表面积大和疏松多孔的特性，由于其容重小、持水孔隙与通气孔隙多，针对生物炭施入对土壤结构影响的报道较多（王浩等，2015）。

本研究结果表明，通过施加生物炭可以改善蕉园土壤结构，降低土壤容重，增加土壤总孔隙度及毛管孔隙度，调节土壤水分常数，提高土壤吸湿系数、凋萎湿度、饱和含水量、田间持水量、有效水上限，增加土壤速效水与中效水含量。在生物炭类型上，香蕉茎叶生物炭较蔗渣生物炭在土壤容重方面降低幅度更大，由于香蕉茎叶生物炭较蔗渣生物炭有更丰富的孔隙结构，因此在土壤孔隙度方面增加更多，在土壤水分常数方面提高的幅度也更大，其有效水的上限及保水性能的提高相对较明显。随着生物炭施用比例的增加，土壤总孔隙度和毛管孔隙度也随之增加，这与生物炭的孔隙结构有关，主要是生物炭较低的颗粒密度与多孔隙性质所引起的（颜永豪等，2013；颜永豪，2016）。

另外，本研究发现随着生物炭施用量的增加，土壤的非毛管孔隙也随之增加，这与前人的研究结果一致（高海英等，2011；潘金华等，2016）。主要原因可能是生物炭的施用与土壤相互填充，导致部分较大孔径的非毛管孔隙被占据而减少，这与王浩等（2015）研究结果相近。土壤水分常数均随着生物炭施用量的增加而显著增加，相应的土壤保水性能也随着添加量的增加而提高，前人研究结果把原因归于土壤的比表面积增大与孔隙度的提高（颜永豪等，2013；颜永豪，2016），但也有研究认为可能与土壤盐分有关（王浩等，2015），由于生物炭中的盐分含量较高，导致土壤中的盐分增加，这些也会加大土壤的吸湿能力，从而增强了土壤对水分的吸持能力（李小刚，2001）。

田间持水量长期以来被看作是灌溉水的上限，是土壤能够稳定保持的最大水量，也是作物能够利用的有效水上限（江培福等，2006），而土壤有效水的最大含量（田间持水量与凋萎湿度之差）并不能全面地衡量土壤对作物的供水能力（代海燕等，2008）。尽管随生物炭施用量增加，有效水最大含量也增加，所增加的难效水部分不利于作物的吸收与利用，而有效水中的速效水与中效水含量的增加才尤为有效。香蕉是我国南方重要的农作物，每年产生的农林废弃物生物量巨大，可作为较好的生物炭来源，由其制备的生物炭可就地还田。本研究发现，随着不同类型生物炭添加比例的增加，有效水部分的速效水、中效水与难效水含量均呈上升的趋势，表明生物炭的施用对于提高蕉园土壤持水尤其是有效持水能力有着较好效果，且在一定程度上增大了有效水的范围，但增加的水分中有部分属于难效水，可能并不利于作物的吸收利用，针对这一问题仍然需要进一步深入研究。

当生物炭施用量较低时对土壤的颗粒组成影响不大，并且由于大粒径生物炭的存在，一定程度增加了土壤的大孔隙数量从而使得土壤的入渗能力增强。当生物炭施用量较高时，生物炭由于具有较强持水能力，施入土壤后能够有效增加土壤中黏粒含量，小粒径生物炭的存在一定程度上减少了土壤大孔隙数量，同时也提高了微孔的比例，进而降低了土壤的后期入渗性能。生物炭输入对土壤水分入渗的影响较复杂，整体上是土壤与生物炭诸多理化性质共同作用的结果，可能与土壤质地和土壤结构以及生物炭粒径分布和生物炭比表面积吸附能力相关，但是具体的影响机理目前尚无定论。例如有研究人员认为生物炭有良好的持水性，但也有研究指出生物炭本身含有疏水性官能团，具有疏水特征，生物炭中是否真实具有疏水性官能团以及生物炭中疏水性官能团数量，与生物炭的制备原料与生物炭的热解温度有密切关联（Ahmad 等，2012；Kinney 等，2012）。

3.2 生物炭对土壤水分入渗和蒸发的影响

一般土壤入渗过程受土壤质地、容重、初始含水量等因素的影响。入渗开始，土壤含水量较低，基质势较大，初始入渗速率较大，随着入渗的进行，土壤含水量增加，基质势变小，土壤入渗速率降低，入渗曲线呈先陡峭后平缓的趋势变化。生物炭具有多孔性和较大的比表面积，加入土壤后能改变土壤的孔隙结构和分布，进而影响土壤的入渗和蒸发过程（李帅霖等，2016）。同时生物炭表面的含氧官能团和疏水性官能团对水分的吸持和入渗有影响（Kinney 等，2012）。王红兰等（2015）的研究表明，生物炭施用到土壤后，能减少土壤中孔隙的数量，增加土壤小孔隙和大孔隙的数量，大孔隙增加能促进水分入渗，但中孔隙减少可能降低土壤的有效孔隙，使水分通道变的曲折复杂，抑制了土壤水分入渗，最终是促进还是抑制水分入渗，主要取决于土壤质地、生物炭种类和制备温度等。Sun 等（2018）在滨海盐土的研究表明，高量生物炭添加会降低土壤的入渗能力，而小粒径生物炭能显著提高土壤的入渗能力。本研究中，生物炭施用后均在入渗初期增大了土壤入渗速率，这可能是由于生物炭促进了土壤微团粒的形成，增大了土壤孔隙度，增加了土壤有效孔隙和过水断面，促进水流微通道形成，这与其他研究结果相一致（Novak 等，2016；魏永霞等，2019；詹舒婷等，2021）。李帅霖等（2016）的研究表明，在黏壤土上添加4%的生物炭能显著促进了湿润锋的运移，提高土壤的入渗能力。本研究中施用生物炭显著降低了土壤后期的入渗速率，土壤的稳定入渗速率显著下降，这与詹舒婷等（2021）的研究结果一致。肖茜等（2015）的研究表明，添加5%的生物炭，降低了风沙土、黑垆土和黄绵土的稳定入渗率。前人研究表明，生物炭施用降低了风沙土的入渗能力，提高了塿土的入渗能力（Wang等，2017）。本研究中5种生物炭均在入渗初期提高了土壤的入渗速率，而后期降低了稳定入渗速率，可能的原因主要有：①生物炭改善了土壤的孔隙结构，随上层土壤逐渐饱和，生物炭的孔隙充满水分，发生物理性破碎，生物炭本身质地较轻，碎化的碳片阻塞土壤孔隙，从而降低了后期的入渗速率（Novak等，2016）；②入渗初期主要是生物炭改善了土壤孔隙结构，但到了入渗后期，生物炭形成的微团聚体和含氧官能团对水分的吸持能力增强，造成水分的阻滞，影响水分下渗（许健等，2016）。

土壤蒸发过程可以分为2个阶段，第一阶段土壤蒸发以相对较高和较稳定的速率蒸发，主要靠毛管水分蒸发；第二阶段土壤蒸发速率逐渐降低，转为水汽扩散阶段（Wang等，2018）。本研究中土壤累积蒸发量随时间的变化呈现明显的不同阶段，在第一阶段土壤蒸发速率基本恒定，累积蒸发量呈现为线性增加，第二阶段蒸发速率降低，累积蒸发量缓慢增加。李帅霖等（2016）的研究表明，添加生物炭对塿土蒸发无显著影响。许健等（2016）的研究表明，添加适量的生物炭能有效抑制土壤蒸发，添加量超过5%则会促进蒸发。其他研究也表明，施用生物炭增加了土壤第二阶段的蒸发量，尤其是风沙土（Wang等，2018）。Zhang等（2020）的研究表明，施炭量为4%和6%时，土壤表面出现裂缝的时间提前，且土壤的抗拉伸强度降低，黏性土壤蒸发速率增加了2.11%和17.20%（Zong等，2016）。本研究中输入生物炭对于前期土壤蒸发无显著影响，但显著增加了后期的土壤水分蒸发。主要原因：①生物炭改变了土壤孔隙数量和分布，降低了土壤大孔隙，形成更多的中微孔隙，提高了水汽扩散率，从而导致后期更大的蒸发（Or等，2013）；②土壤水分蒸发使土壤受到不同方向的拉伸应力，从而导致裂缝产生，生物炭施用后，会降低土壤的抗拉强度，使土壤形成更多更深的裂缝，从而促进水汽扩散，后期土壤蒸发增大（Zhang等，2020）；③生物炭施用使土壤颜色加深，增加了土壤表层的温度，水的黏滞性和表面张力减小，从而促进了蒸发（许健等，2016）。

同一质地土壤入渗性能越大其土壤传输水分的能力就越大（王子龙等，2016）。由于生物炭的多孔性和较低的堆积密度，能影响土壤孔隙的结构和数量，再加上其本身含有羧基、羟基等含氧官能团具有一定的极性，因而必然会影响土壤水的蒸发过程。生物炭施用后与土壤充分混匀后结合的孔隙更小，增大了比表面积，增大了其持水能力。生物炭对土壤水分蒸发过程的影响一般会受到土壤类型、生物炭种类、施用量和粒径等的影响而存在一定的差异性。本研究中，基于室内土柱模拟试验初步探讨了不同材料的生物炭对于蕉园土壤的入渗和蒸发过程的影响，可能与田间实际情况有所差异，由于未考虑气象、香蕉作物、土壤空间的变异等因素，结论还有待于在田间实验来进一步验证。此外，需要进一步开展生物炭的长期观测试验，探究不同生物炭种类、施用量和土壤机械组成共同影响下的土壤水分运动特征，深入探究生物炭对于土壤水分循环的影响。

3.3 小结

（1）蕉园土壤室内模拟实验表明，生物炭类型与输入比例是影响生物炭对土壤结构改变的主要因素，不同类型生物炭的施用均对土壤物理性状有一定影响，土壤总孔隙度、毛管孔隙度和非毛管孔隙度随生物炭施用量的增加而增大；土壤容重随生物炭施用量的增加而减小。土壤的水分常数随不同类型生物炭用量的增加而呈现上升的趋势，水分常数的增加幅度与生物炭类型和施用量相关，不同输入比例的生物炭显著影响了土壤吸湿系数、凋萎湿度、饱和持水量和田间持水量。香蕉茎叶生物炭相对效果较好。

（2）随着生物炭用量的增加，蕉园土壤有效水的范围增大，速效水、中效水和难效水范围均呈增大的趋势，增加的速效水与中效水部分有利于提高水分的有效水，而难效水部分相对增加了香蕉对水分的利用难度。生物炭的施用能够提高土壤的保水性能，降低土壤的水分蒸发速率，延长土壤水分贮存时间，进而增强了蕉园土壤的保水保湿的能力。

（3）青冈栎枝条生物炭和桉树枝条生物炭显著增加了土柱的入渗耗时和总水分入渗量，毛竹生物炭和香蕉茎叶生物炭次之，蔗渣生物炭的入渗耗时和总水分入渗量较低，均明显大于对照处理。青冈栎枝条生物炭和桉树枝条生物炭明显增加了湿润锋运移速度，而毛竹生物炭和香蕉茎叶生物炭在中后期明显减缓了湿润锋的运移速度。生物炭施用增大了初始水分入渗速率，青冈栎枝条生物炭较显著，同时生物炭施用显著改变了土壤水分入渗过程，而且不同材料生物炭的影响存在差异。施用生物炭处理均提高了土壤早期的入渗速率，降低了土壤后期的稳定入渗速率，其中青冈栎枝条生物炭和桉树枝条生物炭表现较好。在模拟施炭土壤的入渗过程方面，Kostiakov 模型表现最优。

（4）生物炭施用对于前期土壤蒸发无显著影响，但显著提高了后期的土壤蒸发量。蒸发30天后，生物炭各处理的累积蒸发量显著大于不施炭处理对照，分别增加了6.72%、7.84%、9.95%、4.35% 和2.86%。合理的生物炭施用，可以有效改善蕉园土壤的供水能力，提升土壤持水能力，能更好地满足香蕉生长的需求，在我国南方旱地土壤中有较强的适用性。本研究结果可以为蕉园土壤渗透、持水能力的改良提供方法及数据参考。

参考文献

[1]代海燕，张秋良，魏强，等.大青山不同植被土壤物理特征及有效水的研究[J].干旱区资源与环境，2008，22（12）：149–153.

［2］高海英，何绪生，耿增超，等.生物炭及炭基氮肥对土壤持水性能影响的研究［J］.中国农学通报，2011，27（24）：207–213.

［3］吉恒莹，邵明安，贾小旭.水质对层状土壤入渗过程的影响［J］.农业机械学报，2016，47（7）：183–188.

［4］江培福，雷廷武，刘晓辉，等.用毛细吸渗原理快速测量土壤田间持水量的研究［J］.农业工程学报，2006，22（7）：1–5.

［5］李帅霖，王霞，王朔，等.生物炭施用方式及用量对土壤水分入渗与蒸发的影响［J］.农业工程学报，2016，32（14）：135–144.

［6］李小刚.甘肃景电灌区盐化土壤的吸湿系数与凋萎湿度及其预报模型［J］.土壤学报，2001，38（4）：498–505.

［7］李笑吟，毕华兴，张建军，等.晋西黄土区土壤水分有效性研究［J］.水土保持研究，2006（5）：205–208，211.

［8］潘金华，庄舜尧，曹志洪，等.生物炭添加对皖南旱地土壤物理性质及水分特征的影响［J］.土壤通报，2016，47（2）：320–326.

［9］邵明安，王全九，黄明斌.土壤物理学［M］.北京：高等教育出版社，2006.

［10］王丹丹.半干旱区生物炭的土壤生态效应定位研究［D］.杨凌：西北农林科技大学，2013.

［11］王浩，焦晓燕，王劲松，等.生物炭对土壤水分特征及水胁迫条件下高粱生长的影响［J］.水土保持学报，2015，29（2）：253–287.

［12］王红兰，唐翔宇，张维，等.施用生物炭对紫色土坡耕地耕层土壤水力学性质的影响［J］.农业工程学报，2015，31（4）：107–112.

［13］王子龙，赵勇钢，赵世伟，等.退耕典型草地土壤饱和导水率及其影响因素研究［J］.草地学报，2016，24（6）：1254–1262.

［14］魏永霞，王鹤，刘慧，等.生物炭对黑土区土壤水分及其入渗性能的影响［J］.农业机械学报，2019，50（9）：290–299.

［15］肖茜，张洪培，沈玉芳，等.生物炭对黄土区土壤水分入渗、蒸发及硝态氮淋溶的影响［J］.农业工程学报，2015，31（16）：128–134.

［16］许健，牛文全，张明智，等.生物炭对土壤水分蒸发的影响［J］.应用生态学报，2016，27（11）：3505–3513.

［17］颜永豪.黄土高原南部第四纪不同时间尺度侵蚀环境演变及驱动机制［D］.北京：中国科学院研究生院（教育部水土保持与生态环境研究中心），2016.

［18］颜永豪，郑纪勇，张兴昌，等.生物炭添加对黄土高原典型土壤田间持水量的影响［J］.水土保持学报，2013，27（4）：120–190.

［19］袁建平，张素丽，张春燕，等.黄土丘陵区小流域土壤稳定入渗速率空间变异［J］.土

壤学报，2001，38（4）：579-583.

［20］原林虎. Philip 入渗模型参数预报模型研究与应用［D］. 太原：太原理工大学，2013.

［21］詹舒婷，宋明丹，李正鹏，等. 不同秸秆生物炭对土壤水分入渗和蒸发的影响［J］. 水土保持学报，2021，35（1）：294-300.

［22］郑庆福，王永和，孙月光，等. 不同物料和炭化方式制备生物炭结构性质的 FTIR 研究［J］. 光谱学与光谱分析，2014，34（4）：962-966.

［23］Ahmad M，Sang S L，Dou X，et al. Effects of pyrolysis temperature on soybean stover- and peanut shell-derived biochar properties and TCE adsorption in water［J］. Bioresource Technology，2012，118：536-544.

［24］Githinji L . Effect of biochar application rateon soil physical and hydraulic properties of asandyloam［J］. Archives of Agronomy and Soil Science，2014，60（4）：457-470.

［25］Herath H，Camps-arbestain M，Hedley M. Effect of biochar on soil physical properties in two contrasting soils：an Alfisol and an Andisol［J］. Geoderma，2013（209）：188-197.

［26］Kinney T J，Masiello C A，Dugan B，et al. Hydrologic properties of biochars produced at different temperatures［J］. Biomass & Bioenergy，2012（41）：34-43.

［27］Laird D A，Fleming P，Wang B，et al. Impact of biochar amendments on the quality of a typical Midwestern agricultural soil［J］. Geoderma，2010，158（3/4）：443-449.

［28］Lehmann J，Czimczik C，Laird D，et al. Stability of biochar in soil//Lehmann J，Joseph S. Biochar for environmental management-science and technology［J］. London：Earthscan，2009：183-205.

［29］Li H，Zhao X，Gao X，et al. Effects of water collection and mulching combinations on water infiltration and consumption in a semiarid rainfed orchard［J］. Journal of Hydrology，2018（558）：432-441.

［30］Novak J，Sigua G，Watts D，et al. Biochars impact on water infiltration and water quality through a compacted subsoil layer［J］. Chemosphere，2016（142）：160-167.

［31］Or D，Lehmann P，Shahraeeni E，et al. Advances in Soil Evaporation Physics-A Review［J］. Vadose Zone Journal，2013，12（4）：1-16.

［32］Sun J，Yang R，Li W，et al. Effect of biochar amendment on water infiltration in a coastal saline soil［J］. Journal of Soils and Sediments，2018，18（11）：3271-3279.

［33］Wang T T，Stewart C E，Ma J B，et al. Applicability of five models to simulate water infiltration into soil with added biochar［J］. Journal of Arid Land，2017，9（5）：701-711.

［34］Wang T T，Stewart C E，Sun C C，et al. Effects of biochar addition on evaporation in the five typical Loess Plateau soils［J］. Catena，2018（162）：29-39.

［35］Zhang Y，Gu K，J Li，et al. Effect of biochar on desiccation cracking characteristics of clayey soils〔J〕. Geoderma, 2020 (364): 1141823.

〔36〕Zong Y, Xiao Q, Lu S. Acidity, water retention, and mechanical physical quality of a strongly acidic Ultisol amended with biochars derived from different feedstocks〔J〕. Journal of Soils & Sediments, 2016, 16 (1): 177–190.

第七章

生物炭施用对土壤团聚体稳定性的影响

　　土壤团聚体作为土壤结构的基本单元，它的含量与分布影响着土壤质量（米会珍等，2015），其数量多少可以反映土壤的持水性、通气性以及储存和供给养分等能力的高低（王丽等，2014），是反映土壤肥力与健康的指标之一。土壤团聚体组成是土壤肥力的基础，高产田一般都具有合理的土壤团聚体组成，特别是粒径＞1 mm团聚体的数量明显高于低产田（关连珠等，1991）。土壤团聚体稳定性（水稳定性和机械稳定性）能反映土壤的抗侵蚀能力，其中土壤水稳定性团聚体是制约土壤抗冲蚀性的重要因子，常被用作土壤抗蚀性指标（孙芳芳，2013）。

　　土壤团聚体结构的形成和稳定性主要与土壤有机质含量、土壤微生物的种类和数量，以及土地利用方式等相关（罗晓虹等，2019）。其中，土壤有机质，特别是有机碳含量对土壤团聚体形成及其稳定性的影响较为重要（刘中良和宇万太，2011）。对旱地红壤土长期定位的研究表明，粒径＞0.25 mm水稳定性团聚体含量与土壤有机质含量呈极显著正相关，土壤团聚体破坏率则与土壤有机质含量呈极显著负相关（姜灿烂等，2010）。生物炭是秸秆、粪便等有机物料在低氧环境下，经过高温热解炭化产生的一种稳定难溶、高度芳香化的固态产物（肖然，2017）。生物炭的碳含量在60%~85%，其孔隙结构发达、比表面积大、芳香化程度高，且表面含有大量的含氧、含硫、含氮等官能团，施入土壤不仅可以固持水分和氮磷（陈温福等，2013），还可以显著提高土壤有机碳含量，促进土壤团聚体的形成，改良土壤结构（李倩倩等，2019）。

　　关于生物炭对土壤团聚体影响的报道多为短期试验和室内盆栽试验，长期定点的大田试验较少（尚杰等，2015；王月玲等，2016），生物炭对于团聚体的影响效果也存在很大的争议（Kelly等，2017；徐国鑫等，2018；李倩倩等，2019）。生物炭表面的微小孔隙为土壤微生物提供了生活场所，促进团聚体形成。但是，生物炭是一种惰性炭，不易与土壤发生化学反应，也可能对土壤团聚体的形成无促进作用。因此，本研究设置不同生物炭施用量处理，综合应用平均重量直径、几何平均直径、破坏率、分形维数等指标，探究不同生物炭施用量对土壤团聚体结构和稳定性的影响，为改良城郊菜地土壤结构提供合理的理论依据。

1　生物炭对城郊菜地土壤团聚体结构的影响

1.1　香蕉茎叶生物炭施用对城郊菜地土壤机械稳定性团聚体的影响

表7-1为香蕉茎叶生物炭对机械稳定性团聚体的影响。与对照相比，土壤施用香蕉茎叶生物炭，可以显著增加机械稳定性大团聚体含量（$P < 0.05$），T60处理土壤机械稳定性大团聚体含量最多，增幅为15.94%，T10处理含量最少，增幅为4.21%。生物炭施用显著降低了机械稳定性微团聚体含量（$P < 0.05$），其中，T60处理的降幅最大，为46.84%，T10处理的降幅最小，为10.56%。

对于土壤机械稳定性大团聚体含量和微团聚体含量，除T40与T60处理之间无显著差异外（$P > 0.05$），其他各处理间均有显著差异（$P < 0.05$）。10 t/hm² 生物炭处理与不添加生物炭处理有显著差异，当生物炭添加量大于10 t/hm² 时，机械稳定性大团聚体含量显著升高，机械稳定性微团聚体含量显著降低，当生物炭输入量在40~60 t/hm² 时，施用生物炭改良机械稳定性团聚体效果最好，说明高施用量生物炭对土壤大团聚体的形成有促进作用。

表7-1　香蕉茎叶生物炭对土壤机械稳定性大团聚体含量和微团聚体含量的影响（g/kg）

团聚体	CK	T10	T20	T40	T60
大团聚体	859.79 d	896.01 c	945.76 b	988.26 a	996.87 a
微团聚体	14.58 a	13.04 b	10.12 c	8.33 d	7.75 d

注：同行不同小写字母表示差异显著（$P < 0.05$）。CK、T10、T20、T40、T60分别表示施用量为0 t/hm²、10 t/hm²、20 t/hm²、40 t/hm²、60 t/hm²。下同。

1.2　香蕉茎叶生物炭施用对城郊菜地土壤水稳性团聚体分布的影响

水稳性团聚体 A_1 是指粒径大于2 mm 的水稳性大团聚体，将粒径为0.25~2 mm 的水稳性大团聚体归为水稳性团聚体 A_2。表7-2为香蕉茎叶生物炭对水稳性团聚体的影响，各级水稳性团聚体 A_1 含量为0.6~4.5 g/kg，各级水稳性团聚体 A_2 含量为4.9~84.3 g/kg，水稳性微团聚体含量为910.1~914.8 g/kg。与对照相比，土壤中施用生物炭，增加了水稳性团聚体 A_1 总含量（$P < 0.05$），其中T20处理增幅最大，为56.7%。由表7-2可知，随着生物炭施用量的增加，粒径>3 mm、2~3 mm 和>2 mm 水稳性团聚体含量总体上呈上升趋势。施用生物炭后，各处理粒径>3 mm 水稳性大团聚体含量的增幅分别为16.7%、116.7%、150.0% 和50.0%，其中T40处理的含量最高，为1.5 g/kg。2~3 mm 水稳性大团聚体含量的增幅分别为45.8%、50.0%、25.0% 和20.8%，其中T20处理的最高，含量为3.6 g/kg。>2 mm 水稳性团聚体含量的增幅分别为30.0%、50.0%、43.3% 和26.7%，其中 T20 处理的最高，为 4.5 g/kg。

与对照相比，除粒径为 0.25~2 mm 的水稳性团聚体外，生物炭显著改变各粒径 A_2 团聚体的含量（$P < 0.05$），但是生物炭对 A_2 团聚体总含量却没有显著影响（$P > 0.05$）。1~2 mm 和 0.5~1 mm 的水稳性团聚体含量随着生物炭施用量的增加而增大，增幅分别为 16.3%、26.5%、59.2% 和 73.5%，8.0%、16.1%、29.9% 和 44.5%。0.25~0.5 mm 的水稳性团聚体含量随着生物炭施用量的增加而减小，降幅分别为 4.5%、5.9%、8.4% 和 17.5%。0.25~0.5 mm 的水稳性团聚体含量则呈现先减小后增大再减小的变化趋势。施用生物炭后，土壤水稳性微团聚体总含量出现先降低后升高的趋势，但是对水稳性微团聚体总含量没有显著影响（$P > 0.05$）。

基于 A_1 团聚体，当生物炭添加量大于 10 t/hm^2 时，粒径为 2~3 mm 和大于 2 mm 团聚体含量较高（$P < 0.05$）；基于 A_2 团聚体，大于 10 t/hm^2 生物炭处理粒径为 1~2 mm 和 0.5~1 mm 的水稳性团聚体含量发生显著变化（$P < 0.05$）。从水稳性大团聚体来看，生物炭添加量在 40~60 t/hm^2 时对城郊菜地土壤改良效果相对较好。

表7-2　香蕉茎叶生物炭对土壤水稳性团聚体含量的影响（g/kg）

团聚体	粒径	CK	T10	T20	T40	T60
A_1 团聚体	＞3 mm	0.6 b	0.7 b	1.3 a	1.5 a	0.9 b
	2~3 mm	2.4 b	3.5 a	3.6 a	3.0 a	2.9 a
	＞2 mm	3.0 b	3.9 a	4.5 a	4.3 a	3.8 a
A_2 团聚体	1~2 mm	4.9 c	5.7 b	6.2 b	7.8 a	8.5 a
	0.5~1 mm	13.7 c	14.8 b	15.9 b	17.8 a	19.8 a
	0.25~0.5 mm	64.1 a	61.2 a	60.3 a	58.7 b	52.9 b
	0.25~2 mm	82.7 a	81.7 a	82.4 a	84.3 a	81.2 a
微团聚体含量		912.8 a	910.3 a	910.1 a	912.6 a	914.8 a

1.3　香蕉茎叶生物炭施用对城郊菜地土壤大团聚体稳定性的影响

表7-3 为香蕉茎叶生物炭对城郊菜地水稳性团聚体稳定性的影响。采用团聚体破坏率（PAD）、几何平均直径（GMD）和平均重量直径（MWD），对土壤团聚体稳定性进行评价。几何平均直径和平均重量直径是用来反映土壤团聚体大小及分布的重要指标之一，其值越大说明土壤团聚体平均粒级团聚情况越高，稳定性越好，土壤肥力也就越好。团聚体破坏率和土壤不稳定团粒指数（E_{LT}）的大小可反映土壤团聚体稳定性的高低，数值越小则说明土壤团聚体稳定性越高，土壤肥力越好。

与对照相比，施用香蕉茎叶生物炭对以上 3 个指标有显著影响（$P < 0.05$）。施用生物炭后，土壤团聚体的几何平均直径与平均重量直径均为增大趋势，并随着生物炭添加量

的增加而增加。破坏率随着生物炭添加量的增加而减小，说明施用生物炭对土壤团聚体破坏率起到了抑制作用，有利于城郊菜地土质的改良，相对而言，高施用量的生物炭起到的效果更好。生物炭对改良土壤、增加水稳性大团聚体稳定性有重要作用。与对照 CK 相比，T10、T20、T40 和 T60 处理的团聚体几何平均直径显著升高，因此基于几何平均直径，大于 10 t/hm² 生物炭添加量对土壤改良效果较好。同样，与对照相比，T10、T20、T40 和 T60 处理的平均重量直径显著升高，基于团聚体平均重量直径，大于 10 t/hm² 生物炭施用量有利于优化土壤结构。施用生物炭后，土壤团聚体破坏率和土壤不稳定团粒指数显著降低，所以基于团聚体破坏率，大于 10 t/hm² 生物炭添加量土壤团聚体稳定性最强。综合考虑 3 个团聚体稳定性指标，当生物炭施用量大于 40 t/hm² 时，生物炭改良土壤团聚体稳定性效果最好。

表7-3　香蕉茎叶生物炭对土壤水稳性团聚体稳定性的影响（%）

参数	CK	T10	T20	T40	T60
GMD	0.4198 c	0.4271 b	0.4283 a	0.4289 a	0.4292 a
MWD	0.1618 c	0.1659 b	0.1712 b	0.1739 a	0.1743 a
PAD	79.52 a	79.08 b	78.97 b	78.81 b	78.69 b
E_{LT}	86.45 a	84.03 a	77.68 b	76.15 b	72.03 c

1.4　香蕉茎叶生物炭施用对水稳性微团聚体的影响

表7-4 和表7-5 为香蕉茎叶生物炭对不同粒径土壤微团聚体含量及分形维数（D）影响，土壤微团聚体主要集中在 0.05~0.25 mm 和 0.02~0.05 mm。与对照相比，施用生物炭后，粒径为 0.05~0.25 mm 和 0.02~0.05 mm 微团聚体的含量随生物炭施用量的增加而呈减小的趋势，T60 处理降幅最大，分别为 10.5% 和 9.0%，T10 处理降幅最小，为 3.0%。随着生物炭施用量的增加，粒径为 0.002~0.02 mm 和小于 0.002 mm 粒径团聚体含量显著升高（$P < 0.05$）。

施用香蕉茎叶生物炭后，土壤小粒径水稳性微团聚体含量增加和土壤大粒径水稳性微团聚体含量降低，有利于小粒径团聚体生成，这可能是生物炭施用到土壤中，引起微生物活动加剧，促进小粒径团聚体形成。施用生物炭降低了土壤微团聚体分形维数（表7-5），有利于增加土壤微团聚体稳定性，且与对照差异显著（$P < 0.05$）。

表7-4　香蕉茎叶生物炭对不同粒径土壤微团聚体的影响（%）

粒径	CK	T10	T20	T40	T60
0.05~0.25 mm	37.2 a	36.1 a	35.7 a	34.2 b	33.3 b
0.02~0.05 mm	42.2 a	41.5 a	40.2 a	39.8 a	38.4 b
0.002~0.02 mm	13.8 b	15.6 a	17.4 a	18.1 a	18.8 a
< 0.002 mm	7.6 b	8.3 b	9.1 a	9.6 a	9.8 a

分形维数越小，团聚体分布和稳定性越高，土壤结构越紧实。从表7-5可知，施用香蕉茎叶生物炭后，土壤微团聚体分形维数降低，降幅为14.9%~19.4%，T40处理降幅最大。施用香蕉茎叶生物炭后，与对照相比，城郊菜地土壤各处理中 D 值有显著差异性（P < 0.05），整体呈现出施用生物炭处理小于对照样地，说明施用生物炭样地的土壤相对松散，通透性相对较好。生物炭对土壤微团聚体分形维数有显著性影响（P < 0.05），表明生物炭对水稳性微团聚体的稳定性也有显著影响，此结果和表7-2得出的结果一致，生物炭有降低土壤微团聚体含量的趋势，其效果显著大于对照（P < 0.05）。与对照相比，施用香蕉茎叶生物炭处理后城郊菜地土壤水稳性团聚体的平均重量比表面积（MWSSA）值呈现逐渐降低的趋势，各处理的降幅分别为5.1%、8.8%、22.4% 和29.1%。

表7-5　香蕉茎叶生物炭对不同粒径土壤分形维数及平均重量比表面积的影响

处理	CK	T10	T20	T40	T60
D（%）	1.34 a	1.12 b	1.14 b	1.08 b	1.09 b
MWSSA（cm²/g）	93.51 a	88.72 b	85.24 b	72.61 c	66.34 d

2　生物炭施用后土壤团聚体稳定性的评价

2.1　土壤团聚体所占比例与稳定性评价指标的相关性

各径级团聚体所占比例与几何平均直径、平均重量直径、分形维数和平均重量比表面积的相关性分析见表7-6，可以看出，几何平均直径和平均重量直径响应特征一致，均分别与粒径 > 3 mm 和2~3 mm 团聚体所占比例呈极显著正相关（P < 0.01），与粒径 > 2 mm 和1~2 mm 团聚体所占比例呈显著正相关（P < 0.05），与粒径 < 0.25 mm 团聚体所占比例呈极显著负相关（P < 0.01）。分形维数和平均重量比表面积响应特征一致，均分别与粒径 > 3 mm 和2~3 mm 团聚体所占比例呈极显著负相关（P < 0.01），与 > 2 mm 团聚体所占比例呈显著负相关（P < 0.05），与粒径 < 0.25 mm 团聚体所占比例呈极显著正相关（P < 0.01）。另外，分析表明分形维数值与平均重量直径、几何平均直径呈极显著负相关（P < 0.01）；几何平均直径和平均重量直径呈极显著正相关（P < 0.01）。说明分形维数越小，几何平均直径和平均重量直径越大，土壤结构越稳定。表明较大粒级的土壤机械稳定性团聚体含量和水稳性团聚体含量的增加，有利于提高城郊菜地土壤结构的稳定性和抗蚀性。粒径 > 2 mm 水稳性团聚体与平均重量直径、几何平均直径呈显著正相关，表明粒径 > 2 mm 水稳性团聚体对提高菜地土壤结构稳定性、增强土壤抗蚀性具有积极作用，这与有机胶结物质有利于大团聚体的形成和稳定有关（邸佳颖等，2014）。

表7-6 土壤团聚体所占比例与稳定性评价指标的相关系数

处理	＞3 mm	2~3 mm	＞2 mm	1~2 mm	0.5~1 mm	0.25~0.5 mm	0.25~2 mm	＜0.25 mm
GMD	0.965**	0.782**	0.726*	0.699*	−0.049	−0.058	−0.501	−0.964**
MWD	0.957**	0.811**	0.688*	0.711*	−0.375	−0.463	−0.471	−0.935**
D	−0.922**	−0.812**	−0.798*	−0.524	−0.054	0.401	0.423	0.886**
MWSSA	−0.899**	−0.785**	−0.821*	−0.621	−0.062	0.420	0.366	0.975**

由表7-7可知，与对照相比，随着生物炭施用量的增加，各处理分形维数和相应 X_1（粒径＞0.25 mm 水稳性团聚体含量）和 X_2（＞0.25 mm 机械稳定性团聚体含量）存在极显著负相关（$P<0.01$），说明生物炭施用后，粒径分布分形维数越低，土壤结构和稳定性越好，生物炭施用对土壤团聚结构的形成有促进作用，有助于土壤团聚结构的形成，而且随着生物炭施用量的增加，促进效果越佳。同时，与 CK 相比，施用生物炭处理的土壤有机碳含量会有所升高，各处理土壤有机碳和相应 X_1 和 X_2 存在极显著（$P<0.01$）正相关，说明在一定程度上，随着生物炭施用量的增加，土壤有机碳含量增加，粒径＞0.25 mm 水稳性团聚体含量和粒径＞0.25 mm 机械稳定性团聚体含量也逐渐增加。

粒径0.25 mm 团聚体被认为是土壤中最好的结构体，称为土壤团粒结构体，是维持土壤结构稳定的基础，其含量越高，土壤结构的稳定性和抗侵蚀能力越强（梁爱珍等，2008）。土壤有机碳含量与粒径＞0.25 mm 水稳性团聚体含量间呈现出极显著正相关关系，说明土壤有机碳含量越高，粒径＞0.25 mm 水稳性团聚体的含量就越高，土壤团聚体水稳性越强，土壤结构越稳定。同时也说明生物炭处理在补充土壤有机碳库和有效养分含量的同时，能够增加土壤中水稳性大团聚体含量及其稳定性，是改善菜地土壤结构特性、培肥地力和提高土壤抗蚀性的有效途径。

表7-7 土壤团聚体所占比例与稳定性评价指标的相关系数

处理	自变量	回归模型	相关系数
分形维数	X_1：＞0.25 mm 水稳性团聚体含量	$D=2.998-0.023X_1$	−0.975**
	X_2：＞0.25 mm 机械稳定性团聚体含量	$D=5.217-0.056X_2$	−0.981**
有机碳	X_1：＞0.25 mm 水稳性团聚体含量	$X_1=2.972y+10.362$	0.964**
	X_2：＞0.25 mm 机械稳定性团聚体含量	$X_2=3.266y-5.021$	0.857**

说明：y 表示土壤有机碳含量，** 表示差异极显著（$P<0.01$）。

2.2 基于主成分分析综合评价土壤团聚体稳定性

表7-8是利用 SPSS 软件对各项土壤团聚体稳定性的评价指标进行主成分分析，计算出的主成分分析的得分系数、特征值和方差贡献率。可以看出，主成分特征值为4.875，

累积贡献率达98.49%，说明该主成分基本能反映不同处理对土壤团聚体稳定性影响的全部信息。主成分分析结果表明，不同施用量生物炭的综合效果排名均优于对照，表明施用生物炭均能促进土壤水稳性团聚体形成，有利于大团聚体的胶结作用，生物炭施用提高了城郊菜地土壤团聚体稳定性。

表7-8 主成分分析的得分系数、特征值和方差贡献率

主成分	GMD	MWD	D	MWSSA	>0.25 mm	特征值	方差贡献率	累计贡献率
F	0.987	0.994	−0.985	−0.995	0.997	4.875	98.49%	98.49%

不同处理对土壤团聚体稳定性影响效果的综合分析得分结果如表7-9所示。施用香蕉茎叶生物炭处理提高土壤团聚体水稳定性的效果较好，其中施用T40处理的效果最佳，施用T60处理次之，均优于对照处理。对表中不同处理对土壤团聚体水稳定性综合效果采用SPSS软件进行Kolmogorov–Smirnova检验，数值为0.628，渐进显著性（双侧）数值为0.946，达到了显著差异（$P < 0.05$），符合检验假设，说明该样本数据服从正态分布。表明生物炭处理对土壤团聚体水稳定性影响效果具有较好的代表性和客观性，可作为生物炭对土壤团聚体稳定性的评定指标。本试验发现，生物炭施入土壤3年后，生物炭用量为40~60 t/hm²时对团聚体含量及稳定性的作用效果表现较优，这与尚杰等（2015）对于生物炭施入土壤2年后的研究结果相接近。

表7-9 不同生物炭处理综合效果分析

处理	CK	T10	T20	T40	T60
综合得分	−0.66	2.78	4.22	7.43	6.04
综合得分排名	5	4	3	1	2

表7-10为不同生物炭施用量对第70天小白菜单株鲜重的影响。小白菜的单株产量鲜重随着生物炭施用量的增加而显著增加（$P < 0.05$）。T60处理增幅最大为476.8%，T10处理增幅最小为52.9%。本研究结果与陈温福等（2013）研究结果一致，说明生物炭可以调节土壤水肥状况，具有促进作物产量的作用，可能原因是生物炭能改良土壤容重、孔隙度，保持土壤水分。施用生物炭后，小白菜产量显著增加，其中40~60 t/hm²生物炭处理的单株鲜重增加幅度较大，生物炭施用量为60 t/hm²时，小白菜的产量最高。

表7-10 不同生物炭处理对单株小白菜重量的影响

处理	CK	T10	T20	T40	T60
鲜重（g）	30.6 e	46.8 d	76.79 c	103.5 b	176.5 a

3　讨论与小结

3.1　生物炭施用对土壤团聚体结构的影响

土壤团聚体是土壤肥力的基础，其结构组成是表征良好团粒结构的重要指标，其分布和大小决定着土壤养分循环和微生物活动过程。生物炭具有发达的孔隙结构和较大的比表面积，有研究表明生物炭能显著提高土壤的水稳性团聚体含量，促进土壤团粒形成，改善土壤结构（袁晶晶等，2018）。王亚琼等（2019）的研究表明生物炭提高了粒径0.5~3 mm 水稳性团聚体含量。本研究得到相似结论，施生物炭使土壤中粒径＞0.25 mm 的水稳性大团聚体含量、重量平均直径和几何平均直径显著提高，土壤中施用香蕉茎叶生物炭，显著增加了城郊菜地机械稳定性大团聚体含量，显著降低了机械稳定性微团聚体含量（P＜0.05）。究其原因，可能是生物炭与土壤粒子形成了较强的静电场，吸附黏土颗粒，促进土壤矿物颗粒和小团聚体形成大团聚体（张超等，2011）；也可能是在土壤中添加生物炭，土壤有机质含量增加与胶结物质改变（姜灿烂等，2010），促进土壤大团聚体形成。生物炭施用到土壤后，影响了菜地土壤的机械稳定性团聚体，此结果在其他类型土壤中也有报道。柴冠群等（2017）和孟祥天等（2018）研究发现，在重庆紫色土、江西红壤中添加生物炭后，会显著增加粒径＞0.25 mm 机械稳定性团聚体含量。但也有些学者得到不同的结论，侯晓娜等（2015）的研究表明生物炭对于土壤重量平均直径和粒径＞0.25 mm 的水稳性大团聚体含量无显著影响。这可能与生物炭制备原料、工艺或培养时间不同有关，也可能与供试土壤理化性质以及试验时间的长短不同有关。

以粒径0.25 mm 的界限将团聚体分为大团聚体和微团聚体，粒径＞0.25 mm 的团聚体是较好的团聚体，它们的保肥性、机械稳定性、水稳性、通气性均很好。一般来说，粒径＞0.25 mm 的团聚体含量越高，说明土壤结构、性质越好（蒋腊梅等，2018）。研究表明，粒径＞0.25 mm 土壤团聚体含质量可反映土壤质量的优劣，其所占百分比越高则说明土壤肥力越高（安韶山等，2008）。在菜地土壤施用香蕉茎叶生物炭后，粒径＞0.25 mm 的水稳性大团聚体呈现增加趋势，特别是粒径分别为1~2 mm 和0.5~1 mm 的水稳性大团聚体，而粒径为0.25~0.5 mm 的团聚体却显著减小，可能原因是土壤中施用生物炭有利于增加菜地植株的地下生物量，促进微生物分解，增加土壤有机物含量，促进小团聚体形成大团聚体，说明施加生物炭对菜地土壤肥力起到了促进作用。此结果与已有研究结果相似（尚杰等，2015；柴冠群等，2017）。本研究表明，随着生物炭施用量的增加，土壤有机碳含量与土壤粒径＞0.25 mm 水稳性团聚体呈现为正相关性，说明生物炭可以促进农田种植后土壤有机碳含量的增加，其作用结果既改善了土壤肥力状况，还降低团聚体的分散率，提高了土壤团聚体的稳定性（Elliott，1986）。大量研究表明，有机碳是土壤团聚体形成和稳定的主要胶结物质，土壤团聚体里的有机碳浓度随粒径增大而增大（刘晓利等，2009）；而大团聚体有机碳含量高，不仅是因为有机质通过微团聚体胶结成大团聚体，更重要的是大团聚体中处于分解状态的菌丝可以提升其中有机碳的浓度（Six等，2000）。本研究中，分形维数和土壤团粒的组成具有较强的相关性，表现为机械性团粒组成和水稳性团粒组成含量越高，粒径团聚程度越高，粒径分布的分形维数越低，这与侯晓娜等（2015）研究结果相似，即生物炭与肥料配施可以显著提高水稳性团粒结构的含量，降低土壤团聚体的分形维数，表明分形维数用来表述土壤团聚体结构水平和稳定性是合理的。同时，随着生物炭施用量的增加，土壤有机碳含量与土壤粒径＞0.25 mm 水稳性团聚体呈现为正相关性。

3.2 生物炭施用后土壤团聚体稳定性评价的分析

良好的土壤团聚体能有效地改善土壤的耕性和透气、透水性，增强土壤的抗侵蚀能力（李倩倩等，2019）。评价土壤团聚体稳定性的指标通常采用粒径＞0.25 mm 团聚体的百分比来表征土壤团聚体数量变化；采用团聚体破坏率来表征土壤经湿筛后被破坏的比率；为了更好地反映其他粒级团聚体对土壤团聚体特征的影响，也采用平均重量直径（苏静和赵世伟，2009）和几何平均直径来反映团聚体分布变化情况。目前大多研究主要以土壤大团聚体含量、平均重量直径、几何平均直径以及分形维数等指标来反映土壤团聚体的稳定性（祁迎春等，2011）。有研究表明（田慎重等，2013），平均重量直径与＞0.25 mm 团聚体含量呈正相关。土壤大团聚体含量越高、平均重量直径和几何平均直径越大，分形维数越小（李鉴霖等，2014），土壤团聚体稳定性越好，土壤抗蚀能力越强（黄冠华和詹卫华，2002）。本研究中，施用香蕉茎叶生物炭显著增加了土壤水稳性团聚体的平均重量直径和几何平均直径，这与李倩倩等（2019）的研究结果类似。但不同于黄伟濠等（2020）的研究结果，其研究认为施用蔗秆生物炭和稻秆生物炭对土壤水稳性团聚体的平均重量直径和几何平均直径无显著影响。其主要原因是香蕉茎叶生物炭提高了土壤微生物的活性进而促进菌丝的生成，同时由于生物炭原材料香蕉茎叶中富含多糖、蛋白质、木质素以及微生物分解产生的有机酸、腐殖物质等（Sodhi等，2009），制备成生物炭后，仍然具有一定有机胶结剂的作用，能把土壤微团聚体胶结在一起，进一步团聚成大团聚体。与本研究结论相似的是，Glaser等（2002）的研究表明，生物炭可以增强土壤生物活性，使它们产生更多的分泌物，形成土壤团聚体的胶结物质，从而增强了团聚体的稳定性。吴鹏豹等（2012）的研究也表明，施入生物炭能显著提高团聚体的稳定性。影响土壤团聚体含量和稳定性的内在因素主要是形成土壤团聚体的胶结物质，生物炭的施用通过提高土壤有机质含量和土壤的微生物量，进而增强了土壤生物活性，因此，会产生更多对土壤起团聚作用的分泌物（张磊等，2016）。

生物炭具有明显增加水稳性大团聚体几何平均直径与平均重量直径的趋势，能够显著降低水稳性大团聚体破坏率，可能是生物炭施加到土壤中，降低土壤容重，改善土壤结构，微生物代谢产物增加、土壤团聚体胶结物质增多引起的（袁晶晶等，2018）。此结果与一些学者研究结果相似。尚杰等（2015）等研究发现，在土中添加40~60 t/hm² 生物炭，团聚体破坏率显著降低17.5%，平均重量直径显著增加31.6%。乔丹丹等（2018）等研究发现，在黄褐土中添加4.5 t/hm² 生物炭，可以显著提高土壤团聚体稳定性。孟祥天等（2018）研究发现，施用玉米秸秆生物炭能够增加红壤中粒径＞0.25 mm 团聚体的含量，提高团聚体稳定性；而潘艳斌等（2017）研究发现施用水稻秸秆生物炭不能显著提高红壤团聚体的稳定性。秸秆生物炭还田被认为是秸秆资源化利用的有效方式之一，然而对土壤团聚体影响效果有不同的结论。本研究中，生物炭施用土壤后，由于其颗粒小比表面积大，当游离的生物炭颗粒进入粒径＜0.25 mm 土壤团聚体孔隙中，在短期内间接减小了粒径＜0.25 mm 土壤团聚体的数量；生物炭进入粒径＜0.25 mm 土壤团聚体后，促进了黏粒之间的相互胶结，短期内有利于大团聚体的形成；同时生物炭以芳香烃等结构复杂的稳定有机化合物为主，表现出高度化学和微生物惰性，难以被微生物分解利用，具有多孔和高比表面特性，为微生物提供生存的空间，可能促进了微生物的活性，增加了微团粒间的有机胶结物质，间接提高了土壤团聚体的稳定性。

　　分形维数是反映土壤结构几何形状的参数，土壤团聚体分形维数与其结构及稳定性关系紧密，分形维数越小，土壤越具有良好的结构与稳定性；平均重量比表面积反映土壤团聚体外界面的变化趋势，团聚体的平均重量直径越大，平均重量比表面积就越小，能够作为分析和研究土壤团聚体特征的有效指标（何瑞成等，2017）。施用香蕉茎叶生物炭处理的土壤团聚体分形维数和平均重量比表面积值较小，说明生物炭有利于土壤大团聚体的形成与稳定，这主要是因为生物炭能够提高土壤胶结物质的含量，能为土壤团聚体形成提供有效的有机胶结剂，使土壤中粒径＞0.25 mm 大团聚体数量增加。同时，生物炭进入小团聚体后改变了粒径＜0.25 mm 团聚体的内部环境，减小了粒径＜0.25 mm 团聚体的含量，从而使土壤团聚体分形维数和平均重量比表面积值减小。杨培岭等（1993）的研究表明，土壤粒径的重量分布数据导出的粒径分布分形方程，可以更为精准和直接的计算土壤粒径分布的分形维数。土壤粒径分布的分形维数可以表征土壤粒径大小的影响，也可以反映质地均一程度的特性；安韶山等（2008）的研究表明，植被恢复对土壤团聚体的改良可通过计算分形维数来表示。经计算，干筛后施加草炭的样地中分形维数在2.65~2.77，施加秸秆炭的样地中分形维数在2.28~2.56。湿筛后施加草炭的样地中分形维数在2.75~2.88，施加秸秆炭的样地中分形维数在2.35~2.56，分形维数越高，表征了土壤结构越紧实的特性；分形维数越低，则表征了相对越松散、通透性越好的土壤结构性状（安韶山等，2008）。因此，本研究施用香蕉茎叶生物炭后，土壤结构性状优于对照，土壤团聚体得到了改良。采用团聚体的平均重量直径、几何平均直径、分形维数和平均重量比表面积，可以较好地综合评价香蕉茎叶生物炭对土壤团聚体稳定性的影响。总之，施用生物炭能提高土壤团聚体的水稳定性，其中以40~60 t/hm² 施用量较优，施用生物炭在短期内对土壤团聚体稳定性有显著影响，长期施用的效果需进一步试验的验证。

3.3 小结

（1）菜地施用香蕉茎叶生物炭3年后，香蕉茎叶生物炭能够显著增加土壤机械稳定性大团聚体含量，显著降低机械稳定性微团聚体含量，促进机械稳定性微团聚体以形成机械稳定性大团聚体。能够改良菜地土壤团聚体组成，增加土壤水稳性大团聚体稳定性，促进水稳性大团聚体形成。施用香蕉茎叶生物炭短期内有利于提高土壤团聚体的水稳定性和抗蚀性。

（2）施用香蕉茎叶生物炭能够显著增加粒径为1~2 mm 和0.5~1 mm 水稳性团聚体含量，显著降低粒径为0.25~0.5 mm 水稳性团聚体含量，增加了几何平均直径与平均重量直径，显著降低了团聚体分形维数、平均重量比表面积和破坏率。生物炭能够增加粒径0.002~0.02 mm 和 ＜0.002 mm 微团聚体含量，降低粒径为0.05~0.25 mm 微团聚体含量，促进小粒径微团聚体形成。施用生物炭后菜地土壤相对松散，通透性相对较好。

（3）土壤机械团聚体和水稳性团聚体稳定性的指标平均重量直径与几何平均直径相互之间呈显著正相关，与分形维数值呈显著负相关。香蕉茎叶生物炭施用量为40 t/hm² 和60 t/hm² 时，团聚体稳定性强，团聚体结构良好。当生物炭添加量大于60 t/hm² 时，小白菜的产量达到最高水平。综合考虑作物产量和团聚体结构指标，建议在菜地采用40 t/hm² 生物炭处理。研究结果可为香蕉茎叶废弃物资源化利用、生物炭提高菜地土壤肥力提供参考依据。

参考文献

［1］安韶山，张扬，郑粉莉.黄土丘陵区土壤团聚体分形特征及其对植被恢复的响应［J］.中国水土保持科学，2008，6（2）：66-70.

［2］陈温福，张伟明，孟军.农用生物炭研究进展与前景［J］.中国农业科学，2013，46（16）：3324-3333.

［3］柴冠群，赵亚南，黄兴成，等.不同炭基改良剂提升紫色土蓄水保墒能力［J］.水土保持学报，2017，31（1）：296-302.

［4］邸佳颖，刘小粉，杜章留，等.长期施肥对红壤性水稻土团聚体稳定性及固碳特征的影响［J］.中国生态农业学报，2014，22（10）：1129-1138.

［5］关连珠，张伯泉，颜丽.不同肥力黑土、棕壤微团聚体组成及其胶结物质的研究［J］.土

壤学报，1991，28（3）：260-267.

［6］黄冠华，詹卫华.土壤颗粒的分形特征及其应用［J］.土壤学报，2002（4）：490-497.

［7］黄伟濠，秦海龙，卢瑛，等.香蕉茎秆及其生物炭对珠江三角洲土壤团聚体特征的影响［J］.中国生态农业学报（中英文），2020，28（3）：413-420.

［8］何瑞成，吴景贵，李建明.不同有机物料对原生盐碱地水稳性团聚体特征的影响［J］.水土保持学报，2017，31（3）：310-316.

［9］侯晓娜，李慧，朱刘兵，等.生物炭与秸秆添加对砂姜黑土团聚体组成和有机碳分布的影响［J］.中国农业科学，2015，48（4）：705-712.

［10］姜灿烂，何园球，刘晓利，等.长期施用有机肥对旱地红壤团聚体结构与稳定性的影响［J］.土壤学报，2010，47（4）：715-722.

［11］蒋腊梅，白桂芬，吕光辉，等.不同管理模式对干旱区草原土壤团聚体稳定性及其理化性质的影响［J］.干旱地区农业研究，2018，36（4）：15-21，39.

［12］李鉴霖，江长胜，郝庆菊.土地利用方式对缙云山土壤团聚体稳定性及其有机碳的影响［J］.环境科学，2014，35（12）：4695-4704.

［13］李倩倩，许晨阳，耿增超，等.生物炭对塿土土壤容重和团聚体的影响［J］.环境科学，2019，40（7）：3388-3396.

［14］梁爱珍，张晓平，申艳，等.东北黑土水稳性团聚体及其结合碳分布特征［J］.应用生态学报，2008，19（5）：1052-1057.

［15］刘晓利，何园球，李成亮，等.不同利用方式旱地红壤水稳性团聚体及其碳、氮、磷分布特征［J］.土壤学报，2009，46（2）：255-262.

［16］刘中良，宇万太.土壤团聚体中有机碳研究进展［J］.中国生态农业学报，2011，19（2）：447-455.

［17］罗晓虹，王子芳，陆畅，等.土地利用方式对土壤团聚体稳定性和有机碳含量的影响［J］.环境科学，2019，40（8）：3816-3824.

［18］孟祥天，瑀蒋霁，王晓玥，等.生物炭和秸秆长期还田对红壤团聚体和有机碳的影响［J］.土壤，2018，50（2）：326-332.

［19］米会珍，朱利霞，沈玉芳，等.生物炭对旱作农田土壤有机碳及氮素在团聚体中分布的影响［J］.农业环境科学学报，2015，34（8）：1550-1556.

［20］潘艳斌，朱巧红，彭新华.有机物料对红壤团聚体稳定性的影响［J］.水土保持学报，2017，31（2）：209-214.

［21］祁迎春，王益权，刘军，等.不同土地利用方式土壤团聚体组成及几种团聚体稳定性指标的比较［J］.农业工程学报，2011，27（1）：340-347.

［22］乔丹丹，吴名宇，张倩，等.秸秆还田与生物炭施用对黄褐土团聚体稳定性及有机碳积累的影响［J］.中国土壤与肥料，2018（3）：92-99.

［23］尚杰，耿增超，赵军，等．生物炭对塿土水热特性及团聚体稳定性的影响［J］．应用生态学报，2015，26（7）：1969-1976.

［24］苏静，赵世伟．土壤团聚体稳定性评价方法比较［J］．水土保持通报，2009，29（5）：114-117.

［25］孙芳芳．土壤结构稳定性与孔隙的定量研究［D］．杭州：浙江大学，2013.

［26］田慎重，王瑜，李娜，等．耕作方式和秸秆还田对华北地区农田土壤水稳性团聚体分布及稳定性的影响［J］．生态学报，2013，33（22）：7116-7124.

［27］王丽，李军，李娟，等．轮耕与施肥对渭北旱作玉米田土壤团聚体和有机碳含量的影响［J］．应用生态学报，2014，25（3）：759-768.

［28］王亚琼，牛文全，李学凯，等．生物炭对日光大棚土壤团聚体结构的影响［J］．水土保持通报，2019，39（4）：190-195.

［29］王月玲，耿增超，王强，等．生物炭对塿土土壤温室气体及土壤理化性质的影响［J］．环境科学，2016，37（9）：3634-3641.

［30］吴鹏豹，解钰，漆智平，等．生物炭对花岗岩砖红壤团聚体稳定性及其总碳分布特征的影响［J］．草地学报，2012，20（4）：643-649.

［31］肖然．生物炭的制备及其对养分保留和重金属钝化的潜力研究［D］．杨凌：西北农林科技大学，2017.

［32］徐国鑫，王子芳，高明，等．秸秆与生物炭还田对土壤团聚体及固碳特征的影响［J］．环境科学，2018，39（1）：355-362.

［33］杨培岭，罗远培，石元春．用粒径的重量分布表征土壤分形特征［J］．科学通报，1993，38（20）：1896-1899.

［34］袁晶晶，同延安，卢绍辉．生物炭与氮肥配施改善土壤团聚体结构提高红枣产量［J］．农业工程学报，2018，34（3）：159-165.

［35］张超，刘国彬，薛萐，等．黄土丘陵区不同植被类型根际土壤微团聚体及颗粒分形特征［J］．中国农业科学，2011，44（3）：507-515.

［36］张磊，柳璇，韩俊杰，等．生物炭对土壤团聚体及结合态碳库影响研究进展［J］．山东农业科学，2016，48（9）：157.

［37］Elliott E T. Aggregate structure and carbon，nitrogen，and phosphorus in native and cultivated soils［J］. Soil Science Society of America Journal，1986，50（3）：627.

［38］Glaser B，Lehmann J，Zech W. Ameliorating physical and chemical properties of highly weathered soils in the tropics with charcoal-a review［J］. Biology and Fertility of Soils，2002，35（4）：219-230.

［39］Kelly C N，Benjamin J G，Calderón F C，et al. Incorporation of biochar carbon into stable soil aggregates：The role of clay mineralogy and other soil characteristics［J］. Pedosphere，

2017，27（4）：694–704.

［40］Six J，Elliott E T，Paustian K. Soil macroaggregate turnover and microaggregate formation：a mechanism for C sequestration under no–tillage agriculture ［J］. Soil Biology and Biochemistry，2000，32（14）：2099–2103.

［41］Sodhi G P S，Beri V，Benbi D K. Soil aggregation and distribution of carbon and nitrogen in different fractions under long–term application of compost in rice–wheat system ［J］. Soil and Tillage Research，2009，103（2）：412–418.

第八章
生物炭施用对土壤腐殖质组成的影响

土壤腐殖质是土壤有机质的重要组分，是衡量土壤肥力的重要标志之一（白小艳等，2019）。胡敏酸（Humic acid，HA）是腐殖质的主要组成成分，其结构性质一直受到国内外学者的广泛关注。HA 具有疏松多孔的网状结构，并含有羟基、羧基、甲氧基、氨基等官能团，在改善土壤团聚体组成，提高土壤肥力等方面有显著作用（窦森，2001）。在大多数土壤中，腐殖质在土壤肥力改善、环境保护、农业可持续发展等方面都有很重要的作用。

生物炭是有机生物材料在缺氧或绝氧环境条件下，经低温热裂解反应后生成的固态产物，对农业减排、土壤地力培肥、土壤改良等方面都有很重要的作用。生物炭孔隙结构发达，比表面积大，一般呈碱性，具有较强的吸附性（孟凡荣等，2016）。前人研究表明，生物炭结构中含有大量的烷基和芳香结构（张阿凤等，2009），能在土壤中稳定存在，是土壤稳定碳库的重要组成部分（Woolf，2008）。近年来，通过增加碳输入来减缓气候变化已成为全球共识，国际社会纷纷提出了把农业废弃物热解处理转化为生物炭，炭化产物重新施入土壤并封存，从而实现固碳减排的作用（Purakayastha 等，2015）。有研究报道，生物炭输入能够促进土壤有机质水平的提高（柯跃进等，2014），也有学者认为长期单一施用生物炭，可能会引起土壤有机质活性的降低（Topoliantz 等，2005）。可见，外源生物炭施用对土壤有机质的组成和结构有一定的影响，对土壤腐殖物质各组分特征影响的结论尚不一致。向土壤中施用生物炭已成为农业上改善土壤质量的一个重要途径。

生物炭进入土壤后，其结构中所具有的—COOH、—COH、—OH 等含氧官能团和芳香基团也能对土壤 HA 结构产生影响。因此，本研究通过蕉园生物炭施用的田间试验，施用不同用量（CK：0 t/hm²、T1：2.0 t/hm²、T2：4.0 t/hm²、T3：6.0 t/hm²、T4：12.0 t/hm²、）香蕉茎叶生物炭第 3 年后，采用元素组成和红外光谱等方法，对土壤腐殖物质进行提取和分离，测定土壤胡敏酸、富里酸（Fulvic acid，FA）、胡敏素（Humin，Hu）及光学性质，探讨不同施用量下香蕉茎叶生物炭对土壤腐殖物质组成的影响，以期为生物炭在改善土壤腐殖质组成、提高土壤肥力和农业生产上的应用提供理论依据和实践指导。

1　生物炭不同施用量对有机碳含量及腐殖质组成的影响

表8-1表明，随着外源生物炭施用量的增加，蕉园土壤有机碳（SOC）含量逐渐上升，相比于CK，T1、T2和T3处理下土壤的SOC含量分别上升了18.97%、32.31%和60.47%；水溶性物质（WSS）含量分别上升了30.51%、110.17%和133.90%；胡敏素（Hu）含量分别上升了22.28%、33.17%和75.12%；胡敏酸（HA）含量分别上升了22.06%、35.78%和45.10%；而富里酸（FA）含量分别降低了5.97%、11.19%和15.67%。结果表明施用生物炭有利于蕉园土壤中SOC的积累，有利于提高Hu、HA各组分碳含量，降低了FA组分的碳含量。

表8-1　生物炭对土壤腐殖质各组分碳含量的影响（g/kg）

处理	SOC	WSS	Hu	HA	FA
CK	10.12 c	0.59 b	6.15 c	2.04 b	1.34 a
T1	12.04 b	0.77 b	7.52 b	2.49 a	1.26 b
T2	13.39 b	1.24 a	8.19 b	2.77 a	1.19 b
T3	16.24 a	1.38 a	10.77 a	2.96 a	1.13 b

注：同列不同小写字母表示差异显著（$P < 0.05$）。下同。

生物炭对腐殖质各组分占SOC含量比例的影响见表8-2，相比于CK，T1、T2和T3处理下WSS占SOC比例分别上升了9.78%、58.83%和45.80%；Hu占SOC比例分别上升了2.78%、0.66%和9.13%；HA占SOC比例分别先上升2.58%和2.63%，后下降9.57%；FA占SOC比例分别降低了20.92%、32.85%和47.43%。表明施用生物炭能有效改善蕉园土壤的腐殖质组分。

PQ值为HA在腐殖酸中的比例，是反应有机质腐殖化程度的指标。从表8-2可以看出，随着生物炭施用量的不断增加，土壤PQ值从CK的60.36%分别增加为T1的66.40%、T2的69.95%和T3的72.37%，表明香蕉茎叶生物炭的施用有利于土壤腐殖化程度的提高，促进了有机碳含量的增加，有利于土壤有机质和HA的积累。

表8-2　生物炭对土壤腐殖质各组分有机碳相对含量的影响（%）

处理	WSS/SOC	Hu/SOC	HA/SOC	FA/SOC	PQ值
CK	5.83 c	60.77 c	20.16 a	13.24 a	60.36 c
T1	6.40 c	62.46 b	20.68 a	10.47 b	66.40 b
T2	9.26 a	61.17 c	20.69 a	8.89 c	69.95 b
T3	8.50 b	66.32 a	18.23 b	6.96 c	72.37 a

表8-3为施用生物炭后土壤中HA的元素组成变化。随着生物炭施用量的增加，相对于CK，HA中的碳、氢、氮元素含量均呈现逐渐增加的趋势，氧元素含量则逐渐减少，

表明施用生物炭有利于 HA 中碳、氢及氮元素的累积，促进了氧元素的消耗。O/C 值与 HA 的氧化度呈正比，H/C 值同 HA 的缩合度呈反比。元素组成是判断复杂有机化合物结构的有效方法之一，通过对土壤 HA 样品元素组成的变化特征，可以初步判断 HA 的结构特征。表 8-3 数据结果表明，O/C 摩尔比值下降，H/C 值略有所上升，表明施用生物炭显著降低了 HA 的氧化程度，减弱了 HA 的缩合程度。

表8-3　生物炭对土壤 HA 元素组成的影响（%）

处理	C（g/kg）	H（g/kg）	N（g/kg）	O+S（g/kg）	C/N	O/C	H/C
CK	542.01	40.89	40.01	355.99	13.55	0.66	0.075
T1	566.23	44.26	42.12	323.57	13.44	0.57	0.078
T2	611.04	48.07	43.26	300.44	14.12	0.49	0.079
T3	625.17	49.66	44.49	266.85	14.05	0.43	0.079

表 8-4 为通过拟合模拟的结果，其中 I_{2910}/I_{1710} 比值表示 $I_{(2910+2830)}/I_{1710}$，一般反映了土壤 HA 结构的氧化程度。I_{2910}/I_{1610} 比值表示 $I_{(2910+2830)}/I_{1610}$，用于反映土壤 HA 结构的芳香性的强弱。可以看出，在蕉园施用生物炭后，土壤 HA 的 I_{2910}/I_{1710} 和 I_{2910}/I_{1610} 比值均逐渐升高，且 1610 cm^{-1} 处吸收峰相对强度较强，表明施用生物炭使 HA 的氧化度降低，芳香碳相对数量增加。说明通过胡敏酸红外光谱吸收峰相对强度的半定量分析，可以反映施用生物炭对土壤 HA 结构单元和官能团数量的影响。

表8-4　生物炭对土壤 HA 的 FTIR 光谱主要吸收峰相对强度的影响（%）

处理	1610（cm^{-1}）	1710（cm^{-1}）	2830（cm^{-1}）	2910（cm^{-1}）	I_{2910}/I_{1710}	I_{2910}/I_{1610}
CK	15.26	12.12	2.24	3.44	0.47	0.37
T1	16.56	10.01	2.79	3.98	0.68	0.41
T2	16.98	7.23	3.05	4.16	1.00	0.42
T3	17.34	4.98	3.56	4.88	1.69	0.49

由表 8-5 可知，对照高温放热为 20.15 kJ/g、高温失重为 448.74 mg/g 和高温失重/中温失重比值为 2.65。施用不同量生物炭后，促使土壤 HA 的高温放热 H3、高温失重 W3 以及高温失重/中温失重比值 W3/W2 均呈现上升的趋势，而中温放热 H2 和中温失重喔呈现逐渐减小的趋势。说明施用香蕉茎叶生物炭促进了土壤 HA 热稳定性的升高，这与白小艳等（2019）的研究结论相一致，而与一般施用有机肥或秸秆促使 HA 热稳定性下降的研究结论相反（窦森，2010）。

表8-5　生物炭对土壤HA的放热和失重性质的影响

处理	中温放热 H2（kJ/g）	高温放热 H3（kJ/g）	H3/H2	中温失重 W2（mg/g）	高温失重 W3（mg/g）	W3/W2
CK	1.69 a	20.15 c	11.92 d	169.55 a	448.74 b	2.65 c
T1	1.43 a	22.63 c	15.83 c	151.01 b	479.02 b	3.17 b
T2	0.71 b	27.95 b	39.37 b	134.11 c	498.55 a	3.72 a
T3	0.66 b	29.46 a	43.12 a	129.22 c	491.37 a	3.80 a

2　不同生物炭对土壤腐殖质组成和胡敏酸结构特征的影响

2.1　不同生物炭对土壤腐殖质组成的影响

由表8-6可知，与CK相比，施用生物炭后，提高了土壤SOC、Hu和HA的含量，不同来源生物炭对Hu的影响相对较强。其中，青冈栎枝条生物炭处理的土壤Hu和HA含量最高，分别为12.11 g/kg和4.97 g/kg；土壤FA的含量都小于对照，香蕉茎叶生物炭处理土壤FA含量最小，为1.09 g/kg，表明施用不同来源的生物炭有利于提高蕉园土壤SOC、Hu和FA的含量，降低了土壤FA的含量。

表8-6　不同来源生物炭对土壤有机碳和腐殖质组成的影响（g/kg）

处理	SOC	Hu	HA	FA
CK	10.12 e	6.15 c	2.04 b	1.34 a
XJ–Bc	13.39 c	8.19 b	2.77 b	1.09 c
AS–Bc	11.27 d	6.57 c	2.25 c	1.12 c
QG–Bc	18.26 a	12.11 a	4.97 a	1.24 b
MZ–Bc	15.55 b	9.06 b	3.26 b	1.16 b

注：CK为未施用生物炭，XJ–Bc、AS–Bc、QG–Bc和MZ–Bc分别代表香蕉茎叶生物炭、桉树枝条生物炭、青冈栎枝条生物炭和毛竹生物炭。同列不同小写字母表示差异显著（$P < 0.05$）。下同。

表8-7是施用不同来源生物炭后土壤腐殖质各组分占土壤有机碳含量的比例。与CK相比，香蕉茎叶生物炭、桉树枝条生物炭、青冈栎枝条生物炭和毛竹生物炭处理土壤的Hu占SOC的比例分别先升高0.66%，后降低4.06%，再升高9.13%，最后则又降低了4.13%。对于土壤HA，除桉树枝条生物炭处理的土壤HA占总有机碳比降低外，香蕉茎叶生物炭、青冈栎枝条生物炭和毛竹生物炭处理的土壤分别升高了2.62%、35.02%和4.00%。土壤FA占总有机碳比呈现下降趋势，分别降低了38.52%、24.95%、48.71%和43.66%。

与CK相比，施用生物炭提高了土壤的PQ值，各处理依次为青冈栎枝条生物炭＞毛竹生物炭＞香蕉茎叶生物炭＞桉树枝条生物炭，依次分别增加了32.60%、22.20%、

18.89% 和 10.62%。表明生物炭施用促进了土壤 PQ 的上升，腐殖化程度提高，土壤中有机碳和腐殖质碳的含量增加，促进了土壤有机质的积累。

表8-7　不同来源生物炭对土壤各有机碳组分相对含量的影响

处理	Hu/SOC	HA/SOC	FA/SOC	PQ 值
CK	60.77	20.16	13.24	60.36
XJ–Bc	61.17	20.69	8.14	71.76
AS–Bc	58.30	19.96	9.94	66.77
QG–Bc	66.32	27.22	6.79	80.03
MZ–Bc	58.26	20.96	7.46	73.76

表8-8 为土壤施用不同来源生物炭后，HA 的元素组成变化。相比于 CK，各土壤 HA 的碳、氢、氮元素含量增加，氧元素含量趋于降低。H/C 和（O+S）/C 值用来表征 HA 缩合度和氧化度的强弱，H/C 与 HA 的缩合度负相关，（O+S）/C 与 HA 的氧化度呈正相关。CK 处理的 H/C 值最低，不同处理的土壤（O+S）/C 值逐渐升高。说明施用生物炭后，土壤 HA 的缩合度和氧化度均降低，不同生物炭中，以青冈栎枝条生物炭处理的效果最显著。

表8-8　不同来源生物炭对土壤 HA 元素组成的影响

处理	C（g/kg）	H（g/kg）	N（g/kg）	（O+S）（g/kg）	C/N	（O+S）/C	H/C
CK	542.01	40.89	40.01	355.99	13.55	0.66	0.075
XJ–Bc	611.04	48.07	43.26	300.44	14.12	0.49	0.079
AS–Bc	643.89	60.13	43.67	315.27	14.74	0.49	0.093
QG–Bc	688.95	77.46	52.12	348.59	13.22	0.51	0.112
MZ–Bc	628.54	58.75	55.79	332.64	11.27	0.53	0.093

表8-9 为施用不同来源生物炭后，HA 红外光谱相对强度的分析。与 CK 相比，$1610\ cm^{-1}$ 峰处土壤 HA 相对强度较高，呈上升趋势；土壤 HA 在 $2830\ cm^{-1}$ 峰处，均呈现上升趋势；在 $2910\ cm^{-1}$ 峰处，亦呈现上升趋势；在 $1710\ cm^{-1}$ 峰处除青冈栎枝条生物炭大于对照外，其他均小于对照。说明生物炭使土壤 HA 的脂族和羧基含量降低，芳香碳数量增加。

I_{2910}/I_{1710} 值和 I_{2910}/I_{1610} 值能反映土壤 HA 的氧化度及芳香性和脂族性的强弱。与 CK 相比，土壤 HA 的 I_{2910}/I_{1610} 比值逐渐增加，C=C 双键结构比例上升；I_{2910}/I_{1710} 值各处理都增加，说明施用生物炭后降低了土壤 HA 结构的脂族与含氧官能团的比例，使土壤 HA 结构芳香性增加，脂族性降低，促进其结构复杂化。同样也以青冈栎枝条生物炭处理的效果最为显著。

表8-9　不同生物炭对土壤 HA 的 FTIR 光谱主要吸收峰相对强度的影响

处理	1610（cm⁻¹）	1710（cm⁻¹）	2830（cm⁻¹）	2910（cm⁻¹）	I_{2910}/I_{1710}	I_{2910}/I_{1610}
CK	15.26	12.12	2.24	3.44	0.47	0.37
XJ–Bc	16.98	7.23	3.05	4.16	1.00	0.42
AS–Bc	17.11	10.02	11.15	15.55	2.66	1.56
QG–Bc	18.35	12.14	16.23	14.29	2.71	1.66
MZ–Bc	16.44	9.35	11.05	12.07	2.47	1.41

表8-10是土壤 HA 放热和失重的分析结果。与 CK 相比，施用生物炭处理的土壤 HA 中温放热量 H2 和中温失重 W2 均降低，但高温部分放热量 H3 和高温失重 W3 均增加，放热和失重的高/中温比值均趋于增大。说明施用生物炭后使土壤 HA 分子中脂族结构变复杂，结构芳香性程度上升。

表8-10　不同来源生物炭对土壤 HA 的放热和失重性质的影响

处理	中温放热 H_3（kJ/g）	高温放热 H_3（kJ/g）	H_3/H_2	中温失重 W_2（mg/g）	高温失重 W_3（mg/g）	W_3/W_2
CK	1.69	20.15	11.92	169.55	448.74	2.65
XJ–Bc	0.71	27.95	39.37	134.11	498.55	3.72
AS–Bc	1.12	33.12	29.57	144.56	556.21	3.85
QG–Bc	1.65	28.96	17.55	136.85	523.14	3.82
MZ–Bc	1.32	28.12	21.30	140.19	488.79	3.49

3　讨论与小结

3.1　生物炭对土壤腐殖质组成特征的影响

研究表明，施用生物炭，会促使土壤有机碳明显增加。其中，增加最突出的腐殖质组分是 Hu，生物炭对 SOC 的贡献也主要体现 Hu 的增加上。HA、FA 不但没有增加，反而还有一定程度的下降，说明了这些原本容易提取的组分，或被生物炭吸附固定，或转化为 Hu（窦森等，2012；关松等，2017）。本研究结果表明，对 SOC 含量而言，随着生物炭施用量的增加，总 SOC 含量及腐殖质组分中的 WSS、Hu 和 HA 均呈现上升的趋势，FA 含量则降低，且均与 CK 存在显著性差异（$P < 0.05$）。这与其他研究结果相符合（肖春波等，2010；孟凡荣等，2016）。造成 SOC 含量上升的原因，一方面，生物炭作为外源有机质，其自身含有大量的碳元素（袁金华和徐仁扣，2011），是土壤有机碳库的重要组成部分，对提高 SOC 含量起到直接作用。另一方面，生物炭具有较大的比表面积和较

强的吸附性，进入土壤以后会吸附土壤中小的有机分子，并在其表面聚集成碳水化合物、脂族、芳香烃等难以被微生物利用的大分子有机质（花莉等，2012）。研究表明，暗棕壤添加生物炭培养 90 天后，土壤 SOC、HA 和 Hu 含量增加，FA 含量降低，这可能是由于 HA 是腐殖质中较活跃的部分，易与 FA 相互转化有关（窦森等，2003）。随着生物炭施用比例的增大，微生物的活性越大，数量越多，造成土壤矿化作用速率加快，可能会显著影响土壤腐殖酸的变化量。

刘玉学等（2013）研究发现，与未添加生物炭的处理相比，当稻秆炭和竹炭添加量达到 20 t/hm² 时，土壤 SOC 含量显著增加。研究表明，生物炭能通过微生物转变成腐殖质碳（Kwapinski 等，2010）。生物炭进入土壤后，在培养过程中部分会自然降解，为微生物提供新的碳源，促进特定微生物的生长和改变土壤中微生物群落结构（Steiner 等，2007），进而促进土壤中微生物的活动，微生物活动的增加又反过来促进生物炭向腐殖质碳的转换（范分良等，2012），从而提高了组分中 SOC 的含量。此外，生物炭的施用，促进了土壤物理性质的改变（徐广平等，2020），从而使微生物与动、植物残体有了更大的接触面积，这可能加速动、植物残体向腐殖质碳的转化，造成土壤腐殖质组分发生变化。王英惠等（2013）的研究结果表明，输入低温（＜400℃）制备生物炭的土壤腐殖酸含量显著高于对照土壤。本试验中 FA 的含量降低，则可能是由于生物炭具有发达的孔隙结构和巨大的比表面积，对 FA 的相对较小分子物质起到吸附作用，使其不容易被提取，从而导致 FA 组分含量偏低。

本试验结果表明，施入生物炭后，土壤 PQ 值逐渐增大，说明在生物炭施用土壤后，对 HA 和 FA 的吸附作用不完全相同，使 HA 上升和 FA 下降的幅度有差异性。前人研究表明，生物炭进入土壤后，其脂族碳部分容易矿化、分解，转化为 HA 等物质（Cheng 等，2009），从而改善了土壤腐殖质组分，提高土壤的 PQ 值。本研究中，对于腐殖质不同组分来说，WSS、Hu 占有机碳比例呈上升趋势，FA 含量随生物炭施入量的增加而呈下降趋势，HA 则呈先上升后下降的趋势，下降的幅度较小。与本研究相似的是，黄超等（2011）的研究表明，土壤中生物炭施用量的增加，会造成土壤中活性组分（HA 和 FA）的比例逐渐下降，而 Hu 的组分比例上升，其原因可能是生物炭更多地转移到 Hu 和 WSS 中，引起 HA 占有机碳比例下降。本研究中，Hu 含量随着生物炭施用量的增加而增加。这是由于生物炭具有复杂的结构和稳定的化学性质，与 Hu 的结构性质相似，并且由于生物炭具有发达的孔隙结构、巨大的比表面积和较强的吸附能力，吸附了土壤中结构简单、分子量较小的有机碳成分，增加了土壤中 Hu 的含量，还有可能是由于施用生物炭促进了土壤中活性有机碳的矿化和腐殖化作用，使其转化为较稳定的 Hu。同时，也可能是由于生物炭具有发达的孔隙结构、巨大的比表面积和较强的吸附能力，进而吸附了土壤中的 FA、HA，促进了土壤中 FA 的缩合或 HA 的聚合。另外，HA 的分子量比 FA 大，结构比 FA 复杂，更接近 Hu。在有些培养时间长，或田间情况下，HA 增加的情况也较多（白小艳等，2019）。所以本研究中 HA 的下降幅度较小，这也说明 HA 对于生物炭的响应，变化特征介于 FA 和 Hu 之间。

3.2　生物炭对土壤胡敏酸结构特征的影响

不同温度下制备的生物炭性质有所不同，低温生物炭（350℃）含有较多的残留有机质，脂族结构含量较高，极易分解参与到土壤腐殖化过程，通过矿化方式而分解；而高温生物炭（550℃）芳香度较高，结构致密，加入土壤后土壤腐殖化程度变大，生物炭的孔隙结构对土壤 HA 具有一定的聚合和吸附作用，从而导致不同温度制备的生物炭的施入总体降低土壤 HA 的含量（王英惠等，2013）。本研究中采用的是500℃制备生物炭，这与其他研究结果相一致（赵世翔等，2017；黄兆琴等，2019）。HA 是土壤腐殖质中的活跃物质，其组成结构和性质的变化与土壤的保肥和供肥能力相关（Cheng 等，2009）。HA 主要由碳、氢、氧、氮、硫等元素组成，主体则是由—COOH 和—OH 取代的芳香族结构，烷烃、脂肪酸、碳水化合物和含氮化合物结合于芳香结构上。前人研究结果表明，生物炭和高芳香性土壤 HA 的波谱特征具有明显的相似性（Haumaier 等，1995）。Cheng 等（2009）的研究结果表明，生物炭的脂肪族碳结构极易通过矿化分解等方式，转变为土壤中的 HA。本研究中，蕉园生物炭施用降低了土壤 HA 的缩合度和减弱了氧化程度，土壤 HA 的脂族碳链结构和芳香化程度增加，总体提高了土壤的腐殖化程度。土壤腐殖化程度的提高，这可能是因为在微生物的作用下，小分子腐殖物质发生降解、腐殖物质分子之间相互缩聚、聚合（刘德富等，2014）。

刘艳丽（2011）的研究表明外源有机碳的输入可以促进土壤腐殖物质结构向简单化的方向发展，这和本研究的结果类似。这可能是由于生物炭输入提高了微生物的活性和数量（Ippolito 等，2016），微生物活动的增强反过来促进了 HA 及 FA 的形成。本试验中，施用生物炭后土壤 HA 的碳、氢、氮元素含量都有相应的增加。HA 的脂族含量和 O/C 值降低，缩合度和氧化度降低，结构芳香性增加，脂族性降低，分子结构变复杂，结构更加稳定；这可能是由于生物炭是由高温制备而来，热解温度能够影响生物炭的元素组成，碳、氢、氮含量随着热解温度升高也会增加（陈奎等，2012），也间接说明，本研究中在500℃温度下制备的生物炭效果较好。此外，生物炭本身也含有各种微量元素，也会影响 HA 的元素组成。从红外和差热分析上看，高温放热量和失重比都大于 CK，使土壤 HA 结构芳香性增加，结构热稳定性增强，这表明蕉园施用生物炭后，土壤 HA 的热稳定性提高，可能主要是通过影响土壤微生物活性，使得 HA 结构中不稳定的脂族碳被分解，芳香碳比例上升，从而使 HA 结构的热稳定性上升，生物炭使 HA 结构变得更加复杂和稳定。这类似于孟凡荣等（2016）和尹显宝等（2020）的研究结果。王怀臣等（2012）研究表明，生物炭的主要成分是烷基和芳香结构，羟基、酚羟基、羧基、脂族双键和一定的芳香性是生物炭的典型结构特征，生物炭表面的羧基和羟基等含氧官能团，是其结构中碱性物质的另一种存在形态（Yuan 等，2011）。施加生物炭不仅能增加土壤 HA 的芳香碳含量，而且能为微生物提供良好的生存条件（Pessenda 等，2005），大量的微生物活动促使一部分生物炭分解进入土壤。Kwapinski 等（2010）的研究结果表明，生物炭能通过微生物作用转变成腐殖质碳。本研究中生物炭对土壤胡敏酸结构的影响是否主要与生物炭自身结构的变化有关，以及土壤腐殖质是否也会进一步影响生物炭等，还有待进一步的研究。

3.3 小结

（1）蕉园施用香蕉茎叶生物炭 3 年后，提高了土壤 SOC、HA 和 Hu 的含量，降低 FA 的含量。土壤 SOC 的增加主要分布在 Hu 中。HA 和 Hu 所占 SOC 的比例增加，表明增加了土壤中相对稳定性碳的比例。土壤 PQ 值逐渐升高，提高了土壤的腐殖化程度。

（2）当生物炭施用量为 3% 时，土壤 PQ 值最高，SOC 增量最多，腐殖质组分 WSS、Hu 中有机碳含量最高；Hu 占 SOC 比例最高；HA/SOC 比例最低。

（3）不同施用量比例的生物炭对蕉园土壤腐殖酸碳的含量有显著影响，随着施用量增加，土壤腐殖酸碳含量呈现逐渐升高的趋势。蕉园施用生物炭后，有利于降低 HA 的氧化度，增加 HA 的芳香性，使 HA 结构变得更加复杂和稳定，促进了土壤有机质的积累。施用生物炭量为 3% 时，效果最明显。

（4）不同来源生物炭处理的作用效果大小顺序为青冈栎枝条生物炭＞毛竹生物炭＞香蕉茎叶生物炭＞桉树枝条生物炭。

本研究可为分析不同来源的生物炭与腐殖质的关系以及增加土壤有机质积累提供理论依据。

参考文献

［1］白小艳，窦森.施玉米秸秆生物炭对土壤腐殖质组成和结构的影响［J］.吉林农业大学学报，2019，41（3）：330-335.

［2］陈奎，胡小芳.生物质热解条件对生物焦吸附性能的影响［J］.材料导报，2012，26（4）：94-96，105.

［3］窦森.土壤化学［M］.北京：高等教育出版社，2001.

［4］窦森.土壤有机质［M］.北京：科学出版社，2010：1-22.

［5］窦森，张晋京，Lichtfouse E，等.用 $\delta^{13}C$ 方法研究玉米秸秆分解期间土壤有机质数量动

态变化［J］.土壤学报，2003，40（3）：328-334.

［6］窦森，周桂玉，杨翔宇，等.生物炭及其与土壤腐殖质碳的关系［J］.土壤学报，2012，49（4）：796-802.

［7］范分良，黄平容，唐勇军，等.微生物群落对土壤微生物呼吸速率及其温度敏感性的影响［J］.环境科学，2012，33（3）：932-937.

［8］关松，郭绮雯，刘金华，等.添加玉米秸秆对黑土团聚体胡敏酸数量和质量的影响［J］.吉林农业大学学报，2017，39（4）：437-444.

［9］花莉，金素素，洛晶晶.生物炭输入对土壤微域特征及土壤腐殖质的作用效应研究［J］.生态环境学报，2012，21（11）：1795-1799.

［10］黄超，刘丽君，章明奎，等.生物炭对红壤性质和黑麦草生长的影响［J］.浙江大学学报（农业与生命科学版），2011，37（4）：439-445.

［11］黄兆琴，周强，胡林潮，等.生物炭添加对土壤腐殖物质组成的影响［J］.江苏农业科学，2019，47（24）：285-288.

［12］柯跃进，胡学玉，易卿，等.水稻秸秆生物炭对耕地土壤有机碳及其 CO_2 释放的影响［J］.环境科学，2014，35（1）：93-99.

［13］刘德富，陈环宇，程广焕，等.堆肥过程中胡敏素的变化及其对五氯苯酚（PCP）吸附能力的影响［J］.浙江大学学报（理学版），2014，41（5）：545-552.

［14］刘艳丽.添加有机物料后不同微生物对土壤腐殖质形成的影响［D］.长春：吉林农业大学，2011.

［15］刘玉学，王耀锋，吕豪豪，等.不同稻秆炭和竹炭施用水平对小青菜产量、品质以及土壤理化性质的影响［J］.植物营养与肥料学报，2013，19（6）：1438-1444.

［16］孟凡荣，窦森，尹显宝，等.施用玉米秸秆生物炭对黑土腐殖质组成和胡敏酸结构特征的影响［J］.农业环境科学学报，2016，35（1）：122-128.

［17］王怀臣，冯雷雨，陈银广.废物资源化制备生物炭及其应用的研究进展［J］.化工进展，2012，31（4）：907-914.

［18］王英惠，杨旻，胡林潮，等.不同温度制备的生物炭对土壤有机碳矿化及腐殖质组成的影响［J］.农业环境科学学报，2013，32（8）：1585-1591.

［19］肖春波，王海，范凯峰，等.崇明岛不同年龄水杉人工林生态系统碳储量的特点及估测［J］.上海交通大学学报（农业科学版），2010（28）：30-34.

［20］徐广平，滕秋梅，沈育伊，等.香蕉茎叶生物炭对香蕉枯萎病防控效果及土壤性状的影响［J］.生态环境报，2020，29（12）：2373-2384.

［21］尹显宝，窦森，田宇欣，等.添加不同来源生物炭对暗棕壤腐殖质组成和胡敏酸结构特征的影响［J］.吉林农业大学学报，2020，42（2）：175-182.

［22］袁金华，徐仁扣.生物炭的性质及其对土壤环境功能影响的研究进展［J］.生态环境学报，

2011, 20（4）: 779-785.

［23］张阿凤, 潘根兴, 李恋卿. 生物黑炭及其增汇减排与改良土壤的意义［J］. 农业环境科学学报, 2009, 28（12）: 2459-2463.

［24］赵世翔, 于小玲, 李忠徽, 等. 不同温度制备的生物炭对土壤有机碳及其组分的影响: 对土壤活性有机碳的影响［J］. 环境科学, 2017, 38（1）: 333-342.

［25］Cheng C H, Lehmann J. Ageing of black carbon along a temperature gradient［J］. Chemosphere, 2009, 75（8）: 1021-1027.

［26］Haumaier L, Zech W. Black carbon-possible resource of highly aro-matic components of soil humic acids［J］. Original Research Article Organic Geochemistry, 1995, 23（3）: 191-196.

［27］Ippolito J A, Stromberger M E, Lentz R D, et al. Hardwood biochar and manure co-application to a calcareous soil［J］. Chemosphere, 2016（142）: 84-91.

［28］Kwapinski W, Byrne C, Kryachko E, et al. Biochar from biomass and waste［J］. Waste Biomass Valor, 2010, 1（2）: 177-189.

［29］Pessenda L C R, Ledru M P, Gouveia S E M, et al. Holocene palaeoenvironmental reconstruction in norteastern Brazi inferred from polen, charcoal and carboon isotope records［J］. The Holocene, 2005, 15（6）: 812-820.

［30］Purakayastha T J, Kumari S, Pathak H. Characterisation, stability, and microbial effects of four biochars produced from crop residues［J］. Geoderma, 2015: 239/240, 293-303.

［31］Steiner C, Teixeira W G, Lehmann J, et al. Long term effects of manure, charcoal and mineral fertilization on crop production and fertility on a highly weathered Central Amazonian upland soil［J］. Plant and Soil, 2007（291）: 275-290.

［32］Topoliantz S, Ponge J F, Ballof S. Manioc peel and charcoal: a potential organic amendment for sustainable soil fertility in the tropics［J］. Biology Fertility Soils, 2005, 41（1）: 15-21.

［33］Woolf D. Biochar as a soil amendment: A review of the environmental implications［D］. Swansea: Swansea University, 2008.

［34］Yuan J H, Xu R K, Zhang H. The forms of alkalis in the biochar produced from crop residues at different temperatures［J］. Bioresource Technology, 2011, 102（3）: 3488-3497.

第九章
生物炭施用对土壤碳库管理指数的影响

土壤碳库是陆地生态系统中最大的碳库，其中土壤有机碳的变化直接影响土壤肥力和环境变化。根据土壤中有机碳的稳定性，可以将土壤有机碳分为活性有机碳和非活性有机碳。土壤活性有机碳是土壤中易氧化、分解和矿化的一部分碳，对农田管理措施反应灵敏。土壤活性有机碳指标繁多，所代表的活性部分受测定方法的制约而不同。Lefroy 等（1993）测定了不同活性有机碳指标，能够被 333 mmol/L KMnO₄ 氧化的有机碳称作活性有机碳，也称为易氧化有机碳，并在此基础上提出了土壤碳库管理指数（CPMI）。CPMI 由土壤碳库指数和土壤碳库活度指数计算而来，既可以反映土壤有机碳储量的变化，也能反映土壤有机碳组分的变化情况，能够指示土壤肥力和土壤质量的变化。我国耕地面积广阔但人均不足，人均耕地面积只相当于世界平均水平的 33%（周雁辉等，2006）。为使作物生长满足人们需求，农业生产中大量施用化肥和农田连作现象较为普遍。人们盲目追求短期效益，对土地的改良和养护不够重视，导致土壤板结、土壤碳库下降、养分不均衡等问题出现，农田土壤质量改良已经是我国农业可持续发展亟待解决的问题。

生物炭有高度羧酸酯化和芳香化的结构，有较大的孔隙度和比表面积，这些基本性质使其具备较强的吸附力、抗氧化力和抗生物分解能力（叶协锋等，2015）。生物炭含有大量植物所需的营养元素，可以促进土壤养分的循环和植物的生长（袁金华和徐仁扣，2011），具有较强的吸附能力，可以吸附铵、硝酸盐，还可以吸附磷和其他水溶性盐离子，具有较好的保肥性能（张文玲等，2009）。近年来，农林废弃物在完全或部分缺氧的情况下经高温热解炭化产生的生物炭在农业上的应用逐渐备受关注。

本研究以菜地壤质潮土土壤为研究对象，以不同生物炭和不同腐殖化程度的传统有机物料（农家肥 NJF，香蕉茎叶 XJJG）为供试材料，探讨生物炭、农家肥和香蕉茎叶及配施对土壤有机碳、活性有机碳、基础呼吸以及碳库管理指数的影响，以及生物炭影响土壤碳库管理指数的微生物调控效应，以期为农林废弃物生物炭资源化利用提供理论依据。

1 生物炭与有机物料对菜地土壤碳库管理指数的影响

1.1 施用生物炭对菜地土壤有机碳和全氮的影响

从表9-1可以看出，与对照CK相比，菜地壤质潮土的土壤总有机碳（TOC），除Bc与NJF处理间，Bc+NJF与Bc+XJJG间差异不显著外（$P > 0.05$），其他处理间均差异显著（$P < 0.05$）。单施生物炭、单施农家肥、单施香蕉茎叶及相互配施均显著提高了土壤总有机碳含量（$P < 0.05$），增幅分别为75.50%、44.81%、19.88%、104.90%和88.33%。

土壤全氮（TN）除Bc、Bc+NJF与Bc+XJJG两两之间，对照与NJF之间差异不显著外（$P > 0.05$），其他处理间均差异显著（$P < 0.05$）。单施生物炭、配施农家肥和香蕉茎叶显著提高了土壤全氮（$P < 0.05$），增幅分别为10.38%、17.92%和12.26%，相对小于土壤总有机碳的增幅。由于各处理对土壤全氮的影响较小，因此各处理对土壤碳氮比的影响与土壤全氮相似。总体来看，施用生物炭及其生物炭配农家肥和香蕉茎叶处理，显著提高了菜地土壤有机碳，对土壤全氮有增加作用，其中生物炭配农家肥提升效果最佳。

表9-1　生物炭与有机物料对壤质潮土总有机碳、全氮、碳氮比的影响（g/kg）

处理	CK	Bc	NJF	XJJG	Bc+NJF	Bc+XJJG
TOC	6.94 d	12.18 b	10.05 b	8.32 c	14.22 a	13.07 a
TN	1.06 b	1.17 a	1.11 b	1.08 b	1.25 a	1.19 a
C/N	6.55 b	10.41 a	9.05 b	7.70 b	11.38 a	10.98 a

注：CK表示对照；Bc表示生物炭处理；NJF表示农家肥处理；XJJG表示香蕉茎叶处理；Bc+NJF表示生物炭+农家肥处理；BC+XJJG表示生物炭+香蕉茎叶秸秆处理；同行不同小写字母表示差异显著（$P < 0.05$）。下同。

1.2 施用生物炭对土壤活性有机碳和基础呼吸的影响

土壤易氧化有机碳（EOC）和微生物量碳（MBC）分别代表土壤中易分解矿化的有机碳和微生物残体中的碳，是重要的活性有机碳指标。由表9-2可知，与对照CK相比，土壤EOC除Bc、NJF与Bc+XJJG两两之间差异不显著外（$P > 0.05$），其他处理间均差异显著（$P < 0.05$）。单施生物炭、单施农家肥、单施香蕉茎叶及相互配施等处理显著提高了EOC碳含量，增幅分别为11.19%、13.99%、2.80%、22.38%、13.29%。

对于MBC，除Bc、NJF与Bc+XJJG两两之间差异不显著外（$P > 0.05$），其他处理间均差异显著（$P < 0.05$）。单施生物炭、单施农家肥、单施香蕉茎叶秸秆及相互配施等处理显著提高了MBC含量，增幅分别为25.57%、20.75%、15.11%、40.54%和25.02%。

对于土壤基础呼吸，除Bc与XJJG之间，NJF与Bc+XJJG之间差异不显著外（$P >$

0.05），其他处理间均差异显著（$P < 0.05$）。单施生物炭、单施农家肥、单施香蕉茎叶秸秆以及相互配施等处理显著提升了土壤基础呼吸强度，增幅分别为19.91%、23.47%、15.20%、40.06%、22.84%。各处理均可提升菜地土壤基础呼吸强度，Bc+NJF 的提升幅度最大，其次是 Bc+XJJG 和 Bc，XJJG 最低。各处理对土壤微生物代谢熵的影响均不显著（$P > 0.05$）。

表9-2　生物炭对土壤易氧化有机碳、微生物量碳、土壤呼吸及微生物代谢熵的影响

处理	CK	Bc	NJF	XJJG	Bc+NJF	Bc+XJJG
EOC（g/kg）	1.43 d	1.59 b	1.63 b	1.47 c	1.75 a	1.62 b
MBC（mg/kg）	220.74 d	277.19 b	266.54 b	254.09 c	310.22 a	275.98 b
土壤基础呼吸（mg/kg·h）	97.23 d	116.59 c	120.05 b	112.01 c	136.18 a	119.44 b
微生物代谢熵（mg/g·h）	0.44 a	0.42 a	0.45 a	0.44 a	0.44 a	0.43 a

1.3　施用生物炭对土壤碳库管理指数的影响

从表9-3可以看出，对于稳态碳（SC），碳素利用效率（AC），碳库指数（CPI）和碳库活度指数（AI），除 Bc、Bc+NJF 和 Bc+XJJG 两两之间，NJF 和 XJJG 之间无显著差异外（$P > 0.05$），其他处理间均差异显著（$P < 0.05$）。对于碳库活度（A），除 CK、NJF 和 XJJG 两两之间，Bc、Bc+NJF 和 Bc+XJJG 两两之间均无显著差异外（$P > 0.05$），其他处理间均差异显著（$P < 0.05$）。土壤碳库管理指数是评价土壤有机碳质量的指标。对于碳库管理指数，除 Bc、NJF、Bc+NJF 和 Bc+XJJG 两两之间，CK 和 XJJG 之间无显著差异外（$P > 0.05$），其他处理间均差异显著（$P < 0.05$）。

总体上，生物炭及其他处理提高了土壤稳态碳、碳库指数和碳库管理指数（XJJG 除外），增加了碳库容量，降低了碳素利用效率和碳库活度，这可能主要由于生物炭及其他处理可以大幅度提升土壤总有机碳含量，对总有机碳的影响大于对土壤易氧化有机碳的影响，尤其生物炭配施农家肥处理效果最显著。

表9-3　生物炭对土壤碳库管理指数的影响

处理	CK	Bc	NJF	XJJG	Bc+NJF	Bc+XJJG
SC（g/kg）	5.51 c	10.59 a	8.42 b	6.85 b	12.47 a	11.45 a
AC	20.61 a	13.05 c	16.22 b	17.67 b	12.31 c	12.39 c
CPI	1.23 c	2.16 a	1.78 b	1.47 b	2.52 a	2.31 a
A	0.26 a	0.15 b	0.19 a	0.21 a	0.14 b	0.14 b

续表

处理	CK	Bc	NJF	XJJG	Bc+NJF	Bc+XJJG
AI	1.05 a	0.61 c	0.78 b	0.87 b	0.57 c	0.57 c
CPMI	128.94 b	130.91 a	139.28 a	127.81 b	142.86 a	132.38 a

2 生物炭不同施用量对土壤碳库管理指数的影响

2.1 生物炭不同施用量对总有机碳、全氮及 pH 值的影响

由表9-4可以看出，土壤总有机碳（TOC）、全氮（TN）、C/N 和 pH 值均呈现出随生物炭施用量的增加而显著增加的趋势（$P < 0.05$）。土壤总有机碳含量分别比对照 CK 显著增加了74.71%、113.79%、149.43% 和184.34%。土壤全氮含量分别比对照 CK 显著增加了4.67%、16.82%、31.78% 和35.51%。表明一次性施用生物炭对土壤总有机碳和全氮含量具有显著的增加效果。由于生物炭具有较高的 pH 值，施用后会直接造成土壤 pH 值的上升，在南方酸性土壤区，提高土壤 pH 值可以缓解土壤酸化，改良土壤性状。从表9-4可以看出，菜地施用生物炭后引起了土壤 pH 值的升高，且各处理与对照之间均达到了显著性差异（$P < 0.05$）。

表9-4 生物炭对土壤总有机碳、全氮及 pH 值的影响

处理	CK	Bc20	Bc40	Bc60	Bc80
TOC（g/kg）	6.96 d	12.16 c	14.88 b	17.36 a	19.79 a
TN（g/kg）	1.07 c	1.12 b	1.25 b	1.41 a	1.45 a
pH	6.94 b	7.15 a	7.58 a	7.76 a	8.39 a
C/N	6.50 c	10.86 b	11.90 b	12.31 b	13.65 a

注：Bc20、Bc40、Bc60、Bc80分别表示生物炭施用量为20 t/hm^2、40 t/hm^2、60 t/hm^2、80 t/hm^2，下同。

2.2 生物炭不同施用量对不同土壤活性有机碳的影响

从表9-5可以看出，施用生物炭后，不同活性有机碳均有不同程度的变化，活性有机碳（AOC）、中活性有机碳（MAOC）和高活性有机碳（HAOC）均呈现逐渐增加的趋势，显著高于对照 CK（$P < 0.05$）。而水溶性有机碳（WSOC）呈现逐渐降低的趋势，显著低于对照 CK（$P < 0.05$）。与对照相比，BC20、BC40、BC60 和 BC80 处理的活性有机碳分别增加了27.80%、42.15%、82.06% 和65.47%；中活性有机碳分别增加了31.62%、67.65%、42.65% 和8.82%；高活性有机碳分别增加了50.0%、78.95%、102.63% 和86.84%。

究其原因，可能是生物炭施入土壤后，使土壤土质变松、通气性变好，促进了土壤微生物活性，因此活性有机碳含量增加。从增幅大小来看，但由于生物炭的主要成分为稳定的芳香环结构的碳，不易被微生物分解利用，因此增加的活性有机碳中，主要为结构简单的高活性有机碳的量。水溶性有机碳分别减少了7.81%、27.24%、39.41%和47.76%，这说明施用生物炭降低了土壤中水溶性有机碳含量。土壤水溶性有机碳含量呈下降趋势，这也可能与菜地地上作物的连续吸收利用有关。

表9-5　生物炭对土壤活性有机碳的影响

处理	CK	Bc20	Bc40	Bc60	Bc80
AOC（g/kg）	2.23 c	2.85 c	3.17 b	4.06 a	3.69 b
MAOC（g/kg）	1.36 b	1.79 a	2.28 a	1.94 a	1.48 b
HAOC（g/kg）	0.38 c	0.57 b	0.68 b	0.77 a	0.71 a
WSOC（mg/kg）	70.77 a	65.24 b	51.49 c	42.88 d	36.97 e

2.3　生物炭不同施用量对土壤碳库管理指数的影响

土壤中活性有机碳占总有机碳的百分比可以反映土壤有机碳质量，活性有机碳所占的比例越高，表示土壤质量越好（吴建富等，2013）。由表9-6可以看出，各施炭处理土壤活性有机碳含量均高于对照CK，与对照相比，分别增加了27.80%、42.15%、82.06%和65.47%，在生物炭用量Bc60时的活性有机碳含量最高。稳态碳分别增加了96.83%、147.57%、181.18%和240.38%，在生物炭用量Bc80时的含量最高。碳库指数分别增加了74.80%、113.82%、149.59%和184.55%，在生物炭用量Bc80时的含量最高。碳库管理指数分别增加了13.44%、22.76%、61.50%和38.23%，在生物炭用量Bc60时的含量最高。

同时，由表9-6可知，施用生物炭后，碳素有效率（AC）分别减小了26.84%、33.52%、27.00%和41.79%，碳库活度指数分别减小了35.08%、42.93%、35.60%和51.31%。以上各参数的变化特征表明，生物炭施用可以提高土壤活性有机碳，增加碳库管理指数，有利于储存更多的稳态碳，进而有利于增加土壤碳储量。

表9-6　生物炭对土壤碳库管理指数的影响

处理	CK	Bc20	Bc40	Bc60	Bc80
AOC	2.23 c	2.85 b	3.17 b	4.06 a	3.69 a
SC	4.73 d	9.31 c	11.71 b	13.30 b	16.10 a
AC	32.04 a	23.44 b	21.30 b	23.39 b	18.65 c
CPI	1.23 c	2.15	2.63 b	3.07 a	3.50 a
A	0.47 a	0.31 b	0.27 b	0.31 b	0.23 c
AI	1.91 a	1.24 b	1.09 b	1.23 b	0.93 b
CPMI	234.90 c	266.48 b	288.36 b	379.36 a	324.70 a

如表9-7所示，施用生物炭条件下，生物炭施用量除与中活性有机碳之间没有显著相关性（$P > 0.05$），与水溶性有机碳之间极显著负相关外（$P < 0.01$），与其他各指标之间均有极显著正相关（$P < 0.01$）。总有机碳和全氮表现接近，除与中活性有机碳没有显著相关性外（$P > 0.05$），与pH值呈显著正相关（$P < 0.05$），与水溶性有机碳极显著负相关（$P < 0.01$），与其他各指标之间均呈极显著正相关（$P < 0.01$）。pH值除与生物炭施用量呈极显著正相关（$P < 0.01$），与总有机碳、全氮和高活性有机碳含量呈显著正相关（$P < 0.05$）外，与其他各指标之间均没有显著相关性。活性有机碳分别与高活性有机碳和碳库管理指数之间呈极显著正相关（$P < 0.01$），与水溶性有机碳之间显著负相关（$P < 0.05$）；高活性有机碳与水溶性有机碳之间显著负相关（$P < 0.05$），与碳库管理指数之间呈极显著正相关（$P < 0.01$）；中活性有机碳与所有指标均不相关。

表9-7 各指标之间的相关系数

处理	TOC	TN	pH 值	AOC	HAOC	MAOC	WSOC	CPMI
施用量	0.915**	0.748**	0.699**	0.716**	0.801**	0.248	−0.748**	0.685**
TOC	1	0.817**	0.420*	0.774**	0.719**	0.401	−0.658**	0.694**
TN		1	0.652*	0.586**	0.602**	0.336	−0.815**	0.628*
pH 值			1	0.268	0.514*	0.221	0.254	0.239
AOC				1	0.719**	0.225	−0.418*	0.977**
HAOC					1	0.211	−0.419*	0.688**
MAOC						1	0.241	0.306
WSOC							1	−0.211

注：* 表示差异显著（$P < 0.05$），** 表示差异极显著（$P < 0.01$）。

3 讨论与小结

3.1 生物炭对土壤有机碳、氮含量的影响

生物炭的施用可以改善土壤质量，提高有机碳含量，加强农田土壤固碳的能力。土壤有机碳决定着土壤的肥沃程度以及作物产量的大小，影响着土壤养分循环、植物根系生长等方面，是土壤碳库的重要组成部分，其含量、分布情况等在陆地碳循环中存在着重要作用（苏永中和赵哈林，2002）。孙娇等（2021）将生物炭与秸秆添入到风沙土中发现均增加了土壤有机碳含量，且随着施炭量增加而增加，而与对照相比，生物炭与秸秆的添加使全氮量也有所增加。杜倩等（2021）通过研究生物炭对连作植烟土壤的影响，发现施入生物炭后烤烟各个生育期的土壤总有机碳均有所提高，这与张继旭等（2016）和本研究的结果相类似。本研究中，与对照相比，单施生物炭、单施农家肥、单施香蕉茎叶

及相互配施均提高了土壤有机碳、全氮的含量以及碳氮比。王强等（2020）将果树枝条生物炭施入土壤中发现随着施炭量的增加，土壤有机碳、全氮、碳氮比等显著提高，且在Bc60或Bc80时达到最高值。这与本研究结果基本一致，本研究表明随着生物炭施入量的增加，土壤总有机碳、全氮和碳氮比均逐渐提高，生物炭自身带碱性也增加了土壤pH值，且在Bc80时达到高值。这是因为生物炭本身就含有丰富的碳源，可以直接提高有机碳含量，其次生物炭的表面微孔结构也有利于促进微生物的活性，从而间接增加了土壤有机碳含量，促进了土壤碳循环。土壤pH值是影响土壤养分有效率的重要因素。生物炭本身呈碱性，添加到土壤后对其周围局域环境的pH值产生了一定程度的影响，因此土壤pH值随着生物炭施用量的增加而增大。

生物炭施用主要是直接输入了外源有机物质，因此能够显著增加土壤有机碳含量（王月玲等，2016）。生物炭主要由高度浓缩的芳香环结构组成，表面含有羟基、羧基、羰基等官能团以及内酯结构（Varhegyi等，1998），这种结构可以在很大程度上抵抗来自外界的物理、化学以及生物作用的影响，具有很强的稳定性。本研究中生物炭对土壤有机碳含量具有显著增加作用，这是由于生物炭具有含碳量高和生物化学稳定性较强的特征，施入土壤后难以被微生物所降解，因而存留于土壤并成为土壤有机碳的组成部分。生物炭增大了土壤碳氮化，表明可能抑制了微生物对土壤氮素的分解利用，而且生物炭本身含有一部分氮素，随着施用量增大，对土壤氮素的贡献逐渐增大。本研究中输入高施用量的生物炭后增加了土壤全氮含量，这与郭伟等（2011）的研究结果一致。

生物炭比表面积大以及吸附能力强，可以减少土壤中氮、磷等养分的流失，促进氮素循环，提高利用率。另外，生物炭本身则具有氮素，施用量越大，土壤氮素积累越高。郭伟等（2011）将高生物炭量以及混合施入农田中显著提高了土壤全氮含量；汤家喜等（2022）研究发现生物炭提高了风沙土全氮含量，且生物炭混合添加改良效果更好。本研究中高施用量生物炭的施用显著提高了土壤全氮含量，这与王强等（2020）的研究结果一致。土壤碳氮比可以用来比较土壤中有机质分解的程度，碳氮比在12~16表明土壤微生物对有机质的分解较好（王晓光等，2016）。本研究中有机物料的碳氮比较低，而生物炭、生物炭与有机肥混合施用的碳氮比较高，这表明生物炭单独施用、生物炭与有机肥混合施用能较好地促进有机质的分解程度，以及促进了土壤肥力的保持；随着生物炭施炭量的增加，碳氮比值也不断增加，且比值在10~14，而Bc60、Bc80的碳氮比较高，这表明在高施炭量中土壤有机质能够更好的被微生物分解。

3.2　生物炭对土壤活性有机碳含量的影响

土壤活性有机碳能反映土壤碳库稳定性，对环境因子变化具有敏感性（杨文焕等，2018）。活性有机碳是易受环境影响的土壤有机质组分，易被土壤微生物分解矿化，对土壤养分、土壤理化性质、植物生长以及全球气候变化都有重要影响。本研究中，由于施用的生物炭氧化不完全，自身含有部分活性有机碳，对土壤活性有机碳含量的增加有一定的贡献。这与马莉等（2012）的研究结果一致，均表明生物炭对土壤活性有机碳有提高作用。不同的是，张杰等（2015）在潮土上的研究表明，施用生物炭后土壤活性有机碳含量无明显变化，这可能与生物炭原材料、裂解条件以及土壤类型有关。易氧化有机碳可直接供给植物养分。土壤微生物量碳促进土壤养分有效利用率，尽管在有机碳中占比较少，但对于碳素的转化以及循环具有重要的作用（潘孝晨等，2019）。土壤基础呼吸就是土壤中微生物呼吸的过程，是土壤呼吸的主要部分。郜茹茹等（2022）将红薯藤及其生物炭施入红壤中发现在一定程度上提高了土壤微生物碳含量以及土壤基础呼吸。尚杰等（2015）研究发现生物炭施入农田土壤后，易氧化有机碳和微生物量碳均有所增加。这可能是因为生物炭的施用可以促进土壤疏松透气以及有机质的提高从而刺激土壤微生物的繁殖与生长。本研究中单施生物炭、农家肥等和生物炭混施相比较对照而言，均提高了易氧化有机碳和微生物量碳含量以及土壤基础呼吸，其中生物炭与农家肥混施数值达到最高。表明生物炭与有机物料混合施肥更能够增加潮土土壤的活性有机碳含量，促进碳素循环、固碳减排等作用。微生物代谢熵是指土壤微生物可矿化碳与生物量碳的比值（Hartman 和 Richardson，2013）。前人研究提出，土壤中微生物代谢熵较低则微生物对碳的利用效率则越高，相同生物量维持需要能量就越少，土壤质量越好（张亮亮等，2016）。可能是由于生物炭是有机材料在厌氧条件下高温裂解的产物，碳含量高于传统有机物料，且芳香性较强，具有化学和微生物学惰性，可在土壤中长期保存，为土壤提供的主要是稳定性有机碳，与传统有机肥相比对土壤呼吸的直接贡献较小（陈颖等，2018）。一方面，秸秆中活性有机碳的快速分解直接增加土壤呼吸强度；另一方面，秸秆中的糖类、蛋白质、纤维素和可溶性碳等可作为微生物代谢的碳源和氮源，增加微生物活性和多样性（Mitchell 等，2015），从而促进土壤呼吸。与对照相比，本研究生物炭单施，生物炭与香蕉秸秆混施降低了微生物代谢熵，而其他有机物料单施与混施添加后代谢熵并无显著差异，农家肥施入甚至提高了熵值，这说明生物炭的添加可以提高潮土土壤质量，但其他施肥方式对潮土的影响还需要深入研究探讨。

水溶性有机碳是土壤中比较活跃的有机碳组分，也是衡量碳素周转和养分利用的重要指数，虽然在有机碳中占比小，但可以被微生物直接利用（Mcgill 等，1981；关之昊等，2022）。王月玲等（2016）研究发现生物炭能提高土壤活性有机碳的含量，且主要是提高高活性有机碳含量，在 Bc60 时，高活性有机碳含量最高，而水溶性有机碳含量则随着炭量增加呈下降趋势。本研究中，生物炭的特殊结构使其具有较强的吸附能力，施入土壤后增加了土壤对有机碳分子的吸附作用，而且这种吸附作用与生物炭施用量之间具有正相关关系，导致了土壤水溶性有机碳含量的下降，与王月玲等（2016）、邢英等（2015）和章明奎等（2012）的研究结果类似。另外，生物炭中含有大量的钙离子（Cao 等，2010），施用后能够络合土壤水溶性有机碳含量（Romkens 等，1996），也是土壤溶液中水溶性有机碳含量下降的一个重要原因。张继旭等（2016）将生物炭施入植烟土壤中发现提高了土壤活性有机碳含量，且随着炭施量的增加而增加。这与本研究结果相类似，本研究土壤活性有机碳随着生物炭施用量的增加而提高，在 Bc60 达到最高值，随后趋于下降。本研究中，随着生物炭施用量的增加，活性有机碳与高活性有机碳增加，且在 Bc60 时达到最高值，中活性有机碳呈现先上升后下降的趋势，而水溶性有机碳含量则随着施炭量增加不断降低，存在着显著负相关关系（$P < 0.05$）。有机碳含量增加可能是因为生物炭施入后，改变了土壤的理化性质，加强了微生物活性，从而提高活性有机碳含量，而生物炭主要是稳定结构的芳香碳，不容易被微生物利用或分解，因此有利于提高结构简单的高活性有机碳含量。土壤可溶性有机碳含量下降可能是由于生物炭对有机碳分子的吸附作用与施炭量有正相关关系，其次生物炭也可以络合可溶性有机碳，从而导致水溶性有机碳含量降低（王月玲等，2016）。本研究中相关分析表明，总有机碳、全氮均与活性有机碳、高活性有机碳有显著正相关，因此活性有机碳含量的变化也可以作为评价生物炭对土壤质量好坏影响的指标。

3.3　生物炭对土壤碳库管理指数的影响

土壤碳库主要是由有机碳库和无机碳库两部分组成，其中土壤有机碳以固体形态、生物形态和溶解态存在于土壤中，包括土壤动植物残体、腐殖质、微生物及各级代谢产物等含碳化合物。有机碳库在土壤总碳库中占有重要的地位，也是陆地生态系统最活跃的碳库（代晓燕等，2014）。土壤碳库管理指数是由 Lefroy 等（1993）提出的关于土壤管理措施引起土壤有机质变化的指标，能有效监测土壤碳的动态变化，能够反映土壤肥力和土壤质量的变化（徐明岗等，2006a；2006b）。在研究土壤活性有机碳中，根据活性有机碳被氧化的 $KMnO_4$ 的 3 种不同浓度（33 mmol/L、167 mmol/L、333 mmol/L），分别称其为高活性有机碳、中活性有机碳和活性有机碳（徐明岗等，2006a），认为土壤碳库管理指数是评价施肥和耕作措施对土壤质量影响的最好指标。沈宏等（1999）认为运用土壤碳库管理指数可以及时准确地进行土壤碳库动态监测。碳库管理指数结合了人为影响下土壤碳库指标和土壤碳库活度两方面的内容，一方面反映了外界条件对土壤有机质数量的变化影响，另一方面反映了土壤活性有机质数量的变化，所以能够较全面和动态的反映外界条件对土壤有机质性质的影响。土壤碳库管理指数上升，表明施肥耕作对土壤有培肥作用，土壤性能向良性发展；碳库管理指数下降，则表明施肥耕作使土壤肥力下降，土壤性质向不良方向发展，其管理和施肥方式是不科学的。本研究中，施用生物炭后，提高了碳库管理指数，在 Bc60 处理时的碳库管理指数最高达到 379.36，显著高于其他处理，表明施用生物炭用量 60 t/hm² 能较好地改善土壤性质，增加了土壤易氧化活性有机碳和可溶性有机碳含量，其对土壤易氧化有机碳和碳库活度指数的提升作用，是增加土壤碳库管理指数的主要原因。

杨旭等（2015）的研究结果表明，在沈阳黄土母质上发育的棕壤上秸秆炭化还田，可以有效提高土壤碳库管理指数。魏夏新等（2020）研究发现有机物料与秸秆生物炭均可以提高碳库管理指数。张影等（2019）将生物炭与有机物料施入土壤中，研究得出施入生物炭可以保持更多的稳定碳、降低碳素利用效率和碳库活度，提高碳库管理指数。陆畅等（2018）研究发现生物炭以及有机物料的添加均能提高有机碳含量以及土壤碳库管理指数。以上与本研究结果类似，生物炭的施用相较于农家肥和香蕉秸秆能显著提高稳定碳、碳库指数、碳库管理指数，而生物炭混合处理更能增加碳库管理指数，其中生物炭与农家肥混合处理更佳。土壤碳库管理指数高的土壤，其碳库活度以及质量也越高（徐明岗等，2006a；2006b），而相关分析表明土壤碳库管理指数与生物炭施用量呈显著正相关，随着施炭量的增加，土壤碳库管理指数值也不断增加，且在 Bc60 达到最高值。这一方面说明生物炭的混合处理能够使微生物更好的分解有机碳，有利于植物吸收，提高壤质潮土的土壤质量与肥力，另一方面表明生物炭在固碳减排，促进土壤生态循环，提高土壤养分利用效率等方面有重要意义。目前生物炭施用对土壤碳库管理指数的影响等研究还较少，有研究表明，土壤碳库管理指数产生不同影响的因素也有可能是耕种模式、管理措施或生物炭类型等（朱长伟等，2022；江鹏等，2021）。从"固碳减排"的角度出发，秸秆制成生物炭还田可能是更好的利用措施，生物炭是一种惰性碳，可提高土壤稳定性碳库，增加土壤碳汇（黎嘉成等，2018）。本研究通过比较单施和混施以及比较施炭量的田间试验来寻求改良壤质潮土土壤的合理施肥模式，但对其影响机制还需要进一步的研究。

3.4 小结

（1）与对照相比，香蕉茎叶生物炭配施农家肥对土壤有机碳的提升作用最显著，且表现出对土壤易氧化有机碳和土壤基础呼吸有显著的最佳促进作用。总体上，与单施处理相比，生物炭与农家肥、生物炭与香蕉茎叶配施能提升菜地壤质潮土的有机碳和易氧化有机碳含量，促进了土壤基础呼吸。

（2）生物炭及其配施农家肥和香蕉茎叶秸秆，可以增加土壤碳库指数，降低土壤碳库有效率和碳库活度，提升土壤碳库管理指数，生物炭配施农家肥对土壤碳库的影响较大。

（3）施用生物炭可以显著提高土壤总有机碳含量，且与生物炭施用量呈正相关关系；生物炭可以提高土壤 pH 值，对土壤全氮含量具有一定增加作用。生物炭可以提高土壤活性有机碳含量，主要提高了高活性有机碳。生物炭的施用显著降低了土壤水溶性有机碳含量，且降低量与生物炭施用量呈正相关关系。生物炭施用能够显著提高土壤碳库管理指数，生物炭用量为 60 t/hm² 时效果较好。

（4）生物炭施用量与总有机碳、全氮、pH值、活性有机碳、高活性有机碳及土壤碳库管理指数存在着极显著正相关性，而与水溶性有机碳存在着极显著负相关关系。生物炭的施用有利于促进菜地土壤碳素积累与稳定，提高土壤肥力，对菜地潮土土壤的施肥措施具有指示作用。

参考文献

［1］陈颖，刘玉学，陈重军，等.生物炭对土壤有机碳矿化的激发效应及其机理研究进展［J］.应用生态学报，2018，29（1）：314-320.

［2］代晓燕，张芊，刘国顺，等.植烟土壤有机碳库修复的研究进展［J］.中国烟草科学，2014（35）：109-116.

［3］杜倩，黄容，李冰，等.生物炭还田对植烟土壤活性有机碳及酶活性的影响［J］.核农学报，2021，35（6）：1440-1450.

［4］郜茹茹，周际海，冯今萍，等.红薯藤及其生物炭还田对旱地红壤微生物活性及养分含量的影响［J］.水土保持学报，2022，36（1）：346-351.

［5］关之昊，杨丽娟，姚澜，等.不同比例蚯粪替代化肥对设施土壤活性碳氮含量的影响［J］.土壤通报，2022，53（2）：403-412.

［6］郭伟，陈红霞，张庆忠，等.华北高产农田施用生物炭对耕层土壤总氮和碱解氮含量的影响［J］.生态环境学报，2011，20（3）：425-428.

［7］和江鹏，王雨晴，赵海超，等.春玉米秸秆还田对土壤碳组分及碳库管理指数的影响［J］.江苏农业科学，2021，49（21）：224-230.

［8］黎嘉成，高明，田冬，等.秸秆及生物炭还田对土壤有机碳及其活性组分的影响［J］.草业学报，2018，27（5）：42-53.

［9］陆畅，徐畅，黄容，等.秸秆和生物炭对油菜-玉米轮作下紫色土有机碳及碳库管理指数的影响［J］.草业科学，2018，35（3）：482-490.

［10］马莉，吕宁，冶军，等.生物碳对灰漠土有机碳及其组分的影响［J］.中国生态农业学报，2012，20（8）：976-981.

［11］潘孝晨，唐海明，肖小平，等.不同土壤耕作方式下稻田土壤微生物多样性研究进展［J］.中国农学通报，2019，35（23）：51-57.

［12］尚杰，耿增超，陈心想，等.施用生物炭对旱作农田土壤有机碳、氮及其组分的影响［J］.农业环境科学学报，2015，34（3）：509-517.

［13］沈宏，曹志洪，王志明.不同农田生态系统土壤碳库管理指数的研究［J］.自然资源学报，1999，14（3）：206-211.

［14］苏永中，赵哈林.土壤有机碳储量、影响因素及其环境效应的研究进展［J］.中国沙漠，2002（3）：19-27.

［15］孙娇，周涛，郭鑫年，等.添加秸秆及生物炭对风沙土有机碳及其活性组分的影响［J］.土壤，2021，53（4）：802-808.

［16］汤家喜，李玉，朱永乐，等.生物炭与膨润土对辽西北风沙土理化性质的影响研究［J］.干旱区资源与环境，2022，36（3）：143-150.

［17］王强，耿增超，许晨阳，等.施用生物炭对塿土土壤微生物代谢养分限制和碳利用效率的影响［J］.环境科学，2020，41（5）：2425-2433.

［18］王晓光，乌云娜，宋彦涛，等.土壤与植物生态化学计量学研究进展［J］.大连民族大学学报，2016，18（5）：437-442，449.

［19］王月玲，耿增超，尚杰，等.施用生物炭后塿土土壤有机碳、氮及碳库管理指数的变化［J］.农业环境科学学报，2016，35（3）：532-539.

［20］魏夏新，熊俊芬，李涛，等.有机物料还田对双季稻田土壤有机碳及其活性组分的影响［J］.应用生态学报，2020，31（7）：2373-2380.

［21］吴建富，曾研华，潘晓华，等.稻草还田方式对双季水稻产量和土壤碳库管理指数的影响［J］.应用生态学报，2013，24（6）：1572-1578.

［22］邢英，李心清，房彬，等.生物炭添加对两种类型土壤DOC淋失影响［J］.地球与环境2015，43（2）：133-137.

［23］徐明岗，于荣，孙小凤，等.长期施肥对我国典型土壤活性有机质及碳库管理指数的影响［J］.植物营养与肥料学报，2006a，12（4）：459-465.

［24］徐明岗，于荣，王伯仁.长期不同施肥下红壤活性有机质与碳库管理指数变化［J］.土壤学报，2006b，43（5）：723-729.

［25］杨文焕，王铭浩，李卫平，等.黄河湿地包头段不同地被类型对土壤有机碳的影响［J］.生态环境学报，2018，27（6）：1034-1043.

［26］杨旭，兰宇，孟军，等.秸秆不同还田方式对旱地棕壤CO_2排放和土壤碳库管理指数的影响［J］.生态学杂志，2015，34（3）：805-809.

［27］叶协锋，李志鹏，于晓娜，等.生物炭用量对植烟土壤碳库及烤后烟叶质量的影响［J］.中国烟草学报，2015，21（5）：33-41.

［28］袁金华，徐仁扣.生物炭的性质及其对土壤环境功能影响的研究进展［J］.生态环境学报，2011，20（4）：779-785.

［29］章明奎，Walelign D Bayou，唐红娟.生物炭对土壤有机质活性的影响［J］.水土保持学报，2012，26（2）：127-131，137.

［30］张杰，黄金生，刘佳，等.秸秆、木质素及其生物炭对潮土CO_2释放及有机碳含量的影响［J］.农业环境科学学报，2015，34（2）：401-408.

［31］张继旭，张继光，张忠锋，等.秸秆生物炭对烤烟生长发育、土壤有机碳及酶活性的影响［J］.中国烟草科学，2016，37（5）：16-21.

［32］张亮亮，罗明，韩剑，等.南疆枣树—棉花间作对土壤微生物区系及代谢熵的影响［J］.棉花学报，2016，28（5）：493-503.

［33］张文玲，李桂花，高卫东.生物炭对土壤性状和作物产量的影响［J］.中国农学通报，2009，25（17）：153-157.

［34］张影，刘星，任秀娟，等.秸秆及其生物炭对土壤碳库管理指数及有机碳矿化的影响［J］.水土保持学报，2019，33（3）：153-159，165.

［35］朱长伟，陈琛，牛润芝，等.不同轮耕模式对豫北农田土壤固碳及碳库管理指数的影响［J］.中国生态农业学报（中英文），2022，30（4）：671-682.

［36］周雁辉，周雁武，李莲秀.我国耕地面积锐减的原因和对策［J］.社会科学家，2006（3）：132-137.

［37］Cao X，Harris W. Properties of dairy –manure –derived biochar pertinentto its potential use in remediation［J］. Bioresource Technology，2010，101（14）：5222-5228.

［38］Hartman W H，Richardson C J. Differential nutrient limitation of soil microbial biomass and metabolic quotients（qCO_2）: is there a biological stoichiometry of soil microbes？［J］. Plos One，2013，8（3）：1-14.

［39］Lefroy R，Blair G J，Strong W M. Changes in soil organic matter with cropping as measured by organic carbon fractions and ^{13}C natural isotope abundance［J］. Plant and Soil，1993，155-156（1）：399-402.

［40］Mitchell，P J，Simpson A J，Soong R，et al. Shifts in microbial community and water-extractable organic matter composition with biochar amendment in a temperate forest soil［J］. Soil Biology & Biochemistry，2015（81）：244-254.

［41］Mcgill W B，Hunt H W，Woodmansee R G，et al. Phoenix，amodel of the dynamics of carbon and nitrogen in grassland soils.［J］. Ecological Bulletins，1981（33）：49-115.

［42］Romkens P F，Bril J，Salomons W. Interaction between Ca^{2+} and dissolved organic carbon：Implications for metal mobilization［J］. Applied Geochemistry，1996，11（1/2）：109-115.

［43］Varhegyi G，Szabo P，Till F，et al. TG，TG-MS，and FTIR characterization of high-yield biomass charcoals［J］. Energy Fuels，1998，12（5）：969-974.

第十章

生物炭施用对土壤氮素固持转化的影响

土壤中氮素主要以有机态氮的形式存在，占全氮的90%以上，大部分的有机态氮需经过矿化作用转化为无机态氮之后才可以被植物吸收利用（党亚爱等，2015）。氮素矿化过程不仅反映土壤的供氮潜力，还影响着陆地生态系统的氮循环途径，包括氮素的矿化、固定和植物体内部循环等主要环节（Liu等，2010）。氮素矿化作用包括氨化作用和硝化作用，即土壤中的有机氮经微生物分解转化为铵态氮和硝态氮等矿质氮，然而土壤矿质氮因淋溶、反硝化作用或被土壤微生物吸收同化等损失（张若扬等，2020）。前人研究表明，氮素的矿化过程受到土壤质地、有机质含量、微生物分解特性、矿化温度、水分条件以及耕作措施等多种因素的影响，其中不同施肥方式是关键因素之一（沈玉芳等，2007）。

施肥能通过改善土壤性质、促进微生物活性和团聚体的形成与稳定等影响土壤氮素矿化，尤其在化肥与有机物料配施时影响更加显著（Gong等，2009）。秸秆还田促进土壤中氮素的转化与固持，原因是秸秆自身较高碳氮比能增加硝态氮的固持能力，减少氮素淋失的风险（白云等，2020）；而生物炭作为一种新型功能材料，具有特殊的结构和吸附特性。罗煜等（2014）研究认为，施入生物炭降低土壤酸度，使硝化作用受土壤pH影响被促进，且生物炭能为微生物提供基质，提高硝化细菌的活性，其强烈的吸附铵离子能力也会导致铵态氮含量下降，从而影响氮素矿化过程。

影响土壤氮素矿化的因素较多，不同地区的差异性较大（王永栋等，2021）。研究表明，生物炭添加对农田氮磷具有固持作用，可在一定程度上降低农田氮磷流失（刘玮晶等，2012）。然而，目前生物炭施用对氮磷流失的研究主要集中于水稻田等淹水土壤（曲晶晶等，2012），其对种植菜地旱地的氮磷固持能力有何影响还鲜有研究，特别是不同原料来源生物炭输入对蔬菜种植土壤氮磷流失的影响的研究还未见相关报道。因此，为探明施用蔗渣生物炭对菜地土壤氮素矿化的影响，本研究利用Stanford间歇淋洗培养方法等室内试验，对培养期间的各氮素矿化指标进行测定分析，以期为探究菜地土壤氮素转化机制、探寻城郊菜地适宜的土壤管理措施提供理论支持。

1　不同温度蔗渣生物炭对菜地无机氮的吸附解吸特性

1.1　生物炭作用下土壤对 NH_4^+-N 的吸附特性

生物炭的施用量影响着其改善土壤理化性质的效果，从而影响土壤对 NH_4^+-N 的吸附特性。不同施用量生物炭输入土壤后，土壤对 NH_4^+-N 的吸附特性如表10-1所示。结果表明，加入生物炭混合土壤对 NH_4^+-N 的吸附量均高于土壤本身 CK 对 NH_4^+-N 的吸附量。随着生物炭施用量的增加，在同一 NH_4^+-N 初始溶液浓度下，土壤对 NH_4^+-N 的吸附量显著增加。以 Bc300 为例，NH_4^+-N 溶液浓度为 20 mg/L 下，生物炭施用量为 6% 的土壤对 NH_4^+-N 的吸附量（0.20 mg/g）显著高于添加量为 2% 土壤对 NH_4^+-N 的吸附量（0.16 mg/g）。不同温度制备的生物炭，随着温度升高，其对 NH_4^+-N 的吸附量先升高后降低。土壤对 NH_4^+-N 的吸附是极其复杂的过程，除生物炭的用量及初始溶液浓度外，生物炭的制备温度也显著影响着土壤对 NH_4^+-N 的吸附。从表10-1可以看出，不同温度制备的生物炭施入土壤后均有利于土壤对 NH_4^+-N 的吸附。生物炭施用量为 6%，当 NH_4^+-N 初始溶液浓度为 120 mg/L 时，不同温度制备的生物炭（Bc300、Bc500、Bc700）作用下土壤对 NH_4^+-N 的吸附量为 0.73 mg/g、1.05 mg/g、0.78 mg/g，均高于 CK（0.59 mg/g）。当生物炭的施用量与初始溶液浓度固定时，对于 2% 施用量处理，土壤对 NH_4^+-N 的吸附大小关系表现为 Bc500 > Bc300 > Bc700；当在 4% 和 6% 施用量时，土壤对 NH_4^+-N 的吸附大小关系表现为 Bc500 > Bc700 > Bc300。

表10-1　不同热解温度生物炭对 NH_4^+-N 吸附等温线的影响（吸附量：mg/g）

施用量	处理	20	40	60	80	100	120	160	200
2%	CK	0.16	0.28	0.41	0.52	0.57	0.59	0.60	0.59
	Bc300	0.18	0.29	0.45	0.56	0.63	0.65	0.68	0.67
	Bc500	0.22	0.31	0.49	0.61	0.65	0.68	0.72	0.71
	Bc700	0.17	0.26	0.44	0.55	0.62	0.64	0.66	0.64
4%	CK	0.16	0.28	0.41	0.52	0.57	0.59	0.60	0.59
	Bc300	0.19	0.30	0.45	0.54	0.58	0.62	0.64	0.63
	Bc500	0.24	0.32	0.51	0.62	0.68	0.71	0.74	0.73
	Bc700	0.18	0.28	0.47	0.58	0.65	0.67	0.69	0.67
6%	CK	0.16	0.28	0.41	0.52	0.57	0.59	0.60	0.58
	Bc300	0.20	0.34	0.52	0.66	0.71	0.73	0.76	0.74
	Bc500	0.29	0.49	0.63	0.79	0.97	1.05	1.15	1.24
	Bc700	0.23	0.36	0.58	0.69	0.75	0.78	0.81	0.85

注：表头数据为 NH_4^+-N 初始溶液浓度（mg/L）。下同。

为进一步探讨蔗渣生物炭输入土壤后，土壤对 NH_4^+-N 的吸附机理，分别采用 Langmuir、Freundlich 和 Temkin 方程对等温吸附过程进行拟合，结果详见表10–2。结果表明，施入不同热解温度生物炭后，实验土壤对 NH_4^+-N 的吸附均以 Langmuir 方程拟合效果较好，$0.96 < R^2 < 0.99$。表明生物炭输入土壤后，混合土壤对 NH_4^+-N 的吸附过程以单层吸附为主，且最大吸附量为766.4~1402.01 mg/g，其中 Bc700 的吸附量均高于其他三种生物炭输入土壤后的最大吸附量。

表10–2　不同热解温度生物炭作用下土壤对 NH_4^+-N 吸附等温线的拟合参数

不同温度	施用量	Langmuir 方程				Freundlich 方程			Temkin 方程	
		Q (mg/g)	K_F (L/mg)	R^2	$1/n$	K_F/ (L/mg) $^{1/n}$	R^2	B	A	R^2
CK	0	766.4	0.022	0.96	0.59	33.39	0.95	502.24	−440.81	0.96
300℃	2%	834.2	0.081	0.98	0.38	215.99	0.94	852.35	−396.45	0.95
	4%	977.2	0.042	0.99	0.42	148.24	0.98	686.32	−373.18	0.97
	6%	1158.23	0.035	0.99	0.43	147.55	0.98	689.24	−385.47	0.98
500℃	2%	820.02	0.064	0.98	0.46	161.37	0.91	878.55	−520.17	0.95
	4%	910.11	0.056	0.99	0.43	110.28	0.92	542.57	−296.78	0.96
	6%	1120.01	0.032	0.99	0.43	135.42	0.99	680.02	−395.21	0.98
700℃	2%	845.42	0.054	0.97	0.51	118.35	0.92	874.55	−593.42	0.94
	4%	990.25	0.045	0.99	0.47	147.22	0.95	556.57	−299.78	0.98
	6%	1402.01	0.058	0.99	0.48	126.25	0.98	681.24	−392.45	0.98

1.2　生物炭作用下土壤对 NH_4^+-N 的解吸特性

解吸率作为吸附强度指标，能够反映生物炭胶体表面活性吸附点位与被吸附剂结合的牢固程度。初始溶液浓度为20 mg/L、100 mg/L、200 mg/L 的各处理对 NH_4^+-N 解吸率详见表10–3。随生物炭输入量增加，各处理对 NH_4^+-N 的解吸率明显降低，CK 的解吸率最高达31.86%，加入生物炭后土壤对 NH_4^+-N 的解吸率最低为10.22%。各初始溶液浓度下，添加不同热解温度生物炭的土壤对 NH_4^+-N 的解吸率均随初始溶液浓度的升高而降低，表现为20 mg/L ＞ 100 mg/L ＞ 200 mg/L。在生物炭施用量和初始溶液浓度固定的条件下，各处理对 NH_4^+-N 的解吸率均表现为 Bc500 ＞ Bc700 ＞ Bc300，这与不同热解温度生物炭对 NH_4^+-N 的吸附能力是接近的，生物炭在500℃温度下效果表现较好。土壤作为吸附剂时，溶液的初始浓度影响着其驱动力。该结果与王开峰等（2016）的研究结果相似，其认为随着初始溶液的浓度增加，土壤作为吸附剂本身的驱动力增强，土壤的吸附效率提高。

表10-3　不同热解温度生物炭对土壤 NH_4^+-N 的解吸率（%）

初始溶液浓度	处理	Bc300	Bc500	Bc700
CK	0	31.86	31.86	31.86
20（mg/L）	2%	20.01	24.12	22.45
	4%	14.33	17.86	16.63
	6%	13.02	15.59	14.21
100（mg/L）	2%	18.79	25.66	23.78
	4%	13.02	19.78	18.55
	6%	11.34	17.64	15.69
200（mg/L）	2%	16.07	20.01	18.79
	4%	11.11	17.88	16.43
	6%	10.22	14.01	12.84

1.3　不同热解温度蔗渣生物炭对溶液中 NO_3^--N 的吸附特性

不同热解温度蔗渣生物炭对溶液中 NO_3^--N 的吸附特性如表10-4所示，在低浓度 NO_3^--N 溶液范围（0~200 mg/L），Bc300、Bc500和Bc700均不吸附溶液中的 NO_3^--N，反而会向溶液中释放 NO_3^--N。随初始溶液浓度的升高，3种生物炭的负吸附逐渐减弱。在20 mg/L、100 mg/L 初始溶液浓度下，3种温度下制备的生物炭分别向溶液中释放 0.502~0.653 mg/g、0.186~0.221 mg/g NO_3^--N。在同一溶液浓度下，各热解温度生物炭释放 NO_3^--N 的顺序为 Bc300 > Bc500 > Bc700，低热解温度生物炭向溶液中释放更多的 NO_3^--N。

表10-4　不同热解温度下生物炭对溶液中 NO_3^--N 的吸附特征（吸附量：mg/g）

处理	20	40	60	80	100	120	160	200
Bc300	−0.653	−0.522	−0.487	−0.311	−0.221	−0.135	−0.124	−0.084
Bc500	−0.554	−0.501	−0.452	−0.275	−0.210	−0.124	−0.113	−0.051
Bc700	−0.502	−0.488	−0.377	−0.246	−0.186	−0.115	−0.102	−0.044

1.4　不同热解温度蔗渣生物炭对土壤吸附 NO_3^--N 的影响

不同热解温度蔗渣生物炭施入土壤后，土壤对 NO_3^--N 的吸附效果见表10-5。由于3种温度制备的蔗渣生物炭会向溶液中释放 NO_3^--N，且随初始溶液浓度升高而降低，在160 mg/L、200 mg/L 释放量较低。因此本研究将生物炭输入土壤后，土壤对 NO_3^--N 的吸附所适用溶液浓度设置为160 mg/L、200 mg/L。与 CK 相比，各输入生物炭的处理对 NO_3^--N 的吸附量均高于 CK。在同一初始溶液浓度下，各处理间的差异表现为随着生物炭输入量的升高，土壤对 NO_3^--N 的吸附量逐渐降低，且不同热解温度的顺序表现为 Bc700 ＞ Bc500 ＞ Bc300。

表10-5　不同温度蔗渣生物炭作用下土壤对 NO_3^--N 吸附量（mg/g）

施用量	处理	Bc300	Bc500	Bc700
0	CK	0.269	0.287	0.314
2%	160（mg/L）	0.365	0.388	0.452
	200（mg/L）	0.897	0.954	0.986
4%	160（mg/L）	0.311	0.356	0.378
	200（mg/L）	0.802	0.844	0.887
6%	160（mg/L）	0.298	0.302	0.334
	200（mg/L）	0.744	0.816	0.862

2　不同热解温度蔗渣生物炭对土壤氮素转化的影响

2.1　不同热解温度蔗渣生物炭输入下土壤全氮的变化特征

生物炭对土壤全氮的影响如表10-6所示。从表中可以看出，施用生物炭后，土壤全氮含量均高于 CK，土壤全氮含量明显增加，其增幅随生物炭添加量的增加而增大。不同热解温度生物炭相比，土壤全氮含量表现为随热解温度的升高呈先升高后降低的趋势，其中 Bc500 处理土壤全氮含量最高。从培养时间来看，土壤全氮含量变化存在一定波动，表现为阶段特征，第一阶段（第1~6天）逐渐升高后降低，而第二阶段（第6~120天）则表现为先升高后缓慢降低。在第二阶段4% 和6% 生物炭输入量的峰值出现在第20天，而2% 生物炭输入量的峰值则出现在第10天，时间有一定延后，说明生物炭对土壤氮素有一定的缓释作用。

表10-6　不同热解温度生物炭对土壤全氮的影响（g/kg）

施用量	处理	1 d	3 d	6 d	10 d	20 d	40 d	60 d	90 d	120 d
0	CK	1.85	1.84	1.58	1.64	1.63	1.61	1.37	1.34	1.18
2%	Bc300	2.04	2.03	1.66	1.72	1.66	1.63	1.51	1.53	1.42
	Bc500	2.18	2.22	1.71	1.79	1.72	1.70	1.74	1.71	1.68
	Bc700	2.12	2.14	1.64	1.74	1.70	1.64	1.66	1.63	1.52
4%	Bc300	2.14	2.18	2.15	2.13	2.24	2.19	2.17	2.15	2.13
	Bc500	2.23	2.34	2.26	2.29	2.35	2.31	2.24	2.22	2.19
	Bc700	2.15	2.18	2.16	2.18	2.21	2.19	2.13	2.12	2.11

续表

施用量	处理	1 d	3 d	6 d	10 d	20 d	40 d	60 d	90 d	120 d
6%	Bc300	2.16	2.21	2.23	2.19	2.25	2.21	2.23	2.19	2.15
	Bc500	2.24	2.36	2.28	2.31	2.38	2.34	2.30	2.27	2.23
	Bc700	2.17	2.20	2.18	2.20	2.26	2.24	2.25	2.22	2.18

2.2　不同热解温度蔗渣生物炭输入后土壤 NH_4^+–N 的变化特征

生物炭对土壤铵态氮的影响如表10-7所示。从表中可以看出，随着培养时间不断延长，土壤 NH_4^+–N 表现为先升高后降低的趋势，第40天时达到峰值，当生物炭施用量增加时，各处理土壤 NH_4^+–N 含量逐渐增大且均高于 CK 处理。在培养初期，随着生物炭输入量的增加，土壤 NH_4^+–N 含量逐渐升高，如前期表现为 Bc500 > Bc700 > Bc300，第20天后，生物炭效益逐渐减缓，NH_4^+–N 含量逐渐降低，则表现为 Bc300 > Bc700 > Bc500。不同热解温度生物炭处理间大致表现：培养前期，生物炭能显著增加土壤 NH_4^+–N 含量，尤以中高温制备的生物炭增幅最为明显；培养后期，低温（300℃）生物炭处理土壤 NH_4^+–N 含量虽有降低，但仍高于 CK 处理，而中高温（500℃、700℃）制备生物炭处理则逐渐低于 CK。

表10-7　不同热解温度生物炭对土壤铵态氮的影响（mg/kg）

施用量	处理	1 d	3 d	6 d	10 d	20 d	40 d	60 d	90 d	120 d
0	CK	2.82	3.13	3.42	3.63	4.25	6.74	6.25	5.47	3.68
2%	Bc300	2.90	3.52	3.63	3.75	6.12	9.58	6.48	5.65	3.89
	Bc500	3.33	5.26	5.40	5.55	4.16	6.54	3.85	2.26	3.08
	Bc700	3.12	4.71	4.85	4.92	5.81	6.65	5.54	4.59	3.22
4%	Bc300	3.12	3.64	3.72	3.69	6.24	10.25	7.01	6.22	5.16
	Bc500	3.42	5.44	5.68	5.74	4.51	7.22	4.36	4.01	3.34
	Bc700	3.22	4.88	5.01	4.91	5.95	6.71	5.84	4.95	3.66
6%	Bc300	3.26	3.75	3.64	3.74	6.53	10.74	7.26	6.45	5.37
	Bc500	3.51	5.54	5.35	5.88	4.65	7.35	4.75	4.41	3.66
	Bc700	3.34	4.97	5.24	4.98	6.22	6.85	6.02	5.34	4.46

2.3　不同热解温度蔗渣生物炭施用后土壤 NO_3^-–N 的变化特征

表10-8为培养期间土壤 NO_3^-–N 的动态变化。土壤 NO_3^-–N 的含量能够反映土壤硝

化作用的强弱。培养前期（1~3天）所有生物炭处理皆高于对照处理，随着培养时间的延长所有生物炭处理的土壤 NO_3^--N 含量均低于对照处理。土壤 NO_3^--N 含量呈现一定动态变化。在培养前期（第1~3天）表现为随着生物炭的输入，土壤 NO_3^--N 含量明显增加。第6天时，土壤 NO_3^--N 含量出现明显下降，第6天以后土壤 NO_3^--N 含量缓慢增加。不同温度生物炭的处理间相比，低温（300℃）制备的生物炭处理在整个培养期间的 NO_3^--N 含量均高于500℃和700℃处理。培养结束时，生物炭输入处理的土壤 NO_3^--N 含量和对照相比均有明显降低。各温度生物炭处理间，土壤 NO_3^--N 含量随热解温度升高而降低，总体上大小关系表现为 Bc300 ＞ Bc500 ＞ Bc700。

表10-8 不同热解温度生物炭对土壤 NO_3^--N 的影响（mg/kg）

施用量	处理	1 d	3 d	6 d	10 d	20 d	40 d	60 d	90 d
0	CK	10.52	11.23	19.85	23.41	24.78	26.01	38.74	78.54
2%	Bc300	10.67	24.35	18.87	23.12	24.34	25.13	34.67	55.42
	Bc500	11.01	24.04	18.51	22.35	23.77	24.72	33.24	50.34
	Bc700	11.15	22.85	16.89	20.01	22.19	22.97	30.89	42.81
4%	Bc300	10.68	17.26	14.26	36.99	25.67	25.24	35.27	36.24
	Bc500	10.71	15.76	11.97	14.22	16.14	22.02	34.79	35.98
	Bc700	10.74	11.15	7.25	12.04	15.88	16.45	35.49	36.74
6%	Bc300	11.01	12.78	9.14	20.89	21.07	22.14	23.77	29.69
	Bc500	10.68	11.45	8.55	10.11	12.45	14.26	21.35	28.77
	Bc700	10.77	13.66	6.99	4.85	10.74	8.79	22.58	24.01

2.4 不同热解温度蔗渣生物炭施用后土壤氮硝化速率的变化特征

从表10-9可以看出，土壤中施入蔗渣生物炭后，随着培养时间的延长，土壤硝化速率的动态变化基本一致。培养前期（第1~20天），土壤硝化速率呈现出波动特征，总体上呈现出先下降，后期稳定上升的趋势。前3天，由于生物炭带入的 NO_3^--N 促使硝化速率上升，第3~20天反硝化作用加剧，硝化速率逐渐下降，后期（第60~90天）对硝化的抑制作用减弱，NO_3^--N 硝化速率又逐渐上升。随着生物炭输入的增加，各处理间的波动幅度加大。各温度生物炭处理间均表现为随热解温度升高，硝化速率降幅增大，总体上大小关系表现为 Bc300 ＞ Bc500 ＞ Bc700，与土壤 NO_3^--N 含量的动态变化顺序一致。

表10-9　不同热解温度生物炭对土壤硝化速率的影响

施用量	处理	1 d	3 d	6 d	10 d	20 d	40 d	60 d	90 d
0	CK	0.78	0.75	0.84	0.87	0.82	0.76	0.92	0.95
2%	Bc300	0.75	0.88	0.76	0.85	0.78	0.77	0.87	0.92
	Bc500	0.74	0.76	0.64	0.75	0.76	0.75	0.82	0.88
	Bc700	0.74	0.77	0.66	0.71	0.74	0.72	0.84	0.84
4%	Bc300	0.76	0.84	0.74	0.89	0.88	0.74	0.91	0.94
	Bc500	0.77	0.76	0.67	0.88	0.83	0.72	0.93	0.97
	Bc700	0.76	0.74	0.62	0.72	0.76	0.71	0.85	0.86
6%	Bc300	0.77	0.79	0.72	0.74	0.78	0.68	0.87	0.89
	Bc500	0.76	0.75	0.66	0.68	0.75	0.61	0.79	0.86
	Bc700	0.75	0.76	0.54	0.59	0.74	0.58	0.77	0.82

2.5　不同热解温度蔗渣生物炭施用后土壤氮矿化速率的变化特征

从表10-10可以看出，土壤中施用蔗渣生物炭后，土壤氮矿化速率在培养前期（第1~10天）呈先下降后逐渐升高的趋势，培养后期（第10~90天）先升高后降低至稳定。培养前期土壤氮矿化速率为负，土壤无机氮含量逐渐降低。培养后期，矿化速率逐渐回落至稳定且为正值，土壤无机氮含量缓慢增加。总体上，施用生物炭处理土壤氮矿化速率均低于CK处理，而各生物炭处理间无明显差异。本研究氮素矿化速率的变化趋势与贺永岩等（2019）研究结果类似。

表10-10　不同热解温度生物炭对土壤氮矿化速率的影响

施用量	处理	3 d	6 d	10 d	20 d	40 d	60 d	90 d
0	CK	0	2.98	2.01	0.24	0.75	1.06	2.55
2%	Bc300	6.58	−1.54	3.25	0.22	0.76	1.02	0.44
	Bc500	5.94	−2.33	1.98	0.22	0.74	1.03	0.42
	Bc700	2.15	−1.36	2.31	0.21	0.73	1.02	0.43
4%	Bc300	3.48	−1.59	−0.42	0.54	0.79	1.15	0.46
	Bc500	3.51	−1.79	1.44	0.16	0.71	1.16	0.52
	Bc700	0.78	−2.11	1.96	0.12	0.69	1.17	0.51
6%	Bc300	1.12	−1.02	1.74	0.21	0.22	1.07	0.42
	Bc500	1.28	−2.35	1.75	0.22	0.21	1.08	0.44
	Bc700	0.35	−2.38	0.22	0.68	0.71	1.07	0.56

2.6 不同热解温度蔗渣生物炭施用对土壤氮矿化量的影响

从表10-11可知，施用蔗渣生物炭的硝态氮矿化量均随土层加深而降低，对照则随土层加深而升高。0~5 cm土层，随着生物炭施用量的增加其矿化量显著提高；5~10 cm土层，随着生物炭施用量的增加其矿化量逐渐降低。与对照相比，各处理间硝态氮和铵态氮矿化量差异均达显著水平（$P < 0.05$）。

表10-11　不同热解温度生物炭对土壤硝态氮、铵态氮矿化量的影响

土层	施用量	NO_3^--N（mg/kg）	NH_4^+-N（mg/kg）
0~5 cm	CK	42.26 c	18.97 b
	2%	43.15 b	19.01 b
	4%	45.88 a	21.55 a
	6%	47.29 a	22.36 a
5~10 cm	CK	44.68 a	22.35 a
	2%	43.12 a	22.12 a
	4%	41.55 b	20.55 b
	6%	40.36 b	18.79 c

说明：同一土层同列不同小写字母间表示差异显著（$P < 0.05$）。

2.7 不同材料和不同施用量生物炭施用对土壤下渗水量的影响

从表10-12可以看出，各处理与对照处理之间有显著差异（$P < 0.05$），同种生物炭的不同施用量之间也有差异显著（$P < 0.05$）。按照平均值比较，施用毛竹生物炭和水稻秸秆生物炭处理下土壤渗水量有所降低，平均值比对照处理分别降低了20.20%和27.38%。各施用量的生物炭处理均比对照处理显著降低了土壤下渗水量，在不同施用量间，6%生物炭施用量处理的保水性较好，下渗水比对照分别减少了24.03%和37.50%，水稻秸秆生物炭的作用效果较好。

表10-12　不同材料和不同施用量生物炭对土壤下渗水的影响（mL）

类型	施用量	下渗水
毛竹生物炭	CK	482.01 a
	2%	401.36 b
	4%	386.45 c
	6%	366.18 d
	平均值	384.66

续表

类型	施用量	下渗水
水稻秸秆生物炭	CK	482.01 a
	2%	393.25 b
	4%	355.61 c
	6%	301.25 d
	平均值	350.04

注：同种生活炭同列不同小写字母表示差异显著（$P < 0.05$）。下同。

2.8　不同材料和不同施用量生物炭施用对土壤全氮和全磷的流失量

从表10-13可以看出，类似于土壤下渗水的变化特征，各处理与对照处理之间有显著差异（$P < 0.05$），同种生物炭的不同施用量之间也有差异显著（$P < 0.05$）。与对照相比较，各处理在试验周期内，均降低了土壤全氮的流失量。不同生物炭种类之间，按照平均值比较，施用毛竹生物炭和水稻秸秆生物炭处理的土壤全氮和全磷流失量有所降低（$P < 0.05$），平均比对照处理分别降低了32.29%和32.15%、35.06%和46.70%。

不同施用量之间，各生物炭处理均比对照处理显著降低了土壤全氮和全磷流失量，6%施用量的处理效果较好，分别比对照减少了44.95%和44.16%、48.24%和59.87%。随着生物炭施用量的增加，土壤全氮和全磷流失量呈现逐渐减小的趋势。在试验研究过程中，生物炭施用对菜地具有明显的氮磷减排的效果，生物炭施用对全磷的固持效率相对高于全氮。不同材料生物炭和施用量对菜地土壤氮磷有不同的固持作用，对氮磷流失的控制表现出积极的意义。

表10-13　不同材料和不同施用量生物炭对土壤全氮和全磷流失量的影响（mg）

类型	施用量	全氮流失量	全磷流失量
毛竹生物炭	CK	985.22 a	302.22 a
	2%	802.11 b	242.12 b
	4%	656.68 c	190.23 c
	6%	542.39 d	156.44 d
	平均值	667.06	196.26
水稻秸秆生物炭	CK	985.22 a	302.22 a
	2%	811.25 b	200.18 b
	4%	644.01 c	161.78 c
	6%	550.19 d	121.27 d
	平均值	668.48	161.08

3 讨论与小结

3.1 不同热解温度蔗渣生物炭对土壤吸附解吸 NH_4^+-N 的影响

近年来，蔬菜种植逐渐趋向于集约化发展，集约化蔬菜种植培育的周期短、施肥量高、喷灌水量大，导致氮磷流失严重，给周边生态环境带来了巨大压力（闵炬等，2012）。生物炭由各种农林废弃物制成，呈碱性，具有孔隙多、比表面积大、表面电荷密度高等特点，对土壤、水或沉积物中的极性或非极性污染物都有较好的吸附固定作用，特别是对环境中氮磷的吸附尤为突出（刘玉学等，2009；陈重军等，2015）。如表10-1所示，随着 NH_4^+-N 初始溶液浓度的上升，土壤及混合土壤对 NH_4^+-N 的吸附等温线呈上升状态。当 NH_4^+-N 初始溶液浓度小于 120 mg/L，不同温度制备的生物炭混合土壤对 NH_4^+-N 的吸附量明显增加；当 NH_4^+-N 初始溶液浓度进一步增加时，混合土壤对 NH_4^+-N 的吸附量缓慢增加并趋于平衡。这主要是由于 NH_4^+-N 初始溶液浓度较低时，土壤本身的吸附点位并未完全被占据，随着 NH_4^+-N 初始溶液浓度的增加，未被利用的吸附点位逐渐被完全占据，无法提供更多的吸附点位，达到饱和状态，从而使得土壤与 NH_4^+-N 溶液趋于平衡状态，土壤对 NH_4^+-N 的吸附量达到最大值。

大量研究认为，生物炭的表面结构形态和阳离子交换量是生物炭作用下土壤吸附 NH_4^+-N 行为的重要影响因素。由于生物炭表面粗糙，比表面积大，具有丰富的大小不一的孔隙结构，能够有效吸附液体中的有机化合物以及 NH_4^+ 等无机离子（Smernik，2006；刘玮晶，2012）。同时，由于生物炭含有较高的阳离子交换量，其输入土壤后，能够有效增加阳离子交换量，且生物炭表面含有大量含氧官能团，如羟基、羧基等，其产生大量表面负电荷，电荷密度高，能够有效吸附 NH_4^+ 等阳离子（Larid 等，2010）。也有研究认为，生物炭作为一种高度芳香化的材料，芳香结构丰富，能够提供更多的离子交换位点，输入土壤后，土壤阳离子交换量含量增加，从而增强土壤对 NH_4^+-N 吸附的行为，提高吸附容量（刘玮晶，2012）。本研究中，由于生物炭来源温度的不同，生物炭的基本理化性质与表面结构形态等存在差异，生物炭对土壤的作用机制与效果不同，因而导致在生物炭作用下土壤对氮素的吸附解吸过程与机制存在明显差异。

本研究中，随着生物炭的施用，混合土壤对 NH_4^+-N 的吸附显著增加，与玉米秸秆生物炭、稻壳生物炭、松木生物炭等对黑土吸附 NH_4^+-N 的效果以及稻壳炭和秸秆炭对黄壤吸附 NH_4^+-N 的效果基本一致（刘玮晶，2012；王冰，2016）。这主要是生物炭本身存在的微孔结构以及其表面带有高密度的负电荷，能够有效吸持水、土壤中的 NH_4^+（Spokas 等，2010），从而为土壤提供更多的吸附点位，土壤对 NH_4^+-N 的吸附量增加。本研究中，在生物炭施用量及初始溶液浓度一致的情况，不同热解温度生物炭作用下土壤对 NH_4^+-N 的吸附能力差异表现为 Bc500 > Bc700 > Bc300。生物炭的表面结构形态作为土壤吸附

NH_4^+–N 的影响因素，Bc500 和 Bc700 的比表面积、孔隙度等大于 Bc300，因此其吸附量也高于施用 Bc300 的土壤，说明生物炭的表面结构形态是影响土壤吸附 NH_4^+–N 的主要影响因素，这与玉米秸秆、小麦秸秆生物炭对水溶液中 NH_4^+–N 的吸附结果一致（盖霞普等，2015）。各温度生物炭处理下的土壤对 NH_4^+–N 的吸附效果与生物炭 CEC 含量大小基本一致，Bc700、Bc500 高于 Bc300。这主要是生物炭施用土壤后，生物炭 CEC 含量增大，混合土壤 CEC 的增幅就越大，其对 NH_4^+–N 的吸附增加，这与刘玮晶（2012）的研究相一致。

解吸可以看作是吸附行为的逆过程，但吸附效应并不是完全可逆的。土壤对 NH_4^+–N 的吸附解吸过程存在可逆吸附和不可逆吸附，影响着土壤中 NH_4^+–N 的解吸行为（Liu 等，2018）。可逆吸附主要分为两种：一是微孔吸附，表现为吸附过程中由于吸附剂进入导致微孔的膨胀，微孔网格变形，吸附剂被土壤所固定（Khorram 等，2015；Ajayi 等，2016）；二是 NH_4^+–N 与土壤中生物炭成分之间的弱结合（Khorram 等，2015）。不可逆吸附主要表现为添加生物炭的土壤对吸附剂产生表面专性吸附或截留到微孔中或分配进入土壤有机质的凝聚结构，是化学螯合的主要原因（Sopeña 等，2012）。吸附在生物炭的物质并不能完全被解吸，这被称之为解吸滞后现象，普遍存在于土壤—农药／肥料的相互作用过程中。本研究中，施用蔗渣生物炭，显著降低了菜地土对 NH_4^+–N 的解吸。这主要是生物炭吸附能力强，可以减缓化合物的解吸或隔离，产生了解吸滞后现象。土壤对 NH_4^+–N 的吸附过程是产生解吸滞后的重要原因。前人研究表明具有较高表面积和微孔率的生物炭对吸附的可逆性显示出更强的影响（Yu 等，2010），所以具有高比表面积的中高温（Bc700、Bc500）生物炭处理的土壤解吸率更高。同时一些研究表明，加入生物炭可以导致更高的不可逆吸附，这可能是混合土壤与 NH_4^+–N 的化学吸附行为造成的，Bc300 处理下土壤对 NH_4^+–N 的解吸率更低，与混合土壤对 NH_4^+–N 的吸附过程一致。

3.2　不同热解温度蔗渣生物炭对土壤吸附 NO_3^-–N 的影响

本研究中，不同热解温度制备的蔗渣生物炭均表现为向溶液中释放 NO_3^-–N 的特点，其输入土壤后在一定范围内降低了土壤对 NO_3^-–N 的吸附，与现有的一些研究结果存在差异。这主要是由于蔗渣生物炭与土壤溶液充分反应，蔗渣生物炭所含的 NO_3^-–N 向土壤释放，故土壤对 NO_3^-–N 的吸附减弱。而蔗渣生物炭向溶液中释放 NO_3^-–N，这与 Kameyama 等（2012）在 400~600℃ 制备的甘蔗蔗渣生物炭、盖霞普等（2015）在 400~700℃ 下制备的玉米秸秆、小麦秸秆和花生壳生物炭对 NO_3^-–N 的吸附能力相似。经过酸洗之后的生物炭能够有效吸附 NO_3^-–N，这与王观竹等（2015）在 350℃、550℃、750℃ 制备的玉米秸秆生物炭能够有效吸附 NO_3^-–N 相一致，生物炭对 NO_3^-–N 的吸附随初始溶液浓度的上升而升高，且在同一溶液浓度下各温度制备的生物炭对 NO_3^-–N 的吸附能力大小顺序表现为 Bc750 > Bc550 > Bc350。

本研究中，蔗渣生物炭对溶液中释放 NO_3^--N 表现为同一初始溶液浓度下，Bc700 > Bc500 > Bc300，有以下3种可能，一是蔗渣生物炭本身含有的氮在溶液中释放，与生物炭氮含量大小顺序一致，主要来源于灰分中的 N；二是生物炭的微孔数量、比表面积等随温度升高而增大，其能够通过物理吸附增大对 NO_3^--N 的吸附量，减少 NO_3^--N 的释放；三是蔗渣生物炭表面含有大量阴离子与 NO_3^--N 形成竞争吸附，在0~200 mg/L 的 NO_3^--N 溶液浓度下，无法吸附 NO_3^--N。但是有些其他研究结果表明，未经过改性处理的生物炭依旧能够有效吸附 NO_3^--N，如 Mizuta 等（2004）在900℃制备的竹炭、Hollister 等（2013）在800℃下制备的甘蔗蔗渣生物炭能够吸附 NO_3^--N，以甘蔗蔗渣生物炭为例，在不同400~600℃温度下制备的生物炭无法吸附 NO_3^--N，而在800℃下制备的生物炭能够有效吸附 NO_3^--N，造成这种差异的原因可能是高温。可见，蔗渣生物炭的高温制备及改性处理对 NO_3^--N 的吸附需要进一步深入探究。

3.3 不同热解温度蔗渣生物炭对土壤氮素转化的影响

本研究中，施用生物炭能够有效提高土壤全氮的含量，全氮含量的增幅随着生物炭施用量的增加而增大，这与张婷（2016）的研究结果一致。首先是蔗渣在热解过程中养分富集，生物炭含有少量氮素；其次生物炭施入土壤后，改善了土壤通气状况，抑制微生物反硝化作用，减少 N_2O 的排放，提高了土壤全氮。不同热解温度生物炭间相比，土壤全氮含量随温度升高而降低，表现为 Bc500 > Bc700 > Bc300。除与生物炭自身氮素含量大小有关外，高温（500℃、700℃）热解生成的生物炭多环芳烃结构可能稳定，其对土壤全氮含量的提升作用有限（Crombie 等，2013）。本研究中，在一定时间内输入生物炭能够增加土壤 NH_4^+-N 含量，且随着生物炭施用量的增加而增加。一方面是生物炭本身还有一定的氮素，能够为土壤提供少量氮素；另一面则是由于生物炭对土壤中的 NH_4^+-N 具有吸附作用，能够有效固定土壤 NH_4^+-N，与前人的研究结果一致（王永栋等，2021）。各温度生物炭处理下，土壤 NH_4^+-N 含量的大小表现为高温 > 低温处理，这主要是由于高温制备的生物炭阳离子交换量含量较高，其对土壤阳离子交换量含量具有明显的正效应。在培养后期，高温制备的生物炭由于比表面积和孔隙较大，促进土壤小团聚体向大团聚体转变，而大团聚体对 NH_4^+-N 的吸附相对较弱，土壤对 NH_4^+-N 的固持能力减弱，同时生物炭作为微生物的氮源逐渐消耗，其对土壤硝化作用的抑制强度逐渐减弱，大量 NH_4^+-N 经硝化作用转变为 NO_3^--N，NH_4^+-N 含量逐渐减少。

生物炭输入土壤后，通过与矿物、微生物等相互作用使得土壤物理化学性质发生变化，影响着土壤的物理结构、通气状况，并通过自身含有的碳氮影响着土壤养分含量。本研究发现，在培养前期（第1~3天），生物炭的施用增加了土壤 NO_3^--N 含量，随着生物炭施用量越大，增幅越大。这主要是生物炭本身含有一定的 NO_3^--N，添加进土壤后与土壤溶液融合后，向土壤中释放 NO_3^--N，NO_3^--N 含量增加，与其他研究结果一致（周志红等，2011；刘玮晶等，2012）。随着热解温度的增加，土壤 NO_3^--N 含量增加幅度减小，与生物炭自身 NO_3^--N 含量大小变化一致。前期生物炭向土壤中释放 NO_3^--N 的过程完毕，培养后期（第3~90天），土壤硝化作用加速阶段，随着生物炭的输入，第6天时土壤 NO_3^--N 含量明显减少，其后土壤 NO_3^--N 含量逐渐增加，但都低于对照处理。这主要是由于生物炭含有较高的碳氮比，能够有效增加土壤碳氮比，从而抑制土壤氮素的矿化作用，从而减少土壤 NO_3^--N 含量。不同热解温度生物炭处理初期，土壤对 NO_3^--N 的释放量大小关系表现为 Bc300 > Bc500 > Bc700，其原因随着热解温度的增加，生物炭的碳氮比不断增大，土壤碳氮比增大，生物炭对硝化作用的抑制强度逐渐增大。而在培养后期，生物炭作为土壤微生物的氮源被逐渐消耗，生物炭含量逐渐减少，土壤对 NO_3^--N 的吸附含量逐渐增加。本研究中，生物炭对土壤硝化作用的抑制作用表现在土壤硝化作用的加速阶段，这与朱继荣等（2015）在施用生物炭对塌陷区复垦土壤的硝化作用表现一致。氮矿化和硝化作为土壤氮素转化的关键过程，能够有效表征土壤的供氮能力。本研究中，添加蔗渣生物炭后，土壤氮矿化、硝化速率在无机氮释放高峰后出现明显降低且低于 CK 处理。这主要是生物炭含碳量高，有机氮矿化作用微弱，加之微生物的固氮及氨挥发，无机氮含量降低。后期逐渐上升则由于微生物固氮的减弱以及有机氮矿化作用的增强，无机氮含量增加，新增的 NH_4^+-N 硝化成 NO_3^--N，土壤硝化速率上升。各生物炭处理间硝化速率的差异主要是生物炭对硝化作用的抑制强度决定的，与前文硝化作用的抑制效果一致。

　　施用生物炭对菜地土壤下渗水有一定的影响。按照均值来看，输入生物炭处理的土壤下渗水量有所降低，说明生物炭处理的土壤保水性较好，下渗水量低于对照处理。表明生物炭的输入在一定程度上提高了土壤的含水能力，这是由于生物炭表面的多孔性可以将水分保存在其中，减少营养元素的淋溶量，对作物产量产生影响（Major 等，2010）。生物炭输入降低了各处理氮磷养分的流失量，表明生物炭对氮磷具有较好的固持作用，与前人的研究结果一致（Steiner 等，2007；陈重军等，2015）。例如全氮，Brown 等（2006）研究发现，将添加量为1.5%、2% 干土的合成木材生物炭与不添加生物炭相比，发现全氮淋溶量比对照降低了65%、67%。以造纸厂废料为生物炭原料，2% 干土为添加量，全氮淋溶量比空白对照降低了70%（Van 等，2010）。这不仅跟生物炭多孔性造成强力的吸附作用相关，而且生物炭表面存在一些金属氧化物，包括氧化钙、氧化镁、三氧化二铁等，可以起催化作用，可以吸附营养元素（Lehmann，2007），且生物炭通过表面离子交换作用来吸收营养元素如氮素离子，减少氮素的淋溶（Ding 等，2010），并能实现固定氮的再次释放，产生缓释效果（Taghizadeh-Toosi 等，2012）。此外，生物炭中可能含有多酚或单菇类等抑制硝化作用的物质，能够影响生物炭表面的硝化作用，从而影响土壤的氮素流失（Berglund 等，2004）。

3.4 小结

（1）不同热解温度蔗渣生物炭施用土壤后能够增强土壤对 NH_4^+–N 的吸附能力，结合菜地现有的施肥量，施用6%（Bc500）的混合蔗渣土壤对 NH_4^+–N 的吸附量最大。不同热解温度蔗渣生物炭施用土壤后，能够有效降低土壤对 NH_4^+–N 的解吸，其中 Bc700 最为明显。蔗渣生物炭施用土壤后对 NH_4^+–N 的吸附主要是不可逆吸附，阳离子交换量含量是影响土壤吸附 NH_4^+–N 能力的主要因素。3 种温度下制备的蔗渣生物炭均不具备吸附溶液中 NO_3^-–N 的能力，其施用土壤后，在一定范围内降低了土壤对 NO_3^-–N 的吸附。

（2）生物炭施用后能显著提高土壤全氮的含量，且随着生物炭施用的增加而显著增加。不同热解温度制备的生物炭处理相比，土壤全氮含量随着热解温度的升高而降低，Bc500处理土壤全氮含量最高。生物炭施入土壤后，培养前期（第1~40天）由于土壤对 NH_4^+–N 的吸附能力增强，土壤 NH_4^+–N 含量上升，后逐渐降低。各热解温度生物炭处理间，培养前期，土壤 NH_4^+–N 含量增幅为低温大于高温，而后期高温处理降幅高于低温处理。培养初期（第1~3天）所有生物炭处理土壤 NO_3^-–N 的含量皆高于对照处理，培养后期所有生物炭处理的土壤 NO_3^-–N 含量均低于对照处理，说明生物炭对土壤硝化反应有抑制作用。不同温度生物炭处理间，土壤 NO_3^-–N 含量表现为 Bc300 > Bc500 > Bc700。热解温度越高，生物炭对硝化反应的抑制作用越强。随着生物炭输入量的增加，土壤氮转化速率在无机氮释放高峰后出现明显降低，且均低于 CK 处理，生物炭能够在高施用量时减缓了土壤氮矿化作用。

（3）生物炭施用提升了表层（0~10 cm）土壤氮素矿化量，显著促进了表层土壤氮素矿化速率，硝化速率和氨化速率则处于一种相对平衡的状态。生物炭施用量对菜地下渗水量产生了影响，且各处理均降低了氮磷流失，不同热解温度制备的毛竹生物炭处理的土壤氮磷分别降低了32.29% 和35.06%，不同热解温度制备的水稻秸秆生物炭处理的土壤氮磷分别降低了32.15% 和46.7%。生物炭施用对降低总磷流失效果优于总氮。当毛竹生物炭和水稻秸秆生物炭施用量为6% 时，对总氮总磷流失的降低效果较佳，可作为实际应用参考输入量。

参考文献

［1］白云，邓威，李玉成，等. 水稻秸秆预处理还田对土壤养分淋溶及 COD 的影响［J］. 水土保持学报，2020，34（3）：238-2444.

［2］陈重军，刘凤军，冯宇，等.不同原料来源生物炭对蔬菜种植土壤氮磷流失的影响［J］.农业环境科学学报，2015，34（12）：2336-2342.

［3］党亚爱，王立青，张敏.黄土高原南北主要类型土壤氮组分相关关系研究［J］.土壤，2015，47（3）：490-495.

［4］盖霞普，刘宏斌，翟丽梅，等.玉米秸秆生物炭对土壤无机氮素淋失风险的影响研究［J］.农业环境科学学报，2015，34（2）：310-318.

［5］贺永岩，武均，张仁陟，等.秸秆与不同水平氮素配施对陇中黄土高原旱作农田土壤氮素矿化的影响［J］.作物研究，2019，33（3）：223-227.

［6］刘玮晶.生物炭对土壤中氮素养分滞留效应的影响［D］.南京：南京农业大学，2012.

［7］刘玮晶，刘烨，高晓荔，等.外源生物炭对土壤中铵态氮素滞留效应的影响［J］.农业环境科学学报，2012，31（5）：962-968.

［8］刘玉学，刘微，吴伟祥，等.土壤生物炭环境行为与环境效应［J］.应用生态学报，2009，20（4）：977-982.

［9］罗煜，赵小蓉，李贵桐，等.生物炭对不同 pH 值土壤矿质氮含量的影响［J］.农业工程学报，2014，30（19）：166-173.

［10］闵炬，陆扣萍，陆玉芳，等.太湖地区大棚菜地土壤养分与地下水水质调查［J］.土壤，2012，44（2）：213-217.

［11］曲晶晶，郑金伟，郑聚锋，等.小麦秸秆生物炭对水稻产量及晚稻氮素利用率的影响［J］.生态与农村环境学报，2012，28（3）：288-293.

［12］沈玉芳，李世清，邵明安.半湿润地区土垫旱耕人为土不同土层氮矿化的水温效应研究［J］.植物营养与肥料学报，2007，13（1）：8-14.

［13］王冰.生物炭对黑土无机氮淋失和吸附解吸特性的影响［D］.吉林：吉林农业大学，2016.

［14］王观竹，陶佳慧，李琳慧，等.不同热解温度及材料来源的生物炭对水中硝氮的吸附作用研究［J］.科学技术与工程，2015，15（6）：109-113.

［15］王开峰，彭娜，曾令泽，等.水葫芦生物炭对水溶液中 Cu^{2+} 的吸附研究［J］.嘉应学院学报，2016，34（11）：35-41.

［16］王永栋，武均，郭万里，等.秸秆和生物炭添加对陇中黄土高原旱作农田土壤氮素矿化的影响［J］.水土保持学报，2021，35（4）：186-192，199.

［17］张若扬，郝鲜俊，韩阳，等.不同有机肥对采煤塌陷区土壤氮素矿化动态特征研究［J］.水土保持学报，2020，47（3）：188-194.

［18］张婷.生物炭和秸秆配合施用对土壤有机碳氮转化的影响［D］.杨凌：西北农林科技大学，2016.

［19］朱继荣，韦绪好，祝鹏飞，等.施用生物炭抑制塌陷区复垦土壤硝化作用［J］.农业工

程学报，2015，7：264-271.

［20］周志红，李心清，邢英，等．生物炭对土壤氮素淋失的抑制作用［J］．地球与环境，2011，39（2）：278-284.

［21］Ajayi A E，Holthusen D，Horn R. Changes in microstructural behaviour and hydraulic functions of biochar amended soils［J］. Soil &Tillage Reserach，2016，155：166-175.

［22］Berglund L M，DeLuca T H，Zackrisson O. Activated carbon amendments to soil alters nitrification rates in Scots pine forests［J］. Soil Biology & Biochemistry，2004，36（12）：2067-2073.

［23］Brown R A，Kercher A K，Nguyen T H，et al. Production and characterization of synthetic wood chars for use as surrogates for natural sorbents［J］. Geochemistry，2006，37（3）：321-333.

［24］Crombie K，Masek O，Sohi S P，et al. The effect of pyrolysis conditions on biochar stability as determined by three methods［J］. Global Change Biology Bioenergy，2013，5（2）：122-131.

［25］Ding Y，Liu Y X，Wu W X，et al. Evaluation of biochar effects on nitrogen retention and leaching in multi-layered soil columns［J］. Water Air Soil Pollution，2010，213（4）：47-55.

［26］Gong W，Yan X Y，Wang J Y，et al. Long-term manure and fertilizer effects on soil organic matter fractions and microbes under a wheat-maize cropping system in northern China［J］. Geoderma，2009，149（3-4）：318-324.

［27］Hollister C C，Bisogni J J，Lehmann J. Ammonium，nitrate，and phosphate sorption to and solute leaching from biochars prepared from corn stover（Zea mays L）and oak wood（Quercus spp）［J］. Journal of Environmental Quafity，2013，42（1）：137-144.

［28］Kameyama K，Miyamoto T，Shiono T，et al. Influence of sugarcane bagasse-derived biochar application on nitrate leaching in calcaric dark red soil［J］. Journal of Environmental Quality，2012，41：1131-1137.

［29］Khorram M S，Wang Y，Jin X，et al. Reduced mobility of fomesafen through enhanced adsorption in biochar-amended soil［J］Environmental Toxicology Chemistry，2015，34（6）：1258-1266.

［30］Laird D，Fleming P，Wang B，et al. Biochar impact on nutrient leaching from a Midwestern agricultural soil［J］. Geoderma，2010，158（3-4）：436-442.

［31］Lehmann J. Bio-energy in the black［J］. Frontiers in Ecology and the Environment，2007，5：381-387.

［32］Liu X R，Dong Y S，Ren J Q，et al. Drivers of soil net nitrogen mineralization in the temperate grasslands in Inner Mongolia, China [J]. Nutrient cycling in agroeco-systems, 2010, 87 (1): 59-69.

[33] Liu Y X, Lonappan L, Satinder K B, et al. Impact of biochar amendment in agricultural soils on the sorption, desorption, and degradation of pesticides: A review [J]. Science of the Total Environment, 2018, 645: 60-70.

[34] Major J, Lehmann J, Rondon M, et al. Fate of soil-applied black carbon: Downward migration, leaching and soil respiration [J]. Global Change Biology, 2010, 16 (4): 1366-1379.

[35] Mizuta K, Mastumoto T, Hatate K, et al. Removal of nitrate nitrogen from drinking water using bamboo powder charcoal [J]. Bioresource Technology, 2004, 95 (3): 255-257.

[36] Smernik R J, Kookana R S, Skjemstad J O. NMR characterization of ^{13}C-benzene sorbed to natural and prepared charcoals [J]. Environmental Science and Technology, 2006, 40 (6): 1764-1769.

[37] Sopeña F, Semple K, Sohi S, et al. Assessing the chemical and biological accessibility of the herbicide isoproturon in soil amended with biochar [J]. Chemosphere, 2012, 88 (1): 77-83.

[38] Spokas K A. Review of the stability of biochar in soils: predictability of O:C molar ratios [J]. Carbon Managment, 2010, 1 (2): 289-303.

[39] Steiner C, Teixeira W G, Lehmann J, et al. Long term effects of manure, charcoal and mineral fertilization on crop production and fertility on a highly weathered central amazoman upland soil [J]. Plant and Soil, 2007, 291: 275-290.

[40] Taghizadeh-Toosi A, Clough T J, Sherlock R R, et al. Biochar adsorbed ammonia is bioavailable [J]. Plant Soil, 2012, 350: 57-69.

[41] Van Z L, Kimber S, Morris S, et al. Effects of biochar from slow pyrolysis of papermill waste on agronomic performance and soil fertility [J]. Plant Soil, 2010, 327: 235-246.

[42] Yu X Y, Pan L G, Ying G G. Ehanced and irreversible sorption of pesticide pyrimethanil by soil amended with biochars [J]. Journal of Environmental Sceience, 2010, 22 (4): 615-620.

第十一章

生物炭施用对土壤磷吸附解吸特征的影响

磷元素是植物生长发育所必需的营养元素，在植物的生长代谢过程中起着不可替代的作用。由于土壤黏粒和无定形氧化物对磷具有较强的吸附与化学固定作用，土壤溶液的磷浓度一般都很低，大部分磷在土壤中以难溶性化合物形态存在（葛顺峰等，2013）。研究表明，在我国农业生产过程中，磷肥的利用效率往往很低，当季作物的磷肥利用率仅为10%~15%（王永壮等，2013）。如何提高土壤磷肥利用率一直是农业生产过程中关注的重点。

生物炭是由农林废弃物在少氧或无氧条件下经高温裂解产生的碱性、碳含量高、溶解性低的高度芳香化材料。生物炭很难被氧化和降解，它可长期稳定地存在于自然环境中（Skjemstad等，2002）。其主要特点是多孔、含有大量官能团以及各种矿质元素和营养元素。目前，生物炭被用于改良土壤理化性质及增强土壤肥力等方面（Laird，2008；段春燕等，2020；徐广平等，2020；范拴喜等，2021），也在土壤改良、污染治理、固碳减排等方面具有广阔的应用前景。

前人研究表明，生物炭对磷吸附及磷有效性能产生一定的影响，其效应取决于生物炭的来源、热解温度等因素（张朴等，2018）。生物炭施用到土壤中，减少了土壤对磷的吸附，5种原料制备的生物炭对磷的最大吸附量依次为水葫芦＞秸秆＞竹子＞松针＞核桃壳（代银分等，2016）。郎印海等（2015）研究发现，施用柚子皮制备的生物炭减少了土壤对磷的吸附，且吸附量随生物炭添加量的增加而降低。可通过选择生物炭原料类型以及热解温度而得到合适的生物炭，以用于增加土壤磷的有效性。

我国水稻每年都会产出大量水稻秸秆，如何处理水稻秸秆已成为一大问题。虽然已有以秸秆为原料制备生物炭，并将生物炭用于环境污染治理和改善土壤理化性质等方面的研究（高瑞丽等，2016），但关于水稻秸秆生物炭对土壤磷吸附固定的影响仍有待进一步研究。因此，本研究以水稻秸秆为原料在不同热解温度下制备生物炭，通过水稻秸秆生物炭施用的田间试验，施用不同用量水稻秸秆生物炭2年后，研究生物炭类型（热解温度）和用量对土壤磷吸附等温线以及吸附动力学的影响，以期为生物炭提高土壤磷肥利用率的技术途径提供理论依据。

1　不同热解温度生物炭对土壤磷吸附的影响

1.1　不同温度生物炭的基本理化性质

水稻秸秆生物炭的基本理化性质见表11-1，可以看出，热解温度对生物炭的有机碳（SOC）、阳离子交换量（CEC）、全磷（TP）、全氮（TN）及比表面积（SOC）等基本理化性质有一定的影响。随着热解温度的升高，生物炭中的有机碳含量逐渐增加，而阳离子交换量则不断降低，全磷含量随着热解温度升高而先增加后减少，全氮含量呈现先升高后降低，比表面积逐渐增加。

表11-1　不同温度水稻秸秆生物炭的基本性质

处理	SOC（g/kg）	CEC（cmol/kg）	TP（g/kg）	TN（g/kg）	SFA（m²/g）
Bc300	344.02	36.84	0.601	2.14	30.19
Bc500	377.16	32.77	0.903	2.66	51.22
Bc700	406.49	26.87	0.885	2.34	60.05

1.2　不同热解温度生物炭对土壤磷吸附的影响

由表11-2不同热解温度下生物炭对土壤磷的吸附量可以看出，生物炭的施用显著降低了土壤对磷的吸附（$P < 0.05$）。与对照CK相比（未施用生物炭），添加300℃，500℃和700℃制备的生物炭分别使土壤磷的吸附量降低了17.34%、7.34%和1.86%，生物炭的施用对土壤磷吸附具有抑制作用。不同热解温度制备的生物炭对土壤磷的吸附量，随着热解温度的增加而显著增加。施用热解温度为700℃的生物炭后土壤磷吸附量比添加300℃生物炭的土壤显著增加17.97%（$P < 0.05$），与对照相比，热解温度越低，所制备的生物炭对土壤磷吸附的抑制作用则越明显。

表11-2　热解温度以及添加量对土壤吸附磷的影响（mg/kg）

处理	Bc300	Bc500	Bc700
CK	382.45 a	377.96 a	380.04 a
4%	316.15 b	350.23 b	372.97 a
降低量	66.3	27.73	7.07
降低比例（%）	17.34	7.34	1.86

注：同列不同小写字母表示差异显著（$P < 0.05$）。下同。

1.3 生物炭对土壤磷吸附等温线的影响

表11-3是生物炭施用下对磷吸附等温线的变化特征，从不同平衡溶液中磷浓度下磷的吸附量可知，土壤对磷的吸附量随着平衡溶液中磷浓度的增大而增加，在90 mg/L 浓度下达到最大吸附量798.54 mg/kg。在平衡溶液磷浓度小于75 mg/L 时，生物炭施用量对土壤磷吸附无明影响；在平衡溶液磷浓度大于90 mg/L 时，施用生物炭降低了土壤对磷的吸附量，且生物炭添加量为4% 时，土壤对磷的吸附量最低，为674.12 mg/kg；在平衡溶液磷浓度达到135 mg/L 时，生物炭施用8% 时，土壤对磷的吸附量最低且数值为648.79 mg/kg。

表11-3 生物炭对磷吸附等温线的影响（吸附量：mg/kg）

处理	15	30	45	60	75	90	105	120	135
CK	215.02	380.13	511.34	611.02	602.31	798.54	744.36	731.01	722.06
2%	214.45	378.49	505.46	606.84	603.11	731.26	722.16	715.45	710.36
4%	214.16	376.45	503.34	610.34	600.01	702.45	698.45	674.12	700.01
8%	213.88	375.12	502.19	605.79	594.78	760.14	741.06	690.32	648.79

注：表头为平衡溶液磷浓度（mg/L）。

1.4 生物炭对土壤磷吸附等温方程参数的影响

为了更好地描述土壤对磷的吸附特征，揭示土壤磷的吸附量与平衡溶液中磷浓度之间的关系以及生物炭对土壤磷吸附的影响，本研究采用 Langmuir 方程和 Freundlich 等温吸附方程分别对试验结果进行拟合，拟合参数如表11-4所示。由表11-4可知，除8% 处理的 Freundlich 方程差异显著外（$P < 0.05$），Langmuir 方程和 Freundlich 方程都能较好地描述生物炭施用条件下土壤对磷的吸附行为，拟合系数达到极显著水平（$P < 0.01$）。

表11-4 生物炭对土壤磷吸附的等温方程参数的影响

处理	Langmuir 方程			Freundlich 方程		
	q_m（mg/g）	K_L	R^2	n	K_F	R^2
CK	0.728	0.079	0.908**	0.374	0.128	0.918**
2%	0.695	0.081	0.899**	0.352	0.131	0.947**
4%	0.619	0.095	0.920**	0.286	0.160	0.866**
8%	0.573	0.102	0.897**	0.249	0.171	0.507*

注：** 表示差异极显著（$P < 0.01$），* 表示差异显著（$P < 0.05$）。下表同。

1.5　生物炭对土壤磷吸附动力学的影响

施用生物炭条件下，土壤对磷的吸附量随时间变化见图11-1。由图11-1可以看出，在初始10 h内，土壤对磷的吸附速率较快，之后便趋于缓慢，25 h后磷的吸附量相对不再明显增加，达到吸附平衡状态。表明施用生物炭抑制了土壤对磷的吸附。达到吸附平衡时，施用2%（Bc2）、4%（Bc4）和8%（Bc8）生物炭的土壤对磷的吸附量与对照CK（未施用生物炭）相比，从第30 h开始，平均值分别减少了0.85%、1.86%和2.87%。

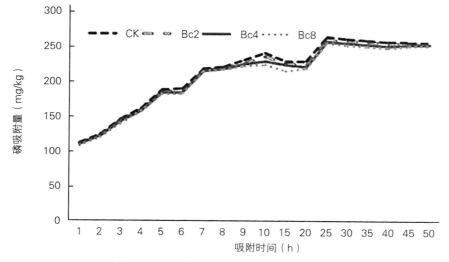

图11-1　生物炭施用量对土壤磷吸附动力学的影响

吸附动力学主要用来描述吸附剂吸附溶质速率的动态变化，对于更好地理解吸附机理起着重要的作用。为了分析生物炭不同施用量对土壤磷吸附速率的影响，探讨其可能的吸附机理，本研究分别用了准一级动力学模型和准二级动力学模型对试验结果进行拟合（表11-5）。从表11-5可以看出，准一级动力学方程和准二级动力学方程都能很好地描述施用生物炭土壤对磷吸附的动力学行为。对于CK和Bc2处理，准二级动力学方程的相关系数（R^2）大于准一级动力学方程。通过模型计算的理论平衡吸附量（q_e，cal）与试验结果（q_e，exp）比较接近，说明准二级动力学方程能更好地描述生物炭施用土壤对磷的吸附过程。

表11-5　生物炭对土壤磷吸附的等温方程参数的影响

处理	准一级动力学方程			准二级动力学方程		
	q_e	K_1	R^2	n	K_2	R^2
CK	0.269	0.112	0.875**	0.246	18.245	0.922**
2%	0.266	0.097	0.869**	0.244	18.162	0.918**
4%	0.264	0.105	0.955**	0.238	20.875	0.898**
8%	0.261	0.092	0.901**	0.235	21.879	0.887**

2 不同材料生物炭对土壤磷吸附的影响

2.1 不同材料生物炭的基本性质

不同生物炭的基本理化性质如表11-6所示。由表11-6可知，同一制备温度下，不同生物炭的理化性质各不相同，这与制备生物炭的原材料来源相关。蔗渣生物炭的有机碳和阳离子交换量最高；香蕉茎叶生物炭的全磷、全氮含量最高，比表面积最大；水稻秸秆生物炭的碳含量、阳离子交换量、磷含量最低，比表面积最小；玉米秸秆生物炭的全氮含量最低。

表11-6　不同生物炭的基本性质

处理	温度℃	SOC（g/kg）	CEC（cmol/kg）	TP（g/kg）	TN（g/kg）	SFA（m²/g）
玉米秸秆	500	380.59	34.35	1.079	2.442	53.19
水稻秸秆	500	377.16	32.77	0.903	2.662	51.22
蔗渣	500	501.02	68.79	1.542	6.773	70.13
香蕉茎叶	500	462.59	48.31	54.10	13.671	80.51

2.2 不同材料生物炭对土壤磷吸附等温线的影响

不同来源生物炭对土壤磷吸附等温线的影响如表11-7所示。从表中结果可以看出，在平衡溶液磷浓度小于90 mg/L时，各处理土壤磷的吸附等温线变化趋势较为相似，生物炭施用量对土壤磷吸附无显著影响（$P > 0.05$），吸附量都随着平衡溶液中磷浓度的增加而趋于增大，最大吸附量达到801.03 mg/kg。在平衡溶液磷浓度大于90 mg/L时，施用生物炭降低了土壤对磷的吸附量；在平衡溶液磷浓度达到120 mg/L时，水稻秸秆生物炭对磷的吸附量最低，吸附量数值为674.12 mg/kg。而在90 mg/L之后，当溶液中磷浓度继续增加时，对照和各处理的土壤对磷的吸附量逐渐下降，玉米秸秆生物炭、水稻秸秆生物炭、蔗渣生物炭和香蕉茎叶生物炭处理土壤对磷的吸附量均低于对照。

表11-7　生物炭对磷吸附等温线的影响（吸附量：mg/kg）

处理	15	30	45	60	75	90	105	120	135
CK	215.02	380.13	511.34	611.02	602.31	798.54	750.06	746.77	740.49
玉米秸秆	216.02	382.01	509.88	612.01	599.89	791.01	745.01	740.13	735.17
水稻秸秆	214.16	376.45	503.34	610.34	600.01	702.45	698.45	674.12	700.01
蔗渣	214.78	379.99	512.04	614.22	602.87	801.03	748.12	741.45	738.56
香蕉茎叶	215.36	382.12	510.23	612.98	605.44	799.35	744.36	731.01	722.06

注：表头为平衡溶液中磷浓度（mg/L）。

为进一步研究生物炭施用对土壤磷吸附的可能影响，本研究采用Langmuir方程和Freundlich方程对各生物炭处理的吸附等温数据进行拟合，其中Langmuir方程假定试验中所使用的吸附剂表面是开放而且均一的，一个表面吸附位只能吸附一个分子，适用于中低浓度范围的吸附反应。Freundlich方程则主要用于吸附剂表面不均匀的吸附反应，且其不但适用于中低浓度的吸附，对高浓度条件下的吸附拟合效果也很好（郎印海等，2015；李仁英等，2013）。

由表11-8可以看出，两个等温吸附方程对试验数据的模拟拟合程度都较好，其拟合的相关系数R^2基本都大于0.9。除施用水稻秸秆生物炭处理下Langmuir方程的拟合效果比Freundlich方程较好，其他生物炭处理下Freundlich方程的拟合效果均比Langmuir方程较好。由Langmuir方程拟合得到的最大吸附量q_m比较可知，施用水稻秸秆生物炭后，土壤对磷的最大吸附量小于对照，这表明向土壤中施用水稻秸秆生物炭会减少土壤对磷的吸附。Freundlich方程中的n代表吸附质表面吸附位点的能量变化特征，拟合结果表明向土壤中施用生物炭后，土壤中磷的吸附呈非线性吸附。

表11-8　生物炭对土壤磷吸附的等温方程参数的影响

处理	Langmuir 方程			Freundlich 方程		
	q_m（mg/g）	K_L	R^2	n	K_F	R^2
CK	0.728	0.079	0.908**	0.374	0.128	0.918**
玉米秸秆	0.839	0.086	0.915**	0.385	0.149	0.922**
水稻秸秆	0.619	0.095	0.920**	0.286	0.160	0.866**
蔗渣	1.027	0.097	0.932**	0.517	0.221	0.941**
香蕉茎叶	0.92	0.098	0.896**	0.472	0.178	0.934**

2.3　不同材料生物炭对土壤磷吸附动力学的影响

不同来源生物炭对土壤磷吸附动力学的影响见表11-9。由表11-9可知，在反应开始的5 h内，土壤对磷的吸附较快，吸附量基本达到平衡吸附量的50%以上。随着吸附的进行，土壤对磷的吸附量持续增加，吸附速率逐渐降低。除蔗渣生物炭外，各处理在10 h后吸附反应逐渐达到平衡，吸附量基本不随时间而改变。蔗渣生物炭处理的土壤对磷的吸附量在8 h达到最高，为622.4 mg/kg，10 h之后与玉米秸秆生物炭、水稻秸秆生物炭和香蕉茎叶生物炭变化趋势相似，开始逐渐下降。与对照相比，施用生物炭均能够降低土壤对磷的吸附量，达到吸附平衡时（25 h），生物炭处理的土壤磷的吸附量大小为对照＞玉米秸秆生物炭＞水稻秸秆生物炭＞香蕉茎叶生物炭＞蔗渣生物炭。

表11-9　生物炭对土壤磷吸附动力学的影响（mg/kg）

处理	1 h	2 h	3 h	4 h	5 h	6 h	7 h	8 h	9 h	10 h	15 h	20 h	25 h	30 h
CK	298.3	331.3	379.0	426.2	430.9	456.6	542.0	584.7	603.1	622.4	631.0	636.5	634.2	632.0
玉米秸秆	267.6	316.2	371.0	420.0	431.0	448.8	499.9	577.3	589.0	601.9	598.7	600.4	601.5	602.3
水稻秸秆	253.1	323.0	372.4	409.9	422.2	430.7	516.4	561.3	580.0	597.5	596.0	595.8	596.0	594.1
蔗渣	288.5	322.8	382.2	436.4	435.0	466.0	578.0	622.4	601.5	591.7	586.8	567.0	559.9	540.1
香蕉茎叶	271.7	332.4	379.5	430.0	431.3	442.2	544.2	590.0	578.5	588.7	580.8	570.0	572.5	569.9

　　为了分析不同来源生物炭对土壤磷吸附速率的影响，探讨其可能的吸附机理，用准一级动力学方程和准二级动力学方程分别对吸附动力学试验的结果进行拟合（李仁英等，2017）。从拟合结果表11-10可以看出，经两个动力学拟合方程计算得出的平衡状态下的理论吸附量（q_e）与本研究结果中的吸附量相差不大，这表明两个动力学方程的拟合效果都较好，均能反映不同来源生物炭对磷吸附行为的影响特征，拟合结果中准二级动力学方程的R^2均大于准一级动力学方程的R^2值，因此准二级动力学模型的拟合效果相对更好，更能反映生物炭对土壤磷的吸附行为。

表11-10　生物炭对土壤磷吸附的等温方程参数的影响

处理	准一级动力学方程			准二级动力学方程		
	q_e	K_1	R^2	q_e	K_2	R^2
CK	0.484	1.035	0.845**	0.493	0.0025	0.899**
玉米秸秆	0.496	1.355	0.892**	0.502	0.0024	0.954**
水稻秸秆	0.501	0.124	0.912**	0.513	0.0031	0.922**
蔗渣	0.535	1.442	0.942**	0.542	0.0036	0.951**
香蕉茎叶	0.521	1.361	0.923**	0.535	0.0042	0.936**

2.4　不同材料生物炭对土壤磷解吸的影响

　　由表11-11可以看出，与对照相比，施用不同生物炭均显著提高土壤磷的解吸量和解吸率（$P < 0.05$）。在不同来源的生物炭中，香蕉茎叶生物炭处理下土壤磷的解吸量和解吸率最高，解吸量和解吸率分别为对照的2.6倍和3.0倍；其次是蔗渣生物炭，解吸量为0.418 g/kg，解吸率为1.704%；玉米秸秆生物炭处理下土壤磷解吸量和解吸率最低。生物炭施用后，土壤磷的解吸量和解吸率的大小顺序表现为香蕉茎叶生物炭＞蔗渣生物炭＞水稻秸秆生物炭＞玉米秸秆生物炭＞对照。

表11-11　不同生物炭对土壤中磷解吸量和解吸率的影响

处理	对照	玉米秸秆	水稻秸秆	蔗渣	香蕉茎叶
解吸量（g/kg）	0.185 c	0.277 b	0.305 b	0.418 a	0.486 a
解吸率（%）	0.652 c	1.112 b	1.139 b	1.704 a	1.975 a

3　讨论与小结

3.1　施用生物炭对土壤磷素吸附作用的影响

研究表明，土壤对磷的吸附解吸特性主要受土壤pH值、阳离子交换量、有机质含量、粒径组成等因素的影响（李仁英等，2013）。生物炭自身由于具有多孔结构、比表面积大、含碳量高等特点，也会影响磷的吸附解吸过程（马锋锋等，2015）。本研究结果表明，热解温度对生物炭的基本理化性质有一定的影响，随着生物炭热解温度升高，除阳离子交换量不断降低外，有机碳含量、全磷、全氮和比表面积均呈现基本增加的趋势。本研究中，随着生物炭热解温度增加，土壤磷自身的吸附量显著降低，生物炭对土壤磷的吸附量显著增加，这与其他研究结果相符合（张璐等，2015；张朴等，2018；Hollister等，2013；田雪等，2021）。张朴等（2015）研究显示热解温度越低，所制备的生物炭对土壤磷的吸附的抑制作用越明显，代银分等（2016）显示生物炭施用显著降低土壤对磷的吸附。生物炭热解温度升高引起土壤磷吸附量增加的原因可能是在碳化过程中，生物质受热后释放大量能量，从而冲开生物质内部的孔道，使比表面积增大（张璐等，2015）。也可能是随着制备温度的升高，生物质表面的微孔边缘烧灼，孔道分布变为无序，形变程度加剧，粗糙程度增大，且生物炭的芳香化程度也有所升高，π电子量增加，使生物炭的吸附能力增强（Keiluweit等，2010；戴静等，2013）。本研究结果表明当平衡溶液磷浓度大于90 mg/L时，施用生物炭降低了土壤对磷的吸附量，这与郎印海等（2015）的研究结果相符，原因可能是生物炭通过影响与磷相互作用的阳离子活性改变磷的有效性，或是通过改变微生物的活性，从而间接影响磷的有效性和吸附量。

生物炭抑制土壤磷吸附的可能原因有以下方面：①热解后，生物炭中的PO_4^{3-}增加（Gundale and Deluca，2006），当加入土壤中时，生物炭中的部分磷元素会释放出来，占据一部分土壤磷的吸附位点，从而减弱土壤对磷元素的吸附。在本研究中，水稻秸秆生物炭的磷含量较高，这使生物炭释放磷元素成为可能；②土壤添加生物炭后干扰了土壤铁铝氧化物对磷的吸附，从而减少土壤对磷的吸附；③生物炭有较高的阳离子交换量，土壤中添加生物炭后可通过增加阳离子交换能力或影响与磷相互作用的阳离子活性而改变磷的有效性，从而间接影响对磷的吸附量（Lehmann and Joseph，2009）。本研究中，随着生物炭添加量的增加，生物炭对土壤磷吸附量减少。周丽丽等（2017）也得出类似的结果，即土壤有效磷含量随生物炭施入量增大而依次增加，且均明显高于对照处理20%以上。主要原因可能是水稻秸秆生物炭本身含有一定的磷，随着生物炭添加量的增加，输入到土壤中的磷相应增加，且磷在生物炭中主要以无机磷存在（Hossain 等，2011），因此施用量越多，越不利于磷的吸附，相应地有效性增加。

Freundlich 方程中 K_F 是反映吸附强度的经验系数，n 代表吸附质表面吸附位点的能量变化特征，1/n 是指受吸附强度影响的非均相因子，当0.5＞1/n＞0.1时，吸附剂较容易被吸附；而当1/n＞2时，则吸附很难发生（郎印海等，2015）。本研究结果表明，除8%处理的 Freundlich 方程显著差异外，Langmuir 方程和 Freundlich 方程均能较好描述生物炭施用条件下土壤对磷的吸附行为，拟合系数达到极显著水平（$P＜0.01$），这说明在生物炭施用下，土壤对磷的吸附是多层吸附。此外，通过 Langmuir 模型计算得到的参数表明，q_m 随生物炭施用量的增大而减小，说明生物炭的施用抑制了土壤对磷的吸附，且随着施用量的增加，抑制作用更明显。Freundlich 模型能反映吸附剂对吸附质的多层吸附行为，同时吸附表面也存在着一定的不均匀性（张晓蕾等，2012），方程中非线性 n 反映了吸附质吸附位点能量分布特征。本研究中 n 值均小于1，这表明在添加生物炭的土壤中磷吸附位点的分布具有异质性，土壤对磷的吸附呈非线性，表明生物炭对土壤磷的吸附是多种机制的混合作用。本研究结果表明，准一级动力学方程和准二级动力学方程均能很好地描述施用生物炭输入后土壤对磷吸附的动力学行为。对 CK 和 Bc2 处理，准二级动力学方程能更好描述生物炭施用土壤对磷的吸附过程，这与郑祥等（2013）的研究结果相符，其认为准二级动力学方程包含了外部膜扩散、表面吸附和粒子内扩散等，化学键的形成是影响准二级动力学吸附作用的主要因子，说明该吸附过程主要以化学吸附为主。

3.2 施用生物炭对土壤磷素解吸作用的影响

生物炭对磷酸根的吸附主要受物理化学作用的影响。研究表明，生物炭的孔隙结构为磷酸根离子提供了吸附位点，因而磷酸根离子能够在生物炭表面发生物理沉淀，生物炭表面的官能团也可与磷酸根离子间通过氢键、配位基交换等化学作用产生吸附（赵卫等，2016；彭启超等，2019）。王章鸿等（2015）研究认为，生物炭对磷酸根的吸附主要受生物炭表面的碱性官能团的数量和表面金属氧化物的影响。本研究结果表明生物炭施用后土壤溶液中磷的浓度对土壤磷吸附等温线有重要影响。生物炭对土壤磷吸附的影响取决于土壤溶液中磷的浓度，与对照相比，当土壤溶液中磷浓度较低时，不同生物炭（玉米秸秆生物炭、水稻秸秆生物炭、蔗渣生物炭和香蕉茎叶生物炭）对土壤磷的吸附没有显著影响，但当土壤溶液磷浓度较高时，不同生物炭表现为抑制土壤对磷的吸附。在生物炭对土壤吸附动力学影响试验中发现，当反应达到平衡时，4种生物炭对土壤磷的吸附有一定的差异，且土壤磷吸附量的大小顺序为对照＞玉米秸秆生物炭＞水稻秸秆生物炭＞香蕉茎叶生物炭＞蔗渣生物炭。在土壤磷的解吸中，这4种生物炭均显著提高了土壤磷的解吸，且解吸量的大小顺序为香蕉茎叶生物炭＞蔗渣生物炭＞水稻秸秆生物炭＞玉米秸秆生物炭＞对照。以上结果都表明，不同来源生物炭影响了土壤对磷的吸附解吸，产生的原因主要与不同来源生物炭的理化性质存在差异有关（李仁英等，2017）。研究表明不同生物炭的理化性质不同，包括有机碳含量、阳离子交换量、磷含量、氮含量以及比表面积等，从而导致对土壤磷吸附解吸影响有所差异。土壤磷的解吸过程可以看作是吸附反应的逆向过程，不同来源生物炭因其自身理化性质存在差异而对土壤磷解吸的影响也不同。有研究表明不同种类物料因其各自的结合能和吸附位点存在差异性，从而表现出对磷的解吸能力也不同（陈巧等，2014）。

代银分等（2016）以核桃壳、秸秆、松针、竹子等来源的生物炭为研究对象，发现Langmuir方程对4种生物炭的磷等温线拟合均达到了极显著水平，因此添加生物炭后土壤对磷的吸附可用Langmuir方程和Freundlich方程来描述。本研究表明，除施用水稻秸秆生物炭处理，其他处理下Freundlich方程的拟合效果比Langmuir方程更好，说明生物炭对磷的吸附更符合多层吸附，这与郎印海等（2015）的研究结果一致。吸附动力学试验结果表明，反应开始阶段各生物炭处理下，土壤对磷的吸附较快，随着吸附的进行，吸附速率降低直至达到吸附平衡。这可能是由于随着吸附反应的进行，吸附剂表面的吸附位点逐渐趋于饱和，从而磷吸附速率有所下降，吸附反应逐渐趋于平衡。动力学拟合结果表明准一级动力学方程和准二级动力学方程拟合效果都较好，但准二级动力学方程的拟合效果更好，更能反映生物炭对土壤磷的吸附行为。郎印海等（2015）的研究结果也表明通过准二级动力学方程计算得到的理论平衡吸附总量与研究结果更为相近，更能反映生物炭对土壤磷的吸附动力学过程。等温解吸试验研究结果表明，施用不同来源生物炭均显著提高土壤磷的解吸量，其大小顺序表现为香蕉茎叶生物炭＞蔗渣生物炭＞水稻秸秆生物炭＞玉米秸秆生物炭＞对照，其中解吸量最高的香蕉茎叶生物炭的解吸量为对照的2.63倍，在解吸试验中各不同来源生物炭表现出不同的解吸能力，主要可能是由于各来源生物炭的吸附位点和结合能的差异性所致，也可能与各来源生物炭所含的成分及化学结构的差异有关。

生物炭对磷的吸附和解吸规律反映了其对磷的持留和缓释能力。巢军委等（2015）等研究生物炭影响土壤磷素吸附解吸时发现草本炭相较木质炭显著降低了水稻土磷吸附，且炭化温度越高磷吸附量降低越多，这与本研究结果相接近。主要原因可能是高温条件下木质生物炭的磷含量更丰富，能够向土壤释放更多的磷素；高温炭一方面含有更丰富的磷素，另一方面也提高了土壤中 Al^{3+}、Fe^{3+}、Ca^{2+} 等的浓度，对土壤磷素的吸附影响不一，与生物炭的原材料、热解温度等性质密切相关。研究表明，生物炭可促进土壤中磷酸态磷的溶解，并增加土壤中可提取态磷的含量（Glaser等，2002）。本研究中，不同生物炭减少了土壤磷的吸附并增加了土壤磷的解吸，从而增加了土壤磷的有效性。这与其他研究结果类似（苏倩等，2014；侯建伟等，2016；李仁英等，2017）。苏倩等（2014）研究表明，施用生物炭使土壤水溶性磷、有效磷及全磷含量显著增加，显著提高土壤磷含量及其有效性；侯建伟等（2016）报道，施用生物炭后，沙土中的有效磷含量增加323%。由于生物炭对土壤磷吸附解吸的影响与生物炭的来源有关，从增加土壤磷有效性的角度，筛选抑制土壤磷吸附和增加土壤磷解吸的生物炭至关重要。本研究中，香蕉茎叶生物炭和蔗渣生物炭增加了土壤磷解吸且对土壤磷吸附影响较大，因此，施用香蕉茎叶生物炭和蔗渣生物炭可作为增加土壤磷有效性的重要措施。由于蔗渣生物炭、香蕉茎叶、水稻秸秆和玉米秸秆是农业生产的废弃物，容易获得，因此将其制备为生物炭并施用，在改善土壤磷肥有效性方面具有广阔的应用前景。

3.3 小结

（1）随着热解温度的升高，水稻秸秆生物炭的碳化程度、比表面积、氮和磷含量逐渐增加，相对在500℃生物炭的理化性质较高。施用生物炭能显著降低土壤对磷的吸附量，而且随着生物炭热解温度的增加，土壤对磷的吸附量显著增加。Langmuir方程和Freundlich方程均能够较好地拟合施用水稻秸秆生物炭土壤的磷等温吸附曲线。水稻秸秆生物炭可以减少土壤对磷的吸附并增加土壤有效磷的含量，在土壤磷肥肥效改良方面具有一定的应用潜力。

（2）准一级动力学方程和准二级动力学方程均可较好地表述施用生物炭土壤的磷吸附动力学特征。进一步说明水稻秸秆生物炭可以降低土壤对磷的吸附并促进土壤有效磷含量的增加，因此在土壤磷肥施用和肥效增加方面具有积极的正作用。不同生物炭对土壤磷吸附的影响取决于土壤溶液中磷的浓度，在磷浓度较高时，水稻秸秆生物炭、玉米秸秆生物炭、蔗渣生物炭和香蕉茎叶生物炭均抑制了土壤磷的吸附。生物炭影响下的土壤磷吸附等温线均能用Langmuir方程和Freundlich方程来拟合（$P < 0.01$），其中Freundlic方程的拟合效果相对更好。

（3）不同来源生物炭均能显著提高土壤对磷的解吸，其对土壤磷的解吸量和解吸率的大小顺序表现为香蕉茎叶生物炭＞蔗渣生物炭＞水稻秸秆生物炭＞玉米秸秆生物炭，其中香蕉茎叶生物炭的促进效果最为显著。同时生物炭施用后提高了土壤pH值等，解吸土壤磷的过程容易释放磷素到土壤中使解吸量升高，对磷素表现出较高的固定能力，加之不同来源生物炭因其自身丰富的磷素直接释放，使土壤磷素含量升高。

参考文献

［1］巢军委，王建国，戴敏，等．生物炭对水稻土 Olsen-P 的影响［J］．土壤，2015，47（4）：670-674.

［2］陈巧，李永梅．五种物料对磷的吸附－解吸能力研究［J］．山西农业大学学报（自然科学版），2014，34（1）：39-43.

［3］代银分，李永梅，范茂攀，等．不同原料生物炭对磷的吸附解吸能力及其对土壤磷吸附解析的影响［J］．山西农业大学学报（自然科学版），2016，36（5）：345-351.

［4］戴静，刘阳生．四种原料热解产生的生物炭对 Pb^{2+} 和 Cd^{2+} 的吸附特性研究［J］．北京大学学报（自然科学版），2013，49（6）：1075-1082.

［5］段春燕，沈育伊，徐广平，等．桉树枝条生物炭输入对桂北桉树人工林酸化土壤的作用效果［J］．环境科学，2020，41（9）：4234-4245.

［6］范拴喜，崔佳茜，李丹，等．不同改良措施对设施蔬菜土壤肥力和番茄品质的影响［J］．农业工程学报，2021，37（16）：58-64.

［7］高瑞丽，朱俊，汤帆，等．水稻秸秆生物炭对镉、铅复合污染土壤中重金属形态转化的短期影响［J］．环境科学学报，2016，36（1）：251-256.

［8］葛顺峰，周乐，门永阁，等．添加不同碳源对苹果园土壤氮磷淋溶损失的影响［J］．水土保持学报，2013，27（2）：31-35.

［9］侯建伟，索全义，梁桓，等．有机物料对沙蒿生物炭改良沙土中有效养分的增效作用［J］．土壤，2016，48（3）：463-467.

［10］李仁英，邱译萱，刘春艳，等．硅对水稻土磷吸附－解吸行为的影响［J］．土壤通报，2013，44（5）：786-791.

［11］李仁英，吴洪生，黄利东，等．不同来源生物炭对土壤磷吸附解吸的影响［J］．土壤通报，2017，48（6）：1398-1403.

［12］郎印海，王慧，刘伟．柚皮生物炭对土壤中磷吸附能力的影响［J］．中国海洋大学学报，2015，45（4）：78-84.

［13］马锋锋，赵保卫，钟金魁，等．牛粪生物炭对磷的吸附特性及其影响因素研究［J］．中国环境科学，2015，35（4）：1156-1163.

［14］彭启超，刘小华，罗培宇，等．不同原料生物炭对氮、磷、钾的吸附和解吸特性［J］．植物营养与肥料学报，2019，25（10）：1763-1772.

［15］苏倩，侯振安，赵靓，等．生物炭对土壤磷素和棉花养分吸收的影响［J］．植物营养与肥料学报，2014，20（3）：642-650.

［16］田雪，周文军，郑卫国，等．不同温度制备的园林废弃物生物炭对氮磷吸附解吸的研究［J］．江西农业学报，2021，33（1）：98-104.

［17］王章鸿，郭海艳，沈飞，等.热解条件对生物炭性质和氮、磷吸附性能的影响［J］.环境科学学报，2015，35（9）：2805–2812.

［18］王永壮，陈欣，史奕.农田土壤中磷素有效性及影响因素［J］.应用生态学报，2013，24（1）：260–268.

［19］徐广平，滕秋梅，沈育伊，等.香蕉茎叶生物炭对香蕉枯萎病防控效果及土壤性状的影响［J］.生态环境报，2020，29（12）：2373–2384.

［20］张璐，贾丽，陆文龙，等.不同碳化温度下玉米秸秆生物炭的结构性质及其对氮磷的吸附特性［J］.吉林大学学报（理学版），2015（4）：802–808.

［21］张朴，李仁英，吴洪生，等.水稻秸秆生物炭对土壤磷吸附影响的研究［J］.土壤，2018，50（2）：264–269.

［22］张晓蕾，薛文平，徐恒振，等.近海沉积物对粪固醇的等温吸附和热力学研究［J］.环境科学，2012，33（10）：3547–3553.

［23］赵卫，王世亮，赵荣飞.环境条件对生物炭吸附磷的影响研究进展［J］.山东化工，2016，45（8）：44–50.

［24］郑祥，雷洋，陈迪，等.纳米 TiO_2 对模型病毒 –f2噬菌体的吸附特性［J］.中国科学：化学，2013（5）：610–617.

［25］周丽丽，李婧楠，米彩红，等.秸秆生物炭输入对冻融期棕壤磷有效性的影响［J］.土壤学报，2017，54（1）：171–179.

［26］Glaser B，Lehmann J，Zech W. Ameliorating physical and chemical properties of highly weathered soils in the tropics with charcoal– a review［J］. Biology and Fertility of Soils，2002，35（4）：219–230.

［27］Gundale M J，Deluca T H. Temperature and substrate influence the chemical properties of charcoal in the ponderosa pine/Douglas–fir ecosystem［J］. Forest Ecology and Management，2006，231：86–93.

［28］Hollister C C，Bisogni J J，Lehmann J. Ammonium，nitrate，and phosphate sorption to and solute leaching from biochars prepared from corn stover（Zea mays L.）and oak wood（Quercus spp.）［J］. Journal of Environmental Quality，2013，42（1）：137–144.

［29］Hossain M K，Strezov V，Chan K Y，et al. Influence of pyrolysis temperature on production and nutrient properties of wastewater sludge biochar［J］. Journal of Environmental Management，2011，92（1）：223–228.

［30］Keiluweit M，Nico P S，Johnson M G，et Al. Dynamic molecular structure of plant biomass–derived black carbon（biochar）［J］. Environmental Science & Technology，2010，44（4）：1247–1253.

［31］Laird D A. The charcoal vision：A win–win–win scenario for simultaneously producing bioenergy, permanently sequestering carbon, while Improving coil and water quality [J] . Agronomy Journal, 2008, 100 (1): 178–181.

[32] Lehmann J, Joseph S. Biochar for environmental management: science, technology and implementation [M] . London: Earthscan Publications Ltd, 2009: 251–270.

[33] Skjemstad J O, Reicosky D C, Wilts A R, et al. Charcoal carbon in U.S. agricultural soils [J] . Soil Science Society of America Journal, 2002, 66 (4): 1249–1255.

第十二章

生物炭施用对土壤微生物群落结构的影响

　　生物炭是指生物有机材料（农作物秸秆、杂草、粪便等生物质）在缺氧或低氧环境中通过高温裂解后的固体产物，施入土壤后能增加土壤中的有机质含量、提高肥力（陈温福等，2013）。近年来，在全球气候变暖与能源、粮食危机日益蔓延的大背景下，有关生物炭的研究得到了学者的广泛重视，并取得了显著的研究进展（王月玲等，2016；常栋等，2018）。由于微生物分布广泛、对环境敏感，且在生态系统中具有不可替代的作用，被越来越多地用于土壤肥力评价中（张奇春等，2010；陈义轩等，2019）。有研究表明，生物炭在调控土壤微生物群落结构和多样性方面发挥着重要作用（阎海涛等，2018；殷全玉等，2021）。

　　前人研究发现，由于生物炭表面负电荷密度较大，对土壤溶液中的无机离子和小分子有机化合物吸附固定能力较强，从而有助于土壤固碳、提高土壤肥力（Jiang 等，2012），并且施用生物炭能引起土壤细菌丰度及结构多样性的变化（Rutigliano 等，2014）。但研究者在生物炭对土壤细菌影响方面的观点却不一致：有观点认为生物炭疏松多孔且比表面积大，为土壤细菌生长与繁殖提供了良好的栖息环境，增强细菌的活性和多样性（胡华英等，2019），Yao 等（2017）通过添加较高剂量的生物炭，得到细菌丰度会随生物炭增加而提高；也有观点表示生物炭对细菌的影响并不显著，Rutigliano 等（2014）通过实验得到添加生物炭在一定时间尺度上使得土壤细菌活性升高，而超过某一时间会抑制土壤细菌活性，Imparato 等（2016）研究发现，添加不同剂量生物炭对细菌群落的功能和结构多样性都存在轻微的影响，但这种影响持续时间非常短。可见，生物炭对土壤细菌的影响机制目前并不明确，特别是不同制备原料和制备温度的生物炭对南方蔗田和茶园红壤细菌结构及多样性影响的研究鲜有报道，这极大限制了生物炭在农业生产上的应用，亟须不同生物炭施用对红壤细菌影响的相关研究数据，以揭示生物炭对土壤细菌的影响机制。因此，本研究通过施用不同生物炭对蔗田和茶园土壤中的细菌群落的影响，揭示不同制备原料和温度的生物炭施用对土壤细菌种类、群落结构及其功能的影响及机制，为南方酸性红壤的改良及生物炭合理应用提供科学数据，对提高农业生产力等具有重要的现实意义。

1 施用生物炭对蔗田土壤微生物群落结构的影响

1.1 生物炭施用对细菌、真菌和放线菌数量的影响

由表12-1可知，蔗田土壤施用生物炭6个月后，Bc1、Bc2、Bc3处理中细菌数量相较于CK均有明显升高，大小关系表现为CK < Bc1 < Bc2 < Bc3且组间差异均达到显著水平（$P < 0.05$）。表明生物炭的输入提高了蔗田根际土壤中细菌数量，并随生物炭施用量的增加而增加。相较于CK组，Bc1、Bc2和Bc3中细菌数量分别提高了85.86%、669.70%和744.44%。同时，生物炭组与CK组真菌的数量也存在显著差异（$P < 0.05$），Bc1组真菌数高于Bc2和Bc3组且差异显著（$P < 0.05$），均大于CK。说明生物炭的施用对增加蔗田根际土壤中真菌数量有明显效果，但过多的施用量会降低真菌的数量，大小关系表现为CK < Bc3 < Bc2 < Bc1，且组间差异均达到显著水平（$P < 0.05$）。与CK组相比，Bc1、Bc2和Bc3中真菌数量分别提高了584.36%、456.98%和264.25%。对于放线菌，与细菌的变化特征相似，其数量表现为CK < Bc1 < Bc2 < Bc3的趋势，相较于CK组，Bc1、Bc2和Bc3中放线菌菌数分别提高了75.13%、127.01%和164.17%。

表12-1 生物炭对蔗田根际土壤细菌、真菌、放线菌数量的影响

处理	细菌（$\times 10^6$）/ 个	真菌（$\times 10^3$）/ 个	放线菌（$\times 10^4$）/ 个
CK	0.99 d	1.79 d	3.74 d
Bc1	1.84 c	12.25 a	6.55 c
Bc2	7.62 b	9.97 b	8.49 b
Bc3	8.36 a	6.52 c	9.88 a

注：同一列不同小写字母间表示差异显著（$P < 0.05$），Bc1、Bc2、Bc3分别表示10t/m²、20t/m²、30t/m²，下同。

1.2 生物炭施用对固氮菌、氨化细菌数量的影响

从表12-2可以看出，蔗田根际土壤中固氮菌数量的大小关系表现为CK < Bc1 < Bc2 < Bc3，其中Bc1、Bc2、Bc3中固氮菌菌数比CK分别提高了23.83%、145.51%和229.69%（$P < 0.05$）。这说明较高浓度的生物炭对蔗田根际土壤固氮菌有促进作用。固氮微生物的固氮作用，可以提高土壤中的氮元素含量供植株营养代谢，所以生物炭的施用通过提高土壤中的固氮菌数量可以促进甘蔗苗的生长。蔗田根际土壤中氨化细菌数量的大小关系表现为CK < Bc1 < Bc2 < Bc3，其中Bc1、Bc2、Bc3中氨化细菌菌数比CK分别提高了

110.32%、215.08% 和 306.35%（$P < 0.05$）。与固氮菌类似，表明输入生物炭可以有效提高根际土壤中氨化细菌的数量，并且随着施用生物炭量的增加，氨化细菌的数量也随之增加。

表12-2　生物炭对蔗田根际土壤固氮菌、氨化细菌数量的影响

处理	固氮菌（个）	氨化细菌（个）
CK	5.12×10^5 d	1.26×10^3 d
Bc1	6.34×10^5 c	2.65×10^3 c
Bc2	12.57×10^5 b	3.97×10^3 b
Bc3	16.88×10^5 a	5.12×10^3 a

1.3　施用生物炭对微生物群落 AWCD 的影响

如表12-3所示，不同生物炭处理组微生物群落的平均颜色变化率（AWCD）随着时间呈现出上升的趋势，不同施用量的曲线均有一段延缓期，可能是由于实验中培养温度较低，微生物群落活性也较低，需要经过一段时间的培养才能达到较高的活性。CK 组的拐点出现在 72 h，BC1 组拐点出现在 48 h，BC2 和 BC3 组拐点出现在 36 h。在 168 h 内，平均颜色变化率的最大值与变化速率均表现为 BC3 > BC2 > BC1 > CK。这说明生物炭的施用显著提高了蔗田根际土壤中微生物利用碳源的能力，从而提高了微生物群落的活性，并且随着生物炭施用碳源量的增加而增加。

表12-3　不同生物炭处理下微生物群落平均颜色变化率的变化特征

处理	12 h	24 h	36 h	48 h	60 h	72 h	84 h
CK	0.04	0.03	0.02	0.04	0.05	0.07	0.09
Bc1	0.03	0.04	0.03	0.05	0.07	0.08	0.11
Bc2	0.04	0.05	0.04	0.08	0.11	0.15	0.19
Bc3	0.04	0.05	0.04	0.09	0.14	0.19	0.25
处理	96 h	108 h	120 h	132 h	144 h	156 h	168 h
CK	0.11	0.14	0.15	0.17	0.18	0.21	0.23
Bc1	0.13	0.16	0.18	0.20	0.28	0.22	0.24
Bc2	0.22	0.35	0.26	0.28	0.31	0.32	0.33
Bc3	0.29	0.36	0.35	0.39	0.41	0.42	0.44

1.4　施用生物炭对土壤微生物群落多样性的影响

目前 BIOLOG 微孔板在微生物群落功能研究领域的应用越来越多（郑华等，2004）。

从表12-4可以看出，生物炭处理组中微生物群落物种丰度指数明显高于CK组（$P < 0.05$），但组间差异不明显，表明根际土壤中的微生物复杂性、功能多样性随着生物炭施加量的增加而增加。同时，生物炭处理组也与CK组的均匀度指数呈显著差异（$P < 0.05$），明显高于CK组，但组间差异不明显，表明生物炭在改善微生物种群均匀度方面也有显著作用。生物炭施用组碳源利用丰度高于CK组，除Bc2与Bc3组间差异不明显外（$P > 0.05$），Bc1分别与Bc2、Bc3组间差异显著（$P < 0.05$），说明生物炭的施加改变了微生物群落利用底物碳源的数量。从168 h时的平均颜色变化率比较可看出，生物炭的施用明显提高了AWCD值，并且随着生物炭输入量的增加，对应AWCD值增加的效果也越显著。

表12-4　不同生物炭施用量对土壤微生物群落物种丰度指数和平均颜色变化率的影响

处理	物种丰度指数	均匀度指数	碳源利用丰度	168 h AWCD
CK	2.442 b	0.914 b	22.1 c	0.269 c
Bc1	3.165 a	0.957 a	26.2 b	0.397 b
Bc2	3.226 a	0.966 a	27.9 a	0.466 b
Bc3	3.357 a	0.975 a	28.5 a	1.601 a

1.5　施用生物炭对土壤微生物群落碳源利用能力的影响

BIOLOG-ECO 96微孔板中设置31种六大类碳源（第32为对照组水）：复合物类、糖类、羧酸类、氨基酸类、胺类和酚类化合物（Choi and Dobbs，1999）。微生物群落对于每种碳源利用的差异性，可以通过底物碳源反应后与显色剂显色的变化程度来指示。表12-5为不同生物炭处理后，蔗田根际土壤中微生物连续168 h对六大类碳源的利用情况。可以看出，在培养72 h后各组间利用碳源的情况出现差异，并在168 h各处理组达到最大值。其中复合物、糖类、羧酸类、氨基酸类具有较高平均颜色变化率值，说明它们是微生物群落利用的主要碳源，而酚类和胺类化合物的平均颜色变化率值相对较低，说明其利用较少。糖类、氨基酸类、羧酸类和胺类碳源均呈现 Bc3 > Bc2 > Bc1 > CK 的趋势，复合物碳源为 Bc3 > Bc1 > Bc2 > CK，酚类碳源为 Bc3 > Bc2 > CK > Bc1。

经方差分析，复合物和胺类在168 h培养时间内各处理组间无显著差异。糖类和羧酸类分别在120 h和96 h开始生物炭处理组平均颜色变化率值显著高于CK组，但处理组间未有显著差异。氨基酸48 h开始生物炭处理组与CK组产生显著差异，并在之后的培养中高浓度生物炭处理组（Bc2、Bc3）显著高于低浓度处理组（Bc1）。酚类碳源的平均颜色变化率值在48 h后高浓度生物炭处理组（Bc2、Bc3）显著高于空白组（CK）与低浓度生物炭处理组（Bc1）。表明生物炭的施加可以促进蔗田根际土壤微生物群落对主要碳源的利用，同时较高浓度的生物炭施加提高了根际微生物对氨基酸类、酚类碳源的利用能力。

表12-5　不同生物炭施用量对土壤微生物碳源底物平均颜色变化率的影响

底物	处理	24 h	48 h	72 h	96 h	120 h	144 h	168 h
复合物	CK	0.53	0.51	0.53	0.72	1.14	1.42	1.75
	Bc1	0.52	0.56	1.06	1.63	1.66	2.01	2.26
	Bc2	0.50	0.54	1.02	1.12	1.14	1.51	1.88
	Bc3	0.48	0.59	2.01	2.34	2.59	2.64	2.61
糖类	CK	0.82	0.83	1.14	1.49	2.25	2.99	3.54
	Bc1	0.84	0.85	1.39	1.89	2.39	3.15	4.66
	Bc2	0.83	0.86	1.41	1.99	2.48	3.33	4.97
	Bc3	0.82	0.88	1.76	2.51	3.76	4.49	5.52
羧酸	CK	0.48	0.51	0.64	0.77	1.02	1.26	1.55
	Bc1	0.51	0.84	1.32	1.64	1.96	2.43	2.55
	Bc2	0.55	0.98	1.49	1.95	2.24	2.68	2.77
	Bc3	0.77	1.25	1.78	2.26	2.71	2.85	3.01
氨基酸	CK	0.48	0.49	0.53	0.69	1.26	1.62	1.94
	Bc1	0.55	1.12	1.34	1.61	2.42	2.66	2.89
	Bc2	0.59	1.26	1.58	1.79	2.66	2.87	2.99
	Bc3	0.62	1.55	1.68	1.95	2.85	2.96	3.24
酚类	CK	0.44	0.53	0.54	0.57	0.58	0.62	0.74
	Bc1	0.48	0.51	0.53	0.53	0.56	0.58	0.61
	Bc2	0.53	0.56	0.58	0.61	0.64	0.66	0.78
	Bc3	0.54	0.58	0.61	0.65	0.67	0.71	0.82
胺类	CK	0.12	0.13	0.14	0.16	0.22	0.24	0.46
	Bc1	0.13	0.16	0.19	0.28	0.36	0.42	0.65
	Bc2	0.14	0.18	0.35	0.37	0.48	0.55	0.57
	Bc3	0.14	0.23	0.38	0.42	0.52	0.59	0.62

1.6　施用生物炭对优势菌群相对丰度的影响

表12-6中，变形菌门（Proteobacteria）、酸杆菌门（Acidobacteria）、放线菌门（Actinobacteria）、拟杆菌门（Bacteroidetes）、绿弯菌门（Chloroflexi）为优势细菌，共占细菌 OTU 总量的82.01%，各菌种相对丰度的平均值分别为29.23%、20.98%、16.29%、15.93% 和7.41%。与对照处理的相对丰度相比，变形菌门的大小关系表现为 BC3 > BC2 > BC1 > CK；放线菌门的大小关系表现为 BC2 > BC3 > BC1 > CK；酸杆菌门的大小

关系表现为 CK > Bc1 > Bc2 > Bc3；拟杆菌门和绿弯菌门的变化趋势一致，大小关系表现为 Bc2 > Bc1 > Bc3 > CK。

表12-6　不同生物炭施用量下优势细菌相对丰度分布（%）

处理	变形菌门	酸杆菌门	放线菌门	拟杆菌门	绿弯菌门
CK	26.24 b	24.01 a	10.23 b	11.02 b	5.22 b
Bc1	24.99 b	22.69 a	10.77 b	15.89 a	7.63 a
Bc2	30.46 a	21.26 b	19.96 a	17.22 a	8.74 a
Bc3	32.25 a	18.98 b	18.14 a	14.67 a	5.85 b

表12-7中，子囊菌门（Ascomycota）、被孢霉菌门（Mortierellomycota）、担子菌门（Basidiomycota）为优势真菌，共占真菌 OTU 总量的51.23%，各菌种相对丰度的平均值分别为37.30%、7.98% 和5.92%。与对照处理的相对丰度相比，子囊菌门的大小关系表现为 Bc3 > Bc2 > Bc1 > CK，被孢霉菌门的大小关系表现为 Bc2 > Bc3 > Bc1 > CK，担子菌门的大小关系表现为 Bc3 > Bc1 > Bc2 > CK。说明较高施用量生物炭对土壤优势菌群影响效果较为显著。

表12-7　不同生物炭施用量下优势真菌相对丰度分布（%）

处理	子囊菌门	被孢霉菌门	担子菌门
CK	26.85 c	6.52 c	4.93 c
Bc1	34.78 b	6.61 c	5.21 b
Bc2	36.89 b	9.46 a	5.59 b
Bc3	40.22 a	7.88 b	6.97 a

1.7　土壤环境因子与细菌和真菌群落结构的相关性分析

从表12-8的 Mantel text 检验结果可以看出，土壤全氮、铵态氮含量与细菌群落结构有极显著正相关关系（$P < 0.01$）。土壤铵态氮含量、有效钾、土壤容重与真菌群落结构有显著正相关关系（$P < 0.05$）。说明氮素含量是影响土壤细菌群落结构的主要因素，而真菌则与土壤多项理化指标变化有紧密关联。

表12-8　优势菌群与土壤理化性质的相关性

土壤性质	R		P	
	细菌	真菌	细菌	真菌
全氮	0.668	0.221	0.001	0.088
硝态氮	0.152	0.064	0.116	0.254
铵态氮	0.738	0.282	0.001	0.033

续表

土壤性质	R		P	
	细菌	真菌	细菌	真菌
有效磷	0.131	0.088	0.121	0.226
有效钾	0.118	0.259	0.147	0.044
有机碳	0.116	0.219	0.143	0.068
容重	0.167	0.266	0.102	0.026
pH 值	0.044	0.184	0.269	0.118
含水量	0.081	0.146	0.218	0.144

1.8 土壤理化性质与优势菌群的相关性分析

从表12-9的皮尔逊相关性分析结果可以看出，酸杆菌与土壤全氮、铵态氮呈极显著负相关（$P < 0.01$）。放线菌与土壤全氮、铵态氮呈显著正相关（$P < 0.05$）。绿弯菌与土壤全氮、铵态氮、硝态氮呈显著正相关（$P < 0.05$）。子囊菌与土壤铵态氮、pH 值呈显著正相关，与土壤容重呈显著负相关（$P < 0.05$）。被孢霉菌与土壤容重呈显著正相关（$P < 0.05$）。说明土壤中优势细菌相对丰度主要与土壤全氮、铵态氮含量有显著关系，而优势真菌则受多种土壤理化性质影响，这也与 Mantel text 检验（表12-8）结果一致。总之，土壤理化性质与土壤优势细菌、真菌相对丰度及群落结构密切相关，土壤理化性质的改变能引起土壤优势细菌、真菌相对丰度及群落结构发生改变。

表12-9 优势菌群与土壤理化性质的相关性

菌群	全氮	硝态氮	铵态氮	有效磷	有效钾	有机碳	容重	pH	含水量
变形菌	0.22	0.28	0.29	−0.25	0.60	0.55	−0.59	0.40	0.55
酸杆菌	−0.89**	−0.87	−0.98**	0.08	0.04	0.16	0.38	−0.32	0.06
放线菌	0.96*	0.87	0.96*	−0.06	−0.04	−0.17	−0.42	0.41	−0.07
拟杆菌	−0.69	−0.69	−0.76	0.21	−0.31	−0.22	0.62	−0.42	−0.25
绿弯菌	0.96*	0.98*	0.94*	0.37	−0.05	−0.25	−0.42	0.56	−0.08
子囊菌	0.68	0.67	0.97*	0.73	0.59	0.51	−0.96*	0.98*	0.62
被孢霉菌	−0.30	−0.51	−0.36	−0.21	−0.84	−0.81	0.96*	−0.71	−0.79
担子菌	−0.45	−0.38	−0.36	−0.42	0.52	0.61	−0.24	−0.06	0.52

说明：** 表示差异极显著（$P < 0.01$），* 表示差异显著（$P < 0.05$），下同。

2　生物炭对茶园红壤溶磷细菌数量的影响

2.1　施用生物炭对土壤理化性状的影响

由表12–10可知，施用生物炭90天后，土壤pH值、有机碳、全氮、全磷及有效磷含量均有了显著提高（$P < 0.05$）。与对照相比，BC1生物炭施用量处理下土壤pH值、有机碳、全氮、全磷及有效磷分别增加了28.79%，31.48%，18.99%，18.18%和27.91%；BC2生物炭施用量处理下土壤pH值、有机碳、全氮、全磷及有效磷分别增加了43.30%，55.89%，70.89%，45.45%和104.28%；BC3生物炭施用量处理下土壤pH值、有机碳、全氮、全磷及有效磷分别增加了57.14%，116.87%，149.37%，79.55%和146.68%。

表12–10　不同生物炭施用量下土壤理化性质的变化

处理	pH值	有机碳（g/kg）	全氮（g/kg）	全磷（g/kg）	有效磷（mg/kg）
CK	4.55 b	15.12 c	0.79 b	0.44 b	20.78 c
Bc1	5.86 b	19.88 b	0.94 b	0.52 b	26.58 c
Bc2	6.52 a	23.57 b	1.35 a	0.64 b	42.45 b
Bc3	7.15 a	32.79 a	1.97 a	0.79 a	51.26 a

2.2　施用生物炭对土壤磷酸酶活性和溶磷细菌的影响

如表12–11所示，与对照相比，施用生物炭后各处理的土壤碱性磷酸酶活性呈现逐渐上升的趋势，且达到了显著差异水平（$P < 0.05$）；酸性磷酸酶活性呈现先升高后降低的变化趋势；溶磷细菌呈现逐渐上升的趋势（$P < 0.05$）。可见，土壤磷酸酶的活性显著受到了生物炭施用量的影响。

表12–11　不同生物炭施用量下磷酸酶活性和溶磷细菌的分布

处理	碱性磷酸酶［μmol pNP/（g/d）］	酸性磷酸酶［μmol pNP/（g/d）］	溶磷细菌（10^6 CFU/g）
CK	0.015 c	0.138 b	0.54 b
Bc1	0.018 c	0.177 a	0.67 b
Bc2	0.039 b	0.201 a	0.95 a
Bc3	0.065 a	0.186 a	1.24 a

2.3　溶磷菌数量与土壤理化指标的相关分析

本研究通过接种溶磷细菌到不同生物炭添加量的土壤中进行培养，从而明确生物炭对溶磷细菌在土壤中定殖能力的影响。从表12-12可以看出，土壤中溶磷细菌（PSM）的数量与土壤有机碳（SOC）、全氮（TN）、全磷（TP）、有效磷（AP）、碱性磷酸酶（ALP）活性及 pH 值呈现极显著正相关关系（$P < 0.01$），与土壤酸性磷酸酶（ACP）活性呈显著负相关关系（$P < 0.05$）。除酸性磷酸酶分别与有机碳、全磷和碱性磷酸酶呈显著负相关关系（$P < 0.05$），酸性磷酸酶分别与全氮和有效磷呈极显著负相关（$P < 0.01$）外，其他各指标两两之间均有极显著正相关关系（$P < 0.01$）。溶磷细菌和速效磷呈极显著正相关（$P < 0.01$），表明施用生物炭能显著提高茶园土壤溶磷细菌的数量和有效磷含量，这一结果进而说明生物炭活化了红壤磷素，这对红壤磷素循环有重要的影响。

表12-12　土壤理化性质与酶活性和溶磷菌数量之间的 Pearson 相关性分析

指标	TN	TP	AP	ACP	ALP	pH 值	PSM
SOC	0.977**	0.95**	0.982**	−0.845*	0.968**	0.984**	0.955**
TN		0.945**	0.966**	−0.799**	0.969**	0.985**	0.924**
TP			0.922**	−0.725*	0.933**	0.966**	0.886**
AP				−0.859**	0.968**	0.987**	0.938**
ACP					−0.815*	−0.885**	−0.724*
ALP						0.992**	0.902**
pH 值							0.936**

3　讨论与小结

3.1　蔗田根际土壤微生物群落与代谢活性对生物炭输入的响应特征

研究表明，土壤中施用生物炭可以显著增加微生物数量，这与生物炭的自身特性有密切关系（Ducey 等，2013）。生物炭对微生物生长的促进可能有以下几个方面的原因（张千丰，2013），一方面，生物炭均有丰富的孔隙结构，添加到土壤中后，改善了土壤的保肥能力和通氧量进而促进了微生物的生长；另一方面，生物炭大的比表面积与大量孔径结构为微生物提供了良好的生长场所。生物炭高温制备过程中，也能形成很多新的碳源类型，有利于增加土壤中的微生物种类（李航等，2016）。本研究表明，施用生物炭不同程度地促进了土壤中细菌、真菌、放线菌、固氮细菌和氨化细菌数量的增加。可能是由于生物炭的多孔、疏松特性，能为土壤中细菌提供了更多的生长空间，从而提高了细菌的数量。大量的细菌代谢活动和生物炭带入的大量营养元素也有利于改善土壤肥力情况。这与其他研究相一致（袁耀彬，2012；李航等，2016），其认为生物炭的施用显著提高了氨化细菌的数量，而氨化细菌在将土壤中的有机氮转化为氨态氮的初始阶段起着关键作用，氨化细菌增加了土壤中植物可以直接吸收的无机氮含量，间接促进植物生物量的增加。

　　研究表明，平均颜色变化率能够反映出不同微生物群落对碳源利用的总能力和功能的多样性，是反映微生物群落代谢的重要指标（Liu 等，2014）。一般平均颜色变化率值越高，土壤微生物群落的代谢功能越强（Zhang 等，2013）。本研究发现，施用生物炭的土壤微生物群落平均颜色变化率在各时期均高于 CK，并且同一时期微生物群落平均颜色变化率值随着生物炭量的增加而升高。不同处理组的平均颜色变化率拐点的出现时间为 BC3 和 BC2 在 36 h，BC1 在 48 h，CK 在 72 h，这可能是由于生物炭的施用导致微生物数量的不同，并且生物炭的施用促进了蔗田根际土壤微生物群落的代谢活性。微生物群落多样性指数反映了微生物群落中种群的多样性，一个生态系统微生物多样性指数越高，表明微生物的种类越多、越复杂。同时反映该微生物群落的功能多样性越高，反之则越低。微生物群落的碳源利用丰富度与均匀度反映了微生物群落对不同单一碳源利用的能力和种类中个体分布的均匀性。本研究表明，生物炭的施用提高了物种丰度指数和均匀度指数，且显著高于对照（$P < 0.05$），这表明生物炭的施加促进了土壤微生物的生长，对微生物群落的代谢功能起到了积极的促进作用。

　　土壤微生物群落的研究方法有很多，如脂肪酸分析、FISH、TGGE、DGGE 等方法，但都无法体现微生物群落的总体活性和代谢功能信息（席劲瑛等，2003）。BIOLOG 技术经过多年的发展已经越来越成熟，在对不同管理的农业土壤、草地、森林土壤、植物根际和堆肥环境下都可以有效地描述微生物群落的代谢功能多样性（Cederlund 等，2008）。前期有研究人员利用 BIOLOG-ECO 技术，开展了生物炭对微生物群落影响的研究，有研究者利用不同的方法、材料发现了生物炭对于微生物群落的促进作用。Farrell 等（2013）通过磷酸脂肪酸分析（PLFAs）和复合同位素分析（CSIA）的方法，研究了土壤微生物对生物炭中碳源的利用，结果表明，部分生物炭中的碳元素能够被微生物利用于呼吸作用及磷酸酯的形成代谢中，从而促进微生物群落的生长。Muhammad 等（2014）也发现不同的生物炭及施加量均能明显提高细菌、放线菌、革兰氏阴性菌、硫酸还原菌的磷酸脂肪酸含量。但以上研究只是揭示了生物炭的添加与微生物群落数量及分子信息方面的关系，没有进一步解读生物炭对于整个微生物群落代谢能力、活性的影响，而 BIOLOG 技术能详细地反映这方面的信息。顾美英等（2014）通过 BIOLOG 技术发现生物炭的施用对灰漠土与风沙土连作棉田的根际、非根际土壤微生物群落的功能多样性有显著影响，特别是提高了羧酸类微生物的活性。张千丰（2013）通过向白浆土中施加生物炭，发现生物炭可有效提高土壤中微生物群落多样性指数、碳源利用数和均匀度指数。本研究结果表明，生物炭的施用显著提高了蔗田根际土壤微生物群落的物种丰度、均匀度，且碳源利用丰度也有显著差异（$P < 0.05$）。另外，我们发现生物炭的施加促进了蔗田根际微生物群落对糖类、羧酸类和氨基酸类碳源的利用能力，较高浓度的生物炭施加对微生物群落利用酚类、胺类碳源的能力有促进作用，本结论与其他研究（张千丰，2013；顾美英等，2014；李航等，2016）相似。

3.2 不同热解温度蔗渣生物炭对细菌和真菌群落的影响

细菌通常以群落的形式存在，细菌群落结构主要指群落中细菌种群的种类和丰度（邱雪等，2018）。有研究指出，生物炭对土壤细菌多样性的影响效果具有高度的时间依赖性，初始应用生物炭时可以短暂提高细菌多样性和丰度，而随着时间的推移以及重复添加生物炭对细菌群落影响较小（Nguyen 等，2018），但本研究距初次施用生物炭已过3年，施用生物炭对土壤细菌群落仍有一定的影响。结合本研究 Mantel text 分析结果来看，土壤全氮、铵态氮是影响细菌群落结构的主要因素。生物炭对土壤微生物的影响主要通过改善土壤理化性质以及利用自身结构为微生物提供生存环境两方面发挥作用（唐行灿和陈金林，2018），本研究表明在氮素用量不变的条件下，生物炭可以通过改善土壤氮素利用率和提高土壤铵态氮含量来影响细菌群落结构。从门水平优势细菌相对丰度来看，高施用量生物炭处理对优势细菌相对丰度影响显著，变形菌门、放线菌门、绿弯菌门的相对丰度显著提升，酸杆菌门、拟杆菌门的相对丰度趋于减小，这可能是由于不同菌群对生物炭的利用能力以及环境因素，放线菌门可以有效地降解生物炭中复杂的芳香类化合物，从而获取更多能量生长繁殖（Khodadada 等，2011）。酸杆菌门是嗜酸性细菌，酸性土壤环境有利于酸杆菌门的代谢活动，生物炭作为碱性物质施入土壤可以提高土壤 pH 值，从而降低了酸杆菌的相对丰度，而酸杆菌门相对丰度降低是土壤质量提高的信号标志（丁新景等，2018）。变形菌门的丰度变化规律不同，这可能是由于取材的条件差异和植物根际分泌物的影响（陈泽斌等，2018）。绿弯菌门相对丰度提高可以固定土壤碳氮，防止土壤养分流失（邓娇娇等，2019）。从本研究结果来看，酸杆菌门、放线菌门、绿弯菌门与土壤氮素含量存在显著相关关系，施用生物炭对优势细菌相对丰度的影响，对土壤质量提升有一定的促进作用。

Mantel text 分析结果表明，土壤铵态氮含量、有效钾、土壤容重是影响真菌群落结构的主要因子（$P < 0.05$），这与陈坤等（2018）和殷全玉等（2021）研究结果相近，表明施用生物炭可以通过降低土壤容重影响真菌微生物群落结构。从门水平优势真菌相对丰度来看，高施用量生物炭处理显著提高了子囊菌门的相对丰度，其他处理对优势真菌相对丰度也有影响。相关性分析结果显示，子囊菌门与铵态氮、pH 值呈显著正相关关系，与土壤容重呈显著负相关关系，施用生物炭后显著提高了土壤铵态氮、pH 值，降低了土壤容重，有利于提高子囊菌门相对丰度。子囊菌门多为腐生菌，可产生抗生素、有机酸、激素、维生素等有益于作物生长，也对分解植物残体和降解土壤有机质具有重要作用（陈力力等，2018），如子囊菌门下的丛赤壳科（Nectricaceae）菌多属于菌生真菌，可以寄生病原真菌（黄修梅等，2019）。还有子囊菌门（Incertaesedis 27）、毛球壳科（Lasiosphaeriaceae）、假散囊菌科（Pseudeurotiaceae）可能促进土壤中有机物质分解，从而间接促进植株根系生长（李发虎等，2017），表明施入生物炭使子囊菌门丰度的升高会有利于土壤质量的改善。

本试验中，另一优势真菌被孢霉菌门能分解土壤中的糖类和简单多糖物质，是土壤中有机质和养分含量丰富的标志类群（顾美英等，2014）。总之，施用生物炭对优势真菌相对丰度影响效果较明显，表明真菌受生物炭影响效果比细菌相对较小。

3.3 不同蔗渣生物炭对溶磷细菌数量的影响

溶磷菌是一类在土壤中广泛分布，能够将植物难以吸收利用的磷转化为可吸收利用的形态的微生物（Jorquera 等，2008）。有研究报道接种溶磷菌能转化土壤难溶磷、提高磷肥利用率，促进作物对磷吸收和作物生长（Peix 等，2009）。尽管很多研究者筛选到具有高效溶磷能力的溶磷菌，但是这些溶磷菌在小区和大田中的施用效果还需深入验证和推广。影响溶磷菌应用效果的因素很多，其中溶磷菌能否在植物根系成功定殖很关键（Mittal 等，2008）。Rmn 等（1989）研究发现，溶磷菌在土壤中能否成功定殖，与土壤中碳源、氮源和磷源含量密切相关。Koch 等（2001）认为碳源不足是限制土壤溶磷微生物溶磷的重要原因。生物炭具有高度多孔的性质，它的内部面积加上其吸附可溶性有机物质和其他无机养分的能力，使得添加生物炭到土壤中能为微生物提供良好的栖息地，导致土壤微生物功能群发生改变（Lehmann 等，2011）。已有研究者报道施用生物炭能显著提高土壤溶磷菌数量（Fox 等，2014；陈敏和杜相革，2015）。而且，Mendes 等（2014）通过液体摇床发酵试验发现添加生物炭能增加有机酸分泌，从而提高溶磷菌的溶磷效率。

本研究中，通过接种溶磷细菌到不同生物炭施用量的土壤中进行培养，结果表明生物炭促进了溶磷细菌在土壤中的定殖能力，施用生物炭能够在一定程度上改善了红壤的供磷能力。随着培养时间的延长，溶磷细菌的数量表现为逐渐升高的趋势，说明了接种的溶磷细菌能在土壤中成功定殖，这也表明溶磷细菌有较好的推广应用价值。本研究发现，施用生物炭处理显著促进了溶磷细菌数量的增加，这说明施用生物炭延长了溶磷细菌的生存时间，增强了其在土壤中的定殖能力。这可能是因为生物炭的多孔结构为微生物提供良好的栖息地，而且生物炭吸附可溶性有机物质和其他养分的能力也为微生物的生存提供了能源（Heike，2007）。此外，有报道认为土壤溶磷细菌的丰富度与土壤 pH 值密切正相关（Zheng 等，2017），本实验也发现土壤溶磷细菌与土壤 pH 值之间显著正相关，而施用生物炭显著提高土壤 pH 值，这也可能是施用生物炭提高土壤溶磷细菌数量的原因之一，这与陈敏等（2015）的研究结果一致。Fox 等（2014）也报道了添加生物炭显著增加与磷矿化、溶解相关的微生物的丰富度，提高微生物活化磷的能力。

3.4 小结

（1）生物炭施用能够显著增加土壤中微生物数量，较高生物炭施加量显著提高细菌、氨化细菌和固氮菌数量。BIOLOG-ECO 分析表明，生物炭施用提高了微生物群落平均颜色变化率物种丰度指数和碳源利用丰度，且提高了蔗田根际微生物对碳源的利用能力。在同一时期，微生物对不同碳源的利用能力均表现为高施用量处理组最高，CK 较低。生物炭施用对提高蔗田根际土壤微生物群落数量，改善微生物群落构成和代谢具有显著的促进作用。

（2）生物炭的施加可显著提高蔗田根际土壤微生物群落的物种丰度、均匀度，各菌种对碳源利用丰度有显著差异。生物炭的施加促进了蔗田根际微生物群落对糖类、羧酸类和氨基酸类碳源的利用能力。较高量的生物炭施加对微生物群落利用酚类、胺类碳源的能力有提升作用。生物炭的施加对土壤微生物群落具有积极的促进作用。

（3）施用生物炭处理显著改变了细菌、真菌群落结构。高施用量生物炭处理对细菌、真菌优势菌群相对丰度影响明显，显著提高了变形菌门、放线菌门、拟杆菌门、绿弯菌门、子囊菌门、被孢霉菌门和担子菌门的相对丰度，显著降低了酸杆菌门的相对丰度。细菌、真菌群落与环境因素分析表明，土壤全氮、铵态氮与细菌群落结构具有极显著相关关系（$P < 0.01$），土壤铵态氮、有效钾、土壤容重与真菌群落结构分布具有显著相关性（$P < 0.05$）。施用生物炭后土壤理化性质的改变与土壤细菌、真菌群落分布具有显著相关性，可为生物炭改良红壤土壤微生物多样性以及群落结构提供基础数据。

（4）施用生物炭显著提高红壤茶园土壤溶磷细菌的数量和有效磷含量，高生物炭施用量处理的土壤有效磷含量显著增加，表明施用生物炭对茶园土壤磷素起到活化作用，这主要是土壤磷酸酶活性增强以及溶磷细菌的定殖能力提高共同作用的结果。

参考文献

［1］常栋，马文辉，张凯，等.生物炭基肥对植烟土壤微生物功能多样性的影响［J］.中国烟草学报，2018，24（6）：58-66.

［2］陈坤，徐晓楠，彭靖，等.生物炭及炭基肥对土壤微生物群落结构的影响［J］.中国农业科学，2018，51（10）：1920-1930.

［3］陈敏，杜相革.生物炭对土壤特性及烟草产量和品质的影响［J］.中国土壤与肥料，2015（1）：80-83.

［4］陈力力，刘金，李梦丹，等.水稻－油菜双序列复种免耕、翻耕土壤真菌多样性［J］.激光生物学报，2018，27（1）：60-68，59.

［5］陈温福，张伟明，孟军.农用生物炭研究进展与前景［J］.中国农业科学，2013，46（16）：3324-3333.

［6］陈义轩，宋婷婷，方明，等.四种生物炭对潮土土壤微生物群落结构的影响［J］.农业环

境科学学报，2019，38（2）：394–404.

［7］陈泽斌，高熹，王定斌，等. 生物炭不同施用量对烟草根际土壤微生物多样性的影响［J］. 华北农学报，2018，33（1）：224–232.

［8］邓娇娇，周永斌，殷有，等. 辽东山区典型人工针叶林土壤细菌群落多样性特征［J］. 生态学报，2019，39（3）：997–1008.

［9］丁新景，黄雅丽，敬如岩，等. 基于高通量测序的黄河三角洲4种人工林土壤细菌结构及多样性研究［J］. 生态学报，2018，38（16）：5857–5864.

［10］顾美英，徐万里，唐光木，等. 生物炭对灰漠土和风沙土土壤微生物多样性及与氮素相关微生物功能的影响［J］. 新疆农业科学，2014，51（5）：926–934.

［11］胡华英，张虹，曹升，等. 杉木人工林土壤施用生物炭对细菌群落结构及多样性的影响［J］. 林业科学，2019，55（8）：184–193.

［12］黄修梅，李明，戎素萍，等. 生物炭添加对马铃薯根际土壤真菌多样性和产量的影响［J］. 中国蔬菜，2019（1）：51–56.

［13］李发虎，李明，刘金泉. 生物炭对温室黄瓜根际土壤真菌丰度和根系生长的影响［J］. 农业机械学报，2017，48（4）：265–270，341.

［14］李航，董涛，王明元. 生物炭对香蕉苗根际土壤微生物群落与代谢活性的影响［J］. 微生物学杂志，2016，36（1）：42–48.

［15］邱雪，温元元，李淑婷，等. 基于高通量测序技术的大连低温海域细菌群落结构和功能分析［J］. 科学技术与工程，2018，18（8）：1671–1815.

［16］唐行灿，陈金林. 生物炭对土壤理化性质和微生物性质影响研究进展［J］. 生态科学，2018，37（1）：192–199.

［17］王月玲，耿增超，王强，等. 生物炭对塿土土壤温室气体及土壤理化性质的影响［J］. 环境科学，2016，37（9）：3634–3641.

［18］席劲瑛，胡洪营，钱易. Biolog方法在环境微生物群落研究中的应用［J］. 微生物学报，2003，43（1）：138–141.

［19］阎海涛，殷全玉，丁松爽，等. 生物炭对褐土理化特性及真菌群落结构的影响［J］. 环境科学，2018，39（5）：2412–2419.

［20］殷全玉，刘健豪，刘国顺，等. 连续4年施用生物炭对植烟褐土微生物群落结构的影响［J］. 中国农业科技导报，2021，23（1）：176–185.

［21］袁耀彬. 桉树根际土壤功能菌多样性与抗青枯病的关系研究［D］. 桂林：广西师范大学，2012.

［22］张奇春，王雪芹，时亚南，等. 不同施肥处理对长期不施肥区稻田土壤微生物生态特性的影响［J］. 植物营养与肥料学报，2010，16（1）：118–123.

［23］张千丰. 作物残体生物炭基本特征及对白浆土、黑土改良效果的研究［D］. 北京：中国

科学院研究生院，2013.

［24］郑华，欧阳志云，方治国，等. BIOLOG在土壤微生物群落功能多样性研究中的应用［J］. 土壤学报，2004，41（3）：456-461.

［25］Cederlund H，Thierfelder T，Stenstrom J. Functional microbial diversity of the railway track bed［J］. Science of the Total Environment，2008，397（1-3）：205-214.

［26］Choi K H，Dobbs F C. Comparison of two kinds of Biolog microplates（GN and ECO）in their ability to distinguish among aquatic microbial communities［J］. Journal of Microbiol Methods，1999，36（3）：203-213.

［27］Ducey T F，Ippolito J A，Cantrell K B，et al. Addition of activated switchgrass biochar to an aridic subsoil increases microbial nitrogen cycling gene abundances［J］. Applied Soil Ecology，2013，65（2）：65-72.

［28］Farrell M，Kuhn T K，Macdonald L M，et al. Microbial utilisation of biochar-derived carbon［J］. Science of the Total Environment，2013，465：288-297.

［29］Fox A，Kwapinski W，Griffiths B S，et al. The role of sulfur and phosphorus mobilizing bacteria in biochar induced growth promotion of Lolium perenne［J］. FEMS Microbiology Ecology，2014，90（1）：78-91.

［30］Heike K. How does fire affect the nature and stability of soil organic nitrogen and carbon? A review［J］. Biogeochemistry，2007，85（1）：91-118.

［31］Imparato V，Hansen V，Santos S S，et al. Gasication biochar has limited effects on functional and structural diversity of soil microbial communities in a temperate agroecosystem ［J］. Soil Biology & Biochemistry，2016，99：128-136.

［32］Jiang T Y，Jiang J，Xu R K，et al. Adsorption of Pb（Ⅱ）on variable charge soils amended with rice-straw derived biochar［J］. Chemosphere，2012，89（3）：249-256.

［33］Jorquera M，Martínez O，Maruyama F，et al. Current and future biotechnological applications of bacterial phytases and phytaseproducing bacteria［J］. Microbes and Environments，2008，23（3）：182-191.

［34］Khodadada C L M，Zimmerman A R，Green S J，et al.，Taxa-specific changes in soil microbial community composition induced by pyrogenic carbon amendments［J］. Soil Biology and Biochemistry，2011，43（2）：385-392.

［35］Koch B，Worm J，Jensen L E，et al. Carbon limitation induces dependent gene expression in pseudomonas fluorescens in soil［J］. Applied and Environmental Microbiolgy，2001，67（8）：3363-3370.

［36］Lehmann J，Rillig M C，Thies J，et al. Biochar effects on soil biota：A review［J］. Soil Biology and Biochemistry，2011，43（9）：1812-1836.

［37］Liu B，Li Y，Zhang X，et al. Combined effects of chlortetracycline and dissolved organic matter extracted from pig manure on the functional diversity of soil microbial community［J］. Soil Biology and Biochemistry，2014，74：148–155.

［38］Mendes G O，Zafra D L，Vassilev N B，et al. Biochar enhances aspergillus niger rock phosphate solubilization by Increasing organic acid production and alleviating fluoride toxicity ［J］. Applied and Environmental Microbiology，2014，80（10）：3081–3085.

［39］Mittal V，Singh O，Nayyar H，et al. Stimulatory effect of phosphate solubilizing fungal strains（Aspergillus awamori and Penicillium citrinum）on the yield of chickpea（Cicer arietinum L. cv. GPF2）［J］. Soil Biology and Biochemistry，2008，40（3）：718–727.

［40］Muhammad N，Dai Z，Xiao K，et al. Changes in microbial community structure due to biochars generated from different feedstocks and their relationships with soil chemical properties［J］. Geoderma，2014，226–227（8）：270–278.

［41］Nguyen T T N，Wallace H M，Cheng–Yuan X，et al. The effects of short term，long term and reapplication of biochar on soil bacteria［J］. Science of the Total Environment，2018，636（15）：142–151.

［42］Peix A，Lang E，Verbarg S，et al. Acinetobacter strains IH9 and OCI1，two rhizospheric phosphate solubilizing isolates able to promote plant growth，constitute a new genomovar of Acinetobacter calcoaceticus［J］. Systematic and Applied Microbiology，2009，32（5）：334–341.

［43］Rmn K，Janzen H H，Leggett M E. Microbially mediated increases in plant–available phosphorus［J］. Advances in Agronomy，1989，42：199–228.

［44］Rutigliano F A，Romano M，Marzaioli R，et al. Effect of biochar addition on soil microbial community in a wheat crop［J］. European Journal of Soil Biology，2014，60（2）：9–15.

［45］Yao Q，Liu J J，Yu Z H，et al. Changes of bacterial community compositions after three years of biochar application in a black soil of northeast China［J］. Applied Soil Ecology，2017，113：11–21.

［46］Zhang H，Li G，Song X，et al. Changes in soil microbial functional diversity under different vegetation restoration patterns for Hulunbeier Sandy Land［J］. Acta Ecologica Sinica，2013，33（1）：38–44.

［47］Zheng B X，Hao X L，Ding K，et al. Long– term nitrogen fertilization decreased the abundance of inorganic phosphate solubilizing bacteria in an alkaline soil［J］. Scicentific Reports，2017，7：42284.

第十三章

生物炭施用对桉树人工林土壤酶活性的影响

生物炭是生物质在厌氧的情况下进行热解处理的固体残留物，其原料来源和热解条件影响着其特性（Campos 等，2020）。生物炭碳含量丰富、容重小、比表面积大、结构疏松多孔、吸附能力强，添加生物炭能增加土壤的有机碳含量，调节和保持土壤水分和空气，以及改善土壤的肥力等，从而促进植物的生长（Wang 等，2020）。研究结果表明，生物炭可作为新型的土壤改良剂被广泛用于土壤修复等方面（何选明等，2015；段春燕等，2020；徐瑾等，2020；王豪吉等，2021）。

土壤酶来源于土壤中动植物和微生物细胞的分泌物及残体的分解等，是土壤中最活跃的组分之一（关松荫，1986），能指示土壤质量的变化情况（Xu 等，2017）。研究土壤酶活性的变化可以更好地反映生物炭输入对土壤微生态的影响。前人研究表明，在新疆地区的灰漠土和风沙土连作的棉田上施用生物炭，能提高其根际土壤养分和微生物多样性（顾美英等，2014）。但也有研究报道树枝制备生物炭可以提高壤土和砂土中与氮磷循环相关的酶活性，却降低了壤土中与碳循环有关的酶活性（Bailey 等，2011；尚杰等，2016）。目前关于生物炭对土壤酶活性影响的研究多集中于室内培养试验或短期的田间试验，结果还不尽一致（Castaldi 等，2011）。

桉树（*Eucalyptus robusta*）作为速生树种，在广西种植发展迅速，桉树人工林的面积不断扩大，促进了广西地方经济的发展，但桉树人工林经营中也存在土壤地力衰退等生态问题（黄国勤等，2014；温远光等，2019）。桉树人工林经营过程中会产生大量的农林废弃物，如能通过制备桉树枝条生物炭并就地还田，发挥桉树枝条生物炭在桉树人工林的积极作用，将产生较大的生态经济效益。目前生物炭施用于桉树人工林方面的研究较少，生物炭施用对桉树人工林土壤酶活性的影响尚不明确。因此，本研究以桉树人工林采伐剩余物枝条为原料，经过高温厌氧制备成生物炭，将其按不同质量分数（CK：0、T1：0.5%、T2：1%、T3：2%、T4：4%、T5：6%）施用于桉树人工林土壤，探讨桉树枝条生物炭施用后对土壤过氧化氢酶、脲酶等酶活性的影响，筛选有利于促进土壤酶活性的生物炭最佳施用量比例，研究结果有望为农林废弃物生物炭资源化利用和桉树人工林可持续经营提供理论参考依据。

1 施用生物炭对土壤酶活性的影响

1.1 施用生物炭对过氧化氢酶和脲酶的影响

从图 13-1 可看出，与对照 CK 的 0~30 cm 土层相比，过氧化氢酶和脲酶随着生物炭施用量的增加，其含量一致呈现出逐渐增高的趋势，增幅分别为 7.97 %~56.46 % 和 5.48 %~31.45 %，并在 T5 时最高。在同一处理下，随着土层的增加，均呈现显著降低的趋势；同一土层不同处理间，在 0~10 cm 土层，过氧化氢酶 T1 处理与 CK、T2 处理间差异不显著（$P > 0.05$），其他处理之间差异显著（$P < 0.05$）。在 10~20 cm 土层中，过氧化氢酶、脲酶 T4 与 T5 之间差异不显著，其他处理之间差异显著。在 20~30 cm 土层中，过氧化氢酶和脲酶在各处理间均呈显著差异（$P < 0.05$）。

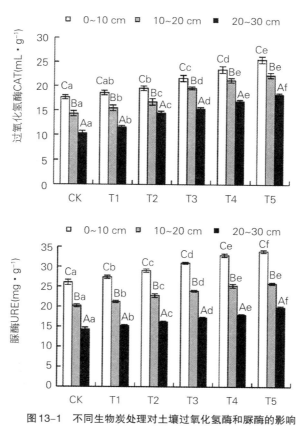

图 13-1 不同生物炭处理对土壤过氧化氢酶和脲酶的影响

注：不同小写字母表示同一土层不同处理间差异显著（$P < 0.05$）；不同大写字母表示同一处理不同土层间差异显著（$P < 0.05$），下同。

1.2 不同处理土壤脱氢酶和 β– 葡萄糖苷酶的变化

由图 13–2 可知，在不同生物炭处理下，与对照 CK 的 0~30 cm 土层相比，与过氧化氢酶和脲酶的变化趋势一致，脱氢酶和 β– 葡萄糖苷酶呈现出逐渐增高的趋势，增幅分别为 53.51%~202.33% 和 12.12%~83.09%，在 T5 处理最高。随着土层的增加，各处理的脱氢酶和 β– 葡萄糖苷酶均呈现显著降低的趋势。同一土层不同处理中，在 0~10 cm 土层，脱氢酶 T1 与 T2，T3 与 T4 之间差异不显著（$P > 0.05$），β– 葡萄糖苷酶 T2 分别与 CK、T1 之间差异不显著（$P > 0.05$），其他处理之间差异显著。在 10~20 cm 土层中，脱氢酶 CK 与 T1 之间，T3 与 T4 之间差异不显著，β– 葡萄糖苷酶中 T1 分别与 T2、T3 之间差异不显著（$P > 0.05$），而与其他处理之间显著；在 20~30 cm 土层中，脱氢酶 T4 分别与 T2、T3 之间差异不显著（$P > 0.05$），β– 葡萄糖苷酶中 T1 与 T2 之间差异不显著（$P > 0.05$），而其他处理之间差异显著（$P < 0.05$）。以上结果表明施用生物炭对土壤脱氢酶和 β– 葡萄糖苷酶的影响较为突出。

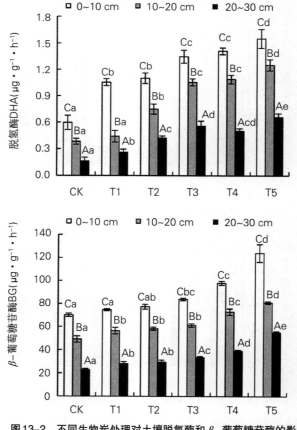

图 13–2 不同生物炭处理对土壤脱氢酶和 β– 葡萄糖苷酶的影响

1.3 不同处理土壤酸性磷酸酶和蔗糖酶的变化

由图13-3可以看出，与对照CK的0~30 cm土层相比，酸性磷酸酶含量大小关系为T5＜CK＜T4＜T1＜T2＜T3，在T3时最高；蔗糖酶的大小关系为CK＜T1＜T2＜T3＜T5＜T4，在T4时最高。随着土层的增加，酸性磷酸酶和蔗糖酶均呈现显著降低的趋势。同一土层不同处理中，在0~10 cm土层，酸性磷酸酶T4分别与CK和T1之间差异不显著（$P＞0.05$），蔗糖酶中T4与T5差异不显著（$P＞0.05$），其他各个处理差异显著（$P＜0.05$）；10~20 cm土层中，蔗糖酶CK与T1之间、T4与T5之间差异不显著（$P＞0.05$），而其他处理差异显著；20~30 cm土层中，酸性磷酸酶CK与T4之间差异不显著（$P＞0.05$），其他处理之间差异显著（$P＜0.05$），蔗糖酶在各个处理间均显著差异（$P＜0.05$）。

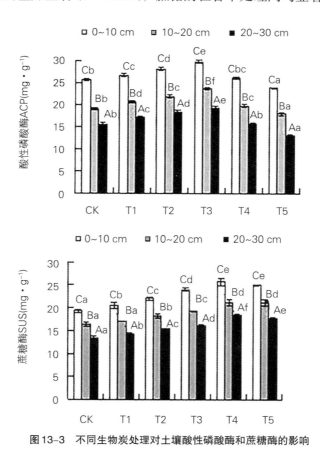

图13-3 不同生物炭处理对土壤酸性磷酸酶和蔗糖酶的影响

1.4 不同处理土壤亮氨酸氨基肽酶和纤维二糖苷酶的变化

从图13-4可知，相对于对照CK的0~30 cm土层，亮氨酸氨基肽酶的大小关系为T1＜CK＜T5＜T4＜T2＜T3，在T3时最高；纤维二糖苷酶的大小关系为CK＜T1＜T2

＜ T3 ＜ T5 ＜ T4，在 T4 时最高。随着土层的增加，均呈现显著降低的趋势。同一土层不同处理中，在 0~10 cm 土层，亮氨酸氨基肽酶 CK 分别与 T1、T5 之间、T4 与 T5 之间差异不显著（$P > 0.05$），纤维二糖苷酶 T4 与 T5 之间差异不显著（$P > 0.05$），而其他处理之间差异显著。在 10~20 cm 土层中，亮氨酸氨基肽酶 CK 与 T1 之间、T2 和 T4 之间差异不显著（$P > 0.05$），纤维二糖苷酶 T4 与 T5 之间差异不显著（$P > 0.05$），而与其他处理差异显著（$P < 0.05$）；在 20~30 cm 土层中，亮氨酸氨基肽酶和纤维二糖苷酶中 CK 均与 T1 之间差异不显著（$P > 0.05$），而与其他处理之间差异显著（$P < 0.05$）。

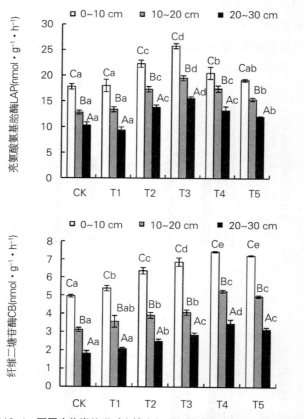

图 13-4　不同生物炭处理对土壤亮氨酸氨基肽酶和纤维二糖苷酶的影响

2　土壤酶活性与土壤理化性质之间的相关性

由表 13-1 可知，土壤过氧化氢酶、脲酶、脱氢酶、β- 葡萄糖苷酶、酸性磷酸酶、蔗糖酶、亮氨酸氨基肽酶和纤维二糖苷酶均分别与阳离子交换量、交换性钙、交换性镁、自然含水量、毛管孔隙度、总毛管孔隙度、有机碳、全磷、全钾、有效磷、有效钾、有效氮之间有极显著正相关（$P < 0.01$）。pH 值、电导率与酸性磷酸酶之间有显著正相关（$P < 0.05$），与其他土壤酶之间存在极显著正相关（$P < 0.01$）。容重与酸性磷酸酶之间存在极显著正相

关（$P < 0.01$），与亮氨酸氨基肽酶之间为显著相关（$P < 0.05$）。交换性酸和交换性铝分别与过氧化氢酶、蔗糖酶、脱氢酶、$\beta-$葡萄糖苷酶之间无显著相关（$P > 0.05$）。交换性氢与蔗糖酶之间有显著正相关，与过氧化氢酶、脱氢酶之间无显著相关性（$P > 0.05$）。交换性钠分别与蔗糖酶、脲酶、酸性磷酸酶、$\beta-$葡萄糖苷酶、纤维二糖苷酶和亮氨酸氨基肽酶之间有极显著正相关（$P < 0.01$）。表明土壤酶活性与土壤理化性质间存在密切的关系，土壤酶活性受到由多因子的共同影响，且土壤有机碳对土壤酶活性的影响较为显著。

表13-1　土壤酶活性与土壤理化性质之间的相关系数

指标	CAT	SUS	URE	DHA	ACP	BG	CB	LAP
pH	0.876**	0.830**	0.720**	0.858**	0.277*	0.777**	0.745**	0.539**
CEC	0.946**	0.937**	0.860**	0.935**	0.531**	0.853**	0.888**	0.759**
EC	0.910**	0.864**	0.752**	0.876**	0.345*	0.804**	0.780**	0.590**
E-ac	−0.194	0.002	0.200	−0.081	0.635**	0.055	0.165	0.302*
E-al	−0.051	0.117	0.308*	0.006	0.638**	0.182	0.275*	0.325*
E-hy	0.155	0.332*	0.515**	0.23	0.659**	0.441**	0.464**	0.392**
E-na	0.236	0.399**	0.581**	0.292	0.769**	0.481**	0.534**	0.512**
E-ca	0.907**	0.942**	0.864**	0.899**	0.536**	0.856**	0.900**	0.682**
E-ma	0.858**	0.932**	0.914**	0.897**	0.701**	0.875**	0.928**	0.765**
BD	−0.251	−0.046	0.148	−0.156	0.597**	−0.01	0.111	0.271*
NMC	0.925**	0.967**	0.949**	0.930**	0.708**	0.917**	0.958**	0.819**
CP	0.857**	0.915**	0.896**	0.863**	0.659**	0.876**	0.912**	0.755**
TCP	0.903**	0.957**	0.953**	0.907**	0.717**	0.931**	0.959**	0.804**
OC	0.928**	0.954**	0.972**	0.924**	0.697**	0.972**	0.961**	0.771**
TP	0.827**	0.910**	0.884**	0.839**	0.770**	0.800**	0.918**	0.846**
TK	0.899**	0.977**	0.965**	0.919**	0.747**	0.918**	0.978**	0.844**
AP	0.942**	0.926**	0.877**	0.903**	0.498**	0.899**	0.882**	0.685**
AK	0.817**	0.910**	0.971**	0.846**	0.851**	0.908**	0.956**	0.838**
AN	0.903**	0.933**	0.890**	0.910**	0.532**	0.917**	0.899**	0.668**

注：* 和 ** 分别表示在 $P < 0.05$ 和 $P < 0.01$ 水平上达显著水平。

3　讨论与小结

3.1　生物炭施用对蔗糖酶和脲酶的影响

根据酶的功能及其催化反应的类型，土壤酶主要分为水解酶、裂合酶、氧化还原酶、转移酶等（关松荫，1986），氧化还原酶类是在土壤中催化氧化还原反应的酶，在能量传递和物质代谢方面有着重要的作用，主要包括过氧化氢酶、脱氢酶等；水解酶是将蛋白质等物质分解为易被植物吸收的酶，包括蔗糖酶、脲酶、磷酸酶、肽酶、纤维素酶等。土壤蔗糖酶反映了土壤有机质积累与转化状况，过氧化氢酶主要参与木质素、酚类物质的降解，促进土壤腐殖质的形成（Burns 等，2013），β-葡糖苷酶是多糖分解中最重要的酶，它能将纤维素内切酶所分解的二糖分解成能够被植物和土壤微生物吸收利用的葡萄糖和果糖。过氧化氢酶和纤维素酶对土壤有机碳的分解和转化起着重要作用（Schimel and Weintraub，2003），土壤脱氢酶可以反映土壤体系内活性微生物量以及其对有机物的降解特征，能作为土壤微生物的降解性能指标。以上各酶多参与土壤中的碳循环。Bamminger 等（2013）的研究表明，施用玉米秸秆生物炭后，显著增强了森林土壤中的 β-葡萄糖苷酶活性。前人研究表明，生物炭施用降低了过氧化氢酶和纤维素酶的活性（Lehmann 等，2011），向砂质壤土和红壤中分别施加活性污泥生物炭后，脱氢酶和 β-葡萄糖苷酶均显著增强（Demisie 等，2014）。金岩等（2018）的研究表明，套作以及添加生物炭的栽培模式更好地提高土壤过氧化氢酶、脱氧酶和脲酶的活性。高凤等（2019）研究发现将生物炭施入种植白菜的土壤中提高了其土壤纤维素酶、蔗糖酶活性。杜倩等（2021）将玉米生物炭和油菜生物炭分别施入种植烟草的土壤中均增加了烤烟各生育期土壤蔗糖酶、β-葡萄糖苷酶、脲酶和蛋白酶的活性，但随着生育期呈不同的变化趋势。本研究与以上研究结果相类似，在同一土层不同处理间，随着生物炭施用量的增加，脱氢酶和 β-葡萄糖苷酶的含量均逐渐增高；在同一处理不同土层间，随着土层的增加，脱氢酶和 β-葡萄糖苷酶的含量明显降低，这表明桉树枝条生物炭促进了与土壤碳转化相关酶的活性。胡华英等（2019）在南方红壤杉木人工林土壤中添加杉木生物炭的研究结果表明，生物炭的添加对过氧化氢酶影响不显著。何秀峰等（2020）将生物炭应用于葡萄幼苗土壤中，通过不同施用方式及施用量的对比，发现随着生物炭施用量的增加，土壤过氧化氢酶和蔗糖酶的活性也随之增加。一般土壤有益微生物活动常受到过氧化氢的毒害，而土壤中的过氧化氢酶可以促进过氧化氢的分解，本试验各处理的过氧化氢酶活性由高到低为 T5 > T4 > T3 > T2 > T1，说明施用生物炭提高了土壤过氧化氢酶活性，可促进过氧化氢的分解，同时，桉树枝条生物炭疏松多孔的结构可能吸附过氧化氢，进而共同降低过氧化氢对土壤的危害作用，这从侧面也表明，施用桉树枝条生物炭有利于桉树人工林土壤质量的改善。

脲酶是具有对尿素转化起关键作用的酶，可以用来表示土壤供氮能力。土壤亮氨酸氨基肽酶是一类能水解肽链 N-末端为亮氨酸的蛋白酶（关松荫，1986）。前人研究表明，施加小麦秸秆制备的生物炭可显著提高灰化土中脲酶活性（Oleszczuk 等，2014），施入橡木和竹制成的混合生物炭后，红壤中的脲酶在活性均被显著提高（Demisie 等，2014）。王智慧等（2019）的研究表明不同玉米秸秆生物炭施用量对土壤脲酶、蔗糖酶、碱性磷酸酶和过氧化氢酶的活性均有促进作用，其中脲酶在高施用量时促进作用更加明显。王豪吉等（2021）通过在耕地红壤中对比单一施用炭处理和与有机肥配施试验，发现虽然单一施用生物炭显著提高了土壤脲酶、蔗糖酶、过氧化氢酶活性，但生物炭与有机肥的混合施用更加促进酶活性。本研究中，在同一土层不同处理间，随着生物炭施用量的增加，过氧化氢酶含量逐渐增高，表明生物炭施用显著增强了土壤脲酶活性，且土壤脲酶与速效氮极显著正相关，这说明桉树枝条生物炭施用有利于提升桉树林土壤的供氮潜力。

3.2 生物炭施用对酸性磷酸酶和 $\beta-$ 葡萄糖苷酶、纤维素水解酶的影响

酸性磷酸酶是评价磷转化的重要指标。Demisie 等（2015）的研究表明，土壤酸性磷酸酶活性随生物炭的增加而降低。李少朋等（2019）将不同生物炭量添加在盐碱土中，研究发现土壤脲酶活性随着生物炭量的增加而增加，酸性磷酸酶则呈现先升高后降低的变化趋势。与上述研究结果相类似，本研究中，随桉树枝条生物炭施用量的增加，酸性磷酸酶活性呈现先升高后降低的变化趋势。由于生物炭中富含微生物生长需要的磷、钾、镁等营养元素，随生物炭施入土壤，这些营养元素起到了促进土壤微生物生长，提高土壤酶活性的作用（Lehmann 等，2011）。同时以上研究结果表明不同来源的生物炭对土壤酶活性的影响不同，这可能与生物炭自身的理化性质、施用量不同有关。本研究中，桉树枝条生物炭还田后，通过改善土壤的理化性质，促进了土壤酶活性的提高。同时，桉树枝条生物炭中包含的营养物质可作为产酶微生物的底物，桉树枝条生物炭自身具有多孔结构和吸附性能，可能也吸附土壤中的反应底物，通过刺激土壤微生物和加强酶促反应的进行从而提高土壤酶活性。

由于生物炭自身独特的性质，添加生物炭使得土壤酶活性在一定程度上发生了变化。孙慧等（2016）研究发现过氧化氢酶活性受土壤 pH 值和有机质含量的影响，与土壤 pH 值呈正相关。郑慧芬等（2019）将小麦秸秆生物炭施用于红壤之中，研究发现土壤脲酶、$\beta-$ 葡萄糖苷酶与 pH 值存在显著正相关，与土壤酸性磷酸酶存在显著负相关性，说明施用生物炭引起了土壤 pH 值的变化，从而影响土壤中的生物化学过程，这表明酶活性与土壤养分之间存在着一定的联系。许云翔等（2019）研究发现在稻田土壤中施用生物炭提高了脲酶和酸性磷酸酶活性，其酸性磷酸酶活性与土壤容重呈极显著正相关。王智慧等（2019）的研究表明施用生物炭可提高土壤有机碳、全氮、有效磷、有效钾含量，生物炭自身就含有丰富的碳元素，施入土壤中，可能增加了碳源，而对氮素的促进可能因为酶活性的提高。本研究中，施用生物炭有利于增加土壤磷酸酶和蔗糖酶的活性，这与施用生物炭后土壤有机质和土壤有效磷的增加密切关联。笔者团队的前期研究表明，高施用量生物炭处理的土壤有效磷含量显著高于对照（段春燕等，2020），这也证明了土壤酸性磷酸酶对土壤磷养分的形成能起到促进作用。本研究中土壤 $\beta-$ 葡萄糖苷酶与土壤有机碳含量呈极显著正相关，表明 $\beta-$ 葡萄糖苷酶的变化与有机碳含量有关，这与段春燕等

（2020）研究得出的生物炭还田后增加了土壤有机碳含量相一致。本研究中，桉树枝条生物炭施用影响了土壤酶活性的变化，不同的施用量对土壤酶的促进作用不同，土壤酶活性的变化，指示了桉树枝条生物炭对土壤养分含量的促进作用。

Wang 等（2015）研究发现0.5% 土壤质量分数生物炭（玉米秸秆，450℃）添加提高了土壤 β- 葡萄糖苷酶、纤维素水解酶，而1% 生物炭添加反而抑制了上述酶活性。李治玲（2016）研究发现紫色土中施用生物炭，蔗糖酶在生物炭浓度为4% 时含量达到最高。王垚等（2020）将生物炭添加在镉污染土壤中，发现随着生物炭量的添加，土壤脲酶和蔗糖酶均在5% 生物炭施入量时显著增加，但酸性磷酸酶和过氧化氢酶均随使用量增加而降低，并在5% 生物炭施入量时较为稳定。香蕉茎叶生物炭提高了蕉园酸化土壤的酶活性，施用量在3% 时，对蕉园土壤的培肥效应较好（徐广平等，2020）。与以上研究结果相类似的是，本研究中生物炭在施用量4%～6% 时有利于土壤酶活性的提升，随着生物炭施用量的增加，过氧化氢酶、脱氢酶、β- 葡萄糖苷酶和脲酶含量呈现上升的趋势，高施用量对桉树人工林土壤过氧化氢酶等酶含量的提高作用较显著；而蔗糖酶、纤维二糖苷酶、亮氨酸氨基肽酶和酸性磷酸酶含量随着生物炭施用量增加呈现先上升后下降的趋势。可见，土壤酶活性反映了桉树人工林土壤理化性质的状况等，其活性受到生物炭本身性质、土壤类型、作物类型、环境因素（土壤养分、土壤酸碱性等）和人为因素（施肥灌溉、管理措施等）等众多因素的影响。Elzobair 等（2016）认为土壤微生物对生物炭中养分的利用状况影响着酶活性。王妙芬等（2021）发现生物炭对土壤 pH 值，碳、氮含量提升较高，而氮素与几种水解酶有着显著的相关关系，这是由于氮素通过影响土壤微生物的数量、功能等而影响酶活性。本研究中，桉树枝条生物炭通过自身的高养分含量，改变土壤的 pH 值等理化性质，间接对土壤矿质元素的有效性产生影响，改善了桉树人工林的土壤环境，进而来影响酶活性。此外，还可能通过促进土壤微生物的繁衍与生长及其代谢，影响酶活性。尽管因不同酶的类型而表现出小的差异性，但与对照相比，桉树枝条生物炭施用2% 以上比例，对土壤酶活性的影响表现出酶活性增加的趋势，在桉树人工林土壤中施用桉树枝条生物炭整体上提高了土壤碳氮磷元素转化相关的酶活性，进一步说明桉树人工林施用生物炭起到了较好的土壤保肥能力。

3.3 小结

（1）在桉树人工林施用桉树枝条生物炭对土壤酶活性有着明显的影响，在0～30 cm 土层中，随着生物炭施用量的增加，土壤过氧化氢酶、脲酶、脱氢酶和 β- 葡萄糖苷酶含量显著增加，均在6% 施用量时最高；酸性磷酸酶和亮氨酸氨基肽酶含量均呈现先增加后降低的趋势，在2% 施用量时最高；纤维二糖苷酶和蔗糖酶含量则在4% 施用量时最高。

（2）随着土层深度的增加，生物炭对酶活性的影响逐渐减弱，土壤酶活性与土壤理化性质密切相关。总体上，施用桉树枝条生物炭提高了桉树人工林土壤酶活性，桉树枝条生物炭还田后，通过改善土壤的理化性质，促进了土壤酶活性的提高。

参考文献

［1］杜倩，黄容，李冰，等.生物炭还田对植烟土壤活性有机碳及酶活性的影响［J］.核农学报，2021，35（6）：1440-1450.

［2］段春燕，沈育伊，徐广平，等.桉树枝条生物炭输入对桂北桉树人工林酸化土壤的作用效果［J］.环境科学，2020，41（9）：358-369.

［3］高凤，杨凤军，吴瑕，等.施用生物炭对白菜根际土壤中有机质含量及酶活性的影响［J］.土壤通报，2019，50（1）：103-108.

［4］顾美英，刘洪亮，李志强，等.新疆连作棉田施用生物炭对土壤养分及微生物群落多样性的影响［J］.中国农业科学，2014，47（20）：4128-4138.

［5］关松荫.土壤酶及其研究方法［M］.北京：农业出版社，1986，274-323.

［6］何秀峰，赵丰云，于坤，等.生物炭对葡萄幼苗根际土壤养分、酶活性及微生物多样性的影响［J］.中国土壤与肥料，2020，（6）：19-26.

［7］何选明，冯东征，敖福禄，等.生物炭的特性及其应用研究进展［J］.燃料与化工，2015，46（4）：1-3+7.

［8］胡华英，殷丹阳，曹升，等.生物炭对杉木人工林土壤养分、酶活性及细菌性质的影响［J］.生态学报，2019，39（11）：4138-4148.

［9］黄国勤，赵其国.广西桉树种植的历史、现状、生态问题及应对策略［J］.生态学报，2014，34（18）：5142-5152.

［10］金岩，杨凤军，吴瑕，等.套作与生物炭互作提高番茄土壤酶活性和果实品质［J］.新农业，2018（7）：6-10.

［11］李少朋，陈曲圳，周艺艺，等.生物炭施用对滨海盐碱土速效养分和酶活性的影响［J］.南方农业学报，2019，50（7）：1460-1465.

［12］李治玲.生物炭对紫色土和黄壤养分、微生物及酶活性的影响［D］.重庆：西南大学，2016.

［13］尚杰，耿增超，王月玲，等.施用生物炭对（土娄）土微生物量碳、氮及酶活性的影响［J］.中国农业科学，2016，49（6）：1142-1151.

［14］孙慧，张建锋，胡颖，等.土壤过氧化氢酶对不同林分覆盖的响应［J］.土壤通报，2016，47（3）：605-610.

［15］王豪吉，施梦馨，徐应垚，等.生物炭与有机肥配施对耕地红壤酶活性及作物产量的影

响［J］.云南师范大学学报（自然科学版），2021，41（1）：56-63.

［16］王妙芬，梁美美，杨庆，等.秸秆及其生物炭添加对土壤酶活性的影响［J］.福建农业科技，2021，52（7）：10-17.

［17］王垚，胡洋，马友华，等.生物炭对镉污染土壤有效态镉及土壤酶活性的影响［J］.土壤通报，2020，51（4）：979-985.

［18］王智慧，殷大伟，王洪义，等.生物炭对土壤养分、酶活性及玉米产量的影响［J］.东北农业科学，2019，44（3）：14-19.

［19］温远光，周晓果，朱宏光.桉树生态营林的理论探索与实践［J］.广西科学，2019，26（2）：159-175+252.

［20］徐广平，滕秋梅，沈育伊，等.香蕉茎叶生物炭对香蕉枯萎病防控效果及土壤性状的影响［J］.生态环境学报，2020，29（12）：2373-2384.

［21］徐瑾，王瑞，邓芳芳，等.施用生物炭对东台沿海杨树人工林土壤理化性质及酶活性的影响［J］.福建农林大学学报（自然科学版），2020，49（3）：348-353.

［22］许云翔，何莉莉，刘玉学，等.施用生物炭6年后对稻田土壤酶活性及肥力的影响［J］.应用生态学报，2019，30（4）：1110-1118.

［23］郑慧芬，吴红慧，翁伯琦，等.施用生物炭提高酸性红壤茶园土壤的微生物特征及酶活性［J］.中国土壤与肥料，2019，（2）：68-74.

［24］Bailey V L，Fansler S J，Smith J L，et al. Reconciling apparent variability in effects of biochar amendment on soil enzyme activities by assay optimization［J］. Soil Biochemistry，2011，43（2）：296-301.

［25］Bamminger C，Marschner B，Juschke E. An incubation study on the stability and biological effects of pyrogenic and hydrothermal biochar in two soils［J］. European Journal of Soil Science，2013，65（1）：72-82.

［26］Burns R G，Deforest J L，Marxsen J，et al. Soil enzymes in a changing environment：current knowledge and future directions［J］. Soil Biology and Biochemistry，2013，58：216-234.

［27］Campos P，Miller A Z，Knicker H，et al. Chemical，physical and morphological properties of biochars produced from agricultural residues：Implications for their use as soil amendment ［J］. Waste Management，2020，105：256-267.

［28］Castaldi S，Riondino M，Baronti S，et al. Impact of biochar application to a Mediterranean wheat crop on soil microbial activity and greenhouse gas fluxes［J］. Chemosphere，2011，85（9）：1464-1471.

［29］Demisie W，Liu Z，Zhang M K. Effect of biochar on carbon fractions and enzyme activity of red soil［J］. Catena，2014，（121）：214-221.

［30］Demisie W，Zhang M K. Effect of biochar application on microbial biomass and enzymatic activities in degraded red soil [J] . African Journal of Agricultural Research, 2015, 10 (8): 755–766.

[31] Elzobair K A, Stromberger M E, Ippolito J A, et al. Contrasting effects of biochar versus manure on soil microbial communities and enzyme activities in an Aridisol [J] . Chemosphere, 2016, 142: 145–152.

[32] Lehmann J, Rillig M C, Thies J, et al. Biochar effects on soil biota-a review [J] . Soil Biology and Biochemistry, 2011, 43 (9): 1812–1836.

[33] Oleszezuk P, Josko I, Futa B, et al. Effect of pesticides on microorganisms, enzymatic activity and plant in biochar–amended soil [J] . Geoderma, 2014, 214–215: 10–18.

[34] Schimel J P, Weintraub M N. The implications of exoenzyme activity on microbial and nitrogen limitation in soil: a theoretical model [J] . Soil Biology and Biochemistry, 2003, 35 (4): 549–563.

[35] Wang L W, Oconnor D, Rinklebe J, et al. Biochar aging: mechanisms, physicochemical changes, assessment and implications for field applications [J] . Environmental Science & Technology, 2020, 54 (23): 14797–14814.

[36] Wang X B, Song D L, Liang G Q, et al. Maize biochar addition rate influences soil enzyme activity and microbial community composition in a fluvoaquic soil [J] . Applied Soil Ecology, 2015, 96: 265–272.

[37] Xu M, Xia H X, Wu J, et al. Shifts in the relative abundance of bacteria after wine-lees-derived biochar intervention in multi metal-contaminated paddy soil [J] . Science of the Total Environment, 2017, 599/600: 1297–1307.

第十四章

生物炭施用对土壤动物群落结构的影响

土壤动物是陆地生态系统中种类最为丰富的生物组分，绝大多数的地下生态学过程都与土壤动物有着密切的关系（谭艳等，2014），它们在分解动植物残体、改变土壤理化性质、物质循环以及能量流动等方面起着重要作用（曹四平和刘长海，2017）。线虫作为农田土壤中数量较多和多样性最为丰富的微型土壤动物之一，在土壤食物网中占据多个营养级地位（Moore等，1991），对维持土壤生态系统的稳定、促进物质循环和能量流动具有重要意义（Ekschmitt等，2001）。作为土壤生物区系的重要组成部分之一，线虫因具有身体透明易于鉴别，结构与功能对应关系强等特点，被作为农田管理措施改变的敏感指示生物（朱永恒等，2012），可作为反映土壤健康状况的敏感指标。前人的研究多侧重于调查干旱（李孟洁，2018）、水旱不同轮作体系（刘婷，2016）、秸秆还田（牟文雅等，2017），有机肥及其与化肥配施（刘婷等，2013；杨贝贝等，2020）等措施对土壤线虫群落结构的影响研究。

人们越来越关注生存环境和农业可持续发展，在现代农业生产中，更加注重有机肥、新型肥料的施用等与土壤健康相关的问题。生物炭是生物质材料在缺氧条件下高温热解炭化而成的富含碳且性能稳定的固体产物，具有孔隙多、比表面积大和吸附能力强等特点（许云翔等，2020）。研究结果表明，生物炭具有改善土壤理化性质、提高土壤肥力（Hol等，2017）、提高作物产量（Jeffery等，2017）和改善农田生态环境的效应。目前国内外学者已广泛开展生物炭对土壤生物区系影响的研究，但多集中在土壤微生物丰度和活性方面，关于对土壤动物群落影响的研究较少（唐静等，2021）。

土壤动物的多样性受很多因素的影响，生物炭基肥、生物炭目前已初步应用于农田土壤生产中，其对城郊菜地土壤健康的影响值得进一步探讨。生物炭施用会对城郊菜地土壤节肢动物和线虫群落结构产生什么影响？本研究选择菜地土壤，比较不同施用量生物炭（CK：0、Bc1：10t/hm^2、Bc2：20t/hm^2、Bc3：40t/hm^2）对土壤节肢动物和线虫群落结构的影响，旨在明确不同施用量生物炭对土壤节肢动物和线虫区系的调控效果，为城郊菜地农田生态系统的健康运行和生物炭基肥应用提供一定的理论依据。

1　生物炭施用对菜地土壤节肢动物群落的影响

1.1　生物炭施用对土壤节肢动物群落的影响

由表14-1可知，本研究区域中共捕获土壤节肢动物12115头，分别隶属于4纲19类群。其中疥螨目和中气门目为优势类群，分别占总个体数的56.65%和23.34%；长角跳目、原跳目、绒螨目和双翅目幼虫为常见类群，分别占总个体数的7.79%、3.52%、2.20%和1.06%；其他为稀有类群，共占总个体数的5.44%。总体上，随着生物炭施用量的增加，土壤动物群落的个体数呈现先升高后降低的趋势。与CK处理相比，施用适量生物炭（如Bc2，20 t/hm²）可增加土壤节肢动物的数量，但施炭量过多（如Bc3，40 t/hm²）则会减少土壤节肢动物的数量。土壤节肢动物类群数随着生物炭施用量的增多也呈先增加后降低的趋势，总体上施用生物炭处理均改变了土壤动物类群的群落组成。如节腹螨目、疥螨目、巨螨目数量大小表现为Bc3 < CK < Bc1 < Bc2；绒螨目、鞘翅目幼虫数量大小表现为CK < Bc1 < Bc3 < Bc2；同翅目数量大小表现为CK < Bc1 < Bc2 < Bc3；倍足纲数量大小表现为Bc1 < CK < Bc2 < Bc3；双翅目幼虫数量大小表现为Bc1 < Bc2 < CK < Bc3；中气门目、原跳目、长角跳目数量大小表现为CK < Bc3 < Bc1 < Bc2；综合纲数量大小表现为CK < Bc1 < Bc3 < Bc2；啮目、等翅目数量大小表现为Bc3 < CK < Bc1 < Bc2；唇足纲、纤毛亚门数量大小表现为Bc3 < Bc1=CK < Bc2；双尾纲数量大小表现为Bc3 < CK < Bc2 < Bc1；愈腹跳目、膜翅目数量大小表现为Bc3 < Bc1 < Bc2 < CK；鞘翅目成虫数量大小表现为Bc1 < Bc2 < Bc3 < CK；半翅目数量大小表现为Bc3 < Bc2 < Bc1 < CK；缨翅目数量大小表现为Bc3=Bc2 < Bc1 < CK；蜘蛛目数量大小表现为Bc3 < Bc2 < Bc1 < CK。

表14-1　生物炭不同施用量下土壤节肢动物个体数量

类型	CK		Bc1		Bc2		Bc3		总计		优势度
	个体数	占比（%）	个体数	占比（%）	个体数	占比（%）	个体数	占比（%）	个体数	占比（%）	
节腹螨目	7	0.27	11	0.36	16	0.46	5	0.17	39	0.32	+
巨螨目	1	0.04	4	0.13	6	0.17	0	0.00	11	0.09	+
蜱目	1	0.04	3	0.10	15	0.43	6	0.20	25	0.21	+
中气门目	480	18.47	742	24.38	886	25.60	720	23.91	2828	23.34	+++
绒螨目	40	1.54	70	2.30	82	2.37	74	2.46	266	2.20	++
疥螨目	1623	62.45	1680	55.19	1790	51.72	1770	58.78	6863	56.65	+++
原跳目	88	3.39	110	3.61	138	3.99	90	2.99	426	3.52	++
长角跳目	164	6.31	280	9.20	334	9.65	166	5.51	944	7.79	++

续表

类型	CK		Bc1		Bc2		Bc3		总计		优势度
	个体数	占比（%）	个体数	占比（%）	个体数	占比（%）	个体数	占比（%）	个体数	占比（%）	
愈腹跳目	24	0.92	11	0.36	15	0.43	9	0.30	59	0.49	+
膜翅目	31	1.19	15	0.49	18	0.52	14	0.46	78	0.64	+
缨翅目	6	0.23	2	0.07	0	0.00	0	0.00	8	0.07	+
啮目	2	0.08	4	0.13	6	0.17	1	0.03	13	0.11	+
双翅目幼虫	36	1.39	21	0.69	28	0.81	44	1.46	129	1.06	++
鞘翅目成虫	18	0.69	12	0.39	15	0.43	17	0.56	62	0.51	+
半翅目	5	0.19	3	0.10	2	0.06	1	0.03	11	0.09	+
同翅目	4	0.15	5	0.16	12	0.35	15	0.50	36	0.30	+
鞘翅目幼虫	16	0.62	22	0.72	25	0.72	23	0.76	86	0.71	+
唇足纲	1	0.04	1	0.03	2	0.06	0	0.00	4	0.03	+
双尾纲	1	0.04	3	0.10	2	0.06	0	0.00	6	0.05	+
倍足纲	16	0.62	14	0.46	25	0.72	37	1.23	92	0.76	+
综合纲	5	0.19	8	0.26	12	0.35	9	0.30	34	0.28	+
蜘蛛目	17	0.65	9	0.30	8	0.23	0	0.00	34	0.28	+
等翅目	11	0.42	12	0.39	20	0.58	9	0.30	52	0.43	+
纤毛亚门	2	0.08	2	0.07	4	0.12	1	0.03	9	0.07	+
总计	2599		3044		3461		3011		12115		

注：+++ 表示丰度＞10%，优势类群；++ 表示 1%≤丰度≤10%，常见类群；+ 表示丰度＜1%，稀有类群。表中"0"表示该节肢动物类群在该处理中未被发现。

1.2 生物炭施用对土壤节肢动物多样性的影响

从表14-2可以看出，各处理与对照间，生物炭施用后 Shannon–Wiener 多样性指数、Simpson 优势度指数和 Pielou 均匀度指数差异均达显著水平（$P < 0.05$），但 Bc1、Bc2、Bc3 两两之间没有显著差异（$P > 0.05$）。土壤节肢动物多样性在生物炭适量施用下（Bc2，20 t/hm²）最大，过量施用下（如 Bc3，40 t/hm²）较低。

表14-2　生物炭不同施用量下土壤节肢动物多样性特征

处理	Shannon–Wiener 多样性指数	Simpson 优势度指数	Pielou 均匀度指数
CK	1.42 b	0.54 b	0.48 b
Bc1	2.54 a	0.91 a	0.83 a

续表

处理	Shannon–Wiener 多样性指数	Simpson 优势度指数	Pielou 均匀度指数
Bc2	2.89 a	0.94 a	0.90 a
Bc3	2.76 a	0.92 a	0.98 a

说明：同一列不同小写字母间表示差异显著（$P < 0.05$），下同。

1.3　生物炭施用对土壤动物群落垂直结构的影响

从表14–3可以看出，在各生物炭处理下，0~10 cm 土层中土壤动物密度显著高于10~20 cm、20~30 cm 与30~40 cm 层（$P < 0.05$），且高于对照。生物炭的施用显著提高了土壤动物个体密度（$P < 0.05$），土壤动物个体密度随着生物炭施用量的增加呈现而先增加后降低的趋势。

表14–3　生物炭不同施用量下土壤动物个体密度的垂直分布（$\times 10^4$ ind/m^2）

处理	0~10 cm	10~20 cm	20~30 cm	30~40 cm
CK	4.88 b	2.26 c	1.46 b	1.06 b
Bc1	6.35 b	4.61 b	3.77 a	1.25 b
Bc2	9.02 a	7.22 a	4.26 a	2.18 a
Bc3	7.58 a	5.34 b	2.49 b	1.62 a

1.4　土壤动物与土壤理化性质的相关性

从表14–4对捕获的土壤动物个体密度、类群数、Shannon–Wiener 多样性指数、Simpson 优势度指数、Pielou 均匀度指数与土壤的 pH 值、容重及微生物生物量碳、微生物生物量氮、NO_3^-–N、NH_4^+–N 含量之间的相关性进行分析，结果表明，土壤动物的个体密度与土壤 pH 值和容重呈显著正相关（$P < 0.05$），与微生物生物量碳呈极显著正相关（$P < 0.01$），与微生物生物量氮、NO_3^-–N、NH_4^+–N 之间无显著相关性（$P > 0.05$）；土壤动物类群数与土壤的 pH 值和容重呈显著正相关（$P < 0.05$），与微生物生物量碳、微生物生物量氮、NO_3^-–N、NH_4^+–N 含量均无显著相关性（$P > 0.05$）；土壤动物 Shannon–Wiener 多样性指数和 Simpson 优势度指数类似，分别与土壤容重和微生物生物量碳呈显著正相关（$P < 0.05$），与土壤 NO_3^-–N 含量呈显著负相关（$P < 0.05$），与土壤 pH 值、微生物生物量氮和 NH_4^+–N 含量间无显著相关性（$P > 0.05$）；Pielou 均匀度指数与土壤容重呈显著正相关（$P < 0.05$），与土壤 pH 值及微生物生物量碳、微生物生物量氮、NO_3^-–N 和 NH_4^+–N 含量间无显著相关性（$P > 0.05$）。

表14-4　生物炭处理下土壤动物与土壤理化性质的相关性

土壤动物	pH 值	容重	MBC	MBN	NO_3^--N	NH_4^+-N
个体密度	0.752*	0.863*	0.925**	0.501	0.442	−0.218
类群数	0.822*	0.794*	0.523	0.411	−0.322	−0.366
多样性指数	0.326	0.688*	0.715*	0.223	−0.726*	0.214
优势度指数	0.312	0.689*	0.726*	0.264	−0.688*	0.302
均匀度指数	0.263	0.715*	−0.225	0.133	−0.264	−0.403

注：表中 MBC 表示微生物生物量碳，MBN 表示微生物生物量氮。** 表示差异极显著（$P < 0.01$），* 表示差异显著（$P < 0.05$），下同。

2　生物炭对土壤线虫群落结构的影响

2.1　施用生物炭后土壤线虫群落组成及营养类群结构

从表14-5可以看出，生物炭显著影响了线虫数量和营养类群的组成（$P < 0.05$）。线虫数量随生物炭施用量的增加呈现出先增加后降低的趋势，在生物炭施用量中等（Bc2，20 t/hm²）时线虫数量最高，在生物炭施用量最高（Bc3，40 t/hm²）时较低，但仍高于对照。植食性比例和食细菌性比例随生物炭施用量的增加而呈现先增大后减小的趋势，且高于对照，大小分别表现为 CK ＜ Bc3 ＜ Bc1 ＜ Bc2，CK ＜ Bc1 ＜ Bc3 ＜ Bc2；食真菌者比例随生物炭用量的增加而呈现逐渐增大的趋势，且大于对照，大小表现为 CK ＜ Bc1 ＜ Bc2 ＜ Bc3；捕杂食性比例随生物炭用量的增加而呈现先减小后增大的趋势，大小表现为 Bc2 ＜ Bc1 ＜ Bc3 ＜ CK，且小于对照。生物炭对土壤线虫多样性有显著影响，改变了线虫群落结构，尤其是对植食性和食细菌性线虫影响较大。

表14-5　生物炭不同施用量对土壤线虫数量及其营养类群比例的影响

处理	线虫数量（ind/g）	植食性比例（%）	食细菌性比例(%)	食真菌性比例(%)	捕杂食性比例(%)
CK	2.62 c	52.56 b	16.15 c	6.23 c	28.67 a
Bc1	4.45 b	66.21 a	20.12 b	7.85 c	9.22 c
Bc2	5.29 a	69.02 a	24.44 a	11.69 b	3.68 d
Bc3	3.72 b	57.88 b	22.01 a	13.88 a	13.96 b

从表14-6可以看出，生物炭施用量的增加均提高了线虫通道指数和多样性指数，大小表现为 CK ＜ Bc1 ＜ Bc3 ＜ Bc2；丰度指数呈现逐渐增加的趋势，大小表现为 CK ＜ Bc1 ＜ Bc2 ＜ Bc3；成熟度指数呈现先增加后降低再增加的波动趋势，大小表现为 CK ＜ Bc2 ＜ Bc1 ＜ Bc3。与对照相比，各处理间随生物炭施用量的增加差异显著（$P < 0.05$）。

表14-6 生物炭不同施用量对土壤线虫生态指数的影响

处理	线虫通道指数	多样性指数	丰度指数	成熟度指数
CK	0.42 c	0.78 b	1.55 b	0.39 c
Bc1	0.58 b	0.93 b	1.66 b	0.48 b
Bc2	0.83 a	1.26 a	1.81 a	0.44 b
Bc3	0.69 a	1.22 a	1.95 a	0.65 a

2.2 土壤线虫群落与土壤因子的相关性分析

从表14-7可以看出，除线虫数量和植食性分别与土壤湿度呈极显著正相关（$P<0.01$），与pH值、溶解性有机碳和微生物生物量碳呈显著正相关（$P<0.05$），食真菌性与pH值呈极显著正相关（$P<0.01$），成熟度指数与pH值呈显著正相关（$P<0.05$）外，其他两两间没有显著的相关性（$P>0.05$）。

表14-7 土壤环境因子与线虫总数、群落结构和生态指标的相关系数

	土壤湿度	pH值	DOC	DON	MBC	MBN
线虫数量	0.75**	0.77*	0.56*	0.49	0.78*	0.35
植食性	0.68**	0.65*	0.66*	0.44	0.74*	0.29
食细菌性	−0.51	−0.12	−0.44	−0.38	−0.48	−0.55
食真菌性	−0.22	0.69**	−0.55	−0.47	0.25	−0.33
捕杂食性	−0.34	0.14	−0.51	−0.31	0.25	0.36
通道指数	−0.36	−0.48	0.55	0.27	−0.46	−0.47
多样性指数	−0.25	0.32	−0.42	−0.41	−0.38	−0.34
丰度指数	−0.19	0.19	−0.36	−0.24	0.19	−0.16
成熟度指数	−0.22	0.74*	−0.28	−0.32	0.23	−0.22

注：DOC表示溶解性有机碳，DON表示溶解性有机氮。

2.3 生物炭施用对不同土层甲螨个体密度的影响

螨类是物种数和生态多样性最高的节肢动物类群（Zhang等，2019），主要分为寄螨目（Parasitiformes）和真螨目（Acariformes），寄螨目主要寄生在脊椎动物身上，而土壤和凋落物中的螨类主要为真螨目。从表14-8可以看出，随着土层深度的增加，各处理土壤甲螨个体密度逐渐减小，生物炭施用降低了各土层的甲螨个体密度，且显著低于对照。这与龙秋宁等（2020）的结论相似。

表14-8   生物炭不同施用量下土壤甲螨个体密度的分布（×10^3个/m^2）

处理	0~10 cm	10~20 cm	20~30 cm
CK	4.12 a	3.84 a	1.97 a
Bc1	3.22 a	2.79 a	1.74 a
Bc2	2.06 b	1.91 b	1.24 b
Bc3	1.15 c	1.02 c	0.53 c

3   讨论与小结

3.1   菜地土壤动物群落对生物炭输入的响应特征

生物炭对土壤动物群落的影响，其作用途径主要包括生物炭自身特性的差异对土壤动物群落造成直接影响；生物炭施用后改变土壤物理、化学和生物学特性等环境间接影响土壤动物群落（唐静等，2020）。生物炭对土壤动物影响具体表现为，低量添加促进土壤动物的生长繁殖和行为活动，若施炭量过高则会对土壤动物产生毒害作用（Anyanwu等，2018）。本研究的结果表明，土壤节肢动物密度和类群数，随着生物炭施用量的增加呈先增加后降低的趋势。BC2（20 t/hm²）处理下的土壤节肢动物密度和类群数高于其他处理，这可能是因为输入适量的生物炭能够改善土壤环境，给土壤节肢动物提供适宜的生存条件。BC3（40 t/hm²）处理下土壤节肢动物的密度和类群数低于其他处理，这说明生物炭本身可能对土壤动物群落有一定的潜在毒害作用，与唐静等（2021）的结论相似。室内控制试验表明，生物炭对土壤节肢动物的毒性在添加量＞5%（生物炭与土壤的质量比）时就会表现出来（唐行灿，2013）。其他盆栽试验研究也表明，生物炭低量添加（＜5%）对土壤节肢动物群落起促进作用，施炭量过高（＞10%）对土壤节肢动物产生负面影响（Anyanwu等，2018；Zhang等，2019）。土壤节肢动物群落的多样性指数和均匀度指数等是土壤肥力的重要标志，也可用于监测农业生态系统的变化（Wu等，2011）。土壤pH值与土壤节肢动物类群组成具有一定的相关性。Van Zwieten等（2010）研究发现，生物炭可提高土壤pH值、增加微生物活性，进而正向影响土壤节肢动物的种群结构和丰度。本研究发现，生物炭不同施用量对土壤节肢动物多样性特征的影响一致，随着施用量的增加，土壤环境逐渐趋于稳定，对土壤动物群落多样性特征的影响逐渐减小。前人研究表明，生物炭输入后期，到玉米的灌浆期或成熟期，玉米地上地下生物量增大，根系分泌物增多，对土壤节肢动物的影响增加，可抵消部分生物炭高施入量对土壤节肢动物的毒害作用（阚正荣等，2019）。

土壤动物的群落组成在大范围区域中相对比较稳定，优势类群的变化也较小。本研究的生物炭处理，显著改变了土壤动物的群落组成，优势类群仍然占据优势地位，稀有类群和极稀有类群密度有局部的变化，群落结构始终处于较稳定的状态。前人研究证明，土壤动物的群落组成主要与局地条件间具有相关性（殷秀琴，2001），尤其是土壤种类以及土地利用方式，这两个因素很大程度上使得土壤的物理化学性质有着很大的差异。而土壤动物的类群分布主要在不同的气候带之间有着明显差异。在本试验地所处的亚热带季风气候中，土壤动物优势类群主要包括蜱螨类、线虫和弹尾类（尹文英，2000）。研究表明，绝大多数情况下，土壤动物在土壤中的分布具有表聚性，在类群组成以及个体数上具有明显的分层（赵哈林等，2013；徐广平等，2020；2021）。本试验结果也基本符合这一规律，土壤动物个体密度随着土层的加深而降低，并且表层 0~10 cm 中的土壤动物个体密度均显著高于其他各土层中的土壤动物个体密度。生物炭施用提高了表层的土壤动物密度，随着土层深度的增加，生物炭的促进作用逐渐减弱。这是由于在施加了生物炭的处理中，深层土获得的养分含量比表层少，并且土壤紧实度随着土层深度的加深而增大（刘战东等，2019），下层土渗透能力差，使得养分越往下越难以渗透，大部分养分含量被上层的生物炭和土壤吸收，造成了表层土与深层土土壤动物密度对生物炭响应的差异性。

3.2　生物炭施用对菜地土壤线虫群落的影响

线虫作为土壤健康的指示生物，已被广泛应用于评价各种生态系统受干扰的情况（刘婷等，2015）。生物炭具特殊的孔隙结构，可以为土壤微生物提供生存空间，同时生物炭具有强大的吸附特性（袁颖红等，2019），因此贮存的养分给线虫提供了一定的营养来源，促进线虫繁殖，土壤中的细菌数量因为生物炭施用量的增加而上升，也会使食真菌性线虫丰度增多（孔云等，2018）。前人研究结果表明，不同有机物料的配施均增加了土壤线虫总数及食细菌、食真菌、杂食/捕食性线虫的比例，抑制了植食性线虫的相对丰度（张微，2014），这与本研究结果不一致。

线虫多样性指数值越大，表明线虫种类越多，土壤食菌线虫越丰富，且大于植食性线虫数量，土壤健康程度越高（孔云等，2018）。本研究结果表明，施用生物炭对土壤线虫总数有显著影响，从土壤线虫群落组成看出，植食性线虫和食细菌性线虫为该试验地土壤中优势线虫类群。研究表明，植食性线虫大部分属于 K- 策略者，处于土壤食物网较高营养级上层，对环境变化的响应需要一定时间（刘婷等，2013）。本研究中植食性线虫和捕杂食性线虫数量及相对丰度在不同生物炭用量处理下有显著影响，这相似于卢焱焱等（2016）在施入生物炭两年之后的研究，捕杂食性线虫和植食性线虫的比例随着生物炭增加呈增加趋势，这可能是因为在短期内生物炭可以影响土壤植食性线虫和捕杂食性线虫的数量，同时也说明生物炭对土壤食物网的影响能延伸到较高营养级水平。生物炭可以提供一部分微生物所需的碳源、能源和矿物质营养，为微生物栖息和繁殖提供了一个良好的生存场所，同时调控土壤理化性质，进而影响食真菌性线虫和食细菌性线虫的营养来源（Pen-Mouratov 等，2008）。

线虫通道指数（NCR）值代表微生物参与分解有机质的途径，NCR 值为 0，代表土壤有机质完全依靠真菌分解；若 NCR 值为 1，则表示有机质完全由细菌分解（刘婷等，2013）。在本研究中，施用生物炭处理后 NCR 值逐渐增大，接近于 1，表示有机质逐渐由细菌分解的可能性增大。甲螨亚目（Oribatida）是土壤螨类中种类和数量最多的一类，目前已发现的甲螨大约有 172 科 10000 种（谭艳等，2014）。甲螨栖息的生境广泛，但大多数甲螨栖息在凋落物和土壤内，主要取食对象为真菌、微生物和凋落物（胡展育等，2018）。在施用生物炭的情况下，土壤中甲螨的数量显著降低，生物炭对甲螨的个体数量产生显著的抑制作用。这可能是在施入生物炭后，土壤孔隙度、密度等物理性质直接被改变，加之生物炭的吸附性，伴随养分含量的增加，从而降低甲螨的个体密度。前人有研究指出，施用生物炭能有效促进土壤团聚体的形成（田冬等，2017），降低土壤密度（潘全良等，2017），改善土壤的结构（赵占辉等，2015）。由于土壤结构的改变，其透气性、保肥能力以及土壤温湿度均会发生改变，形成了较好的土壤结构，良好的土壤结构可能增加了对有机碳的保护，使微生物和土壤动物不易利用这部分碳源，进而导致土壤甲螨的数量减少。

3.3　小结

（1）施用生物炭作为改善土壤理化性质的措施之一，施用生物炭处理均能改变土壤动物类群的群落组成。20 t/hm² 生物炭施用有助于提高土壤节肢动物个体数，施用 40 t/hm² 生物炭后土壤节肢动物群落逐渐降低。生物炭施用下土壤养分含量的改变是影响土壤节肢动物群落最主要的环境因子。

（2）在菜地中施用生物炭可使土壤线虫种类更丰富，提高了线虫的总数量、食细菌性线虫数量、食真菌性线虫数量和植食性线虫数量；捕食性线虫数量在生物炭高施用量时得到增加。施用生物炭提高了线虫的通道指数、多样性指数、均匀度指数和成熟度指数。短期内施用生物炭对菜地土壤生态系统的健康表现出积极的作用效果。

参考文献

[1]曹四平，刘长海.土壤动物群落特征及生态功能研究进展［J］.延安大学学报（自然科学版），2017，36（4）：38-42.

[2]胡展育，周建松.土壤甲螨区系多样性及其作为指示生物的潜力［J］.保山学院学报，2018，37（2）：21-24.

［3］阚正荣，刘鹏，李超，等.施用生物炭对华北平原土壤水分和夏玉米生长发育的影响［J］.玉米科学，2019，27（1）：142-150.

［4］孔云，张婷，李刚，等.华北潮土线虫群落对玉米秸秆长期还田的响应［J］.生态环境学报，2018，27（4）：692-698.

［5］李孟洁.小麦—玉米轮作体系中长期施肥对土壤线虫群落结构的影响［D］.郑州：郑州大学，2018.

［6］刘婷.施肥对稻麦轮作体系中土壤线虫群落结构的影响及调控机制［D］.南京：南京农业大学，2016.

［7］刘婷，叶成龙，陈小云，等.不同有机肥源及其与化肥配施对稻田土壤线虫群落结构的影响［J］.应用生态学报，2013，24（12）：3508-3516.

［8］刘婷，叶成龙，李勇，等.不同有机类肥料对小麦和水稻根际土壤线虫的影响［J］.生态学报，2015，35（19）：6259- 6268.

［9］刘战东，张凯，米兆荣，等.不同土壤容重条件下水分亏缺对作物生长和水分利用的影响［J］.水土保持学报，2019，33（2）：115-120.

［10］龙秋宁，王润松，徐涵湄，等.沼液与生物炭联合施用对杨树人工林土壤甲螨密度的影响［J］.南京林业大学学报（自然科学版），2020，44（3）：211-215.

［11］卢焱焱，王明伟，陈小云，等.生物质炭与氮肥配施对红壤线虫群落的影响［J］.应用生态学报，2016，27（1）：263-274.

［12］牟文雅，贾艺凡，陈小云，等.玉米秸秆还田对土壤线虫数量动态与群落结构的影响［J］.生态学报，2017，37（3）：877-886.

［13］潘全良，陈坤，宋涛，等.生物炭及炭基肥对棕壤持水能力的影响［J］.水土保持研究，2017，24（1）：115-121.

［14］谭艳，王邵军，阮宏华，等.不同林龄杨树人工林土壤动物群落结构特征［J］.南京林业大学学报（自然科学版），2014，38（3）：8-12.

［15］唐静，邓承佳，袁访，等.石灰性旱地土壤施用生物炭对土壤节肢动物群落的影响［J］.土壤，2021，53（6）：1228-1235.

［16］唐静，袁访，宋理洪.施用生物炭对土壤动物群落的影响研究进展［J］.应用生态学报，2020，31（7）：2473-2480.

［17］唐行灿.生物炭修复重金属污染土壤的研究［D］.泰安：山东农业大学，2013.

［18］田冬，高明，黄容，等.油菜/玉米轮作农田土壤呼吸和异养呼吸对秸秆与生物炭还田的响应［J］.环境科学，2017，38（7）：2988-2999.

［19］徐广平，黄玉清，张中峰，等.喀斯特地区青冈栎林生理生态学特性及其土壤生态功能研究［M］.南宁，广西科学技术出版社，2020.

［20］徐广平，沈育伊，滕秋梅，等.桉树人工林生态环境效应研究［M］.南宁：广西科学技

术出版社，2021.

［21］许云翔，何莉莉，陈金媛，等.生物炭对农田土壤氨挥发的影响机制研究进展［J］.应用生态学报，2020，31（12）：4312-4320.

［22］杨贝贝，朱新萍，赵一，等.生物炭基肥施用对棉田土壤线虫群落结构的影响［J］.中国土壤与肥料，2020（4）：66-71.

［23］殷秀琴.东北森林土壤动物研究［M］.长春：东北师范大学出版社，2001.

［24］尹文英.中国土壤动物［M］.北京：科学出版社，2000.

［25］袁颖红，芮绍云，周际海，等.生物质炭及过氧化钙对旱地红壤酶活性和微生物群落结构的影响［J］.中国土壤与肥料，2019（1）：93-101.

［26］张微.长期施用无机肥、有机物料对旱地红壤线虫群落结构的影响［D］.南京：南京农业大学，2014.

［27］赵哈林，刘任涛，周瑞莲.科尔沁沙地土地利用变化对大型土壤节肢动物群落影响［J］.土壤学报，2013，50（2）：413-418.

［28］赵占辉，张丛志，蔡太义，等.不同稳定性有机物料对砂姜黑土理化性质及玉米产量的影响［J］.中国生态农业学报，2015，23（10）：1228-1235.

［29］朱永恒，李克中，陆林.根际土壤动物及其对植物生长的影响［J］.生态学杂志，2012，31（10）：2688-2693.

［30］Anyanwu I N，Alo M N，Onyekwere A M，et al. Influence of biochar aged in acidic soil on ecosystem engineers and two tropical agricultural plants［J］. Ecotoxicology and Environmental Safety，2018，153：116-126.

［31］Ekschmitt K，Bakonyi G，Bongers M，et al. Nematode community structure as indicator of soil functioning in European grassland soils［J］. European Journal of Soil Biology，2001，37（4）：263-268.

［32］Hol W H G，Vestergård M，Hooven FT，et al. Transient negative biochar effects on plant growth are strongest after microbial species loss［J］. Soil Biology and Biochemistry，2017，115：442-451.

［33］Jeffery S，Abalos D，Prodana M，et al. Biochar boosts tropical but not temperate crop yields［J］. Environmental Research Letters，2017，12（5）：053001.

［34］Moore J C，Ruiter P C D. Temporal and spatial heterogeneity of trophic interactions within below-ground food webs［J］. Agriculture Ecosystems & Environment，1991，34（1-4）：371-397.

［35］Pen-Mouratov S，Shukurov N，Plakht J，et al. Soil microbial activity and free-living nematode community in the upper soil layer of the anticline erosional cirque，Makhtesh Ramon，Israel［J］. European Journal of Soil Biology，2008，44（1）：71-79.

［36］Van Zwieten L，Kimber S，Morris S，et al. Effects of biochar from slow pyrolysis of papermill waste on agronomic performance and soil fertility［J］. Plant and Soil，2010，327（1/2）：235-246.

［37］Wu T H，Ayres E，Bardgett R D，et al. Molecular study of worldwide distribution and diversity of soil animals［J］. Proceedings of the National Academy of Sciences of the United States of America，2011，108（43）：17720-17725.

［38］Zhang Q M，Saleem M，Wang C X. Effects of biochar on the earthworm（Eisenia foetida）in soil contaminated with and/or without pesticide mesotrione［J］. Science of the Total Environment，2019，671：52-58.

第十五章

生物炭施用对重金属污染农田土壤的修复效应

随着工业化的快速发展，冶金工业、化学制造业及农业生产规模的不断壮大，我国农田土壤正面临着严重的重金属污染问题，给人类健康和生态系统安全带来了巨大的风险（邢金峰等，2019）。其中，以铅、镉两种重金属元素的影响较为突出，其点位超标率分别达到了1.5%与7.0%（化党领等，2020）。研究表明，土壤中重金属的毒性主要与其在土壤中的赋予形态以及生物有效性有关（林爱军，2019；邢金峰等，2019）。通过对土壤中迁移性较高形态重金属的固定来降低重金属的生物有效性至关重要。

生物炭是一种在限氧条件下经热化学转化制备而成的富碳固体，因其具有优良的性能（大比表面、多孔结构以及丰富的官能团等），被认为是一种具有足够适用性与选择性的环境修复材料（Tao等，2019）。近些年来，玉米秸秆、花生壳、污泥与餐厨垃圾等一些固体废弃物已被制备成生物炭，应用于固化土壤中的重金属以及降低农产品安全风险方面，并表现出了巨大的修复潜力（吴继阳等，2017；Xu等，2020）。前人研究表明，生物炭施用对土壤中重金属的固化能力很大程度上受其理化性质的影响，而生物质原料组分又是影响其性质的主要因素（Wang等，2019）。选择合适的生物质原料是研发出低成本、高效率重金属吸附产品的必要条件。

水稻是喜镉作物，极易从土壤中吸收累积镉，进而通过食物链进入人体造成极大危害。广西镉地球化学异常区稻米镉超标率达13.6%，其中桂西北喀斯特地区镉含量明显高于国家土壤环境质量二级标准值，已对广西水稻安全生产造成严重威胁（宋波等，2019）。广西是毛竹、木薯和糖料蔗的主产地，毛竹枝秆、甘蔗渣和木薯秆废弃物是制备生物炭的充足原料，因此，将这些原料制备成生物炭，分析其不同施用量下镉铅砷污染土壤pH值、有效态镉、有效态铅、有效态砷含量以及稻秆和稻米镉、铅、砷含量的差异，并通过盆栽试验研究生物炭对土壤中铅、镉和砷的修复效果及其对蔬菜生长的影响，对广西典型农田实现镉、铅、砷污染修复，稻田稻米和蔬菜基地的安全生产意义重大，可为农林废弃物资源化利用以及生物炭修复铅、镉、砷复合污染土壤提供理论依据。

1　不同材料生物炭对水稻镉吸收的影响

1.1　生物炭施用对镉污染水稻土壤 pH 值的影响

从表15-1可以看出，毛竹生物炭（MZ-Bc）、木薯生物炭（MS-Bc）和甘蔗渣生物炭（ZZ-Bc）处理均可有效提高镉污染水稻土的 pH 值；同一种原料生物炭处理镉污染水稻土的 pH 值随着生物炭施用量的增加而逐渐升高。各生物炭处理镉污染水稻土的 pH 值分别显著高于 CK（$P < 0.05$）。与对照相比，MZ-Bc 处理 pH 值提高了8.99%、12.04% 和13.72%；MS-Bc 处理 pH 值提高了7.93%、10.06% 和11.89%；ZZ-Bc 处理 pH 值提高了6.40%、8.38% 和9.60%。说明生物炭均具有提高镉污染水稻土的 pH 值，施用 MZ-Bc 的作用效果相对优于 MS-Bc 和 ZZ-Bc，尤其以施用量6% MZ-Bc 的提高效果更佳。

表15-1　生物炭对镉污染水稻土 pH 值的影响

用量	MZ-Bc	MS-Bc	ZZ-Bc
CK	6.56 c	6.56 c	6.56 c
Bc1	7.15 b	7.08 b	6.98 b
Bc2	7.35 a	7.22 a	7.11 a
Bc3	7.46 a	7.34 a	7.19 a
均值	7.32	7.21	7.09

注：同一列不同小写字母间表示差异显著（$P < 0.05$），下同。Bc1表示2%施用量；Bc2表示4%施用量；Bc3表示6%施用量。

1.2　生物炭施用对镉污染水稻土有效态镉含量的影响

从表15-2可看出，MZ-Bc、MS-Bc 和 ZZ-Bc 处理均可显著降低镉污染水稻土的有效态镉含量，且随着生物炭施用量的增加，降幅逐渐增大。MZ-Bc 不同施用量处理镉污染水稻土的有效态镉含量比 CK 降低了53.05%、64.12% 和76.53%；MS-Bc 不同施用量处理镉污染水稻土的有效态镉含量比 CK 降低了46.76%、53.44% 和65.46%；ZZ-Bc 不同施用量处理镉污染水稻土的有效态镉含量比 CK 降低了43.89%、51.15% 和59.73%。MZ-Bc 处理镉污染水稻土的有效态镉含量分别低于 MS-Bc 处理镉污染水稻土的有效态镉含量和 ZZ-Bc 处理镉污染水稻土的有效态镉含量。说明施用生物炭可显著降低镉污染水稻土的有效镉含量，施用 MZ-Bc 和 MS-Bc 对降低镉污染水稻土有效态镉含量的效果优于施用 ZZ-Bc，尤其以施用6% MZ-Bc 的降低效果更佳。

表15-2　生物炭对镉污染水稻土有效态镉含量的影响（mg/kg）

用量	MZ-Bc	MS-Bc	ZZ-Bc
CK	5.24 a	5.24 a	5.24 a
Bc1	2.46 b	2.79 b	2.94 b
Bc2	1.88 c	2.44 b	2.56 b
Bc3	1.23 c	1.81 c	2.11 c
均值	1.86	2.35	2.54

1.3　生物炭施用对镉污染水稻土种植水稻的稻米镉含量的影响

从表15-3可看出，MZ-Bc、MS-Bc 和 ZZ-Bc 处理均可显著降低镉污染水稻土种植水稻的稻米镉含量，且随着生物炭施用量的增加，降幅逐渐增大。MZ-Bc 不同施用量处理镉污染水稻土，所种水稻的稻米镉含量分别比 CK 降低了48.15%、50% 和55.56%；MS-Bc 不同施用量处理镉污染水稻土，水稻的稻米镉含量分别比 CK 降低了43.21%、47.53% 和52.47%；ZZ-Bc 不同施用量处理镉污染水稻土，水稻的稻米镉含量分别比 CK 降低了29.63%、39.51% 和49.38%。MZ-Bc 处理镉污染水稻土，水稻的稻米镉含量低于MS-Bc 处理和 ZZ-Bc 处理，尤其以施用6% MZ-Bc 的降低效果更佳。

表15-3　生物炭对镉污染水稻土的稻米镉含量的影响（mg/kg）

用量	MZ-Bc	MS-Bc	ZZ-Bc
CK	1.62 a	1.62 a	1.62 a
Bc1	0.84 b	0.92 b	1.14 b
Bc2	0.81 b	0.85 b	0.98 b
Bc3	0.72 b	0.77 c	0.82 c
均值	0.79	0.85	0.98

1.4　生物炭施用对镉污染水稻土种植水稻的秸秆镉含量的影响

从表15-4可看出，MZ-Bc、MS-Bc 和 ZZ-Bc 处理均可显著降低镉污染水稻土种植水稻的稻秆镉含量，且随着生物炭施用量的增加，降幅逐渐增大。MZ-Bc 不同施用量处理镉污染水稻土种植水稻的稻秆镉含量分别比 CK 降低了56.58%、68.63% 和80.95%；MS-Bc 不同施用量处理镉污染水稻土的稻秆镉含量分别比 CK 降低了20.45%、59.38% 和68.63%；ZZ-Bc 不同施用量处理镉污染水稻土的稻秆镉含量分别比 CK 降低了12.04%、47.34% 和59.10%。MZ-Bc 处理镉污染水稻土的稻秆镉含量分别低于 MS-Bc 处理和

ZZ–Bc 处理，尤其以施用 6% MZ–Bc 的降低效果更显著。

表15–4　生物炭对镉污染水稻土的稻秆镉含量的影响（mg/kg）

用量	MZ–Bc	MS–Bc	ZZ–Bc
CK	3.57 a	3.57 a	3.57 a
Bc1	1.55 b	2.84 b	3.14 b
Bc2	1.12 b	1.45 c	1.88 c
Bc3	0.68 c	1.12 c	1.46 c
均值	1.12	1.80	2.16

1.5　土壤 pH 值、有效态镉含量及稻米、稻秆镉含量的相关性

由表15–5可知，施用生物炭各处理的土壤 pH 值与土壤有效态镉含量、稻米镉含量和稻秆镉含量均呈极显著负相关（$P < 0.01$）；土壤有效态镉含量分别与稻秆镉含量和稻米镉含量呈极显著正相关（$P < 0.01$）；稻秆镉含量与稻米镉含量呈极显著正相关（$P < 0.01$）。说明土壤有效态镉含量越高则稻秆和稻米的镉含量也越高，而通过生物炭可以提高土壤 pH 值，进而显著降低镉污染水稻土的有效态镉含量及稻秆和稻米的镉含量。

表15–5　土壤 pH 值、有效态镉含量及稻米、稻秆镉含量的相关性分析

用量	pH 值	土壤有效态镉含量	秸秆镉含量
土壤有效态镉含量	−0.826**	1	
稻秆镉含量	−0.921**	0.655**	1
稻米镉含量	−0.857**	0.578**	0.923**

注：** 表示差异极显著（$P < 0.01$），* 表示差异显著（$P < 0.05$）。

2　不同材料生物炭对菜地土壤中铅、砷形态的影响

2.1　施用生物炭对土壤 pH 值的影响

土壤 pH 值是重金属在土壤中进行溶解—沉淀、吸附—解吸反应过程中的重要因素。由表15–6可见，MZ–Bc、MS–Bc 和 ZZ–Bc 施入土壤后，菜地土壤 pH 值具有不同程度的升高。与 CK 进行对比，MZ–Bc 不同施用量处理中土壤 pH 值分别显著增加了 29.16%、49.73% 和 63.86%；MS–Bc 不同施用量处理中土壤 pH 值分别显著增加了 18.78%、27.91% 和 40.97%；ZZ–Bc 不同施用量处理中土壤 pH 值分别显著增加了 9.66%、24.87% 和 35.24%。其中，MZ–Bc 处理对于土壤 pH 值的提高效果最佳，说明 MZ–Bc 处理土壤的碱性最强，尤其以施用 6% MZ–Bc 的提高效果更佳。

表15-6　生物炭对铅污染菜地土壤 pH 的影响

用量	MZ–Bc	MS–Bc	ZZ–Bc
CK	5.59 d	5.59 b	5.59 b
Bc1	7.22 c	6.64 b	6.13 b
Bc2	8.37 b	7.15 a	6.98 a
Bc3	9.16 a	7.88 a	7.56 a
均值	8.25	7.22	6.89

2.2　施用生物炭对土壤中铅形态分布的影响

土壤中存在的不同形态重金属的含量可以用于评估土壤污染对自然环境中生物的危害。从表15-7可知，土壤中的铅主要以可还原态的形式存在，所占比例为54.26%。MZ–Bc、MS–Bc 和 ZZ–Bc 施用后，土壤中各形态铅含量均发生了不同程度的变化。与 CK 进行对比，对于弱酸可提取态铅，MZ–Bc 不同施用量处理分别显著降低了50.21%、54.42% 和62.51%；MS–Bc 不同施用量处理分别显著降低了39.43%、51.73% 和60.57%；ZZ–Bc 不同施用量处理分别显著降低了13.54%、47.43% 和56.30%。对于可还原态铅，MZ–Bc 不同施用量处理分别显著降低了22.75%、37.37% 和48.08%；MS–Bc 不同施用量处理分别显著降低了10.92%、34.19% 和45.42%；ZZ–Bc 不同施用量处理分别显著降低了6.23%、29.58% 和42.40%。对于可氧化态铅，MZ–Bc 不同施用量处理分别显著增加了40.86%、51.38% 和82.19%；MS–Bc 不同施用量处理分别显著增加了27.41%、41.43% 和61.82%；ZZ–Bc 不同施用量处理分别显著增加了6.54%、23.15% 和43.54%。对于残渣态铅，MZ–Bc 不同施用量处理分别显著增加了100.42%、118.24% 和145.54%；MS–Bc 不同施用量处理分别显著增加了64.40%、79.31% 和97.69%；ZZ–Bc 不同施用量处理分别显著增加了5.53%、62.37% 和71.40%。

综上，不同施用量生物炭均可促进土壤中铅由弱酸可提取态与可还原态向可氧化态与残渣态转化，降低了土壤中铅的生物有效性，这表明施用生物炭促进了土壤中易迁移态铅的固定。其中，高施用量 MZ–Bc（6%）对土壤中铅的固化效果均表现最佳。

表15-7　生物炭对镉污染菜地土有效态铅含量的影响（mg/kg）

处理	用量	弱酸可提取态	可还原态	可氧化态	残渣态
CK	0	44.23	136.78	42.51	28.57
MZ–Bc	Bc1	22.02	105.66	59.88	57.26
	Bc2	20.16	85.66	64.35	62.35
	Bc3	16.58	71.01	77.45	70.15

续表

处理	用量	弱酸可提取态	可还原态	可氧化态	残渣态
MS–Bc	Bc1	26.79	121.84	54.16	46.97
	Bc2	21.35	90.02	60.12	51.23
	Bc3	17.44	74.65	68.79	56.48
ZZ–Bc	Bc1	38.24	128.26	45.29	30.15
	Bc2	23.25	96.32	52.35	46.39
	Bc3	19.33	78.79	61.02	48.97

2.3 施用生物炭对青菜生长及生理特性的影响

从表15–8可以看出，MZ–Bc、MS–Bc 和 ZZ–Bc 施用后，均可显著增加青菜的株高、鲜重以及叶绿素的含量，说明不同生物炭的施用促进了青菜的生长。其中，MZ–Bc 处理的增加效果最好。与 CK 进行对比，对于株高，MZ–Bc 不同施用量处理分别显著增加了52.79%、63.59% 和68.39%；MS–Bc 不同施用量处理分别显著增加了41.58%、48.73% 和59.03%；ZZ–Bc 不同施用量处理分别显著增加了26.81%、41.05% 和53.74%。对于鲜重，MZ–Bc 不同施用量处理分别显著增加了54.58%、71.43% 和107.15%；MS–Bc 不同施用量处理分别显著增加了30.79%、34.79% 和37.61%；ZZ–Bc 不同施用量处理分别显著增加了21.38%、30.86% 和34.35%。对于叶绿素含量，MZ–Bc 不同施用量处理分别显著增加了87.50%、100% 和111.11%；MS–Bc 不同施用量处理分别显著增加了30.56%、41.67% 和58.33%；ZZ–Bc 不同施用量处理分别显著增加了41.67%、75.00% 和104.17%。

表15–8 施用生物炭对青菜生长的影响

处理	用量	株高（cm）	鲜重（g）	叶绿素含量（mg/g）
CK	0	24.36	65.48	0.72
MZ–Bc	Bc1	37.22	101.22	1.35
	Bc2	39.85	112.25	1.44
	Bc3	41.02	135.64	1.52
MS–Bc	Bc1	34.49	85.64	0.94
	Bc2	36.23	88.26	1.02
	Bc3	38.74	90.11	1.14
ZZ–Bc	Bc1	30.89	79.48	1.02
	Bc2	34.36	85.69	1.26
	Bc3	37.45	87.97	1.47

丙二醛（MDA）、超氧化物歧化酶（SOD）、过氧化氢酶（CAT）与过氧化物酶（POD）是4种用于反映作物抗胁迫能力的常见指标，可以间接呈现出重金属铅对青菜的胁迫程度。从表15-9可以看出，不同生物炭施用后，青菜的4种抗逆性指标均发生了不同程度的变化。与CK进行对比，对于丙二醛含量，MZ-Bc不同施用量处理分别显著降低了67.60%、72.63%和81.65%；MS-Bc不同施用量处理分别显著降低了58.10%、67.04%和74.30%；ZZ-Bc不同施用量处理分别显著降低了45.25%、65.92%和70.39%。对于超氧化物歧化酶含量，MZ-Bc不同施用量处理分别显著增加了69.20%、99.49%和109.58%；MS-Bc不同施用量处理分别显著增加了36.89%、48.63%和79.97%；ZZ-Bc不同施用量处理分别显著增加了14.75%、37.82%和53.80%。对于过氧化氢酶含量，MZ-Bc不同施用量处理分别显著增加了76.92%、111.54%和176.92%；MS-Bc不同施用量处理分别显著增加了34.62%、76.92%和103.85%；ZZ-Bc不同施用量处理分别显著增加了7.69%、26.92%和57.69%。对于过氧化物酶含量，MZ-Bc不同施用量处理分别显著增加了76.20%、100.49%和127.99%；MS-Bc不同施用量处理分别显著增加了28.85%、49.69%和90.37%；ZZ-Bc不同施用量处理分别显著增加了15.66%、17.88%和24.66%。以上结果表明，不同生物炭的施用显著地减弱了土壤中的铅对青菜生长的胁迫作用，随着生物炭施用量的增加，其作用效果逐渐增强，高施用量MZ-Bc（6%）对青菜生长的作用效果最显著。

表15-9 施用生物炭对青菜生理特性的影响

处理	用量	MDA（μmol/g）	SOD（U/g）	CAT（mg/g）	POD（U/g）
CK	0	1.79	210.02	0.26	8.11
MZ-Bc	Bc1	0.58	355.36	0.46	14.29
	Bc2	0.49	418.97	0.55	16.26
	Bc3	0.33	440.16	0.72	18.49
MS-Bc	Bc1	0.75	287.49	0.35	10.45
	Bc2	0.59	312.15	0.46	12.14
	Bc3	0.46	377.98	0.53	15.44
ZZ-Bc	Bc1	0.98	240.99	0.28	9.38
	Bc2	0.61	289.45	0.33	9.56
	Bc3	0.53	323.01	0.41	10.11

2.4 施用生物炭对青菜各部位中铅含量、富集系数和转运系数的影响

从表15-10可以看出，不同生物炭施入菜地土壤后，青菜根部和地上部位中铅（Pb）的含量均显著降低。与CK进行对比，对于根部铅含量，MZ-Bc不同施用量处理分别显

著降低了63.59%、59.68%和49.98%；MS–Bc不同施用量处理分别显著降低了49.18%、44.58%和37.35%；ZZ–Bc不同施用量处理分别显著降低了17.58%、12.93%和5.76%。对于地上部铅含量，MZ–Bc不同施用量处理分别显著降低了74.04%、66.19%和36.22%；MS–Bc不同施用量处理分别显著降低了48.08%、32.37%和18.59%；ZZ–Bc不同施用量处理分别显著降低了28.21%、17.31%和7.85%。相比较而言，生物炭施用对地上部铅含量的降低幅度要大于根部（MS–Bc除外），高施用量MZ–Bc（6%）对青菜各部位中铅的降低效果最好。

为了更准确地了解不同生物炭对铅在青菜体内富集与转运的影响，采用富集系数与转运系数来研究了铅在青菜的累积转运特征。从表15–10可以看出，不同生物炭施入土壤后，青菜地上部与根部对铅的富集系数均显著降低，表明生物炭的施用均有效减少了铅在青菜体内的累积。其中，MZ–Bc处理青菜对铅的富集系数最小，且与其他处理间的差异达到了显著性水平。此结果与表15–8中所得出的结论一致，MZ–Bc不同施用量对于降低土壤中的铅在青菜各部位的累积效果最佳。与CK相比，各处理地上部对铅的转运系数均有不同程度的降低，说明不同生物炭的施用可以有效抑制青菜根部铅向地上部的转运。

表15–10　施用生物炭对青菜不同部位铅含量、富集系数和转运系数的影响（mg/kg）

处理	用量	根部 Pb 含量	地上部 Pb 含量	根部 Pb 富集系数	地上部 Pb 富集系数	转运系数
CK	0	80.26	6.24	0.32	0.07	0.09
MZ–Bc	Bc1	29.22	1.62	0.13	0.02	0.05
	Bc2	32.36	2.11	0.11	0.01	0.30
	Bc3	40.15	3.98	0.08	0.01	0.02
MS–Bc	Bc1	40.79	3.24	0.22	0.03	0.06
	Bc2	44.48	4.22	0.16	0.02	0.04
	Bc3	50.28	5.08	0.11	0.01	0.03
ZZ–Bc	Bc1	66.15	4.48	0.34	0.04	0.07
	Bc2	69.88	5.16	0.22	0.03	0.05
	Bc3	75.64	5.75	0.13	0.02	0.04

2.5　施用生物炭对菜地土壤中砷形态的影响

从表15–11可知，施用不同热解温度蔗渣生物炭后，土壤pH值均升高，各处理组间存在显著差异（$P < 0.05$）。随着培养时间的延长，土壤pH值呈升高—下降—稳定的趋势，培养至第5天时土壤pH值达到最大值，5天后稍有下降但均高于第0天时土壤pH值，第10天后各处理的土壤pH值均趋于稳定。输入不同温度下制备的蔗渣生物炭均能提高土壤pH值，大小关系表现为Bc700 > Bc500 > Bc300 > CK。

表15-11　施用蔗渣生物炭下菜地土壤 pH 值的变化

用量	0	5	10	20	30	40	50	60	70	80	90	100	120
CK	7.23	7.52	6.13	6.23	6.35	6.44	6.52	6.68	6.77	6.86	6.92	6.89	6.97
Bc300	7.23	8.42	8.13	8.16	8.18	8.21	8.23	8.20	8.18	8.20	8.19	8.22	8.23
Bc500	7.23	8.76	8.55	8.59	8.61	8.62	8.64	8.66	8.64	8.63	8.62	8.63	8.65
Bc700	7.23	9.03	8.75	8.72	8.69	8.68	8.72	8.73	8.68	8.69	8.65	8.64	8.66

注：Bc300表示300℃制备生物炭；Bc500表示500℃制备生物炭；Bc700表示700℃制备生物炭。表头数据表示培养天数。下同。

从表15-12可知，淹水环境下土壤呈现还原反应的状态，氧化还原电位逐渐降低。随着培养时间的延长，土壤氧化还原电位变化较大。培养至第5天，氧化还原电位迅速下降，除Bc700处理显著降低土壤氧化还原电位外，其他处理虽降低了土壤氧化还原电位，但差异不显著。培养5天以后，各处理均显著降低了土壤的氧化还原电位，与CK相比，Bc500处理对土壤氧化还原电位的降低效果最佳。培养至第90天，氧化还原电位达到最低点。

表15-12　施用蔗渣生物炭下菜地土壤氧化还原电位的变化

用量	0	5	10	20	60	90	120
CK	488.25	339.53	301.22	265.45	268.79	202.12	243.02
Bc300	488.25	320.14	250.14	166.59	172.18	74.35	110.96
Bc500	488.25	299.89	216.99	188.25	190.02	79.58	98.75
Bc700	488.25	276.35	199.97	96.79	99.98	80.02	103.55

从表15-13可以看出，土壤中砷以 O-As 为主，其次是 Fe-As，之后为 Al-As、Ca-As、AE-As。随着培养时间的延长，AE-As、Fe-As、Al-As 和 Ca-As 含量逐渐上升，O-As含量下降，均呈现显著差异。这可能是蔗渣生物炭在淹水环境下导致土壤 pH 值上升，促进了砷的释放（陈保卫和 Le，2011），残渣态砷被活化。各形态砷含量上升幅度与其对上级毒害性有关，增幅大小关系表现为 AE-As > Fe-As > Ca-As > Al-As，不同处理下各形态砷含量上升或下降亦存在显著差异。Bc700处理对 AE-As、Fe-As 及 Ca-As 含量的增幅最大，Bc500处理次之，Bc300处理最低。

表15-13　施用蔗渣生物炭下菜地土壤各形态砷的变化

As 形态	用量	0	5	10	20	40	60	90	120
AE-As	CK	0.53	1.75	1.48	1.56	1.61	1.59	1.65	1.65
	Bc300	0.53	1.89	1.55	1.60	1.76	1.79	1.73	1.73
	Bc500	0.53	1.92	1.80	1.97	1.92	1.88	1.76	1.76
	Bc700	0.53	2.23	2.04	1.98	1.97	2.01	2.02	2.02

续表

As 形态	用量	0	5	10	20	40	60	90	120
Ca-As	CK	8.22	8.81	8.26	8.67	8.32	9.91	10.31	9.70
	Bc300	8.22	8.94	9.61	9.89	10.32	9.64	9.98	9.72
	Bc500	8.22	9.33	9.98	9.25	10.85	10.12	10.29	10.93
	Bc700	8.22	9.70	9.52	9.82	10.43	10.32	10.32	10.33
Al-As	CK	8.54	8.46	8.32	8.33	8.38	8.36	8.40	8.35
	Bc300	8.54	8.70	8.42	8.42	8.44	8.46	8.42	8.50
	Bc500	8.54	9.16	8.83	8.82	8.73	8.76	8.51	8.46
	Bc700	8.54	9.85	9.05	9.05	9.04	9.01	8.94	8.90
Fe-As	CK	22.41	31.22	29.77	31.75	30.33	31.16	31.16	30.25
	Bc300	22.41	34.72	31.03	31.20	32.20	32.41	32.41	31.97
	Bc500	22.41	36.42	32.59	32.84	32.88	33.37	33.39	34.15
	Bc700	22.41	43.60	41.29	39.97	39.14	39.43	39.42	39.42
O-As	CK	83.55	73.02	75.47	72.99	74.70	72.39	71.78	73.41
	Bc300	83.55	69.02	72.70	72.23	70.57	70.64	70.74	71.41
	Bc500	83.55	66.45	70.08	70.53	68.89	68.24	70.33	67.73
	Bc700	83.55	57.88	61.35	62.49	62.71	62.91	62.58	63.62

注：交换态砷（AE-AS）、铝－结合态砷（Al-As）、铁－结合态砷（Fe-As）、钙－结合态砷（Ca-As）、残渣态砷（O-As）。

3　讨论与小结

3.1　不同材料生物炭输入对稻田镉污染的影响

开展研究毛竹枝秆、木薯秆和甘蔗渣生物炭对水稻镉吸收的影响，对充分利用广西秸秆废弃物资源实现镉污染稻田稻米安全生产意义重大。研究表明，在众多的土壤重金属修复方法中，原位钝化修复技术因绿色、经济及适用范围广等优点受到越来越多的关注，其主要依靠吸附、络合以及沉淀等方式降低重金属活性以中断土壤－植物系统中重金属的转移，进而达到安全利用受污染土壤的目的，该技术的关键在于对钝化材料的筛选（林爱军，2019）。随着人们对镉污染问题关注度的不断提高，土壤重金属污染的修复方法也应运而生，常见的有客土法、换土法、化学淋洗法和改良剂钝化修复等方法（Zhu 等，2015）。郝金才等（2019）研究认为，阻隔土壤重金属向作物可食部位转移是最经济有效的重金属污染治理方法之一。谷学佳等（2019）研究发现，以稻秆为原料的生物炭材料可有效阻隔重金属镉向水稻籽粒迁移，降低稻米镉含量。张燕等（2017）研究表明，玉米秸秆生物炭能显著降低不同生育期水稻各部位的镉含量。不同原料制备的生物炭其表面结构和理化性质存在明显差异，对土壤重金属污染物的吸附能力也存在较大差异，钝化效果也截然不同（鲁秀国等，2019）。针对轻度镉污染的地块，可以利用生物炭来修复，通过增加土壤pH值，减少镉的生物有效性，从而减少作物体内镉含量累积，保证农产品安全生产，实现农业高效、安全和可持续发展（曾希柏等，2013）。

施用生物炭在一定程度上能通过提高土壤pH值，减轻作物对重金属镉的吸收累积（Basta等，2004），而不同原料生物炭对土壤pH值变化的影响程度不尽相同。吴愉萍等（2019）的研究发现，黄秋葵秸秆炭、水稻秸秆炭和稻壳炭均可提高土壤pH值，其中水稻秸秆炭的提高作用最明显。本研究采用的3种生物炭材料均呈碱性，其pH值大小表现为毛竹生物炭＞木薯秆生物炭＞甘蔗渣生物炭。本研究结果表明，施用生物炭可有效提高镉污染盆栽水稻土的pH值，同种原料生物炭处理水稻土的pH值随着生物炭施用量的增加而逐渐升高，毛竹枝秆生物炭对土壤pH值的提高幅度大于同一施用量水平的木薯秆生物炭和甘蔗渣生物炭，其中以施用量6%的毛竹枝秆生物炭的提高效果更佳，其原因与毛竹枝秆生物炭具有较高的pH值有关，进一步说明生物炭对土壤pH值的影响与施用量及其自身pH值有紧密的关系。土壤镉的生物有效性通常受到土壤pH值变化影响（黄庆等，2017）。施用生物炭可使土壤pH值大幅度升高，在一定程度上稳定土壤重金属的活性，降低其生物有效性和可移动性（周涵君等，2018）。本研究结果表明，施用3种原料生物炭均可有效降低盆栽水稻土的有效态镉含量，随着同种原料生物炭施用量的增加土壤有效态镉含量逐渐降低，施用毛竹枝秆生物炭和木薯秆生物炭镉污染水稻土的有效态镉含量均显著低于同一施用量水平甘蔗渣生物炭，其中施用量6%毛竹枝秆生物炭的降低效果更佳；相关分析结果显示，土壤有效态镉含量与土壤pH值呈极显著负相关，这进一步说明施用生物炭后镉污染水稻土pH值的变化对土壤有效态镉含量有着重要影响。

马锋锋等（2015）研究认为，生物炭通过表面所含的—COH、—COOH和—OH等官能团与重金属离子进行吸附络合，也是其对土壤镉固定作用的机制之一。而杜霞等（2016）研究发现，不同种类生物炭表面的官能团含量存在较明显差异，对重金属的吸附钝化效果明显不同，因此，有必要进一步从生物炭表面官能团差异的角度分析生物炭对镉的吸附钝化作用。施用生物炭能抑制土壤中的镉向水稻植株迁移，显著降低水稻籽粒的镉含量（谷学佳等，2019）。本研究结果与谷学佳等（2019）和黄雁飞等（2020）的研究结果接近，施用3种原料生物炭均可显著降低镉污染水稻土中种植水稻稻秆部位的镉含量，通过减少镉向水稻植株体内迁移进而降低稻米中的镉含量，其中以施用毛竹枝秆生物炭对稻秆和稻米的镉含量降幅最大，且在施用量为6%时稻秆和稻米的镉含量降至最低值。本研究结合相关分析结果认为，生物炭输入通过调节土壤pH值和土壤有效态镉含量来减少镉向水稻植株体内迁移是生物炭阻控镉污染的主要机制之一。本研究中，土壤有效态镉含量最低的 BC3 处理（施用木薯秆生物炭）其稻米和稻秆的镉含量并非最低，但显著高于施用毛竹枝秆生物炭稻米和稻秆的镉含量，说明生物炭还可能通过改变水稻根际微环境等方式阻隔镉向水稻植株体内运输，进而降低稻米的镉吸收累积量，这与胡林飞（2012）、刘达等（2016）和黄雁飞等（2020）的观点一致。但不同原料生物炭的理化性状、微结构及作用机制存在差异，因此，还需结合不同生物炭原料的特性从微观角度探究施用生物炭对稻米镉阻隔作用的机制。毛竹枝秆、木薯秆和甘蔗渣是广西主要农林废弃物，若能以此为原料制备生物炭并应用到镉污染稻田土壤修复中，变废为宝，将具有重要的实践意义。

3.2　不同生物炭对土壤铅形态及青菜生长的影响

生物炭的性质在很大程度上受原料组分的影响，不同原料制备的生物炭性质具有一定的差异。pH 值是土壤的重要理化性质，其直接影响重金属在农田系统中的移动性和有效性（Ahmad 等，2018）。前人研究表明，生物质材料经过热解后，大量的 Na^+、Ca^{2+}、K^+ 与 Mg^{2+} 等碱性离子残留于生物炭中，施入土壤后则会以氧化物与碳酸盐的形式释放于土壤溶液，之后通过与土壤中的酸性离子进行交换以提高土壤的 pH 值（常建宁等，2019）。本研究中，各生物炭处理提高了土壤 pH 值，这与 Wang 等（2019）的研究结论相似。3 种生物炭的施用均有效促进土壤中的铅由迁移性较高的形态向较稳定的形态转化，降低了铅的生物有效性。不同生物炭对土壤中铅赋存形态的影响包括两方面，一方面与土壤 pH 值的升高有关，由于土壤 pH 值的升高，土壤中 H^+ 的减少削弱了其与铅的竞争吸附，土壤表面大量的结合位点被释放出来（安梅等，2018）；同时，土壤 pH 值的升高也会加速带负电荷的土壤胶体表面上吸附位点的形成，较高 pH 值环境下更容易产生的碳酸盐、磷酸盐和金属氢氧化物等将与铅离子进行共沉淀反应，进而促进铅在土壤中的固定化（吴继阳等，2017）。另一方面，生物炭表面携带的负电荷可以通过静电引力将土壤中可迁移性铅吸附至其表面，而其表面丰富的含氧官能团（—OH、C＝O）则会通过络合作用与铅进行结合以降低它们在土壤中的溶解度（安梅等，2018；Xu 等，2020）。

虽然土壤中的重金属含量是评价该土壤污染水平的关键因素，但尚不能准确反映土壤中该元素的有效性，所以分析土壤中重金属的有效性很有必要（郭朝晖和朱永官，2004）。由于重金属的存在和积累，植物的生长会受到不同程度的抑制，包括对植物株高、生物量以及绿叶素含量的影响。不同生物炭施用后，显著增加了青菜的株高、鲜重以及叶绿素含量，促进了青菜的生长。这可能是由于土壤中容易被植物吸收的铅形态转化为生物利用度较低的形态，从而减轻了青菜对铅的吸收（Wu 等，2020）。一般在正常情况下，植物通过体内活性氧清除系统（包括 SOD、POD 与 CAT）来减少和修复活性氧造成的损害。当植物受到重金属胁迫时，活性氧的产生和清除系统间的平衡被破坏，进而对植物的新陈代谢造成影响（Sun 等，2016）。本研究中，施用不同生物炭后，显著提高了青菜中 SOD、POD 与 CAT 活性，降低了 MDA 活性，减弱了土壤中的铅对青菜生长的胁迫作用。这主要是由于不同生物炭能将可利用的铅转化为更稳定的形态，降低重金属的胁迫诱导效应，从而减少活性氧对植物的伤害，保护青菜细胞免受氧化损伤。同时，不同生物炭的施用降低了青菜各部位中铅的含量，抑制了铅在青菜体内的富集。Jing 等（2020）研究发现，植物体内重金属的浓度主要受土壤表层生物可利用性重金属的影响。因此，施用生物炭主要可以降低土壤中有效态铅的浓度，限制青菜对铅的吸收，本研究的结论与 Bashir 等（2018）和张海波等（2021）的研究结果相似。

3.3 不同生物炭对土壤砷形态的影响

本研究中，不同温度下制备的蔗渣生物炭均引起土壤 pH 值升高，高温裂解生物炭比低温裂解生物炭对土壤 pH 值提升幅度要大。这是由于高温裂解下生物炭含有较少的酸性挥发物和较多的表面碱性含氧官能团及灰分（高凯芳等，2016）。CK（空白）处理下，氧化还原电位随着培养时间的延长而降低，且达到显著水平，与 CK（空白）相比，施加蔗渣生物炭显著地降低了土壤氧化还原电位。类似的是，李力等（2012）研究表明，不同温度下制备的玉米秸秆生物炭，因其理化性质及含氧官能团数量不同，对土壤重金属的迁移转换等有不同的效果。本研究中，随着培养时间的延长，各输入生物炭处理对土壤氧化还原电位降低幅度大小为 Bc700 > Bc500 > Bc300。

研究表明（李婧菲等，2013），土壤 pH 值对土壤中砷的生物有效性有显著的影响，土壤 pH 值升高会促进土壤中砷的解吸，从而提高砷的有效性。为了研究土壤 pH 值动态变化对砷形态的影响，对 pH 值及交换态砷含量进行相关关系分析，结果表明，土壤 pH 值与土壤交换态砷含量的相关系数为0.701，两者呈现显著正相关（$P < 0.05$）。毛懿德等（2015）的研究表明，玉米秸秆生物炭在淹水环境下能降低土壤氧化还原电位，土壤中重金属可向水溶态迁移，进而加强重金属离子向植物中的迁移。本试验结果表明，施用蔗渣生物炭增加了可交换态砷含量，残渣态砷被活化，增加了砷污染，这与李婧菲等（2013）和张燕等（2018）的研究结果相似。Melnikova 等（2009）的研究表明，由于砷的溶解度会随着 pH 值的升高而升高，向土壤中施加生物炭反而会增加砷的污染。吴成等（2007）研究表明，玉米秸秆黑碳对砷、铅、汞、镉等离子的吸附大小排序为 $Pb^{2+} > As^{3+} > Hg^{2+} > Cd^{2+}$。因此，对于砷、镉复合污染土壤的治理，生物炭的施用还有待进一步深入研究。

3.4 小结

（1）施用毛竹枝秆、木薯秆和蔗渣生物炭可有效提高镉污染水稻土的 pH 值、降低土壤有效态镉含量和镉向地上部迁移能力，进而降低稻秆和稻米对镉的吸收量。施用毛竹枝秆生物炭对稻米镉含量的降低效果优于木薯秆生物炭和蔗渣生物炭，且施用量为6%时降幅最大。在镉污染稻田土壤中施用6%毛竹枝秆生物炭可最大程度地缓解稻米对镉的吸收，降低水稻生产的镉污染风险。

（2）施用毛竹枝秆、木薯秆和蔗渣生物炭后，可以显著促进镉污染水稻土壤中的铅由弱酸可提取态与可还原态向较稳定的可氧化态与残渣态转化，降低铅的生物有效性。同时可以促进青菜的生长，抑制铅在青菜根部和地上部的累积，降低铅进入食物链的可能风险，生物炭施用为铅污染土壤的生态修复提供理论参考。

（3）针对南方典型的砷污染菜地土壤，施用蔗渣生物炭后，可显著提高土壤pH值，促进菜地土壤交换态砷（AE-AS）、Ca-结合态砷（Ca-As）、Al-结合态砷（Al-As）和Fe-结合态砷（Fe-As）含量的逐渐上升，残渣态砷（O-As）含量逐渐下降。土壤pH值与交换态砷含量之间呈显著正相关关系，增加了土壤可交换态砷含量，促进了砷的生物有效性。研究结果可为砷污染稻田安全生产与阻控提供理论依据。

参考文献

［1］安梅，董丽，张磊，等.不同种类生物炭对土壤重金属铅镉形态分布的影响［J］.农业环境科学学报，2018，37（5）：892-898.

［2］常建宁，李丹洋，王劾举，等.炭基有机肥配施菌糠木醋液对污灌区土壤铬形态及玉米吸收的影响［J］.河南农业科学，2019，48（1）：57-65.

［3］陈保卫，Le X. Chris.中国关于砷的研究进展［J］.环境化学，2011，30（11）：1936-1943.

［4］杜霞，赵明静，马子川，等.不同生物质为原料的热解生物炭对Pb^{2+}的吸附作用［J］.燕山大学学报，2016，40（6）：552-560.

［5］高凯芳，简敏菲，余厚平，等.裂解温度对稻秆与稻壳制备生物炭表面官能团的影响［J］.环境化学，2016，35（8）：1663-1669.

［6］郭朝晖，朱永官.典型矿冶周边地区土壤重金属污染及有效性含量［J］.生态环境学报，2004，13（4）：553-555.

［7］谷学佳，王玉峰，张磊.生物炭对水稻镉吸收的影响［J］.黑龙江农业科学，2019（6）：47-49.

［8］郝金才，李柱，吴龙华，等.铅镉高污染土壤的钝化材料筛选及其修复效果初探［J］.土壤，2019，51（4）：752-759.

［9］胡林飞.两种基因型水稻根际微域中重金属镉形态差异及其有效性研究［D］.杭州：浙江大学，2012.

［10］化党领，朱利楠，赵永芹，等.膨润土、褐煤及其混合添加对铅、镉复合污染土壤重金属形态的影响［J］.土壤通报，2020，51（1）：201-206.

［11］黄庆，刘忠珍，黄玉芬，等.生物炭+石灰混合改良剂对稻田土壤pH、有效镉和糙米镉的影响［J］.广东农业科学，2017，44（9）：63-68.

［12］黄雁飞，陈桂芬，熊柳梅，等.不同作物秸秆生物炭对水稻镉吸收的影响［J］.西南农业学报，2020，33（10）：2364-2369.

［13］李婧菲，方晰，曾敏，等.2种含铁材料对水稻土中砷和重金属生物有效性的影响［J］.水土保持学报，2013，27（1）：136-140.

［14］李力，陆宇超，刘娅，等.玉米秸秆生物炭对Cd（Ⅱ）的吸附机理研究［J］.农业环境科学学报，2012，31（11）：2277-2283.

［15］林爱军.重金属污染土壤可持续原位修复：生物质基修复材料研究新进展［J］.环境工程学报，2019，13（9）：2025-2026.

［16］刘达，涂璐遥，赵小虎，等.镉污染土壤施硒对植物生长及根际镉化学行为的影响［J］.环境科学学报，2016，36（3）：999-1005.

［17］鲁秀国，武今巾，过依婷.生物炭修复重金属污染土壤的研究进展［J］.应用化工，2019，48（5）：1172-1177.

［18］马锋锋，赵保卫，钟金魁，等.牛粪生物炭对磷的吸附特性及其影响因素研究［J］.中国环境科学，2015，35（4）：1156-1163.

［19］毛懿德，铁柏清，叶长城，等.生物炭对重污染土壤镉形态及油菜吸收镉的影响［J］.生态与农村环境学报，2015，31（4）：579-582.

［20］宋波，王佛鹏，周浪，等.广西镉地球化学异常区水稻籽粒镉含量预测模型研究［J］.农业环境科学学报，2019，38（12）：2672-2680.

［21］吴成，张晓丽，李关宾.黑碳吸附汞砷铅镉离子的研究［J］.农业环境科学学报，2007，26（2）：770-774.

［22］吴继阳，郑凯琪，杨婷婷，等.污泥生物炭对土壤中Pb和Cd的生物有效性的影响［J］.环境工程学报，2017，11（10）：5757-5763.

［23］吴愉萍，王明湖，席杰君，等.不同农业废弃物生物炭及施用量对土壤pH值和保水保氮能力的影响［J］.中国土壤与肥料，2019（1）：87-92.

［24］邢金峰，仓龙，任静华.重金属污染农田土壤化学钝化修复的稳定性研究进展［J］.土壤，2019，51（2）：224-234.

［25］曾希柏，徐建明，黄巧云，等.中国农田重金属问题的若干思考［J］.土壤学报，2013，50（1）：186-194.

［26］张海波，闫洋洋，程红艳，等.菌糠生物炭对土壤铅镉形态及甜菜生长的影响［J］.山西农业大学学报（自然科学版），2021，41（1）：103-112.

［27］张燕，铁柏清，刘孝利，等.玉米秸秆生物炭对水稻不同生育期吸收积累 As、Cd 的影响［J］.生态环境学报，2017，26（3）：500–505.

［28］张燕，铁柏清，刘孝利，等.玉米秸秆生物炭对稻田土壤砷、镉形态的影响［J］.环境科学学报，2018，38（2）：715–721.

［29］周涵君，马静，韩秋静，等.施用生物炭对土壤 Cd 形态转化及烤烟吸收 Cd 的影响［J］.环境科学学报，2018，38（9）：3730–3738.

［30］Ahmad Z，Gao B，Mosa A，et al. Removal of Cu（Ⅱ），Cd（Ⅱ）and Pb（Ⅱ）ions from aqueous solutions by biochars derived from potassium–rich biomass［J］. Journal of Cleaner Production，2018，180：437–449.

［31］Bashir S，Zhu J，Fu Q L，et al. Cadmium mobility，uptake and anti–oxidative response of water spinach（Ipomoea aquatic）under rice straw biochar，zeolite and rock phosphate as Amendments［J］. Chemosphere，2018，194：579–587.

［32］Basta N T，Mc Gowenb S L. Evaluation of chemical immobilization treatments for reducing heavy metal transport in a smelter–contaminated soil［J］. Environmental Pollution，2004，127（1）：73–82.

［33］Jing F，Chen C，Chen X M，et al. Effects of wheat straw derived biochar on cadmium availability in a paddy soil and its accumulation in rice［J］. Environmental Pollution，2020，257：113592.

［34］Melnikova E，Novakova I，Kraif O. Quels corpus pour l' analyse contrastive？L' exemple des constructions verbo–nominales desentiment en franais etenrusse［J］. Folia Medica，2009，10（1）：10–15.

［35］Sun Y B，Sun G H，Xu Y M，et al. Evaluation of the effectiveness of sepiolite，bentonite，and phosphate amendments on the stabilization remediation of cadmium-contaminated soils［J］. Journal of Environmental Management，2016，166：204–210.

［36］Tao Q，Chen Y X，Zhao J W，et al. Enhanced Cd removal from aqueous solution by biologically modified biochar derived from digestion residue of corn straw silage［J］. Science of the Total Environment，2019，674：213–222.

［37］Wang Y，Zhong B，Mohamman S，et al. Effects of biochar on growth，and heavy metals accumulation of moso bamboo（Phyllostachy pubescens），soil physical properties，and heavy metals solubility in soil［J］. Chemosphere，2019，219：510–516.

［38］Wu J Z，Li Z T，Huang D，et al. A novel calcium–based magnetic biochar is effective in stabilization of arsenic and cadmium co–contamination in aerobic soils［J］. Journal of Hazardous Materials，2020，387：122010.

［39］Xu C B，Zhao J W，Yang W J，et al. Evaluation of biochar pyrolyzed from kitchen waste， corn straw, and peanut hulls on immobilization of Pb and Cd in contaminated soil [J] . Environmental Pollution, 2020, 261: 114133.

[40] Zhu W Q, Yao W, Zhan Y N, et al. Phenol removal from aqueous solution by adsorption onto solidified landfilled sewage sludge and its modified sludges [J] . Journal of Material Cycles and Waste Management, 2015, 17 (4): 798-807.

第十六章

生物炭施用对菜地磺胺类抗生素及沙门氏菌的影响

磺胺类抗生素（Sulfonamides，SAs）是一类具有对氨基苯磺酰胺结构的人工合成的药物的总称，主要用于预防和治疗细菌感染性疾病，被广泛应用在医药、畜牧和水产养殖中（Yang 等，2011）。磺胺类抗生素是世界上使用最广泛的品种之一，现阶段对其需求量仍很大（Qiu 等，2016）。但其利用率低，30%~90% 会以母体或代谢物的形式随排泄物排出体外而进入环境中（Zhang 等，2015），而且其在环境中不易发生降解，最终通过各种途径进入水环境，对水环境和人类健康产生潜在的危害，甚至会导致越来越多的耐药菌的产生（Baran 等，2011）。在现有的污水处理系统中，磺胺类抗生素一般不能被彻底去除。

研究表明，竹炭对于四环素和氯霉素有较好的去除效果，碳纳米管和去离子交换树脂对水中抗生素去除率可达90%，硬木生物炭具有较高的吸附分布比值（10^6 L/kg），对于磺胺二甲嘧啶具有良好的去除效果（田世烜等，2012）。吸附技术可用于去除废水中的抗生素，且去除效率很高，但在吸附技术的实际应用中，降低吸附剂的制作成本是当前首要解决的问题。另外，沙门氏菌是全球报道最多引发食源性疾病暴发的首要病原菌（Underthun 等，2018），其主要通过畜禽粪便进行传播（Huong 等，2014）。在我国，畜禽粪便大部分作为有机肥未经无害化处理直接施入农耕土壤，特别在菜地中，由于土壤利用率高，有机肥的施用量大的现象较为突出（张田等，2012）。生物炭作为一种高效、经济、环保的吸附材料，已被广泛应用于处理有机化合物污染，包括农药、抗生素等方面（Li 等，2020）。

目前，国内外对生物炭去除水中磺胺类抗生素的研究较少（赵涛等，2017a；2017b），绝大多数的研究主要是单一的某种磺胺类抗生素的去除，且对生物炭吸附特性及机理研究尚待深入。为此，本研究以水稻秸秆生物炭为吸附材料，考察其对水溶液中磺胺类抗生素（磺胺嘧啶 SDZ 和磺胺氯哒嗪 SCP）的吸附特性，探讨生物炭的吸附机制；同时，深入考察生物炭输入对菜地土壤沙门氏菌防治效果的影响，以期为提高农林废弃物水稻秸秆生物炭对水中磺胺类抗生素的吸附效果，以及为废水中磺胺类抗生素污染物的治理提供理论依据。

1 水稻秸秆生物炭对水中磺胺类抗生素的吸附性能

1.1 施用水稻秸秆生物炭对磺胺嘧啶和磺胺氯哒嗪吸附效果的影响

从表16-1可以看出，生物炭输入量在0.1~1.0 g逐渐增加时，SDZ的吸附量从4.62 mg/g降到1.01 mg/g，去除率从42.15%增加到93.01%。SCP的吸附量从8.22 mg/g降低到0.24 mg/g，去除率从82.33%增加到92.11%。随着生物炭输入量的增加，SDZ和SCP去除率逐渐增加，其吸附量则逐渐减少。这是因为生物炭施用量的增加提供了更多的活性吸附点位，大量的SDZ和SCP分子进入生物炭表面的孔隙，而随着溶液中SDZ和SCP浓度的降低，去除率不断升高，生物炭的单位吸附量则不断下降（赵涛等，2017a）。水稻秸秆生物炭对SCP的去除效果相比于SDZ要更好，这可能是因为SCP的分子结构较为复杂，含有的官能团数量更多所致。

表16-1　生物炭施用量对吸附SDZ和SCP的影响

指标 ＼ 施用量（g）	0.1	0.2	0.4	0.6	0.8	1.0
SDZ 去除率（%）	42.15 e	56.77 d	71.23 c	81.03 b	91.22 a	93.01 a
SDZ 吸附量（mg/g）	4.62 a	3.14 a	1.86 b	1.54 b	1.47 b	1.01 c
SCP 去除率（%）	82.33 d	83.14 d	89.88 a	86.97 c	91.24 a	92.11 a
SCP 吸附量（mg/g）	8.22 a	3.98 b	2.05 b	0.88 c	0.67 c	0.24 d

注：SDZ表示磺胺嘧啶；SCP表示磺胺氯哒嗪。同行不同小写字母间表示差异显著（$P < 0.05$），下同。

1.2 施用水稻秸秆生物炭后吸附时间对吸附效果的影响

从表16-2可看出，吸附初期，由于水稻秸秆生物炭表面活性位点多且其表面液膜与溶液本体存在较大浓度差，SDZ和SCP向生物炭炭表面及孔隙中扩散速度较快，吸附在很短的时间（400 min）内快速进行，达到较高的去除率（SDZ为86.15%、SCP为98.89%）。在恒温振荡吸附过程中，磺胺类抗生素的去除率均随着吸附时间增加而增加，相应的生物炭吸附量也不断增大。随时间的延长，生物炭表面吸附位点减少，浓度梯度降低，吸附逐渐趋于平缓并达到相对平衡状态。

表16-2　吸附时间对生物炭吸附SDZ和SCP的影响

指标 ＼ 时间（min）	40	60	100	200	300	400	500	600	700
SDZ 去除率（%）	72.25	73.68	79.88	81.39	84.26	86.15	86.02	85.85	85.32
SDZ 吸附量（mg/g）	70.35	73.26	74.15	75.66	77.59	77.95	77.45	77.46	77.12
SCP 去除率（%）	96.37	96.85	97.59	98.64	98.77	98.89	98.81	98.55	98.41
SCP 吸附量（mg/g）	71.33	72.36	73.44	76.12	77.44	77.92	77.36	77.24	77.05

1.3 施用生物炭后初始 SDZ 和 SCP 质量浓度对吸附效果的影响

从表 16-3 可看出，水稻秸秆生物炭对 SDZ 和 SCP 的吸附量先增大后趋于稳定，去除率呈现先增加后小幅度下降的趋势。在整个吸附过程中，SDZ 和 SCP 分子的扩散力起着重要作用。按照菲克定律，浓度梯度决定了吸附过程的驱动力，液相中 SDZ 和 SCP 的相对质量浓度越高，传质动力越大，这更有助于实现 SDZ 和 SCP 分子从溶液到生物炭表面的移动。表明在水环境中，SDZ 和 SCP 分子的扩散驱动力随初始浓度的增加而增加。

表 16-3 初始质量浓度对生物炭吸附 SDZ 和 SCP 的影响

指标 ＼ 初始质量浓度（mg/L）	2	5	10	15	20	25	30
SDZ 去除率（%）	84.02	93.13	90.08	86.39	90.21	87.59	84.25
SDZ 吸附量（mg/g）	0.23	0.49	1.12	1.56	2.23	2.24	2.25
SCP 去除率（%）	85.66	94.22	91.13	88.47	91.78	92.88	82.49
SCP 吸附量（mg/g）	0.48	0.75	2.43	2.75	3.49	3.76	3.94

1.4 施用生物炭后溶液 pH 值对吸附效果的影响

从表 16-4 可看出，在碱性条件下，水稻秸秆生物炭对 SDZ 和 SCP 的吸附效果要明显低于酸性条件下的吸附效果，并且随着 pH 值的增加而下降。SDZ 和 SCP 是一类两性分子，在不同的 pH 值下有多个 pKa 点（酸解离常数）。前人研究表明，SDZ 的 pKa1=1.57，pKa2=6.50，SCP 的 pKa1=1.87，pKa2=5.45。当 pH 值超过 pKa2 时，SDZ 和 SCP 主要以阴离子形态存在，与生物炭表面的电荷相反从而发生排斥作用（Zhang 等，2015）。溶液的初始 pH 值对吸附行为的影响是不同 pH 值条件下生物炭和 SDZ、SCP 之间的电荷差异所导致。由于废水的 pH 值一般在 5.5～9.0（李雪冰等，2015），因此只有在生物炭施用作用下，极高的 pH 值下才会对 SDZ 和 SCP 的吸附产生影响。

表 16-4 pH 值对生物炭吸附 SDZ 和 SCP 的影响

指标 ＼ pH 值	2	4	5	6	7	8	10	11
SDZ 去除率（%）	89.25	88.77	87.94	86.99	86.23	82.14	80.26	78.49
SDZ 吸附量（mg/g）	1.16	1.14	1.13	1.12	1.09	1.05	1.02	0.96
SCP 去除率（%）	90.36	91.85	92.11	90.69	90.25	87.86	82.59	78.66
SCP 吸附量（mg/g）	1.07	1.11	1.12	1.08	1.06	1.04	0.94	0.92

1.5 施用生物炭温度对吸附效果的影响

从表16-5可看出，在不同温度条件下水稻秸秆生物炭对 SDZ 和 SCP 的去除率和吸附量之间差异显著，生物炭对 SDZ 和 SCP 的吸附量和去除率都随着温度升高而降低，说明生物炭对 SDZ 和 SCP 的吸附反应均为放热反应，高温不利于生物炭对 SDZ 和 SCP 的吸附。随着质量浓度的增加，SDZ 和 SCP 的吸附量逐渐升高，而去除率表现为先增加后略有所降低的趋势。

表16-5 **不同初始质量浓度下温度对 SDZ 和 SCP 去除效果的影响**

指标	初始质量浓度（mg/L）	10℃	30℃	40℃
SDZ 去除率（%）	10	95.26	92.01	87.22
	20	95.78	94.66	85.02
	30	94.02	92.36	65.49
SDZ 吸附量（mg/g）	10	1.35	1.16	1.02
	20	2.22	1.94	1.36
	30	2.56	2.21	1.55
SCP 去除率（%）	10	94.36	93.77	86.95
	20	96.02	87.25	72.16
	30	65.49	49.57	48.65
SCP 吸附量（mg/g）	10	2.15	2.18	1.86
	20	4.15	3.86	3.44
	30	4.06	3.95	3.58

1.6 等温吸附热力学模型拟合

吸附等温线方程多用于分析吸附剂与吸附分子之间的相互作用和吸附特性，R^2 是衡量吸附等温方程整体拟合度的主要因子。从表16-6可知，Langmuir 和 Freundlich 模型的线性相关系数 R^2 均大于 0.953，很好地拟合了 SDZ 和 SCP 吸附的等温线，表明水稻秸秆生物炭对 SDZ 和 SCP 的吸附不仅包括物理吸附过程，还包括化学吸附相互作用。

Freundlich 模型的 n 值大于1，表明水稻秸秆生物炭和 SDZ、SCP 之间有较强的相互互关系和亲和力，吸附过程是自发的。Langmuir 模型假设吸附剂表面是均匀的，吸附分子在吸附剂表面周围形成一个单吸附层，不存在相互作用，而 Freundlich 模型用于描述发生在非均相固体表面的化学吸附。因此，水稻秸秆生物炭施用后对 SDZ 和 SCP 的吸附用 Freundlich 吸附等温模型描述更为合适（Baran 等，2011）。

本研究中，水稻秸秆生物炭对磺胺类抗生素的吸附动力学更为符合准二级动力学方程，而吸附等温线则符合 Freundlich 模型方程，这与赵涛等（2021）对玉米秸秆生物炭对水中磺胺类抗生素的吸附性能的研究结果相类似。

表16-6　不同初始质量浓度下温度对 SDZ 和 SCP 去除效果的影响

指标	温度℃	Langmuir			Freundlich		
		q_m	k_L	R^2	n	k_F	R^2
SDZ	10	4.699	0.489	0.953	1.611	2.828	0.971
	20	5.801	0.195	0.966	1.252	2.771	0.985
	30	5.629	0.134	0.987	1.201	2.505	0.986
SCP	10	9.961	0.311	0.975	1.159	4.181	0.966
	20	9.952	1.049	0.981	1.273	4.299	0.987
	30	9.883	0.069	0.965	1.182	3.546	0.975

1.7　吸附动力学模型的方程拟合

为解释水稻秸秆生物炭的吸附机制，采用准一级动力学模型、准二级动力学模型和颗粒内扩散模型对试验数据进行了参数拟合。由表16-7可以看出，准二级动力学模型的平均拟合度（0.9999和0.9999）高于同等条件下准一级动力学模型（0.8583和0.8817）和颗粒内吸附模型（0.9111和0.5209）的拟合相关度。同时使用准二级动力学方程计算吸附平衡容量更接近实测值，因此准二级动力学模型更适合描述水稻秸秆生物炭的吸附行为，这说明化学吸附在生物炭和 SDZ、SCP 的吸附过程起主导作用。而 K_2 变化比较显著，表明该吸附反应过程主要由快反应所控制，这与 Rajapaksha 等（2016）用生物炭吸附磺胺甲嘧啶以及李雪冰等（2015）利用活性炭吸附磺胺类抗生素得出的动力学规律是相一致的。

表16-7　不同温度下的吸附动力学方程及相关系数

指标	温度℃	准一级动力学方程		准二级动力学方程		颗粒内扩散方程	
		K_1	R^2	K_2	R^2	k_{id}	R^2
SDZ	10	0.0024	0.8530	0.1547	0.9998	0.0071	0.8962
	20	0.0016	0.8753	0.4026	0.9999	0.0034	0.8624
	30	0.0021	0.8465	0.1102	1.0000	0.0072	0.9748
SCP	10	0.0018	0.9256	0.3957	1.0000	0.0089	0.5321
	20	0.0011	0.8425	1.4987	0.9998	0.0025	0.5648
	30	0.0009	0.8769	0.3824	0.9999	0.0036	0.4658

1.8 重复利用性能的特征

吸附剂的可重复使用性是应用中需要考虑的重要因素，通过可重复使用性实验可评估生物炭的循环利用能力。由表16-8可知，水稻秸秆生物炭在第一、第二和第三次使用时，对 SDZ 的去除率分别为94.57%、73.05% 和45.98%，对 SCP 的去除率分别为98.27%、80.11% 和76.35%。虽然水稻秸秆生物炭对 SDZ 和 SCP 的吸附量和去除率均随着使用次数的增加逐渐减少，但仍具有较好的吸附效果。第三次后水稻秸秆生物炭吸附性能明显下降，原因可能是水稻秸秆生物炭表面的吸附点位被 SDZ 和 SCP 逐渐占据至饱和所致。5次试验结束后，玉米秸秆生物炭对 SDZ 和 SCP 去除率最后可达到30.26% 和51.28%。王楠等（2020）发现5次重复吸附试验后酸改性松针生物炭对磺胺甲噁唑去除率仍在40% 以上。李京京（2020）研究发现经过3次循环利用后，木耳菌渣生物炭对四环素的去除率从66.58% 降低至40.25%。生物炭经重复利用后吸附性能略有下降，在实际生产中由于水稻秸秆是一种廉价易得的生物质材料，具有成本低和废弃物二次循环利用的优点，在重复利用时可以适当增加其施用量，以达到最佳的吸附性能。本研究中，吸附过程主要受到快速反应控制，而在循环吸附3次后对 SDZ 和 SCP 仍能达到30% 以上的去除率，表明水稻秸秆生物炭具有可重复使用的特征。

表16-8 重复利用次数对 SDZ 和 SCP 去除效果的影响

指标 ＼ 利用次数	1	2	3	4	5
SDZ 去除率（%）	94.57	73.05	45.98	32.14	30.26
SDZ 吸附量（mg/g）	152.36	143.57	114.28	83.37	79.67
SCP 去除率（%）	98.27	80.11	76.35	52.76	51.28
SCP 吸附量（mg/g）	150.59	134.68	121.49	116.57	114.92

2 生物炭对菜地土壤中沙门氏菌的影响

2.1 施用生物炭对土壤中沙门氏菌的影响

由表16-9可知，施用热解温度为300℃、500℃和700℃的水稻秸秆生物炭后，棕壤和红壤中沙门氏菌的浓度随培养时间延长而逐渐下降，不同土壤中沙门氏菌浓度随着时间变化的趋势有明显不同。未添加生物炭对照的各空白土壤中，沙门氏菌在棕壤中的存活时间较长，接种后20天棕壤中的沙门氏菌仍然保持较高的浓度，随后才开始进入缓慢的衰亡期，接种后60天棕壤中沙门氏菌逐步接近最低检测限（100 cfu/g），而红壤中的沙门氏菌衰亡较快，均在培养30天后，接种后直接进入到衰亡期，土壤中基本检测不到沙门氏菌。沙门氏菌在各土壤中的存活能力大小顺序表现为棕壤＞红壤。

施用生物炭后各土壤中沙门氏菌的消亡速度显著降低，生物炭显著促进了沙门氏菌在棕壤、红壤中的存活，随着生物炭制备温度的降低沙门氏菌的消亡速度减缓明显，衰亡速率顺序为700℃＞500℃＞300℃生物炭，说明300℃生物炭对沙门氏菌的存活促进作用强于500℃和700℃生物炭。施用不同热解温度生物炭的红壤在接种培养初期沙门氏菌浓度都有小幅度的上升，且施用300℃和700℃生物炭土壤在接种5天后沙门氏菌浓度提升幅度最大，各土壤中沙门氏菌浓度分别在第60天、第80天达到最低值。而棕壤在添加300℃、500℃和700℃生物炭后土壤中沙门氏菌的存活动态没显著受到影响，有一定的促进作用。

表16-9　菜地土壤中沙门氏菌的存活状态

指标	初始质量浓度（mg/L）	5 d	10 d	15 d	20 d	30 d	40 d	60 d	80 d
红壤	CK	5.65	5.13	4.44	2.67	2.08	0	0	0
	Bc300	6.45	5.89	5.13	4.78	3.67	2.48	2.23	2.12
	Bc500	5.43	5.14	4.77	4.23	3.24	2.41	0	0
	Bc700	6.87	5.55	4.86	4.39	4.08	3.22	0	0
棕壤	CK	5.98	5.46	5.09	4.25	3.96	3.12	1.22	1.01
	Bc300	6.62	6.35	5.75	5.15	4.23	3.42	2.87	1.44
	Bc500	5.49	5.22	5.14	4.88	4.21	2.78	2.15	1.22
	Bc700	6.77	6.43	5.92	5.22	4.36	3.44	2.17	1.56

注：表头数据表示接种天数（d）。

从表16-10可以看出，施用水稻秸秆生物炭后菜地土壤中沙门氏菌的存活时间远大于不施用生物炭的对照土壤，说明水稻秸秆生物炭显著促进了沙门氏菌在土壤中的存活，且生物炭的制备温度对沙门氏菌的存活有不同的影响，热解温度对沙门氏菌存活的促进顺序为500℃＞300℃＞700℃。这说明，低温500℃的生物炭，更有利于菜地中沙门氏菌的存活时间。这不同于张桃香和胡素萍（2020）的研究结果，其研究发现4种蔬菜土壤中，生物炭施用后沙门氏菌逐渐减小。

本试验中施用了500℃水稻秸秆生物炭的棕壤中沙门氏菌的存活时间最长（74.86天），且300℃和700℃水稻秸秆生物炭棕壤中沙门氏菌的存活时间分别为65.45天和70.21天，且显著高于对照（54.33天）。生物炭对红壤土中沙门氏菌的存活促进效果也较明显，红壤中沙门氏菌在输入300℃、500℃和700℃水稻秸秆生物炭存活时间分别为57.88天、66.49天和39.87天，且显著高于对照（32.14天）。

表16-10　菜地土壤中沙门氏菌存活时间（天）

指标	CK	Bc300	Bc500	Bc700
红壤	32.14 d	57.88 b	66.49 a	39.87 c
棕壤	54.33 c	65.45 b	74.86 a	70.21 a

2.2　施用生物炭对沙门氏菌在土壤中存活模型的影响

从表16-11可以看出，将300℃、500℃和700℃水稻秸秆生物炭施用棕壤和红壤中，将不同培养时间的沙门氏菌存活浓度均转化为 log10（cfu/g），通过 Weibull 单指数模型模拟，模拟显示沙门氏菌的存活方程决定系数（R^2）为0.96~0.99，说明 Weibull 单指数模型能较好地拟合沙门氏菌在施用了生物炭的菜地土壤中的存活情况。尺度参数（δ）值为6.88~24.44，弧度参数（p）值为0.74~1.35。通过 Weibull 单指数模型计算得出，不施用水稻秸秆生物炭菜地土壤中沙门氏菌存活时间较长的土壤为棕壤，红壤的存活时间较短，沙门氏菌在菜地土壤中的存活天数大小顺序为棕壤＞红壤。

表16-11　菜地土壤中 Weibull 模型拟合参数

指标	初始质量浓度（mg/L）	δ	p	R^2
红壤	CK	6.88	1.09	0.98
	Bc300	7.22	0.74	0.97
	Bc500	13.88	1.15	0.96
	Bc700	8.95	0.98	0.98
棕壤	CK	21.42	1.33	0.98
	Bc300	21.06	1.19	0.97
	Bc500	20.95	1.16	0.99
	Bc700	24.44	1.35	0.97

2.3　沙门氏菌存活与土壤理化性质的关系

对水稻秸秆生物炭添加前后沙门氏菌的存活动态与土壤各项理化性质间的相关性进行了分析，由表16-12可以得出，在对照未施用生物炭的土壤中，沙门氏菌的存活时间与土壤 pH 值、有机碳和全氮含量呈显著正相关（$P < 0.05$）；而施用水稻秸秆生物炭后沙门氏菌的存活时间与土壤 pH 值、有机碳、全氮和溶解性有机碳呈现极显著正相关（$P < 0.01$），与全磷、全钾、C/N 和溶解性有机氮呈现显著正相关（$P < 0.05$）。说明输入生物炭前土壤的 pH 值、有机碳和全氮含量是影响沙门氏菌存活的主要因素，而施用水稻秸

秆生物炭后，通过生物炭对土壤理化性质的改善作用，pH值、有机碳、全氮、全磷、全钾、溶解性有机碳、C/N和溶解性有机氮是共同影响沙门氏菌存活动态的调控因子。

表16-12　沙门氏菌存活时间与土壤性质相关性分析

指标	pH值	SOC	TN	TP	TK	C/N	DOC	DON
土壤 CK	0.87*	0.92*	0.86*	−0.67	0.46	0.32	0.45	0.27
土壤 + 生物炭	0.98**	0.97**	0.96**	0.83*	0.77*	0.69*	0.72**	0.68*

注：** 表示差异极显著水平（$P<0.01$）；* 表示差异显著水平（$P<0.05$）。

3　讨论与小结

3.1　生物炭对水中磺胺类抗生素吸附性能的影响

磺胺类抗生素的主要去除方法包括化学法、生物法、人工湿地系统、膜分离技术和吸附法（赵涛等，2017a）。其中吸附法是一种有效的废水处理方法，与其他方法（如臭氧/光催化氧化技术）相比，对环境的影响较小，不会产生毒害副产物（赵涛等，2017b），而且吸附过程的设计和操作简单，应用性强。吸附材料主要分为碳基材料、矿物材料、高分子材料、有机多孔材料和新型复合材料（Shao等，2021）。生物炭施用对抗生素的吸附机制可能取决于以下因素：（1）吸附剂的结构特性；（2）吸附剂表面的理化特性，如比表面积、孔径分布、表面功能性、灰分含量等;(3)吸附的条件，如pH值和吸附时的温度等。本研究中，水稻秸秆生物炭对磺胺类抗生素的吸附包括物理吸附和化学吸附，物理吸附主要与生物炭表面的物理结构有关，化学吸附与生物炭表面的官能团有关。生物炭表面复杂的微孔结构可以为 SDZ 和 SCP 提供更多的吸附位点，同时磺胺类抗生素的颗粒内扩散过程也较容易进行，提高了孔内的吸附效率（Rajapaksha等，2016）。研究表明，提高热解温度能提升生物炭的比表面积和微孔数量，可增强生物炭的吸附效果（Zhang等，2015）。生物炭表面含有大量的含氧等官能团，可与磺胺类抗生素分子形成的氨基发生酸碱反应，从而形成离子键，提高吸附性能。水稻秸秆生物炭的表面极性和亲水性较高，因此更容易吸附极性分子。目前的研究表明，疏水效应、α- 相互作用、氢键、共价和静电相互作用，这些机制在生物炭对有机污染物的吸附过程中共存（Eniola等，2019）。本研究中，吸附开始时，生物炭有较多的吸附位点，磺胺类抗生素含量较多，向生物炭表面及孔隙中扩散的速度也较快，因此吸附能够快速进行；随着吸附时间的增加，生物炭中有效吸附位点也相应减少，溶液中磺胺类抗生素含量逐渐降低，其吸附速度随之下降，去除率和吸附量的增加逐渐缓慢。本研究结论与其他研究结果是相一致的（赵涛等，2021）。

有研究证明，磺胺类抗生素的3种形态在各种吸附剂中吸附能力的顺序均为阳离子形态＞中性分子形态＞阴离子形态（Tzeng 等，2016 ）。不同的吸附条件也会影响到生物炭吸附抗生素的效果。水稻秸秆生物炭对 SDZ 和 SCP 的吸附主要受到施用量、吸附时间、初始浓度和溶液 pH 值的影响。随着添加量的增加，生物炭对抗生素的吸附量会下降，去除率提高（Shimabuku 等，2016）。本研究中，由于可用的吸附位点的增加，大量的吸附剂会使得抗生素快速吸附到生物炭表面，溶液周边的抗生素浓度下降，单位吸附量降低。吸附平衡时间由抗生素浓度随时间的变化决定，吸附过程在 10 min 内达到吸附平衡，此后随着吸附时间的延长，吸附率没有明显变化。初始 pH 值会影响吸附剂表面的物理化学性质和抗生素的分子形式，在吸附过程中起着重要作用。随着溶液 pH 值增加，SDZ 和 SCP 主要以阴离子形态存在，生物炭表面的含氧基团进一步电离，负电荷密度逐渐增大，静电排斥作用趋于增强，且阳离子 –π 和 π–π 作用减弱，导致生物炭吸附能力下降（Peng 等，2016）。本实验中，根据等温吸附方程所拟合的玉米秸秆生物炭对 SDZ 和 SCP 吸附量最高可达到 5.801 mg/g 和 9.961 mg/g。赵涛等（2017a）研究发现同等条件下制备的皇族草生物炭对磺胺氯哒嗪的吸附效果（5.471 mg/g）远大于花生壳生物炭（2.590 mg/g）。孟庆梅等（2020）使用磷酸活化榴莲壳生物炭，其对 SDZ 的吸附量可达到 9.044 mg/g。对于磺胺类抗生素，丁杰等（2014）使用浓硫酸和浓硝酸等氧化剂氧化活性炭后比未改性活性炭的吸附效果提高了 5~12 倍。生物炭对比石墨烯、纳米管、复合材料和改性材料等其他吸附材料，具有操作简单、制造成本低的优点，易于在实际工程中广泛应用（Lian 等，2015；王子莹等，2016）。针对生物炭原材料的选择和生物炭的改性研究是提高生物炭吸收污染物效果的关键措施之一。

3.2 生物炭对菜地土壤沙门氏菌的影响

沙门氏菌是一种常见的人畜共患病原菌。研究表明，被沙门氏菌污染的食品可引起伤寒、腹泻及肠道炎症反应，甚至死亡（Bottichio 等，2016）。目前沙门氏菌对人类健康构成的重大威胁已引起了全世界的广泛关注（Hruby 等，2018）。沙门氏菌是我国食源性疾病的主要病原体，在我国发生的细菌性食物中毒事件中有 70%~80% 由沙门氏菌引起（Wang 等，2015）。病原菌通过施肥经土壤迁移进入农作物和水体是大部分疾病暴发的主要原因（Cevallos-cevallos 等，2014）。通过畜禽粪便进入土壤的沙门氏菌可长期地滞留在土壤中，是造成农作物和水体长期污染的二次污染源，可能最后通过食物链的传递对人类健康构成威胁（Brennan 等，2014）。研究表明，在福建、江西、广东和浙江等多个省份的畜禽粪便、土壤和水体等样品中检测出沙门氏菌，并在部分地区发生了由沙门氏菌感染的食源性人畜共患疾病疫情（陈建辉等，2011；庞璐等，2011；何伟等，2013）。

本研究表明，水稻秸秆生物炭促进了蔬菜土壤（棕壤和红壤）中沙门氏菌的存活，生物炭的制备温度（300℃，500℃和700℃）对沙门氏菌的存活有不同的影响，随着生物炭制备温度的升高，土壤中沙门氏菌的存活时间减短，说明高温（500℃和700℃）生物炭特殊的结构组成以及对土壤性质的影响作用抑制了沙门氏菌的存活，低温（300℃）生物炭对红壤和棕壤中沙门氏菌的存活有促进作用，但并不显著（$P > 0.05$）。有研究表明土壤的 pH 值是影响沙门氏菌的存活的因素之一，与酸性土壤相比，沙门氏菌在中性和微碱性土壤中的存活能力会更强（Cevallos-cevallos 等，2014；Huong 等，2014）。本试验中，施用不同热解温度生物炭的红壤 pH 值有显著地提高，而棕壤的酸碱性有小幅度的上升，说明棕壤受到生物炭的影响较小。因此，不同热解温度制备生物炭对各种土壤 pH 值影响的差异性可能是导致土壤中沙门氏菌存活的一个主要原因。

沙门氏菌为致病病原菌，我国属于病原菌中度污染区域，腹泻暴发比例达到 8%~20%（陈建辉等，2011；庞璐等，2011；何伟等，2013），如果人或动物直接接触被沙门氏菌污染的土壤，或食用生长于受污染土壤的蔬菜和水果等会有感染沙门氏菌的风险，而且被沙门氏菌污染的土壤经过雨水冲刷不仅会污染地表水，还能让运移能力强的沙门氏菌从土壤中迁移进入地下水，污染地下饮用水源（Wang 等，2015）。本研究供试土壤为菜地土壤，沙门氏菌在棕壤和红壤中的存活时间不同，说明通过畜禽粪便施用和污水排放的方式进入到菜地土壤中的沙门氏菌在土壤中可以存活较长的时间，对农产品安全和居民的饮食健康存在一定的威胁。这类似于其他研究结果（张桃香和胡素萍，2020）。

近些年来，生物炭作为一类新型的环境材料在土壤改良和土壤污染修复方面展示出巨大的应用潜力（Johannes 等，2015）。本试验中，施用生物炭后，分别延长了红壤和棕壤中沙门氏菌的存活时间，说明生物炭显著促进了沙门氏菌在菜地土壤中的滞留存活，但生物炭的促进作用随着制备温度的升高而降低，低温生物炭促进了沙门氏菌由土壤向蔬菜、水体和其他环境载体的迁移，在一定程度上增加了农作物的沙门氏菌污染风险。因此，生物炭作为一种有巨大的农业应用价值和环境效益的土壤改良剂，如果大量施用到土壤中有可能会促进部分区域土壤和蔬菜的病原菌污染，给饮食安全带来一定的威胁。针对不同类型的土壤，要考虑合适的生物炭施用量。相关性分析表明，土壤 pH 值、有机质和全氮含量与未添加生物炭菜地土壤中沙门氏菌的存活时间呈显著正相关，对加入水稻秸秆生物炭后土壤中的沙门氏菌也有相关性。前人研究表明土壤酸碱性和养分含量是影响土壤中微生物存活的重要因子（Ellis 等，2018）。

3.3 小结

（1）水稻秸秆生物炭对 SDZ 和 SCP 的吸附效果主要受施用量、吸附时间、初始浓度、吸附温度以及 SDZ 和 SCP 溶液的 pH 值等因素的影响。在 25℃，pH=5、吸附时间 4 h、初始质量浓度 10 mg/L 的条件下，水稻秸秆生物炭对 SDZ 的去除率较高（生物炭添加量 8 g/L），对 SCP 的去除率也较高（生物炭添加量 5 g/L）。

（2）Freundlich 等温吸附方程和准二级动力学方程均能较好地描述吸附过程，吸附过程为快速反应控制、自发的放热过程，主要为化学吸附特征。吸附-解吸循环试验结果表明，水稻秸秆生物炭在3个循环后仍能保持良好的吸附能力，表现出对磺胺类抗生素具有良好的吸附效果。由于生物炭原材料来源丰富、制作成本较低，可用作优良吸附材料的水稻秸秆生物炭，能有效处理水体环境中的磺胺类抗生素污染。

（3）本试验中，土壤施用水稻秸秆生物炭增加了蔬菜土壤中有机质、全氮和其他养分元素的含量，提高了土壤pH值，促进了沙门氏菌在红壤和棕壤中的存活。生物炭的制备温度对沙门氏菌的存活有不同的影响，沙门氏菌在施用了500℃制备的生物炭的土壤中存活时间大于300℃和700℃制备的生物炭。输入生物炭后土壤养分含量是影响沙门氏菌存活动态的主控因子。氧氟沙星在水稻秸秆生物炭土壤中的解吸滞后指数高于未添加生物炭的红壤。因此，施用生物炭后土壤可降低有机污染物的生态环境风险。

参考文献

[1]陈建辉，欧剑鸣，饶秋华.福建省首次检出14个沙门菌血清型[J].预防医学论坛，2011，17（11）：973-974.

[2]丁杰，赵双阳，赵琪，等.氧化改性活性炭吸附去除水相中磺胺类抗生素[J].哈尔滨商业大学学报（自然科学版），2014，30（1）：41-45.

[3]何伟，刘燕，李建林，等.土壤环境中肠道致病菌的多重PCR检测研究初探[J].环境科学学报，2013，33（5）：1341-1346.

[4]李京京.改性生物炭对水中四环素的吸附特性研究[D].哈尔滨：东北农业大学，2020.

[5]李雪冰，付浩，林朋飞，等.pH值对活性炭吸附水中磺胺类抗生素的影响研究[J].中国给水排水，2015，31（1）：56-60.

[6]孟庆梅，孟迪，张艳丽.等.榴莲壳生物炭对磺胺嘧啶的吸附性能[J].化工进展，2020，39（11）：4651-4659.

[7]庞璐，张哲，徐进.2006-2010年我国食源性疾病暴发简介[J].中国食品卫生杂志，2011，23（6）：560-563.

[8]田世烜，张萌，陈亮，等.3种污泥对磺胺二甲基嘧啶的吸附性能[J].环境工程学报，2012，6（3）：1020-1024.

[9]王楠，吴玮，杨春光，等.盐酸改性松针生物炭对磺胺甲噁唑的吸附性能[J].环境工程学报，2020，14（6）：1428-1436.

[10]王子莹，邱梦怡，杨妍，等.不同生物炭吸附乙草胺的特征及机理[J].农业环境科学学报，2016，35（1）：93-100.

[11]张桃香，胡素萍.不同温度制备生物炭对蔬菜土壤中沙门氏菌存活的影响[J].安徽农

业大学学报，2020，47（2）：243−249.

［12］张田，卜美东，耿维.中国畜禽粪便污染现状及产沼气潜力［J］.生态学杂志，2012，31（5）：1241−1249.

［13］赵涛，蒋成爱，丘锦荣，等.皇竹草生物炭对水中磺胺类抗生素吸附性能研究［J］.水处理技术，2017a，43（4）：56−61+65.

［14］赵涛，丘锦荣，蒋成爱，等.水环境中磺胺类抗生素的污染现状与处理技术研究进展［J］.环境污染与防治，2017b，39（10）：1147−1152.

［15］赵涛，余伟达，丘锦荣，等.玉米秸秆生物炭对水中磺胺类抗生素的吸附性能［J］.福建农业学报，2021，36（9）：1100−1109.

［16］Baran W，Adamek E，Ziemianska J，et al. Effects of the presence of sulfonamides in the environment and their influence on human health［J］. Journal of Hazardous Materials，2011，196：1−15.

［17］Bottichio L，MedusE C，Sorenson A，et al. Outbreak of Salmonella oslo infections linked to Persian cucumbers：United States，2016［J］. MMWR Morb Mortal Wkly Rep，2016，65（5051）：1430−1433.

［18］Brennan F P，Moynihan E，Griffiths B S，et al. Clay mineral type effect on bacterial enteropathogen survival in soil［J］. Sclence of the Total Environment，2014，468：302−305.

［19］Cevallos−cevallos J M，Gu G Y，Richardson S M，et al. Survival of Salmonella enterica typhimurium in water amended with manure［J］. Journal of Food Protection，2014，77（12）：2035−2042.

［20］Ellis S，Tyrrel S，O'leary E，et al. Proportion of sewage sludge to soil influences the survival of Salmonella dublin and Escherichia coli［J］. Clean− Soil Air Water，2018，46（4）：1800042.

［21］Eniola J O，Kuma R，Barakat M A. Adsorptive removal of antibiotics from water over natural and modified adsorbents［J］. Environmental Science and Pollution Research，2019，26（34）：34775−34788.

［22］Hruby C E，Soupir，Moorman T B，et al. Salmonella and fecal indicator bacteria survival in soils amended with poultry manure［J］. Water Air Soil Pollution，2018，229（2）：32.

［23］Huong L Q，Forslund A，Madsen H，et al. Survival of salmonella spp. and fecal indicator bacteria in vietnamese biogas digesters receiving pig slurry［J］. International Journal of Hygiene and Environmental Health，2014，217（7）：785−795.

［24］Johannes L，Ithaca，York N，et al. Biochar for environmental management：science，technology and implementation［M］. Abingdon：Routledge，2015.

［25］Li J，Li B，Huang H M，et al. Investigation into lanthanum−coated biochar obtained from urban dewatered sewage sludge for enhanced phosphate adsorption [J]. Science of the Total Environment, 2020, 714: 136839.

[26] Lian F, Sun B B, Chen X, et al. Effect of humic acid (HA) on sulfonamide sorption by biochars [J]. Environmental Pollution, 2015, 204: 306–312.

[27] Peng B Q, Chen L, Que C J, et al. Adsorption of antibiotics on graphene and biochar in aqueous solutions induced by π–π interactions [J]. Scientific Reports, 2016, 6: 31920.

[28] Qiu J R, Zhao T, Liu Q Y, et al. Residual veterinary antibiotics in pig excreta after oral administration of sulfonamides [J]. Environmental Geochemistry Health, 2016, 38 (2): 549–556.

[29] Rajapaksha A U, Vithange M, Lee S S, et al. Steam activation of biochars facilitates kinetics and pH–resilience of sulfamethazine sorption [J]. Journal of Soils and Sediments, 2016, 16 (3): 889–895.

[30] Shao F L, Zhang X, Sun X T, et al. Antibiotic removal by activated biochar: Performance, isotherm, and kinetic studies [J]. Journal of Dispersion Science and Technology, 2021, 42 (9): 1274–1285.

[31] Shimabuku K K, Kearns J P, Martinez J E, et al. Biochar sorbents for sulfamethoxazole removal from surface water, stormwater, and wastewater effluent [J]. Water Research, 2016, 96: 236–245.

[32] Tzeng T W, Liu Y T, Deng Y, et al. Removal of sulfamethazine antibiotics using cow manure–based carbon adsorbents [J]. International Journal of Environmental Science and Technology, 2016, 13 (3): 973–984.

[33] Underthun K, De J, Gutierrez A, et al. Survival of Salmonella and Escherichia coli in two different soil types at various moisture levels and temperatures [J]. Journal of Food Protection, 2018, 81 (1): 150–157.

[34] Wang Y, Yang B W, Wu Y, et al. Molecular characterization of Salmonella enterica serovar Enteritidis on retail raw poultry in six Provinces and two National cities in China [J]. Food Microbiollogy, 2015, 46: 74–80.

[35] Yang W B, Zheng F F, Xue X X, et al. Investigation into adsorption mechanisms of sulfonamides onto porous adsorbents [J]. Journal of Colloid and Interface Science, 2011, 362 (2): 503–509.

[36] Zhang Q Q, Ying G G, Pan C G, et al. Comprehensive evaluation of antibiotics emission and fate in the river basins of China: source analysis, multimedia modeling, and linkage to bacterial resistance [J]. Environmental Science & Technology, 2015, 49 (11): 6772–6782.

第十七章

生物炭施用对蕉园土壤及其香蕉枯萎病的作用效果

生物炭（Biochar）是农作物秸秆等废弃物、动物粪肥等其他生物质在完全或部分限氧条件下经高温裂解产生的一类高度富碳的难熔性固态物质（孔丝纺等，2015），被视为有效的土壤改良剂，具有原材料丰富、制备成本低，且比表面积大和吸附能力强等优点，尤其生物炭呈碱性，能显著提高土壤的 pH 值（Spokas 等，2012）。研究表明，施用生物炭能够促进作物生长，改善土壤理化性质和提高土壤肥力（袁金华和徐仁扣，2011；刘玉学等，2013；Agegnehu 等，2017；Kumak 等，2018），促进土壤酶活性，能调节土壤微生物群落结构（Ei-Naggar 等，2018；胡华英等，2019）。

香蕉枯萎病是尖孢镰刀菌古巴专化型侵染植物后，引起的维管束病害（Tushemereirwe 等，2000），属于真菌类土传病害，多在 pH 值6.0以下、肥力较低的砂质和砂壤等酸性土壤中发作（Barbieri 等，2006），而土壤理化因素对土传病原菌的生长和病害的发作起关键的作用（Alabouvetie，1986）。香蕉园每年产生大量的香蕉茎叶等农业废弃物，其含有丰富的营养成分，是较理想的生物炭制备材料，如果将香蕉园茎叶废弃物等制备成生物炭并就地返还蕉园土壤，可能是香蕉茎叶废弃物资源化利用的途径之一，也可以避免对环境产生二次污染。生物炭施用对农作物土传病害防治的影响较为复杂，已有研究结果仍存在着较多的不确定性。

目前已有对花生壳、稻秆、玉米秆、麦秆、猪粪等材料制备生物炭的研究报道（韦思业，2017；柳瑞等，2020），以上研究大部分基于室内培养实验（Subedi 等，2016），在野外大田原位输入生物炭的研究不多（田冬等，2017；程扬等，2018），而对香蕉茎叶生物炭的报道较少。因此，本研究以香蕉茎叶废弃物为材料，通过开展施用生物炭试验（500℃，厌氧制备），研究不同施用量条件下（炭土质量比0、1%、2% 和3%）生物炭对蕉园酸化土壤理化性质、酶活性、微生物的影响，并探讨其对香蕉枯萎病的防控效果，以期为香蕉茎叶废弃物资源化利用、生物炭在蕉园农田土壤中的改良以及香蕉枯萎病的防控提供一定理论依据。

1 香蕉茎叶生物炭对蕉园土壤理化性质的影响

1.1 施用香蕉茎叶生物炭对蕉园土壤物理性质的影响

图17-1是施用生物炭对土壤主要物理性质的影响，可以看出，土壤田间持水量有所提高，C1、C2、C3处理比CK分别增加了8.07%、21.74%和35.40%，C2、C3处理显著高于C1和对照。土壤容重随生物炭施用量的增加而显著降低（$P < 0.05$），与CK相比，降幅为15.4%~34.34%，各处理间差异显著（$P < 0.05$）。土壤毛管孔隙度和总毛管孔隙度均随生物炭输入量的增加而增大，增幅分别为14.36%~34.21%和11.96%~31.96%。施用香蕉茎叶生物炭对改善蕉园土壤物理性质有一定的促进作用。

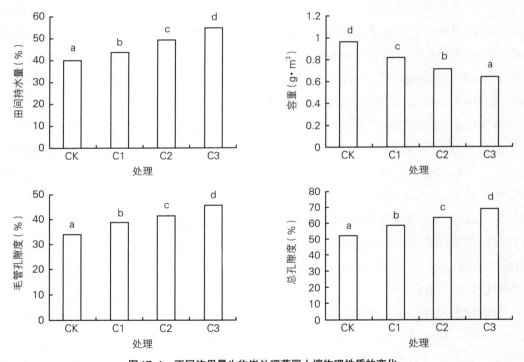

图17-1 不同施用量生物炭处理蕉园土壤物理性质的变化

注：CK为未施生物炭；C1为1%生物炭；C2为2%生物炭；C3为3%生物炭；不同小写字母表示不同处理间差异显著（$P < 0.05$），下同。

1.2 施用香蕉茎叶生物炭对蕉园土壤化学性质的影响

如表17-1所示，施加生物炭1年后，蕉园土壤阳离子交换量、有机质、全氮、全磷、全钾、有效氮、有效磷、有效钾含量以及pH值、碳氮比的变化表现出一致的趋势，均随生物炭施用量的增加而增大，C3＞C2＞C1＞CK；与CK处理相比，增

幅 分 别 为 23.55%~33.96%、98.17%~273.45%、50.82%~140.77%、8.33%~34.26%、36.07%~90.16%、16.74%~63.00%、36.04%~84.73%、22.57%~288.09%、33.77%~124.70% 和38.31%~79.57%，其中，有效磷、阳离子交换量、有效钾和有机质的增幅较大。除全氮和有效磷在 C1 与 CK 间无显著差异外（$P > 0.05$），其他处理理化性质均显著高于 CK 处理（$P < 0.05$）。施用香蕉茎叶生物炭对提高蕉园土壤养分含量有积极的作用效果。

表17-1　不同施用量生物炭处理蕉园土壤化学性质的变化

处理	pH 值	CEC	OM	TN	TP	TK	AN	AP	AK	C/N
CK	5.86 a	8.21 a	5.47 a	1.08 a	0.61 a	2.27 a	65.18 a	3.19 a	93.99 a	5.09 a
C1	7.24 b	16.27 b	8.25 b	1.17 ab	0.83 b	2.65 b	88.67 b	3.91 b	125.73 b	7.04 b
C2	7.55 c	25.80 c	11.09 c	1.28 b	1.06 c	3.48 c	99.70 1c	6.28 b	183.45 c	8.66 c
C3	7.85 d	30.66 d	13.17 d	1.45 c	1.16 d	3.70 d	120.41 d	12.38 c	211.20 d	9.14 d

注：CK 为未施生物炭，C1 为1% 生物炭，C2 为2% 生物炭，C3 为3% 生物炭；CEC 为阳离子交换量（cmol/kg），OM 为有机质（g/kg），TN 为全氮（g/kg），TP 为全磷（g/kg），TK 为全钾（g/kg），AN 为有效氮（mg/kg），AP 为有效磷（mg/kg），AK 为有效钾（mg/kg），C/N 为碳氮比；同列不同小写字母表示不同处理间差异显著（P < 0.05），下同。

1.3　施用香蕉茎叶生物炭对蕉园土壤酶活性和微生物数量的影响

从表17-2看出，脲酶和过氧化氢酶活性随着生物炭施用量的增加均显著增加，C3 > C2 > C1 > CK，与 CK 处理相比，增幅分别为23.94%~78.87% 和32.95%~95.45%，各处理间的差异显著（$P < 0.05$）。土壤蔗糖酶和酸性磷酸酶活性变化规律一致，大小关系为 C2 > C3 > C1 > CK，增幅分别为7.84%~29.51% 和36.78%~112.64%。除蔗糖酶在 C1 与 CK 间、酸性磷酸酶在 C1 与 C3 间无显著差异外，其他各处理间均达到显著差异。施用香蕉茎叶生物炭提高了蕉园土壤脲酶、蔗糖酶、过氧化氢酶和酸性磷酸酶酶活性。

与 CK 相比，随着生物炭施用量的增加，可培养细菌和固氮菌的变化趋势一致，趋于增加，增幅分别为2.45%~13.07% 和14.10%~78.31%；可培养放线菌数量表现为先增加，后略有减少，但大于对照，增幅为6.64%~19.14%。相反，可培养真菌和尖孢镰刀菌的变化规律一致，随着生物炭施用量的增加而减少，降幅分别为5.38%~23.19% 和4.73%~28.13%。施用香蕉茎叶生物炭增加了蕉园土壤细菌、放线菌和固氮菌的数量，降低了蕉园土壤真菌和尖孢镰刀菌的数量。

表17-2　不同施用量生物炭处理土壤酶活性和微生物数量的变化

处理	URE	INV	CAT	APH	BAC	FUN	ACT	FOX	AZO
CK	3.55 a	9.69 a	0.88 a	0.87 a	6.12 a	5.39 c	5.12 a	4.23 c	4.61 a

续表

处理	URE	INV	CAT	APH	BAC	FUN	ACT	FOX	AZO
C1	4.40 b	10.45 a	1.17 b	1.19 b	6.27 a	5.10 c	5.46 ab	4.03 c	5.26 b
C2	5.18 c	12.55 c	1.35 c	1.85 c	6.55 b	4.79 b	6.10 b	3.52 b	6.27 c
C3	6.35 d	11.61 b	1.72 d	1.36 b	6.92 c	4.14 a	5.65 b	3.04 a	8.22 d

注：URE 为脲酶（mg/g）；INV 为蔗糖酶（mg/g）；CAT 为过氧化氢酶（mL/g）；APH 为酸性磷酸酶（mg/g）；BAC 为细菌（10^6 cfu/g）；FUN 为真菌（10^3 cfu/g）；ACT 为放线菌（10^5 cfu/g）；FOX 为尖孢镰刀菌（10^3 cfu/g）；AZO 为固氮菌（10^5 cfu/g），下同。

1.4 施用香蕉茎叶生物炭对土壤微生物碳源利用能力和代谢活性的影响

图 17-2 反映了不同处理土壤 BIOLOG 分析的每孔平均吸光度值（AWCD）的变化状况，CK 处理和香蕉茎叶生物炭处理 AWCD 的变化趋势略有不同，CK 处理在 0~96 h 一直处于迅速增加状态，96 h 后趋于平缓。香蕉茎叶生物炭处理的 AWCD 则是在 0~120 h 迅速增加，到 120 h 时，出现最大值，120~144 h 略有降低，144 h 后逐渐趋于平缓，此时，香蕉茎叶生物炭 C1、C2 和 C3 处理的 AWCD 分别为 0.95、1.06 和 1.22，比 CK 处理分别提高了 4.40%、16.12% 和 33.70%。香蕉茎叶生物炭 C1、C2 与 CK 之间未达到显著水平，香蕉茎叶生物炭 C3 处理与 CK 间有显著差异（$P < 0.05$）。在整个培养过程中，不同处理土壤微生物群落的 AWCD 差异显著，大小依次为 C3 > C2 > C1 > CK，C3 处理比 C1 处理平均增加了 23.68%。

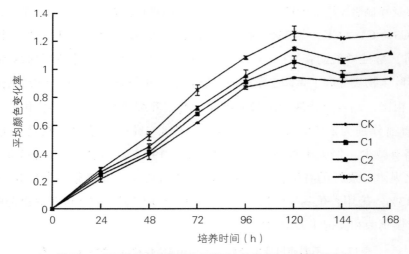

图 17-2 不同施用量生物炭处理蕉园土壤微生物 AWCD 的变化

1.5 施用香蕉茎叶生物炭对蕉园土壤微生物群落多样性指数的影响

根据不同处理碳源利用情况（图17-3），与 AWCD 变化相似，香蕉茎叶生物炭 C3 处理的多样性指数（Shannon-Wiener）和丰富度指数（Richness）均最大，与 CK 相比分别增加了20.92% 和41.53%，表明香蕉茎叶生物炭 C3 处理土壤微生物种类最多、分布较均匀且对碳源利用程度最高。香蕉茎叶生物炭 C2 处理 Shannon-Wiener 指数高于 CK 处理，差异不显著，香蕉茎叶生物炭 C2 处理丰富度指数比 CK 处理增加了27.69%，达到显著水平（$P < 0.05$）。

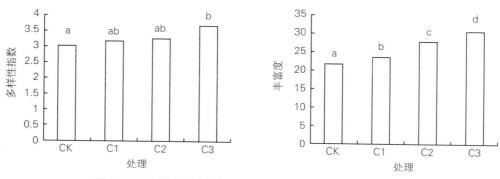

图 17-3 不同施用量生物炭处理蕉园土壤微生物多样性指数的变化

2 香蕉茎叶生物炭对香蕉枯萎病的影响

2.1 施用香蕉茎叶生物炭对蕉园香蕉株高和枯萎病的影响

从表17-3看出，与 CK 相比，施用香蕉茎叶生物炭后显著增加了植株高度，增幅为13.62%~34.56%，表现为 C3 > C2 > C1 > CK，各处理间差异显著（$P < 0.05$）。香蕉茎叶生物炭 C1、C2 和 C3 处理的黄叶率分别降低了17.42%、31.65% 和40.84%，各处理间的差异均达到显著水平。香蕉黄叶率和枯萎病密切相关，发病率越高，黄叶越多，病害就越严重。与 CK 相比，各处理发病率分别降低了5.82%、15.22% 和27.09%，病情指数分别降低了9.57%、16.19% 和32.16%，均在 C2、C3 处理达到显著水平；防病效果随香蕉茎叶生物炭施用量的增加而增强，香蕉茎叶生物炭不同施用量处理间差异显著（$P < 0.05$)，香蕉茎叶生物炭 C2 和 C3 处理的防病效果分别是 C1 处理的1.70倍和3.38倍，C3 是 C2 处理的1.99倍。

表17-3 不同施用量生物炭处理蕉园香蕉株高和枯萎病的变化

处理	株高（cm）	黄叶率（%）	发病率（%）	病情指数（%）	防病效果（%）
CK	47.72 a	24.17 d	42.97 c	35.94 c	—
C1	54.22 b	19.96 c	40.47 c	32.50 c	9.52 a
C2	56.70 c	16.52 b	36.43 b	30.12 b	16.18 b
C3	64.21 d	14.30 a	31.33 a	24.38 a	32.15 c

2.2 土壤理化性质与土壤酶活性、土壤微生物、香蕉枯萎病间的相关性

表17-4是施用香蕉茎叶生物炭后蕉园土壤理化性质与酶活性、土壤微生物间的相关性分析。香蕉株高与田间持水量、速效磷和速效钾显著正相关；脲酶活性与田间持水量、速效氮显著正相关，与全氮极显著正相关；蔗糖酶仅与全钾显著正相关；过氧化氢酶与有效钾显著正相关，与有机质极显著正相关；酸性磷酸酶与土壤容重极显著负相关，与全氮、有效氮和有效磷显著正相关；可培养细菌与田间持水量显著正相关、与全氮显著正相关；可培养真菌与有效氮、有效磷显著负相关；可培养放线菌与土壤理化性质间无显著相关性；尖孢镰刀菌与田间持水量、有机质显著负相关，与株高极显著负相关；固氮菌与全氮、有效磷显著正相关，与有效氮极显著正相关；AWCD与田间持水量、全氮和有效氮显著正相关；丰富度与容重极显著负相关，与有机质显著正相关；微生物多样性指数与容重极显著负相关，与有机质、有效氮显著正相关；黄叶率与容重显著正相关，与阳离子交换量、有机质、有效钾显著负相关；发病率与田间持水量极显著负相关，与株高、全氮显著负相关；病情指数与容重、有效磷显著正相关，防病效果与有效氮、有效磷显著正相关。表明土壤理化性质与土壤酶活性、土壤微生物、香蕉枯萎病间有紧密的关联性。

表17-4 土壤理化性质与土壤酶活性、土壤微生物、香蕉枯萎病间的相关性

项目	FC	BD	PH	CEC	OM	TN	TP	TK	AN	AP	AK	C/N
PH	0.974*	−0.931	0.958	0.892	0.932	0.987	0.874	0.822	0.994	0.999*	0.886*	0.833
URE	0.998*	−0.979	0.992	0.955	0.979	1.000**	0.943	0.905	0.998*	0.991	0.951	0.914
INV	0.507	−0.625	0.559	0.696	0.623	0.445	0.723	0.788*	0.398	0.329	0.706	0.776
CAT	0.197	−0.335	0.257	0.422	0.333**	0.127	0.457	0.543	0.076	0.002	0.435*	0.526
APH	0.99	−0.959**	0.979	0.928	0.959	0.997*	0.913	0.868	1.000*	0.999*	0.922	0.877
BAC	1.000*	−0.985	0.996	0.965	0.986	0.999*	0.954	0.92	0.996	0.986	0.961	0.927
FUN	−0.989	0.957	−0.978	−0.926	−0.958	−0.997	−0.911	−0.865	−1.000*	−0.999*	−0.92	−0.875

续表

项目	FC	BD	PH	CEC	OM	TN	TP	TK	AN	AP	AK	C/N
ACT	0.238	−0.375	0.298	0.461	0.373	0.169	0.494	0.578	0.119	0.044	0.473	0.562
FOX	−0.998*	0.997*	−1.000**	−0.986	−0.997*	−0.991	−0.979	−0.954	−0.982	−0.965	−0.983	−0.959
AZO	0.992	−0.963	0.982	0.934	0.964	0.998*	0.919	0.875	1.000**	0.998*	0.928	0.885
AWCD	0.999*	−0.981	0.993	0.958	0.981	1.000*	0.946	0.909	0.998*	0.991	0.953	0.917
R	0.988	−1.000**	0.995	0.997	1.000*	0.974	0.993	0.976	0.961	0.938	0.996	0.98
H	0.948	−0.892**	0.926	0.846	0.893*	0.968	0.825	0.764	0.979*	0.992	0.838	0.777
YLR	−0.985	0.999*	−0.993	−0.998*	−0.999*	−0.97	−0.995	−0.98	−0.956	−0.931	−0.997*	−0.984
M	−1.000**	0.988	−0.997*	−0.968	−0.988	−0.998*	−0.958	−0.925	−0.994	−0.983	−0.965	−0.932
DI	0.786	0.999*	0.887	0.753	0.974	0.775	0.361	0.689	0.798	1.000*	0.574	0.888
DPE	0.984	−0.948	0.971	0.914	0.949	0.994	0.897	0.849	0.998*	1.000*	0.908	0.859

　　说明：* 指在 0.05 水平上显著相关，** 指在 0.01 水平上显著相关。FC 为田间持水量；BD 为容重；PH 为株高；AWCD 为平均颜色变化率；R 为丰度；H 为多样性指数；YLR 为黄叶率；M 为发病率；DI 为病情指数；DPE 为防病效果，下同。

2.3　土壤酶活性与土壤微生物、香蕉枯萎病间的相关性

　　由表 17-5 可知，施用香蕉茎叶生物炭后细菌与酸性磷酸酶、防病效果显著正相关，与发病率极显著负相关；真菌与蔗糖酶显著负相关，与病情指数显著正相关；放线菌与脲酶显著正相关、与过氧化氢酶极显著正相关；尖孢镰刀菌与脲酶极显著正相关；固氮菌与蔗糖酶、防病效果显著正相关，与病情指数显著负相关；AWCD 与蔗糖酶显著正相关，与发病率显著负相关；丰度、多样性指数均与土壤脲酶显著负相关；丰富度与黄叶率显著负相关；多样性指数与防病效果显著正相关。

表17-5 土壤酶活性与土壤微生物、香蕉枯萎病间的相关性

项目	URE	INV	CAT	APH	YLR	M	DI	DPE
BAC	0.177	0.958	0.096	0.999*	−0.979	−1.000**	−0.988	0.912*
FUN	−0.991	−0.566*	−0.977	−0.265	0.947	0.991	0.999*	0.865
ACT	0.998*	0.392	1.000**	0.069	−0.405	−0.224	−0.059	0.999
FOX	1.000**	0.46	0.996	0.144	0.994	0.996	0.968	0.635
AZO	0.976	0.636*	0.955	0.348	−0.954	−0.993	−0.999*	0.998*
AWCD	0.966	0.205*	0.984	−0.126	−0.974	−0.999*	−0.992	0.355

续表

项目	URE	INV	CAT	APH	YLR	M	DI	DPE
R	−0.972*	−0.65	−0.949	−0.366	−1.000*	−0.985	−0.943	0.756
H	−0.999*	−0.494	−0.992	−0.183	−0.877	−0.952	−0.99	0.877*
YLR	−0.993	−0.342	−0.999*	−0.016	1			
M	−0.658	0.471	0.877*	0.872	0.982	1		
DI	0.993	0.344	0.999*	0.017	0.936	0.986	1	
DPE	0.861	0.687	0.816*	0.214	−0.937	−0.986	−1.000**	1

3 讨论与小结

3.1 生物炭施用对蕉园土壤理化性质的影响

在本研究中，与对照相比，随着香蕉茎叶废弃物生物炭施用量的增加，降低了土壤容重含量，增加了土壤田间持水量，提高了毛管孔隙度和总毛管孔隙度，不同输入量间有显著差异，说明生物炭有利于改善蕉园土壤结构和土壤水分状况，这与其他学者（张祥等，2013；房彬等，2014；胡华英等，2019）的研究结果相似。这是因为生物炭具有多孔结构、容重小于土壤容重等特征，加之自身对土壤容重的稀释效应（Burrell 等，2016），而且生物炭还能改善土壤通气状况，有利于养分和水分的保持，可增强矿物质颗粒与菌体间的相互作用，进而降低了土壤容重（Lei 等，2013）。前人研究表明，生物炭具有多孔性、较大的比表面积、较强的持水能力，可以增加生物炭颗粒和水分之间的吸附力，因此有利于提高田间持水量（Rajapaksha 等，2016）。生物炭还田措施还可以增加外源有机物的投入，能改善土壤养分状况，可提供充足的营养物质给土壤动物、微生物、菌根等，并可改善土壤孔隙度（胡华英等，2019）。

前人研究表明，施加生物炭 2 年后，土壤 pH 值、有机碳含量均显著增加，磷、钾的有效利用率显著增强（Liu 等，2012）。添加香蕉茎叶生物炭，蕉园土壤有机质、有效钾和有效磷含量显著增加，提高土壤 pH 值（王明元等，2019）。该研究与上述研究结果相似（Liu 等，2012；Rajapaksha 等，2016；王明元等，2019），香蕉茎叶废弃物生物炭施用大田试验 1 年后，显著增加了土壤阳离子交换量（CEC）和土壤 pH 值，提高了土壤有机质、全氮、全磷、全钾、有效磷、有效钾和有效氮等养分含量。蕉园土壤阳离子交换量的增幅较大，主要原因可能是生物炭对土壤 pH 值的提高作用，随着土壤 pH 值升高，pH 值会促进土壤中胶体微粒表面羟基的解离，其所带负电荷增大，也相应增加了阳离子交换量。而且，由于生物炭比表面积较大，其氧化作用显著增加了表面的含氧官能团，通过增强对阳离子的吸附能力，提高了阳离子交换量（Topoliantz 等，2005）。

　　有研究表明，添加生物炭可以提高酸性土壤的 pH 值，且随施用量的增加而升高（Spokas 等，2012）。生物炭本身的含碱量对土壤酸度的改良效应起主导作用，同时酸度的改良效应也与生物炭中碳酸盐的总量和结晶态碳酸盐的含量与制备温度呈正相关（袁金华和徐仁扣，2011）。由于生物炭比表面积和孔隙度较大，大量羰基、羧基和羟基等含氧官能团对土壤中的 H^+ 产生吸附作用，进而提高土壤 pH 值（Yuan 等，2011）。本研究中香蕉茎叶生物炭自身呈碱性，pH 值为 10.33，pH 值会影响土壤的阳离子交换量和土壤的缓冲能力，随着香蕉茎叶生物炭输入量的增加，有利于降低蕉园土壤的酸度，可为香蕉苗的健康生长提供适宜的土壤环境，这对于减缓蕉园土壤酸化具有积极的正作用，对蕉园酸化土壤有一定的改良效果，这与其他研究结果相似（Haefele 等，2011；张祥等，2013；胡华英等，2019）。

　　生物炭自身含有氮、磷、钾、钙、镁、硫等矿质营养元素，输入土壤有利于提高土壤的养分含量；另外，生物炭可提高土壤持水量，减少土壤氮素损失，可给作物生长提供良好的环境（张祥等，2013）。本研究中，施用香蕉茎叶生物炭不同程度增加了蕉园土壤有机质、全磷、全钾、有效氮、有效磷和有效钾的含量，既可以改善土壤结构，也增加了土壤有机碳含量。前人研究表明，在陕西关中平原耕层土壤输入废弃果树树干、枝条生物炭（450℃、限氧条件下制备），40~60 t/hm² 的生物炭最合适（李倩倩等，2019）。赵世翔等（2017）研究结果表明，苹果树枝生物炭（500℃、限氧条件下制备）既能增加黄土高原塿土地区土壤稳定性有机碳库，又能提高土壤腐殖化程度，有利于土壤质量的提升。秸秆生物炭能促进番茄生长发育，促进养分吸收，提高作物产量，当施用量为 15 t/hm² 时，增幅最大（勾芒芒等，2013）。施用 15 t/hm² 稻秆生物炭可以稳定水稻产量，实现水稻氮肥管理的"减量增效"（柳瑞等，2020）。目前中国生物炭在大田的施用量一般为 3~40 t/hm²（赵红等，2017）。本研究结果表明，香蕉茎叶废弃物生物炭对蕉园酸化土壤的理化性质有积极的正效应，在蕉园 0~20 cm 土层施用 3%（30 t/hm²）的施用量时，对土壤培肥的综合效果表现较显著。

3.2　生物炭施用对蕉园土壤酶活性的影响

　　有研究表明，生物炭可促进土壤中蔗糖酶、过氧化氢酶活性，对脲酶、酸性磷酸酶的影响不明显（顾美英等，2016）。许云翔等（2019）研究表明，生物炭输入提高了脲酶、酸性磷酸酶活性，降低了过氧化氢酶活性。生物炭对土壤酶活性的影响不完全一致，这可能与生物炭自身的性质有关，不同生物炭的组分和吸附能力具有差异性，因此对土壤酶活性的影响也并非单一的抑制或促进；也与生物炭输入引起土壤理化性质的变化有联系（Zwart 等，2012）。该试验结果表明，香蕉茎叶废弃物生物炭施用量在 1%~3%，施用生物炭对土壤酶活性产生了类似的促进作用，可以显著提高蕉园土壤蔗糖酶、过氧化氢酶、脲酶和酸性磷酸酶的活性，大于对照处理，这与丁文娟等（2014）研究结果相同。

究其原因，可能是香蕉茎叶生物炭的多孔结构对土壤酶的反应底物产生吸附作用，从而促进了土壤酶活性。脲酶是土壤氮素循环中的关键酶，其活性与土壤氮素的转化关系密切，生物炭增加了土壤中全氮含量、有效氮含量和提高了碳氮比（表17-1），并且脲酶与全氮有极显著的正相关性（$P < 0.01$），与有效氮有显著的正相关性（$P < 0.05$，表17-4），这均表明生物炭对脲酶活性产生了显著影响。蔗糖酶活性可以表征土壤有机碳的转化情况（关松荫，1986），与其一致，该研究中香蕉茎叶生物炭施用增加了蔗糖酶含量，并且蔗糖酶与全钾有显著的正相关；生物炭的施用显著提高土壤有机质的含量，促进过氧化氢酶的活性，过氧化氢酶与有机质有极显著的正相关（$P < 0.01$，表17-4），说明过氧化氢酶参与了土壤中有机物质的氧化过程。土壤磷酸酶一般参与土壤有机磷水解转化为磷酸盐的过程，香蕉茎叶生物炭施用提高了酸性磷酸酶活性，并且酸性磷酸酶与速效磷有显著的正相关性（$P < 0.05$，表17-4），这表明施用香蕉茎叶生物炭，能补充蕉园土壤及香蕉苗生长对磷元素的需求。

3.3 生物炭施用对蕉园土壤微生物数量的影响

前人研究表明，生物炭具有巨大的比表面积和特殊的孔隙结构，可作为土壤微生物生长的载体，进而对土壤微生物种群丰度和群落结构产生重要影响（丁艳丽等，2013）。生物炭添加促进了秸秆还田土壤细菌群落组成结构变化，添加不同比例的生物炭对土壤中微生物群落结构有明显的影响（程扬等，2018），王明元等（2019）的研究结果表明，高比例生物炭添加量对细菌丰富度和群落结构的改变更加显著，Dempster等（2012）发现生物炭高施用量会降低土壤微生物数量。该研究中，施用香蕉茎叶生物炭改变了蕉园微生物群落结构，显著提高了土壤可培养细菌、固氮菌和放线菌的数量，降低了可培养真菌和尖孢镰刀菌的数量，且生物炭高输入量的影响效果较明显，这与王明元等（2019）的研究结果类似。尖孢镰刀菌和真菌数量的减少，可能是因为其生理生化反应受到体内外微环境中pH值的影响（Tasaki等，2015），尖孢镰刀菌是一种真菌类土传病菌，类似真菌，多在pH值6.0以下的酸性环境下生长。该研究中，生物炭施用后土壤pH值均达到7.20以上（表17-1），对真菌类的生长可能有一定的抑制作用；而放线菌和细菌是喜碱性环境的微生物，香蕉茎叶生物炭的pH值为10.33，输入蕉园后改善了土壤环境，有利于其生长和繁殖，因此放线菌和细菌数量趋于增大。这与李进等（2016）碱性肥料对香蕉枯萎病发生及土壤微生物群落影响的研究结果相类似。

另外，本研究结果也表明，土壤微生物类群的变化与生物炭施用后改善了土壤理化性质有一定的关联，比如，细菌与酸性磷酸酶、防病效果显著正相关，与发病率极显著负相关；放线菌与脲酶显著正相关、与过氧化氢酶极显著正相关；固氮菌与蔗糖酶、防病效果显著正相关，与病情指数显著负相关。而真菌与蔗糖酶显著负相关，与病情指数显著正相关。这表明香蕉枯萎病的发生和土壤微生物数量变化密切相关，蕉园土壤中的真菌和尖孢镰刀菌数量是引起香蕉枯萎病发病的一个主要原因。伴随细菌、放线菌和固氮菌数量的增加，可能抑制了真菌和尖孢镰刀菌的数量，而真菌和尖孢镰刀菌的数量降低则会减小枯萎病病菌的发病率。土壤固氮微生物的固氮作用，可以提高土壤中的氮素含量，固氮菌数量的增加有利于促进香蕉苗的生长。可见，香蕉茎叶生物炭能通过改善蕉园土壤的理化性质和土壤酶活性，引起土壤微生物群落的组成和结构的变化，调节不同微生物数量的大小比例关系，尤其增加了蕉园土壤中的有益微生物（细菌、放线菌和固氮菌）的数量，抑制了与枯萎病传染相关联的真菌和尖孢镰刀菌的数量，优化了土壤微生物群落结构。这与程扬等（2018）的研究报道相似，其结果表明施用生物炭会影响玉米土壤微生物群落结构与功能。

3.4　生物炭施用对蕉园土壤微生物活性及多样性的影响

有研究表明，土壤施用生物炭可以促进某些微生物种群的生长，也会抑制到一些微生物种群，改变了微生物群落结构，引起微生物丰富度及多样性指数的变化（Jaiswal 等，2017）。土壤微生物群落差异可通过微生物群落对 Biolog-ECO 微平板不同碳源利用能力的大小来反映（Kurten and Barkon，2016）。丰富度指数表示被利用碳源的总数目，Shannon-Wiener 多样性指数数值越大，说明微生物种类越多且分布越均匀，每孔平均吸光度值越大，表明微生物对碳源的利用活性越强，其活性越高，植株易感病的级别则越低。该研究表明，蕉园土壤微生物每孔平均吸光度值随生物炭施用量的增加而增加，这可能是生物炭输入蕉园土壤后，改变了土壤原有微生物的酸碱环境，进一步改善了土壤微生物群落的生境，增加了蕉园土壤中数量最多的细菌和放线菌数量，增大了微生物总量，从而使微生物对碳源的利用率随之增强，因此土壤微生物的活性增大，这与其他研究结果相一致（周凤等，2019）。不同比例的生物炭对每孔平均吸光度值的影响有差异，如图17-2中 CK 处理的每孔平均吸光度值出现拐点与生物炭处理有所不同，这与生物炭施用导致了土壤微生物数量的不同有关（表17-5），从而影响了对碳源的利用能力，此结果与李航等（2016）的研究结论相似。C1、C2 处理与 CK 处理无显著差异，而 C3 处理均达到显著水平，且生物炭高施用量使土壤理化性质和土壤酶活性发生显著变化（图17-1，表17-1和表17-2），最终提高了土壤微生物对 Biolog-ECO 微平板碳源的利用能力。总体上，蕉园施用香蕉茎叶生物炭提高了蕉园土壤微生物群落的代谢活性。

对微生物多样性的分析结果表明，生物炭处理的丰富度及 Shannon-Wiener 指数均大于 CK 处理，丰富度、Shannon-Wiener 指数间均在 C1 处理与 CK 处理间无显著差异。这可能与尖孢镰刀菌和可培养真菌的数量有关，C1处理与CK处理的尖孢镰刀菌和真菌数量均没有达到显著水平，反映了此时土壤中可能还有较多的尖孢镰刀菌和可培养真菌存在，其活性还较强，为维持生长和繁殖，其可能还会与细菌、放线菌、固氮菌等微生物竞争生长所需的碳源等养分和生境，从而引起其他微生物生长所需养分及空间的不足；另外，大量存在的真菌和尖孢镰刀菌，也会衍生某类物质，从而抑制其他微生物的生长（李航等，2016），导致土壤微生物多样性的增加不明显。C3处理的丰富度及Shannon-Wiener指数均达到显著水平，这可能与此时生物炭高施用量有关（3%），前人研究表明，生物炭高输入量会引起土壤理化性质和土壤酶活性的显著变化，改变了土壤微生物需要的酸碱环境，对尖孢镰刀菌和真菌等有害病菌的生长和繁殖有抑制作用，进而促进了细菌、放线菌、固氮菌等的生长（Huang等，2015）。因此，高施用量的香蕉茎叶生物炭对微生物种群数量的影响更明显，尤其是增加了细菌、放线菌、固氮菌等数量，可能是蕉园土壤微生物多样性显著提高的主要原因。可见，施用香蕉茎叶生物炭提高了香蕉土壤微生物的多样性、丰富度以及利用碳源的能力，且高施用量（3%）生物炭处理的影响较显著，蕉园土壤微生物功能多样性随着生物炭施用量的增加而增大。这与王颖等（2019）的研究结果相类似，其认为生物炭输入提高了土壤细菌群落的多样性，3%比例锯末生物炭的作用效果最佳。

3.5　生物炭施用对香蕉枯萎病的影响

本研究结果表明，随着香蕉茎叶生物炭施用量的增加，降低了香蕉的黄叶率、香蕉枯萎病发病率和病情指数，提高了香蕉枯萎病的防病效果，香蕉植株高度随之升高，且高施用量（C3：3%）的效果优于低施用量（C1：1%，C2：2%）。说明蕉园大田施用生物炭措施，能有效抑制香蕉枯萎病的发生。Philipp等（2017）的研究表明，通过调节土壤微生物结构的差异，可能是防控香蕉枯萎病的关键措施之一，土壤微生物群落多样性及丰富度越高，代谢活性越强，防病效果越好，本研究结果与其相符。细菌、放线菌、固氮菌、微生物的平均每孔吸光度值、丰富度指数和多样性指数均分别与黄叶率、发病率、病情指数呈负相关，并且在部分指标间有显著相关性，表明香蕉茎叶生物炭能明显增加细菌、放线菌和固氮菌数量，提高了土壤微生物活性及多样性，香蕉枯萎病的发生与这些指数呈负相关，这也进一步说明了香蕉茎叶生物炭能够有效防控香蕉枯萎病发生。

此外，土壤理化性质与大部分土壤酶、土壤微生物数量、土壤微生物多样性及代谢活性、香蕉枯萎病等之间具有显著或极显著的相关关系，这表明土壤理化性质、土壤酶活性等的改善给有益微生物群落提供了适宜生长的环境，从而优化了土壤微生物的群落结构，对土传病害的防治有积极的效果（Shi等，2015）。土壤质量是土壤物理、化学性质和生物学特性的综合反映，香蕉枯萎病发病率的降低，与香蕉茎叶废弃物生物炭施用后蕉园土壤理化性质的改善、酶活性的提高、土壤微生物群落结构等的优化以及三者间的相互作用密切相关。前人研究结果表明，生物炭疏松多孔，施入土壤后可改善土壤结构（张祥等，2013；房彬等，2014；蒋惠等，2017），可为有益微生物提供良好生态环境（丁艳丽等，2013；程扬等，2018）。秸秆制备生物炭输入土壤，既能提高土壤肥力和肥料利用效率，又可以增加作物产量，有利于农田生态环境的改良，促进了农业的可持续发展（王典等，2012）。我国是香蕉种植大国，每年产生大量的香蕉茎叶废弃物，将香蕉茎叶废弃物制备成生物炭，并将其就地还田，将有利于其资源化利用。香蕉茎叶废弃物生物炭对蕉园土壤性状、香蕉枯萎病的持续调控效应及其内在的微生物驱动机制，还需要进一步在后续试验中深入研究。

如何实现香蕉茎叶废弃物资源的多利用途径，是目前我们面临的问题。将农业废弃物转化为生物炭，在土壤改良和农业生产等领域中具有广泛的应用（张祥等，2013；房彬等，2014；蒋惠等，2017），近年来也有报道生物炭被应用于因土壤病原菌引起的芦笋、枫树、橡树、辣椒等农作物土传病害的防治中（Elmer and Pignatello，2011；Zwart and Kim，2012；王光飞等，2017）。在我国蕉园等农田中，由于铵态氮等化肥的大量施用，加剧了土壤酸化（Guo等，2010），也破坏了蕉园的土壤结构，降低了养分含量和酶活性，减少了微生物数量等（陈明智等，2008；洪珊等，2017），土壤酸化可能是造成作物枯萎病高发的一个重要原因（Barbieri等，2006；彭双等，2014；姚燕来等，2015）。因此，选择能降低土壤酸化、改善土壤养分、提高土壤酶活性、优化土壤微生物群落结构和有利于香蕉枯萎病防控的土壤改良剂，对于蕉园土壤质量的提升和生态环境的改善，具有重要的理论与现实意义。

3.6　小结

（1）施用香蕉茎叶废弃物生物炭，对蕉园土壤理化性质有显著影响，随着生物炭输入量的增加，显著降低了土壤容重；增加了土壤田间持水量、毛管孔隙度和总毛管孔隙度；增加了土壤阳离子交换量、有机质、全氮、全磷、全钾、有效氮、有效磷和有效钾含量；土壤 pH 值增加了 1.38～1.99 个单位。改善了土壤结构，增加了土壤养分含量，促进了蕉园土壤的培肥效应，对蕉园酸化土壤有积极的正效应和一定的改良效果，提高了土壤质量。

（2）施用香蕉茎叶废弃物生物炭增加了蕉园土壤中细菌、放线菌和固氮菌的数量，减少了与枯萎病传染相关联的真菌和尖孢镰刀菌的数量，增加了土壤微生物多样性，显著提高了土壤脲酶、蔗糖酶、过氧化氢酶和酸性磷酸酶的活性，提高了蕉园土壤微生物群落的代谢活性，对香蕉枯萎病有显著的防控效果。

（3）香蕉黄叶率、枯萎病发病率和病情指数随香蕉茎叶生物炭施用量的增加而降低。在蕉园 0～20 cm 土层，施用香蕉茎叶废弃物生物炭是蕉园酸化土壤的有效改良措施，输入量在3%（30 t/hm²）时，对土壤质量的提升和香蕉枯萎病的防控效果较好。香蕉茎叶生物炭可作为香蕉茎叶废弃物资源化利用的有效途径。研究结果可为农林废弃物的资源化利用和酸化土壤的改良提供理论参考。

参考文献

［1］陈明智，吴蔚东，李雯，等. 多年连栽香蕉园土壤养分与酶活性变化［J］. 生态环境，2008，17（3）：1221-1226.

［2］程扬，刘子丹，沈启斌，等. 秸秆生物炭施用对玉米根际和非根际土壤微生物群落结构的影响［J］. 生态环境学报，2018，27（10）：1870-1877.

［3］丁文娟，曹群，赵兰凤，等. 生物有机肥施用期对香蕉枯萎病及土壤微生物的影响［J］. 农业环境科学学报，2014，33（8）：1575-1582.

［4］丁艳丽，刘杰，王莹莹. 生物炭对农田土壤微生物生态的影响研究进展［J］. 应用生态学报，2013，24（11）：3311-3317.

［5］房彬，李心清，赵斌，等. 生物炭对旱作农田土壤理化性质及作物产量的影响［J］. 生态环境学报，2014，23（8）：1292-1297.

［6］关松荫. 土壤酶及其研究法［M］. 北京：中国农业出版社，1986.

［7］勾芒芒，屈忠义. 土壤中施用生物炭对番茄根系特征及产量的影响［J］. 生态环境学报，2013，22（8）：1348-1352.

［8］顾美英，葛春辉，马海刚，等. 生物炭对新疆沙土微生物区系及土壤酶活性的影响［J］. 干旱地区农业研究，2016，34（40）：225-230，273.

［9］胡华英，殷丹阳，曹升，等. 生物炭对杉木人工林土壤养分、酶活性及细菌性质的影响［J］. 生态学报，2019，39（11）：4138-4148.

［10］洪珊，剧虹伶，阮云泽，等. 茄子与香蕉轮作配施生物有机肥对连作蕉园土壤微生物区系的影响［J］. 中国生态农业学报，2017，25（1）：78-85.

［11］蒋惠，郭雁君，张小凤，等. 生物炭对砂糖桔叶果和土壤理化性状的影响［J］. 生态环境学报，2017，26（12）：2057-2063.

［12］孔丝纺，姚兴成，张江勇，等. 生物炭的特性及其应用的研究进展［J］. 生态环境学报，2015，24（4）：716-723.

［13］李航，董涛，王明元. 生物炭对香蕉苗根际土壤微生物群落与代谢活性的影响［J］. 微生物学杂志，2016，36（1）：42-48.

［14］李进，张立丹，刘芳，等. 碱性肥料对香蕉枯萎病发生及土壤微生物群落的影响［J］. 植物营养与肥料学报，2016，22（2）：429-436.

［15］李倩倩，许晨阳，耿增超，等．生物炭对塿土土壤容重和团聚体的影响［J］．环境科学，2019，40（7）：3388-3396.

［16］柳瑞，高阳，李恩琳，等．减氮配施生物炭对水稻生长发育、干物质积累及产量的影响［J］．生态环境学报，2020，29（5）：926-932.

［17］刘玉学，王耀锋，吕豪豪，等．不同稻秆炭和竹炭施用水平对小青菜产量、品质以及土壤理化性质的影响［J］．植物营养与肥料学报，2013，19（6）：1438-1444.

［18］彭双，王一明，叶旭红，等．土壤环境因素对致病性尖孢镰刀菌生长的影响［J］．土壤，2014，46（5）：845-850.

［19］田冬，高明，黄容，等．油菜／玉米轮作农田土壤呼吸和异养呼吸对秸秆与生物炭还田的响应［J］．环境科学，2017，38（7）：2988-2999.

［20］王典，张祥，姜存仓，等．生物炭改良土壤及对作物效应的研究进展［J］．中国生态农业学报，2012，20（8）：963-967.

［21］王光飞，马艳，郭德杰，等．不同用量秸秆生物炭对辣椒疫病防控效果及土壤性状的影响［J］．土壤学报，2017，54（1）：204-215.

［22］王明元，侯式贞，董涛，等．香蕉假茎生物炭对根际土壤细菌丰度和群落结构的影响［J］．微生物学报，2019，59（7）：1363-1372.

［23］王颖，孙层层，周际海，等．生物炭添加对半干旱区土壤细菌群落的影响［J］．中国环境科学，2019，39（5）：2170-2179.

［24］韦思业．不同生物质原料和制备温度对生物炭物理化学特征的影响［D］．北京：中国科学院大学，2017.

［25］许云翔，何莉莉，刘玉学，等．施用生物炭6年后对稻田土壤酶活性及肥力的影响［J］．应用生态学报，2019，30（4）：1110-1118.

［26］姚燕来，黄飞龙，薛智勇，等．土壤环境因子对土壤中黄瓜枯萎病致病菌增殖的影响［J］．中国土壤与肥料，2015（1）：106-110.

［27］袁金华，徐仁扣．生物炭的性质及其对土壤环境功能影响的研究进展［J］．生态环境学报，2011，20（4）：779-785.

［28］张祥，王典，姜存仓，等．生物炭对我国南方红壤和黄棕壤理化性质的影响［J］．中国生态农业学报，2013，21（8）：979-984.

［29］赵红，孙滨峰，逯非，等．Meta分析生物炭对中国主粮作物痕量温气体排放的影响［J］．农业工程学报，2017，33（19）：10-16.

［30］赵世翔，于小玲，李忠徽，等．不同温度制备的生物炭对土壤有机碳及其组分的影响：对土壤腐殖物质组成及性质的影响［J］．环境科学，2017，38（2）：769-782.

［31］周凤，耿增超，许晨阳，等．生物炭用量对塿土微生物量及碳源代谢活性的影响［J］．植物营养与肥料学报，2019，25（8）：1277-1289.

[32] Agegnehu G, Srivastava A K, Bird M I. The role of biochar and biochar-compost in improving soil quality and crop performance: A review [J]. Applied Soil Ecology, 2017, 119: 156-170.

[33] Alabouvete C. Fusarium wilt suppressive soils from the Chateaurenard Region: review of a 10-year study [J]. Agronomie, 1986, 6 (3): 273-284.

[34] Barbieri, Santoslima R, Desilva E P, et al. Síntese ecaracterização deumnovo composto obtido pelareação entrehidreto detrifenilestanho eácido (±) -mandélicoe avaliação deseupotencial biocida sobreo fungo fusarium oxysporum f. sp. cubense [J]. Ciência EAgrotecnologia, 2006, 30 (3): 467-473.

[35] Burrell L D, Zehetner F, Rampazzo N, et al. Long-term effects of biochar on soil physical properties [J]. Geoderma, 2016, 282: 96-102.

[36] Dempster D N, Gleeson D B, Solaiman Z M, et al. Decreased soil microbial biomass and nitrogen mineralisation with Eucalyptus biochar addition to a coarse textured soil [J]. Plant and Soil, 2012, 354 (1/2): 311-324.

[37] Elmer W H, Pignatello J J. Effect of biochar amendments on mycorrhizal associations and Fusarium crown and root rot of asparagus in replant soils [J]. Plant Disease, 2011, 95 (8): 960-966.

[38] Ei-Naggar A, Lee S S, Awad Y M, et al. Influence of soil properties and feedstocks on biochar potential for carbon mineralization and improvement of infertile soils [J]. Geoderma, 2018, 332: 100-108.

[39] Guo J H, Zhang F S, Zhang Y, et al. Significant acidification in major Chinese croplands [J]. Science, 2010, 327 (5968): 1008-1010.

[40] Haefele S M, Konboon Y, Wongboon W, et al. Effects and fate of biochar from rice residues in rice-based systems [J]. Field Crops Research, 2011, 121 (3): 430-440.

[41] Hong S, Ju H L, Ruan Y Z, et al. Effect of eggplant-banana rotation with bioorganic fertilizer treatment on soil microflora in banana continuous cropping orchard [J]. Chinese Journal of Ecological Agriculture, 2017, 25 (1): 78-85.

[42] Huang X Q, Liu L L, Wen T, et al. Illumina MiSeq investigations on the changes of microbial community in the Fusarium oxysporum f.sp.cubense infected soil during and after reductive soil disinfestation [J]. Microbiological Research, 2015, 181: 33-42.

[43] Jaiswal A K, Elad y, Paudel I, et al. Linking the belowground microbial composition, diversity and activity to soilborne disease suppression and growth promotion of tomato amended with biochar [J]. Scientific Reports, 2017, 7: 44382.

[44] Kumar A, Elad Y, Tsechansky L, et al. Biochar potential in intensive cultivation of

Capsicum anuum L.（sweet pepper）: Crop yield and plant protection［J］. Journal of the Science of Food and Agriculture，2018，98（2）：495–503.

［45］Kurten G L，Barkon A. Evaluation of community–level physiological profiling for monitoring microbial community function in Aquaculture ponds［J］. North American Journal of Aquaculture，2016，78（1）：34–44.

［46］Lei O Y，Zhang R D. Effects of biochars derived from different feedstocks and pyrolysis temperatures on soil physical and hydraulic properties［J］. Journal of Soils and Sediments，2013，13（9）：1561–1572.

［47］Liu X H，Han F P，Zhang X C. Effect of biochar on soil aggregates in the loess plateau: results from incubation experiments［J］. International Journal of Agriculture and Biology，2012，14（6）：975–979.

［48］Philipp O，Hamann A，Osiewacz H D，et al. The autophagy interaction network of the aging model Podospora anserina［J］. BMC Bioinformatics，2017，18（1）：196.

［49］Rajapaksha A U，Chen S S，Tsang D C，et al. Engineered/designer biochar for contaminant removal/immobilization from soil and water: potential and implication of biochar modification ［J］. Chemosphere，2016，148：276–291.

［50］Shi L，Du N S，Shu S，et al. Paenibacillus polymyxa NSY50 suppresses fusarium wilt in cucumbers by regulating the rhizospheric microbial community［J］. Scientific Reports，2017，7：41234.

［51］Spokas K A，Novak J M，Venterea R T. Biochar's role as an alternative N–fertilizer: ammonia capture［J］. Plant and Soil，2012，350（1）：35–42.

［52］Subedi R，Taupe N，Pellissetti S，et al. Greenhouse gas emissions and soil properties following amendment with manure derived biochars: influence of pyrolysis temperature and feedstock type［J］. Journal of Environmental Management，2016，166：73–83.

［53］Tasaki M，Kojima K，Takayanagi H，et al. Effect of soil amelioration water content and pH neutralization on indigenous microbes［J］. Proceedings of Environmental and Sanitary Engineering Research，2015，71（3）：73–81.

［54］Topoliantiaz S，Ponge J F，Ballof S. Manioc peel and charcoal: a potential organic amendment for sustainable soil fertility in the Tropics［J］. Biology and Fertility of Soils，2005，41（1）：15–21.

［55］Tushemereirwe W K，Kangire A，Kubiriba J，et al. Fusarium wilt resistant bananas considered appropriate replacements for cultivars susceptible to the disease in Uganda［J］. Trends in Glycoscience and Glycotechnology，2000，5：62–64.

［56］Yuan J H，Xu R K，Zhang H. The forms of alkalis in the biochar produced from crop residues at different temperatures ［J］. Bioresource Technology，2011，102（3）：3488–3497.

［57］Zwart D C，Kim S H. Biochar amendment increases resistance to stem lesions caused by Phytophthora spp. in tree seedlings ［J］. Hortscience，2012，47（12）：1736–1740.

第十八章

生物炭施用对红壤地区番茄青枯病的防治效果

青枯病是我国农田较为普遍发生的重要土传性维管束病害，病原菌属茄科雷尔氏菌（*Ralstonia solanacearum*），具有趋化性、运动性和广泛的寄主范围，发病初始部位一般在根部，适宜的环境条件下扩展迅速，可造成作物减产低质甚至绝收（王贻鸿等，2018）。番茄青枯病是由青枯菌引起的一种危害性严重的土传病害，主要发生在温带、热带和亚热带地区（Huang 等，2013）。我国四川、浙江、湖南、江西、广东和广西等省份发病较为严重，而目前还没有有效的防治措施。青枯菌分布范围广泛，其宿主植物超过200种，对经济作物的生长具有毁灭性的影响（Yuliar and Toyota，2015）。随着种植业结构的调整以及蔬菜种植面积的扩大，复种指数连年提高，番茄青枯病的发生与危害逐年加重（随学超等，2007）。青枯菌对作物产量的影响因气候、土壤和作物类型的不同而差别显著，研究表明，青枯病可使番茄、土豆、烟草、香蕉、花生减产量分别高达91%、90%、30%、100% 和20%（Yuliar and Toyota，2015）。

生物炭作为一类新型的环境友好型材料和土壤改良剂，在植株病害防治方面取得了较好的效果。有研究表明，在土壤中添加适量的生物炭能降低发生在番茄、甜椒、草莓中的由叶面真菌病原体引起的叶面疾病（Elad 等，2011；Harle 等，2012），以及发生在芦笋、枫树、橡树中的由土壤病原菌引起的土传病害（Elmer and Pignatello，2011；Zwart and Kim，2012），并且能减少香蕉枯萎病的发生（徐广平等，2020）。也有研究表明，土传病原菌可以在土壤中生存很多年，其数量也会不断增加，由于生物炭在土壤中的半衰期非常长，生物炭的施用要综合考虑环境等各方面的因素，避免滥用导致病原菌急剧增加、作物减产及生态环境破坏等（Jaiswal 等，2014；张广雨等，2020）。

已有的研究大多集中在生物炭改善土壤理化性状、促进有益微生物、诱导植株产生防御反应等方面，而对于生物炭影响土壤微生物结构及活性、吸附根系等还需深入探讨。因此，本研究结合室内试验和盆栽试验，研究了生物炭对番茄青枯菌生长、运动性及吸附作用的影响，以及生物炭对番茄种植地土壤理化性质和细菌群落结构多样性的影响，以期为生物炭防控番茄青枯病提供理论依据。

1 木薯秸秆生物炭对番茄青枯菌的影响

1.1 施用木薯秸秆生物炭对番茄青枯菌生长的影响

从表18-1可看出，木薯秸秆生物炭对番茄青枯菌的生长有一定的抑制作用，这种抑制作用具有浓度依赖性，木薯秸秆生物炭施用量超过2%时抑制作用显著，其中6%的生物炭处理效果最好。与对照CK处理相比，施用木薯秸秆生物炭后青枯菌浓度分别降低了3.56%、16.11%、24.90%和38.49%。

表18-1　木薯秸秆生物炭不同施用量处理下青枯菌浓度的变化特征

指标	CK	C1	C2	C3	C6
青枯菌浓度（1 g cfu/mL）	9.56 a	9.22 a	8.02 b	7.18 c	5.88 d

注：同行不同小写字母间表示差异显著（$P < 0.05$）；CK、C1、C2、C3、C6分别表示施用量为0、1%、2%、3%、6%。下同。

1.2 施用木薯秸秆生物炭对番茄青枯菌的吸附及其运动特征的影响

从表18-2可看出，在含有木薯秸秆生物炭的菌悬液培养试验中，取上清液接种到含TTC的NA培养基上的试验结果变化较为显著，木薯秸秆生物炭表现出吸附青枯菌的能力，且施用量越大其吸附作用越明显。稀释10000倍的青枯菌，用1%、2%、3%和6%的木薯秸秆生物炭处理，其菌落数量显著减少，与对照处理相比分别减少了7.06%、14.23%、25.18%和36.62%。为探究木薯秸秆生物炭施用对青枯菌运动性的影响，分析了青枯菌群落运动直径，结果表明，在添加量为1%时，木薯秸秆生物炭就可以显著缩小青枯菌运动的范围半径，且1%~6%范围内施用量和抑制运动能力成正比，木薯秸秆生物炭的输入量越大，其抑制运动能力越强，青枯菌运动性越弱。

表18-2　木薯秸秆生物炭不同施用量处理下的青枯菌浓度及运动性

指标	CK	C1	C2	C3	C6
青枯菌浓度（1 g cfu/mL）	8.82 a	7.64 b	7.05 b	6.15 c	5.21 d
运动性（mm）	2.45 a	1.49 b	1.36 b	1.16 c	1.01c

1.3 施用木薯秸秆生物炭对番茄青枯病发生的影响

从表18-3可看出，接种15天后，CK的发病率超过80%，在施用木薯秸秆生物炭后番茄青枯病发病率和病情指数均逐渐降低。随着木薯秸秆生物炭施用量的增加，番茄青枯病的发病率和病情指数降低，防治效果在8.89%~87.55%，以木薯秸秆生物炭C3和C6处理效果较好，其防治效果分别为79.97%和87.55%。

表18-3　木薯秸秆生物炭不同施用量处理对番茄青枯病防治效果的影响

处理	发病率（%）	病情指数	防治效果（%）
CK	85.26 a	60.88 a	—
C1	80.01 b	56.45 a	8.89 d
C2	62.34 c	42.92 b	28.85 c
C3	26.42 d	12.41 c	79.97 b
C6	20.13 e	11.05 c	87.55 a

注：同列不同小写字母间表示差异显著（$P < 0.05$），下同。

1.4　施用木薯生物炭对土壤理化性质的影响及其与青枯病发生的相关性

从表18-4可看出，与对照相比，施用木薯秸秆生物炭增加了土壤pH值及有机碳、有效磷和有效钾含量，降低了土壤硝态氮和铵态氮的含量，尤其在木薯秸秆生物炭C3、C6处理下各指标差异均达显著水平（$P < 0.05$）。

表18-4　木薯秸秆生物炭不同施用量试验中土壤理化性质

处理	pH 值	有机碳（g/kg）	硝态氮（mg/kg）	铵态氮（mg/kg）	有效磷（mg/kg）	有效钾（mg/kg）
CK	6.33 c	38.25 c	155.69 a	17.44 a	2.49 b	244.12 d
C1	6.81 b	44.26 b	136.46 b	12.86 b	3.02 b	298.78 c
C2	6.95 b	47.98 b	126.27 b	11.79 b	4.45 a	323.12 c
C3	7.57 a	52.65 a	110.19 c	10.32 b	5.26 a	419.87 b
C6	7.94 a	56.77 a	98.57 d	8.79 c	6.11 a	562.42 a

相关性分析结果表明（表18-5），土壤理化指标与番茄青枯病的病情指数和发病率之间有极显著的相关性（$P < 0.01$），且其相关系数均大于0.75。除硝态氮和铵态氮含量分别与病情指数及发病率之间呈极显著正相关性外（$P < 0.01$），pH值、有机碳、有效磷和有效钾含量均与病情指数及发病率之间呈极显著负相关关系（$P < 0.01$）。

表18-5　木薯秸秆生物炭不同施用量处理对番茄青枯病防治效果的影响

指标	pH 值	有机碳	硝态氮	铵态氮	速效磷	速效钾
病情指数	−0.859**	−0.778**	0.874**	0.756**	−0.925**	−0.922**
发病率	−0.902**	−0.858**	0.799**	0.801**	−0.871**	−0.826**

1.5 施用木薯秸秆生物炭对番茄生长的影响

从表18-6可知，移栽40天后，木薯秸秆生物炭 C1、C2、C3 和 C6 处理株高较 CK 显著增加，不同施用量木薯秸秆生物炭均能显著提高有效叶数和最大叶长；移栽80天后，各处理长势差距缩小，以 C6 处理长势最好。

表18-6 木薯秸秆生物炭不同施用量处理对番茄农艺性状的影响

生长期	处理	株高（cm）	叶数（片）	最大叶长（cm）	最大叶宽（cm）
40天	CK	2.35 b	4.66 b	17.11 b	8.26 b
	C1	3.42 b	5.49 b	17.89 b	8.79 b
	C2	4.11 b	6.14 b	18.67 b	9.28 b
	C3	5.26 a	6.88 a	20.15 a	10.74 a
	C6	5.87 a	7.22 a	20.68 a	11.16 a
80天	CK	52.66 b	8.15 b	33.64 b	17.22 b
	C1	57.48 b	9.22 b	37.59 b	18.69 b
	C2	67.89 b	10.14 b	40.86 a	20.14 b
	C3	78.95 a	11.29 a	42.37 a	20.97 a
	C6	81.54 a	11.54 a	43.25 a	21.38 a

1.6 施用木薯秸秆生物炭后根际土壤细菌多样性的变化

烟苗移栽80天后，对施用不同量木薯秸秆生物炭各处理的根际土壤样品微生物群落的 Alpha 多样性进行了分析，结果如表18-7所示。各处理覆盖率为98.97%~99.97%，说明选择的 MiSeq 文库覆盖了土壤样品中98.97% 以上细菌，能够反映样品中细菌的真实组成。木薯秸秆生物炭 C6 处理显著提高 Shannon 指数，C1、C2 和 C3 处理较对照差异不显著（$P > 0.05$）。生物炭处理提高了红壤 Chao 指数和 Ace 指数，以 C6 处理效果较显著。表明生物炭可以提高土壤细菌的群落丰富度和多样性，以木薯秸秆生物炭 C6 处理（6% 用量）的效果最明显。

表18-7 木薯秸秆生物炭不同施用量处理下根际土壤细菌的 Alpha 多样性指数

处理	覆盖率（%）	Chao 指数	Ace 指数	Shannon 指数	Simpson 指数
CK	98.94 b	1701.12 c	1633.25 c	4.59 b	0.04 b
C1	98.97 a	1799.87 b	1720.15 b	4.65 b	0.08 b
C2	99.86 a	1821.26 b	1816.98 b	4.76 b	0.12 a
C3	99.92 a	1936.54 a	1897.54 b	4.94 b	0.18 a
C6	99.97 a	1958.46 a	1944.97 a	5.27 a	0.23 a

1.7 施用木薯秸秆生物炭后根际土壤细菌群落组成的变化

从表18-8可以看出，在门水平上，不同处理中优势细菌类群（相对丰度大于2%）按丰度由大到小为放线菌门（Actinobacteria）、变形菌门（Proteobacteria）、拟杆菌门（Bacteroidetes）、髌骨细菌门（Patescibacteria）、芽单胞菌门（Gemmatimonadetes）、绿弯菌门（Chloroflexi）、厚壁菌门（Firmicutes）和其他。木薯秸秆生物炭的施用使细菌门水平丰度发生了变化，其中放线菌门变化最明显，较对照提高了27.91%~113.95%。

表18-8　木薯秸秆生物炭不同施用量处理下根际土壤细菌群落组成的丰度变化

处理	放线菌门	变形菌门	拟杆菌门	髌骨细菌门	芽单胞菌门	绿弯菌门	厚壁菌门	其他
CK	0.43	0.31	0.07	0.05	0.04	0.01	0.02	0.04
C1	0.55	0.39	0.08	0.04	0.03	0.02	0.03	0.03
C2	0.67	0.46	0.09	0.03	0.03	0.02	0.04	0.02
C3	0.78	0.55	0.11	0.02	0.02	0.04	0.03	0.03
C6	0.92	0.74	0.14	0.02	0.01	0.04	0.02	0.02

2　香蕉茎叶生物炭对番茄土壤微生物活性及有机酸含量的影响

2.1　施用香蕉茎叶生物炭后土壤碳氮磷的变化

从表18-9可知，与对照相比，香蕉茎叶生物炭施用使根区土壤微生物生物量碳、微生物生物量氮和微生物生物量磷含量呈现逐渐升高的趋势。微生物生物量碳分别增加了9.41%、20.24%、33.54%和48.18%；微生物生物量氮分别增加了16.37%、42.48%、54.42%和63.05%；微生物生物量磷分别增加了10.79%、18.61%、32.31%和47.42%。生物炭处理的土壤MBC/MBN显著降低（$P < 0.05$），而MBC/MBP无明显的变化规律。香蕉茎叶生物炭增加了土壤微生物生物量碳、微生物生物量氮和微生物生物量磷的含量，从而提高土壤肥力、促进番茄植株的正常生长。

表18-9　香蕉茎叶生物炭不同施用量处理下根际土壤碳氮磷的变化（mg/kg）

处理	MBC	MBN	MBP	MBC/MBN	MBC/MBP
CK	216.25 d	4.52 d	16.87 c	47.84 a	12.82 a
C1	236.59 c	5.26 c	18.69 c	44.98 a	12.66 b
C2	260.02 b	6.44 b	20.01 b	40.38 c	12.99 a
C3	288.79 b	6.98 a	22.32 b	41.37 b	12.94 a
C6	320.45 a	7.37 a	24.87 a	43.48 b	12.89 a

注：MBC表示微生物生物量碳，MBN表示微生物生物量氮，MBP表示微生物生物量磷，下同。

2.2 施用香蕉茎叶生物炭后土壤呼吸作用和硝化作用的变化

从表18-10可知，香蕉茎叶生物炭施用显著增强了根区土壤呼吸作用和硝化作用。土壤呼吸作用的增加幅度分别为22.60%、63.01%、91.10%和69.86%，土壤硝化作用的增加幅度分别为15.59%、23.15%、34.57%和30.87%。表明施用香蕉茎叶生物炭，可以有效增加番茄土壤呼吸作用和硝化作用强度，从而达到促进土壤微生物活性的作用。

表18-10　香蕉茎叶生物炭不同施用量处理下根际土壤呼吸作用和硝化作用的变化

处理	CK	C1	C2	C3	C6
土壤呼吸作用（mg CO_2/kg·h）	1.46 b	1.79 b	2.38 a	2.79 a	2.48 a
土壤硝化作用（mg NO_2^--N/kg）	6.22 b	7.19 b	7.66 a	8.37 a	8.14 a

2.3 土壤青枯菌量、土壤微生物量和活性之间的相关性分析

表18-11是相关性的分析，可以看出，根区土壤青枯菌数量分别与呼吸作用和硝化作用呈极显著负相关（$P < 0.01$），与微生物生物量碳、微生物生物量氮和微生物生物量磷呈显著负相关（$P < 0.05$），与MBC/MBN、MBC/MBP呈显著正相关（$P < 0.05$）。微生物生物量氮分别与MBC/MBN、MBC/MBP呈极显著负相关（$P < 0.01$），与微生物生物量磷、呼吸作用和硝化作用呈极显著正相关（$P < 0.01$）。微生物生物量磷分别与MBC/MBN、MBC/MBP呈极显著负相关（$P < 0.01$），与呼吸作用和硝化作用呈极显著正相关（$P < 0.01$）。MBC/MBN与MBC/MBP呈极显著正相关（$P < 0.01$），与呼吸作用和硝化作用呈极显著负相关（$P < 0.01$）。MBC/MBP与呼吸作用和硝化作用呈极显著负相关（$P < 0.01$）。呼吸作用与硝化作用呈极显著正相关（$P < 0.01$）。

表18-11　土壤青枯菌量、土壤微生物量和活性之间的相关性

指标	青枯菌	MBC	MBN	MBP	MBC/MBN	MBC/MBP	呼吸作用
MBC	-0.698*	1					
MBN	-0.778*	-0.514	1				
MBP	-0.786*	-0.447	0.925**	1			
MBC/MBN	0.824*	0.635	-0.935**	-0.902**	1		
MBC/MBP	0.869*	0.369	-0.867**	-0.955**	0.933**	1	
呼吸作用	-0.685**	-0.524	0.926**	0.867**	-0.917**	-0.774**	1
硝化作用	-0.779**	-0.377	0.844**	0.793**	-0.833**	-0.648**	0.863**

2.4　香蕉茎叶生物炭施用对土壤 pH 值和电导率的影响

从表18-12可以看出，与对照相比，香蕉茎叶生物炭的施用可以显著提高土壤的 pH 值和电导率（$P < 0.05$）。土壤 pH 值的增加幅度分别为13.07%、20.94%、29.65% 和44.89%，土壤电导率的增加幅度分别为118.75%、193.76%、281.25% 和350.00%。表明香蕉茎叶生物炭可以通过提高番茄土壤的 pH 值和电导率，抑制了青枯菌的正常生长，从而降低番茄青枯病的发病率。

表18-12　香蕉茎叶生物炭不同施用量处理下 pH 值和电导率的变化

指标	CK	C1	C2	C3	C6
土壤 pH 值	5.97 c	6.75 c	7.22 b	7.74 b	8.65 a
土壤电导率（ms/cm）	0.16 d	0.35 c	0.47 b	0.61 b	0.72 a

2.5　香蕉茎叶生物炭处理对番茄植株生物量的影响

从表18-13可以看出，与对照相比，香蕉茎叶生物炭的施用可以显著提高番茄的植株鲜重和植株干重（$P < 0.05$）。植株鲜重的增加幅度分别为15.62%、31.42%、45.91% 和67.22%。植株干重的增加幅度分别为7.45%、14.04%、18.05% 和25.50%。说明香蕉茎叶生物炭施用有助于提高番茄植株的抗病性，有利于促进植株的生长。

表18-13　香蕉茎叶生物炭不同施用量处理下番茄植株生物量的变化（g）

指标	CK	C1	C2	C3	C6
植株鲜重	21.26 c	24.58 c	27.94c	31.02 b	35.55 a
植株干重	3.49 b	3.75 b	3.98 b	4.12 a	4.38 a

2.6　香蕉茎叶生物炭处理对番茄植株和土壤的碳、氮、硅含量的影响

从表18-14可以看出，与对照相比，香蕉茎叶生物炭的施用可以显著提高番茄植株全碳、植株全氮、植株全碳 / 全氮、土壤全碳、土壤全氮、植株全硅和土壤全硅（$P < 0.05$），土壤全碳 / 全氮呈现先减小后增大的变化趋势。番茄植株全碳的增加幅度分别为18.90%、35.24%、56.70% 和76.95%；植株全氮的增加幅度分别为4.71%、9.03%、17.30% 和24.43%；植株全碳 / 全氮的增加幅度分别为13.56%、24.04%、33.58% 和42.21%；土壤全碳的增加幅度分别为19.58%、43.22%、78.32% 和105.03%；土壤全氮的增加幅度分别为19.30%、43.86%、56.14% 和64.91%；植株全硅的增加幅度分别为13.34%、23.19%、40.60% 和51.85%；土壤全硅的增加幅度分别为300.00%、466.67%、633.33% 和766.67%。

以上表明，由于植株与土壤养分含量具有密切的关系，当土壤受病原菌侵染后，其养分含量会逐渐减小，从而影响植株对养分的吸收，并抑制植株的生长，降低植株的抗病性。而香蕉茎叶生物炭施用后，提高了番茄土壤碳氮养分含量，有利于土壤微生物的生长和活动，改善了番茄根区土壤的微生态环境，进而促进了番茄植株的健康生长。

表18-14　香蕉茎叶生物炭处理下番茄植株和土壤碳氮、全硅含量的变化（g/kg）

指标	CK	C1	C2	C3	C6
植株全碳	241.16 d	286.75 c	326.15 c	377.89 b	426.74 a
植株全氮	7.86 c	8.23 b	8.57 b	9.22 a	9.78 a
植株全碳/全氮	30.68 c	34.84 b	38.06 b	40.99 a	43.63 a
土壤全碳	7.15 d	8.55 c	10.24 b	12.75 b	14.66 a
土壤全氮	0.57 c	0.68 c	0.82 b	0.89 b	0.94 a
土壤全碳/全氮	0.84 b	0.83 b	0.80 b	0.87　b	15.60 a
植株全硅	24.36 c	27.61 c	30.01 b	34.25 a	36.99 a
土壤全硅	0.03 d	0.12 c	0.17 b	0.22 a	0.26 a

2.7　香蕉茎叶生物炭处理对土壤有机酸含量的影响

从表18-15可以看出，与对照相比，香蕉茎叶生物炭的施用可以显著提高柠檬酸和反丁烯二酸的含量，降低了苹果酸、琥珀酸、酒石酸和水杨酸的含量（$P < 0.05$）。柠檬酸的增加幅度分别为5.93%、16.28%、28.83%和47.57%；反丁烯二酸的增加幅度分别为12.10%、17.79%、33.66%和50.81%。苹果酸的降低幅度分别为17.16%、25.65%、42.32%和49.99%；琥珀酸的降低幅度分别为12.04%、30.97%、43.13%和54.71%；酒石酸的降低幅度分别为45.16%、63.98%、72.58%和81.72%；水杨酸的降低幅度分别为8.82%、17.65%、29.41%和38.24%。

表18-15　香蕉茎叶生物炭处理下土壤有机酸含量的变化（ng/g）

指标	CK	C1	C2	C3	C6
柠檬酸	248.52 c	263.26 b	288.97 b	320.16 a	366.74 a
苹果酸	40.15 a	33.26 b	29.85 b	23.16 b	20.08 c
琥珀酸	74.49 a	65.52 b	51.42 b	42.36 c	33.74 d
反丁烯二酸	26.53 c	29.74 c	31.25 b	35.46 b	40.01 a
酒石酸	1.86 a	1.02 a	0.67 b	0.51 b	0.34 c
水杨酸	0.34 a	0.31 a	0.28 b	0.24 b	0.21 b

2.8　土壤青枯菌量、有机酸含量之间的相关性分析

从番茄土壤青枯菌量、有机酸含量之间的相关性可以看出（表18-16），青枯菌与柠檬酸呈极显著负相关关系（$P < 0.01$），分别与苹果酸和水杨酸呈极显著正相关关系（$P < 0.01$）；柠檬酸与水杨酸呈极显著负相关关系（$P < 0.01$）；苹果酸分别与琥珀酸和酒石酸呈显著正相关关系（$P < 0.05$）；琥珀酸与酒石酸呈显著正相关关系（$P < 0.05$）；反丁烯二酸与酒石酸呈极显著负相关关系（$P < 0.01$）。表明当番茄土壤中柠檬酸达到一定含量的时候可能会抑制青枯菌的生长，而适量的苹果酸和水杨酸可能会促进青枯菌的生长。而从表18-15可知，香蕉茎叶生物炭施用增加了柠檬酸含量，降低了苹果酸和水杨酸含量，这也进一步说明香蕉茎叶生物炭施用间接抑制番茄青枯菌的生长。

表18-16　土壤青枯菌量、有机酸含量之间的相关性

指标	青枯菌	柠檬酸	苹果酸	琥珀酸	反丁烯二酸	酒石酸
柠檬酸	−0.965**	1				
苹果酸	0.785**	0.602	1			
琥珀酸	0.354	0.413	0.668*	1		
反丁烯二酸	−0.402	0.277	−0.602	−0.542	1	
酒石酸	0.526	−0.121	0.748*	0.795*	−0.985**	1
水杨酸	0.879**	−0.897**	−0.426	−0.266	−0.388	0.415

2.9　香蕉茎叶生物炭处理对土壤氨基酸含量的影响

从表18-17可以看出，与对照相比，香蕉茎叶生物炭的施用显著提高了土壤甲硫氨酸和精氨酸的含量（$P < 0.05$），显著降低了缬氨酸、苏氨酸、赖氨酸、组氨酸、丙氨酸和苯丙氨酸的含量。甲硫氨酸的增加幅度分别为39.29%、79.46%、148.21%和184.82%；精氨酸的增加幅度分别为22.13%、63.11%、106.56%和136.07%；缬氨酸的降低幅度分别为6.79%、17.59%、33.95%和42.59%；苏氨酸的降低幅度分别为11.07%、28.19%、32.55%和44.63%；赖氨酸的降低幅度分别为8.28%、25.50%、29.14%和40.73%；组氨酸的降低幅度分别为11.43%、20.00%、25.71%和37.14%；丙氨酸的降低幅度分别为13.70%、30.14%、41.78%和68.49%；苯丙氨酸的降低幅度分别为10.87%、21.74%、41.30%和50.00%。这说明香蕉茎叶生物炭的施用对番茄园土壤氨基酸含量有显著的影响，降低了大多数的氨基酸含量。

表18-17　香蕉茎叶生物炭处理下土壤氨基酸含量的变化（ng/g）

指标	CK	C1	C2	C3	C6
缬氨酸	3.24	3.02	2.67	2.14	1.86
苏氨酸	2.98	2.65	2.14	2.01	1.65
赖氨酸	3.02	2.77	2.25	2.14	1.79
甲硫氨酸	1.12	1.56	2.01	2.78	3.19
精氨酸	1.22	1.49	1.99	2.52	2.88
组氨酸	0.35	0.31	0.28	0.26	0.22
丙氨酸	1.46	1.26	1.02	0.85	0.46
苯丙氨酸	0.46	0.41	0.36	0.27	0.23

2.10　土壤青枯菌量、氨基酸含量之间的相关性

从番茄土壤青枯菌量、土壤氨基酸含量之间的相关性可以看出（表18-18），青枯菌分别与苏氨酸、赖氨酸和苯丙氨酸呈极显著正相关关系（$P < 0.01$），分别与精氨酸和甲硫氨酸呈极显著负相关关系（$P < 0.01$）。缬氨酸分别与苏氨酸和丙氨酸呈显著正相关关系（$P < 0.05$）；苏氨酸与丙氨酸呈显著正相关关系（$P < 0.05$）；赖氨酸分别与甲硫氨酸、精氨酸和苯丙氨酸呈显著正相关关系（$P < 0.05$）；甲硫氨酸与精氨酸呈显著正相关关系（$P < 0.05$），与丙氨酸呈显著负相关关系（$P < 0.05$）；精氨酸与苯丙氨酸呈显著正相关关系（$P < 0.05$）。表明香蕉茎叶生物炭施用后，通过影响土壤中苏氨酸、赖氨酸、甲硫氨酸、精氨酸和苯丙氨酸的含量，促进了土壤有益微生物的生长及活性，改善了番茄园土壤微生态环境，有益于番茄植株的健康生长。

表18-18　土壤青枯菌量、氨基酸含量之间的相关性

指标	青枯菌	缬氨酸	苏氨酸	赖氨酸	甲硫氨酸	精氨酸	组氨酸	丙氨酸
缬氨酸	0.521	1						
苏氨酸	0.766**	0.669*	1					
赖氨酸	0.789**	0.124	−0.125	1				
甲硫氨酸	−0.732**	−0.439	−0.501	0.568*	1			
精氨酸	−0.859**	−0.254	−0.420	0.741*	0.685*	1		
组氨酸	0.236	0.348	0.342	0.241	−0.254	0.225	1	
丙氨酸	0.415	0.825*	0.815*	0.312	−0.835*	−0.169	0.322	1
苯丙氨酸	0.689**	0.366	0.266	0.784*	0.269	0.822*	0.341	0.325

3　讨论与小结

3.1　木薯秸秆生物炭对番茄的促生效应

生物炭对植物生长的影响因生物炭和土壤类型、气候条件、生物炭添加量、植物类型的不同而存在差异性（Biederman and Harpole，2013）。Spokas 等（2012）通过对46篇文献统计发现，生物炭提高作物产量的占50%，没有影响的为30%，其余的20%抑制作物生长。生物炭作为一种土壤改良剂，对土壤理化性质的改善有显著效果。本研究结果表明，木薯秸秆生物炭提高了土壤 pH 值及有效磷和有效钾含量，降低了硝态氮和铵态氮含量，主要原因是生物炭呈碱性，表面带负电荷的官能团可吸附土壤中的 H^+，可提高土壤 pH 值（Chintala 等，2014）；生物炭表面所含的化学元素和较高的阳离子交换量，对土壤肥力的提升有促进作用（Pypers 等，2005）；生物炭的较大比表面积和表面电荷密度，可增强土壤持水保肥能力（Liang 等，2006），这与徐广平等（2020）施用生物炭对香蕉园土壤的结论相类似。

本研究中，木薯秸秆生物炭的理化特性决定了其对土壤有较好的改良作用。相关性分析表明，青枯病病情指数及发病率与硝态氮和铵态氮含量呈正相关，与 pH 值、有机碳、有效磷和有效钾含量呈负相关，这与郑世燕等（2014）和张广雨等（2020）的观点一致。由于木薯秸秆生物炭富含孔隙且自身含有营养元素，对土壤理化性质有改善作用，减少了番茄青枯病的发生，有利于番茄的生长。盆栽试验表明，6% 用量的生物炭对番茄农艺性状的改善效果最为显著，这与邵慧芸等（2019）研究结果类似，即前期研究发现烟秆生物炭的添加提高了烟草叶片数、株高和最大叶面积等，促进了烤烟的生长，以0.1% 和1.0% 效果较佳；后期研究表明，0.2%~1.0% 剂量秸秆生物炭提高了烤烟株高、地上部生物量，对烟草有促生作用。这与本研究生物炭能促进番茄生长的结果一致，而最佳剂量却有所差异，这可能是因为生物炭的来源和性质不同，以及施用的作物不同造成的。根际土壤细菌 Alpha 多样性分析表明，Shannon 指数、Chao 指数、Ace 指数方面，生物炭处理较对照有所提升，以 C6 处理效果最显著，说明木薯秸秆生物炭提高了根际土壤微生物群落结构的 Alpha 多样性，这与姜桦韬（2019）的研究结果相似。放线菌作为重要的益生菌对植物生长及防控病害均有一定效果（沈桂花，2019）。研究表明，木薯秸秆生物炭对番茄根际微生态具有显著的调控作用。微生物多样性的降低是土传病害发生的重要原因（施河丽等，2018），木薯秸秆生物炭施用后，土壤细菌结构多样性的提高可能使其对番茄青枯病具有防控效果，盆栽试验验证了这一猜想，结果表明木薯秸秆生物炭施用后，明显降低了番茄青枯病发病率和病情指数，这与李成江等（2019）、饶霜（2016）的研究结果相似。同时，根际土壤微生态与土壤理化性质也存在相关性，说明木薯秸秆生物炭对土壤理化性质的改良作用是导致其细菌群落结构变化的主要因素，这与施河丽等（2018）

的观点一致。

青枯菌一般从植物茎部或根部的伤口侵入，直接进入导管繁殖，引起发病。主要致病机制为青枯菌在植株导管中产生大量胞外多糖，阻碍植株体内的水分运输，引起植株萎蔫；分泌细胞壁降解酶（如纤维素酶和果胶酶等），破坏导管组织；分泌生长调节类物质如 CTK、IAA、Eth 等（何礼远和康耀卫，1995）。木薯秸秆生物炭对青枯菌的抑制作用，也对控制青枯病有一定作用。本试验结果表明，木薯秸秆生物炭具有吸附青枯菌、抑制青枯菌生长和运动的能力。木薯秸秆生物炭对青枯菌的吸附作用是因为生物炭发达的孔隙结构和大比表面积赋予其良好的吸附性能，可直接吸附病原菌，以及通过吸附根际分泌物间接吸附病原菌，降低了病原菌对植株的侵染（谷益安，2017）。生物炭对青枯菌生长的抑制作用是由于青枯菌适宜在 pH 6.6 的偏酸性环境中生长（王贻鸿等，2018），而呈碱性的生物炭可提高环境 pH 值。另外，生物炭可吸附根际分泌物等养分物质（谷益安，2017），提高微生物间的竞争作用，进而影响青枯菌的数量。运动性是微生物指示寄主植物及在其根部定殖的前提，生物炭显著缩小了青枯菌运动的范围半径，表明生物炭可以抑制青枯菌的运动扩散，减少青枯病的发生。王贻鸿等（2018）研究表明青枯菌在 pH 6.5 的环境中运动性较强，此后随着 pH 值的升高青枯菌的运动性减弱。以上进一步说明，本研究木薯秸秆生物炭对 pH 值的提升，导致了青枯菌活动受限，有利于番茄青枯菌病害的减轻。

3.2 香蕉茎叶生物炭对番茄土壤微生物活性及有机酸含量的影响

生物炭作为一种新型环境友好型肥料，在防治植物病害方面效果显著。前人研究表明，在土壤中添加适量的生物炭能减少发生在番茄、甜椒、草莓中的由叶面真菌病原体引起的叶面疾病（Hale 等，2012），及发生在芦笋、枫树、橡树中的由土壤病原菌引起的土传病害（Zwart and Kim，2012）。但现有研究主要集中在少数几种生物炭对病原真菌引起的植物病害的防控作用方面，而生物炭对细菌、病毒、线虫等引起的植物病害的防控作用的报道较少（Graber 等，2014）。

本研究中，土壤微生物量与土壤微生物活性之间存在显著的相关性，当土壤被病原菌侵染后，土壤微生物量和微生物活性均会降低，从而使土壤质量下降，番茄植株生长受到抑制。而施用香蕉茎叶生物炭后，可以提高土壤微生物量和微生物活性，进而提升了土壤质量，抑制了病原菌的侵染，有利于促进番茄植株的正常生长。这表明施用香蕉茎叶生物炭对番茄青枯病有积极的防控效果。香蕉茎叶生物炭处理显著降低青枯病的病情指数，并增强番茄植株的抗病性，这与其他的研究结果相似（Nerome 等，2005），其研究结果发现木炭能显著降低番茄青枯病的发病率。

研究表明，600℃制备的桉树生物炭与土壤以质量比为 3:100 混合时，可以显著降低土壤中立枯丝核菌的数量，而1%、3%的350℃制备的温室垃圾生物炭对土壤中立枯丝核菌的数量无显著影响（Jaiswal 等，2015）。Gravel 等（2013）研究发现，475℃制备的温室垃圾生物炭使天竺葵、罗勒根系土壤立枯丝核菌的数量分别显著减少58%和36%，并显著抑制了植物根腐病。这表明生物炭对病原菌的抑制作用可能不是防控机理，而可能是通过诱发植物的抗病性或刺激土壤中有益微生物的生长产生作用，且生物炭对植物病害的防控效果与生物炭的原材料、制备条件及土壤和作物植株种类有关。本研究中，香蕉茎叶生物炭的施用使番茄根区土壤中青枯菌的数量显著降低，这与 Jaiswal 等（2015）和饶霜（2016）的研究结果类似。良好的土壤环境有助于植物的生长，而生物炭具有多孔性、较高的 pH 值和阳离子交换量等特殊性质，可以有效改良土壤理化性状，提高土壤有效养分含量，促进植物生长（Jaiswal 等，2015）。生物炭中的碳在土壤中的存在形式与生物炭对作物生长的影响密切相关（Woolf and Lehmann，2012）。生物炭所储存的碳的半衰期长达上千年，而且可以在土壤中存在数百年（Spokas 等，2010），因此，生物炭在提高土壤有机碳和全氮含量、提升土壤质量方面具有稳定的持续效应（Zhang 等，2014）。本研究中，香蕉茎叶生物炭施用显著增加了番茄植株的鲜重和干重，与 Graber 等（2010）的研究结果相似。香蕉茎叶生物炭的施用使番茄土壤全碳、全氮含量和植株全碳、全氮含量分别显著增加，说明香蕉茎叶生物炭促进番茄生长的机理之一可能是提高了土壤中有机碳和有效氮的含量，从而促进番茄对养分的吸收。

　　本研究结果表明，由于香蕉茎叶生物炭具有较高的硅含量，可以显著增加土壤和植株中的硅含量。研究表明，硅可以增加植物细胞壁的强度，抵抗病原菌的入侵（Diogo and Wydra，2007）；还能参与植物寄主和病原物相互作用体系的代谢过程，诱导植物产生抗性信号分子，激活寄主防卫基因，诱导植物系统抗病性的表达，增强植物抗病性（Ghareeb 等，2011）。有研究表明，生物炭的施用可以显著增加土壤微生物生物量碳和微生物生物量氮的含量（赵军等，2016）。Zhang 等（2014）研究表明，生物炭提高土壤微生物量和活性的作用机理的可能原因主要有，生物炭中含有一些不稳定的有机化合物及微生物新陈代谢所需的养分，可以为微生物提供能量来源；生物炭可以促进土壤有机碳的分解，提高土壤微生物活性；生物炭的多孔性、较大的比表面积及表面电荷使其能够吸附并保留可溶性有机物、土壤养分和水分，改善土壤通气性，为微生物提供有利的栖息地；生物炭可以加深土壤颜色，增加土壤吸热量，使土壤温度升高，从而促进微生物的新陈代谢。本研究结果表明，香蕉茎叶生物炭可以显著增加土壤呼吸作用和硝化作用及土壤微生物生物量氮和微生物生物量磷的含量，而使 MBC/MBN 的比值显著降低。这与以往的研究结果相似（王丰，2008）。香蕉茎叶生物炭的施用显著增加了土壤微生物生物量碳的含量，这与 Dempster 等（2012）的研究结果不一致。说明尽管香蕉茎叶生物炭自身中大部分的碳为惰性碳，但并没有抑制土壤微生物的生长。

　　土壤中的有机酸和氨基酸主要来源于植物根系的分泌、动植物残体的分解和土壤微生物的代谢，这些化学物质对土壤肥力、植物生长及病害防治具有重要影响（吴林坤，2014）。前人研究表明，低浓度的延胡索酸、琥珀酸及一些酚酸等化合物可以改变植物的生理代谢并增强其抗逆性（莫淑勋，1986），但较高浓度的某些有机酸或酚酸等物质可能刺激病原菌的生长，使根区微生物环境恶化，从而降低植物根系系统的代谢活性、养分有效性及有益微生物数量，抑制植物生长（Liu 等，2015）。本研究中，香蕉茎叶生物炭的施用显著提高了柠檬酸和反丁烯二酸的含量，降低了苹果酸、琥珀酸、酒石酸和水杨酸的含量；显著增加了土壤甲硫氨酸和精氨酸的含量，降低了缬氨酸、苏氨酸、赖氨酸、组氨酸、丙氨酸和苯丙氨酸的含量。表明香蕉茎叶生物炭可以通过改变根区土壤不同有机酸和氨基酸的含量来抑制病原菌生长，防治土传病害。适量的柠檬酸、反丁烯二酸、甲硫氨酸和精氨酸可以为土壤微生物提供有效能源，改善根区微生物环境，促进番茄根际土壤微生物的生长。

3.3 小结

（1）木薯秸秆生物炭提高了土壤 pH 值及有机碳、有效磷和有效钾含量，促进了番茄的生长，适当提高土壤 pH 值和提升土壤肥力是控制番茄青枯病的重要途径。木薯秸秆生物炭对番茄青枯病有良好的防治效果。

（2）木薯秸秆生物炭提高了根际土壤微生物群落的 Alpha 多样性，增加了对青枯菌有抑制作用的放线菌门的相对丰度。生物炭对青枯菌有抑制作用，能吸附青枯菌、减弱其运动并抑制青枯菌的生长，从而降低青枯菌的侵染能力，生物炭用量超过3%时效果显著。相关性分析表明，木薯秸秆生物炭对土壤 pH 值和化学性质的改善，是抑制番茄青枯病发生的主要原因。

（3）香蕉茎叶生物炭施用使番茄土壤逐渐趋于中性，显著增加了番茄土壤全碳、全氮、有效硅含量，可以改变根区土壤不同有机酸和氨基酸的含量，为微生物提供充足的养分和能量来源，增加微生物生物量碳、微生物生物量氮和微生物生物量磷的含量，增强了微生物活性，促进了有益微生物的生长，抑制了番茄青枯菌生长。香蕉茎叶生物炭的施用显著增加了番茄植株全碳、全氮和硅含量，促进番茄植株生长，增加番茄植株生物量，增强了番茄植株对青枯病的抗性。

参考文献

[1] 谷益安. 土壤细菌群落和根系分泌物影响番茄青枯病发生的生物学机制 [D]. 南京：南京农业大学，2017.

［2］何礼远，康耀卫.植物青枯菌致病机理［J］.植物病虫害生物学研究进展，1995，1：3-13.

［3］姜桦韬.噻虫嗪在滩涂环境中归趋特征及生物炭调控机制［D］.北京：中国农业科学院，2019.

［4］李成江，李大肥，周桂凤，等.不同种类生物炭对植烟土壤微生物及根茎病害发生的影响［J］.作物学报，2019，45（2）：289-296.

［5］莫淑勋.土壤中有机酸的产生、转化及对土壤肥力的某些影响［J］.土壤学进展，1986，14（4）：1-10.

［6］饶霜.生物炭对番茄青枯病抗性、土壤微生物活性及有机酸含量的影响［D］.广州：华南农业大学，2016.

［7］邵慧芸，张阿凤，李紫玥，等.生物炭对烤烟生长、根际土壤性质及叶片重金属含量的影响［J］.西北农林科技大学学报（自然科学版），2019，47（8）：46-53，64.

［8］沈桂花.生物熏蒸对烟草连作土壤微生物群落的影响及对青枯病的控制作用研究［D］.重庆：西南大学，2019.

［9］施河丽，向必坤，谭军，等.烟草青枯病发病烟株根际土壤细菌群落分析［J］.中国烟草学报，2018，24（5）：57-65.

［10］随学超，卜崇兴，郭世荣，等.基质中添加有机缓释肥对番茄青枯病防效的影响［J］.江苏农业科学，2007，4：85-88.

［11］王丰.武夷山不同海拔植被带土壤微生物量碳、氮、磷研究［D］.江苏：南京林业大学，2008.

［12］王贻鸿，赵云峰，孔凡玉，等.酸碱度对烟草青枯菌生长特性的影响［J］.烟草科技，2018，51（9）：27-32.

［13］吴林坤，林向民，林文雄.根系分泌物介导下植物－土壤－微生物互作关系研究进展与展望［J］.植物生态学报，2014，38（3）：298-310.

［14］徐广平，滕秋梅，沈育伊，等.香蕉茎叶生物炭对香蕉枯萎病防控效果及土壤性状的影响［J］.生态环境学报，2020，29（12）：2373-2384.

［15］张广雨，胡志明，褚德朋，等.生物炭对根际土壤微生态的调控及对烟草青枯病的防控作用［J］.中国烟草学报，2020，26（6）：81-88.

［16］赵军，耿增超，尚杰，等.生物炭及炭基硝酸铵对土壤微生物量碳、氮及酶活性的影响［J］.生态学报，2016，36（8）：1-8.

［17］郑世燕，陈弟军，丁伟，等.烟草青枯病发病烟株根际土壤营养状况分析［J］.中国烟草学报，2014，20（4）：57-64.

［18］Biederman L A，Harpole W S. Biochar and its effects on plant productivity and nutrient cycling：a meta-analysis［J］. Global Change Biology Bioenergy，2013，5（2）：202-214.

［19］Chintala R，Schumacher T E，Kumar S，et al. Molecular characte rization of biochars and their influence on microbiological properties of soil [J] . Journal of Hazardous Materials, 2014, 279: 244-256.

[20] Dempster D N, Gleeson D B, Solaiman Z M, et al. Decreased soil microbial biomass and nitrogen mineralisation with Eucalyptus biochar addition to a coarse textured soil [J] . Plant and Soil, 2012, 354 (1/2): 311-324.

[21] Diogo R V C, Wydra K. Silicon-induced basal resistance in tomato against Ralstonia solanacearum is related to modification of pectic cell wall polysaccharide structure [J] . Physiological and Molecular Plant Pathology, 2007, 70 (4-6): 120-129.

[22] Elad Y, Cytryn E, Harel YM, et al. The biochar effect: plant resistance to biotic stresses [J] . Phytopathologia Mediterranea, 2011, 50 (3): 335-349.

[23] Elmer W H, Pignatello J J. Effect of biochar amendments on mycorrhizal associations and fusarium crown and root rot of asparagus in replant Soils [J] . Plant Disease, 2011, 95 (8): 960-966.

[24] Ghareeb H, Bozso Z, Ott P G, et al. Transcriptome of silicon-induced resistance against Ralstonia solanacearum in the silicon non-accumulator tomato implicates priming effect [J] . Physiological and Molecular Plant Pathology, 2011, 75 (3): 83-89.

[25] Graber E R, Harel Y M, Kolton M, et al. Biochar impact on development and productivity of pepper and tomato grown in fertigated soilless media [J] . Plant and Soil, 2010, 337 (1-2): 481-496.

[26] Graber E R, Tsechansky L, Lew B, et al. Reducing capacity of water extracts of biochars and their solubilization of soil Mn and Fe [J] . European Journal of Soil Science, 2014, 65 (1): 162-172.

[27] Gravel V, Dorais M, Menard C. Organic potted plants amended with biochar: its effect on growth and Pythium colonization [J] . Canadian Journal of Plant Science, 2013, 93 (6): 1217-1227.

[28] Hale S E, Lehmann J, Rutherford D, et al. Quantifying the total and bioavailable polycyclic aromatic hydrocarbons and dioxins in biochars [J] . Environmental Science and Technology, 2012, 46 (5): 2830-2838.

[29] Huang J F, Wei Z, Tan S Y, et al. The rhizosphere soil of diseased tomato plants as a source for novel microorganisms to control bacterial wilt [J] . Applied Soil Ecology, 2013, 72 (5): 79-84.

[30] Jaiswal A K, Elad Y, Graber E R, et al. Rhizoctonia solani suppression and plant growth promotion in cucumber as affected by biochar pyrolysis temperature, feed stock and concentration [J] . Soil Biology and Biochemistry, 2014, 69 (1): 110-118.

［31］Jaiswal A K，Frenkel O，Elad Y，et al. Non－monotonic influence of biochar dose on bean seedling growth and susceptibility to *Rhizoctonia solani*：the "Shifted R_{max}－Effect"［J］. Plant and Soil，2015，395（1–2）：125–140.

［32］Liang B，Lehmann J，Solomon D，et al. Black carbon increases cation exchange capacity in soils［J］. Soil Science Society of America Journal，2006，70（5）：1719–1730.

［33］Liu Y X，Li X，Cai K，et al. Identification of benzoic acid and 3－phenylpropanoic acid in tobacco root exudates and their role in the growth of rhizosphere microorganisms［J］. Applied Soil Ecology，2015，93：78–87.

［34］Nerome M，Toyota K，Islam T. Suppression of bacterial wilt of tomato by incorporation of municipal biowaste charcoal into soil［J］. Soil Microorganisms，2005，59：9–14.

［35］Pypers P，Verstraete S，Thi C P，et al. Changes in mineral nitrogen，phosphorus availability and salt－extractable aluminium following the application of green manure residues in two weathered soils of south vietnam［J］. Soil Biology and Biochemistry，2005，37（1）：163– 172.

［36］Spokas K A. Review of the stability of biochar in soils：predictability of O：C molar ratios［J］. Carbon Management，2010，1（2）：289–303.

［37］Spokas K A，Cantrell K B，Novak J M，et al. Biochar：A synthesis of its agronomic impact beyond carbon sequestration［J］. Journal of Environmental Quality，2012，41（4）：973– 989.

［38］Woolf D，Lehmann J. Modelling the long－term response to positive and negative priming of soil organic carbon by black carbon［J］. Biogeochemistry，2012，111（1–3）：83–95.

［39］Yuliar N Y A，Toyota K. Recent trends in control methods for bacterial wilt diseases caused by Ralstonia solanacearum［J］. Microbes and Environments，2015，30（1）：1–11.

［40］Zhang H，Voroney R P，Price G W. Effects of biochar amendments on soil microbial biomass and activity［J］. Journal of Environmental Quality，2014，43（6）：2104–2114.

［41］Zwart D C，Kim S. Biochar amendment increases resistance to stem lesions caused by Phytophthora spp. in tree seedlings［J］. Hortscience，2012，47（12）：1736–1740.

第十九章

生物炭施用对菜地土壤化学性质、蔬菜产量及品质的影响

设施菜地栽培实现了蔬菜的反季节种植，带来了很大的经济效益。近年来，很多菜农为了追求经济效益，长期大量施用氮素化肥，不仅造成蔬菜产量和品质降低，而且导致土壤结构板结、肥力降低，容易引起土壤板结、酸化（闵炬等，2012）和次生盐渍化（王柳，2003）等土壤障碍，影响蔬菜的产量和品质（孙旭霞等，2007），给生态环境带来了诸多影响和危害（袁伟等，2010）。学者们已开始探寻新型肥料施用对土壤质量和作物生长的影响，其中对生物炭作为土壤改良剂的研究受到了广泛关注（张文玲等，2009）。

生物炭是一种利用秸秆等农林废弃物，在限氧低温（350~500℃）条件下热解炭化产生的高度芳香化难熔性固态物质（Lehmann 等，2006），具有高比表面积、孔隙度大、呈碱性等优良性质。生物炭不仅实现了大量废弃秸秆的资源化利用，还可作为土壤改良剂改善土壤理化性质（石晓宇等，2019）。生物炭对稳定土壤有机碳库、增加土壤碳库容量、保持土壤养分、构筑土壤肥力以及维持土壤生态系统平衡意义重大。长期不合理的施肥，如过量使用氮肥，往往会造成土壤存有大量氨或铵离子，氨挥发会灼伤蔬菜叶子，铵根离子发生硝化作用形成的硝态氮向下淋溶，在还原条件下，硝酸盐转化为亚硝酸盐后，可生成强致癌物质亚硝胺，使地下水的水质下降，低质量的地下水被蔬菜吸收后会造成蔬菜的产量和品质下降（袁伟等，2010）。随着研究的不断深入，生物炭在农业领域的应用研究日益受到关注。关于生物炭对作物产量的影响已经取得了初步的研究结果，表明生物炭可以作为土壤改良剂提高作物产量（Novak 等，2009；刘玉学等，2013）。

常见的生物炭类型主要包括木炭、竹炭、秸秆炭、稻壳炭等。目前，生物炭研究主要针对小麦和水稻等粮食作物，在设施土壤和蔬菜方面的应用研究较少。设施蔬菜土壤由于施肥不当易造成土壤酸化和盐渍化等，利用生物炭发达的孔隙结构和比表面积大的优点，可以适当缓解土壤障碍，改善土壤理化性质，进而提高蔬菜的产量和品质。因此，本研究通过田间试验，设置不同的生物炭施用试验，探讨生物炭施用对设施菜地连作障碍土壤的改良效应，以及对小青菜、黄瓜、菜心、小白菜等生长的影响，以期为秸秆资源化利用提供理论依据和实践基础。

1　生物炭施用对小青菜、黄瓜产量及土壤理化性质的影响

1.1　施用水稻秸秆生物炭对小青菜土壤理化性质的影响

从表19-1可看出，与对照相比，施用水稻秸秆生物炭使小青菜土壤容重呈降低趋势，但只有当生物炭施用量达到40 t/hm² 时，菜地土壤容重与不施用生物炭对照处理间呈现出显著性差异（$P < 0.05$）。施用水稻秸秆生物炭使菜地土壤 pH 值有所升高，且随着生物炭施用量的提高而升高，当生物炭施用量达到10 t/hm² 及以上时，土壤 pH 值与对照之间呈现出显著性差异（$P < 0.05$）。施用水稻秸秆生物炭使菜地土壤阳离子交换量逐渐增大，且随着生物炭施用量的增加而增大，当生物炭施用量达到20 t/hm² 及以上时，土壤阳离子交换量与对照之间呈现出显著性差异（$P < 0.05$）。

施用水稻秸秆生物炭使菜地土壤有机碳逐渐增大，且随着生物炭施用量的增加而增大，当生物炭施用量达到10 t/hm² 及以上时，土壤有机碳与对照之间呈现出显著性差异（$P < 0.05$）。土壤全氮和有效磷随着水稻秸秆生物炭施用量的增加而增大，当生物炭施用量达到10 t/hm² 及以上时，各处理间以及与对照之间呈现出显著性差异（$P < 0.05$）。施用水稻秸秆生物炭使菜地土壤有效钾逐渐增大，且随着生物炭施用量的增加而增大，当生物炭施用量达到5 t/hm² 及以上时，各处理间以及与对照之间呈现出显著性差异（$P < 0.05$）。

表19-1　水稻秸秆生物炭施用对小青菜土壤理化性质的影响

指标	BD（g/cm³）	pH 值	CEC（cmol/kg）	SOC（g/kg）	TN（g/kg）	AP（mg/kg）	AK（mg/kg）
CK	1.22 a	6.58 c	21.36 b	7.74 c	0.78 c	25.79 c	78.12 e
Bc5	1.19 a	7.02 c	22.41 b	8.12 c	0.98 b	28.58 b	92.12 d
Bc10	1.17 a	7.26 b	23.15 b	9.22 b	1.15 b	30.25 b	145.36 c
Bc20	1.15 a	7.68 a	25.29 a	10.16 a	1.26 a	32.34 a	215.26 b
Bc40	1.04 b	8.15 a	26.77 a	11.24 a	1.47 a	34.98 a	355.79 a

注：同列不同小写字母间表示差异显著（$P < 0.05$）；Bc5、Bc10、Bc20、Bc40分别表示施用量为5 t/hm²、10 t/hm²、20 t/hm²、40 t/hm²，下同。

1.2　施用水稻秸秆生物炭对小青菜产量和品质的影响

从表19-2可看出，与对照相比，施用水稻秸秆生物炭显著促进了小青菜的生长，使小青菜生物量有所增加，当输入量在5 t/hm² 及以上时呈现出显著性差异（$P < 0.05$）。随着水稻秸秆生物炭施用量的增加，小青菜生物量逐渐增加。

表19-2　水稻秸秆生物炭施用对小青菜生物量的影响

指标	CK	Bc5	Bc10	Bc20	Bc40
生物量（kg/plot）	5.26 c	6.31 b	7.22 b	9.01 a	10.36 a

从表19-3可看出，与对照处理相比，随着水稻秸秆生物炭施用量的增加，小青菜维生素C、总糖、粗纤维、蛋白质、可溶性糖含量和品质指数均呈现逐渐增加的趋势，硝酸盐含量呈现逐渐减小的趋势。与对照相比，各处理维生素C分别增加了8.58%、16.84%、20.96%和24.34%；总糖分别增加了5.17%、17.24%、31.03%和43.10%；粗纤维分别增加了14.29%、23.81%、28.57%和41.27%；蛋白质分别增加了10.14%、25.00%、43.24%和58.11%；可溶性糖分别增加了14.71%、23.53%、44.12%和82.35%；品质指数分别增加了13.04%、26.09%、52.17%和69.57%；各处理硝酸盐含量则分别降低了5.10%、11.65%、23.61%和28.05%。相比于对照，当输入量在5 t/hm² 及以上时，维生素C含量呈现出显著性差异（$P < 0.05$）；当输入量在10 t/hm² 及以上时，粗纤维、硝酸盐呈现出显著性差异（$P < 0.05$）；当输入量在20 t/hm² 及以上时，总糖含量、蛋白质、可溶性糖和品质指数呈现出显著性差异（$P < 0.05$）。

表19-3　水稻秸秆生物炭施用对小青菜植株品质特征的影响

指标	维生素C（mg/100 g）	总糖（%）	粗纤维（%）	蛋白质（%）	硝酸盐（mg/kg）	可溶性糖（g/kg）	品质指数
CK	33.20 c	1.16 b	0.63 b	1.48 b	526.70 a	0.34 b	0.23 b
Bc5	36.05 b	1.22 b	0.72 b	1.63 b	499.85 a	0.39 b	0.26 b
Bc10	38.79 b	1.36 b	0.78 a	1.85 b	465.32 b	0.42 b	0.29 b
Bc20	40.16 a	1.52 a	0.81 a	2.12 a	402.35 b	0.49 a	0.35 a
Bc40	41.28 a	1.66 a	0.89 a	2.34 a	378.98 c	0.62 a	0.39 a

1.3　施用荔枝枝条生物炭对黄瓜大棚土壤理化性状的影响

从表19-4可知，施用荔枝枝条生物炭显著提高了土壤pH值、电导率及有机碳、全氮、有效磷、有效钾、NH_4^+-N 和 NO_3^--N 含量。与对照相比，各处理pH值分别增加了2.04%、7.13%、14.26%和19.65%；电导率分别增加了4.16%、10.24%、15.14%和25.40%；有机碳分别增加了4.40%、17.14%、39.72%和55.29%；全氮分别增加了12.92%、22.47%、32.02%和55.06%；有效磷分别增加了4.92%、49.02%、94.26%和166.00%；有效钾分别增加了13.39%、30.30%、62.89%和81.91%；NH_4^+-N 分别增加了11.63%、23.26%、48.84%和74.42%；NO_3^--N 分别增加了0.16%、19.51%、29.43%和49.74%。

表19-4 荔枝枝条生物炭施用对黄瓜土壤理化性质的影响

指标	pH 值	EC（uS/cm）	SOC（g/kg）	TN（g/kg）	AP（mg/kg）	AK（mg/kg）	NH$_4^+$−N（mg/kg）	NO$_3^-$−N（mg/kg）
CK	6.87 b	565.24 c	13.42 c	1.78 c	55.26 d	323.21 c	0.43 c	54.74 c
Bc5	7.01 b	588.73 c	14.01 c	2.01 c	57.98 d	366.49 c	0.48 b	54.83 c
Bc10	7.36 a	623.14 b	15.72 b	2.18 b	82.35 c	421.15 b	0.53 b	65.42 b
Bc20	7.85 a	650.84 b	18.75 b	2.35 a	107.35 b	526.48 a	0.64 b	70.85 b
Bc40	8.22 a	708.79 a	20.84 a	2.76 a	146.99 a	587.94 a	0.75 a	81.97 a

1.4 施用荔枝枝条生物炭对黄瓜产量和品质的影响

从表19-5可看出，施用荔枝枝条生物炭显著提高了黄瓜的产量、茎叶干重。与对照相比，各处理产量分别增加了2.27%、7.84%、22.37%和35.86%；茎叶干重分别增加了7.40%、12.51%、29.19%和16.76%。

表19-5 荔枝枝条生物炭施用对黄瓜生物量的影响

指标	CK	Bc5	Bc10	Bc20	Bc40
产量（t/hm²）	158.74 c	162.35 c	171.18 c	194.25 b	215.66 a
茎叶干重（g/株）	46.35 b	49.78 b	52.15 a	59.88 a	54.12 a
根干重（g/株）	0.53 a	0.58 a	0.47 b	0.31 c	0.24 c

从表19-6可看出，施用荔枝枝条生物炭显著提高了黄瓜的可溶性糖、有机酸和品质指数，降低了硝酸盐含量。与对照相比，各处理可溶性糖分别增加了11.03%、37.37%、65.48%和106.05%；有机酸分别增加了3.82%、15.01%、20.25%和28.33%；品质指数分别增加了14.29%、60.71%、75.00%和100.00%。硝酸盐则分别降低了8.19%、23.75%、36.44%和53.29%。

表19-6 荔枝枝条生物炭对黄瓜可溶性糖、有机酸和硝酸盐含量的影响

指标	可溶性糖（g/kg）	硝酸盐（mg/kg）	有机酸（g/kg）	品质指数
CK	2.81 d	69.98 a	14.12 c	0.28 c
Bc5	3.12 d	64.25 a	14.66 c	0.32 c
Bc10	3.86 c	53.36 b	16.24 b	0.45 b
Bc20	4.65 b	44.48 b	16.98 b	0.49 b
Bc40	5.79 a	32.69 c	18.12 a	0.56 a

1.5 施用荔枝枝条生物炭对黄瓜根结线虫病的影响

由表19-7可知，施用荔枝枝条生物炭显著降低了黄瓜菜地的土壤根结线虫 J2 数量、根系卵块数、每克根卵块数和单个卵块卵粒数。与对照相比，各处理土壤根结线虫 J2 数量分别降低了4.23%、12.22%、22.26% 和38.03%；根系卵块数分别降低了6.25%、12.50%、25.00% 和31.25%；每克根卵块数分别降低了7.89%、15.71%、24.05% 和28.03%；单个卵块卵粒数分别降低了3.25%、7.11%、9.12% 和19.01%。

表19-7　荔枝枝条生物炭对黄瓜根结线虫二龄幼虫、卵块和卵粒数量的影响

处理	土壤根结线虫 J2 数量（条 /100 g 干土）	根系卵块数（个 / 株）	每克根卵块数（个 /g）	单个卵块卵粒数（粒 / 卵块）
CK	198.52 a	16 a	29.15 a	647 a
Bc5	190.12 a	15 a	26.85 b	626 b
Bc10	174.26 b	14 b	24.57 b	601 b
Bc20	154.33 c	12 c	22.14 c	588 c
Bc40	123.02 d	11 c	20.98 c	524 c

2 生物炭施用对菜心、小白菜产量及土壤理化性质的影响

2.1 桉树皮生物炭施用对菜心产量的影响

从表19-8可以看出，与不施用生物炭处理 CK 相比，各处理株高分别增加了1.11 cm、1.92 cm、3.78 cm 和5.19 cm，当桉树皮生物炭施加水平为20 t/hm² 时，菜心的株高显著增加（$P < 0.05$）。说明高施用量的桉树皮生物炭能促进菜心株高的增加。各处理鲜重分别增加了1.23 g、3.70 g、5.78 g 和7.57 g，当桉树皮生物炭施加水平为10 t/hm² 时，菜心的鲜重显著增加（$P < 0.05$）。桉树皮生物炭对菜心鲜重有明显的促进作用。

表19-8　桉树皮生物炭施用对菜心的株高与鲜重的影响

处理	CK	Bc5	Bc10	Bc20	Bc40
株高（cm）	21.23 b	22.34 b	23.15 b	25.01 a	26.42 a
鲜重（g）	28.44 c	29.67 c	32.14 b	34.22 b	36.01 a

2.2 桉树皮生物炭施用对菜心维生素 C、可溶性糖、硝酸盐、蛋白质的影响

维生素 C 是高等灵长类动物与其他少数生物的必需营养素。维生素 C 缺乏会造成坏

血病。在生物体内，维生素 C 是一种抗氧化剂，保护身体免于自由基的威胁。维生素 C 有其广泛的来源，主要为各类新鲜蔬果，而且维生素 C 含量又是评定各类蔬果营养品质的重要指标之一。桉树皮生物炭不同施用水平对菜心体内维生素 C 的影响如表19-9所示。当桉树皮生物炭施用水平为20 t/hm² 及以上时，对菜心体内维生素 C 含量产生了显著性影响（$P < 0.05$），尤其是桉树皮生物炭施加水平为40 t/hm² 时最为显著。与不施加生物炭处理相比，各处理菜心体内维生素 C 的增加幅度分别为0.60%、4.23%、10.43% 和17.80%。由此可知，20~40 t/hm² 的桉树皮生物炭施加水平为促进菜心体内维生素增加的较佳生物炭施用量水平。

可溶性糖包括绝大部分的单糖、寡糖，它们在植物体内可以充当能量的储存及转移的介质、结构物质和功能分子（如糖蛋白的配基）。可溶性糖含量的高低也关系着蔬果品质的高低。从表19-9桉树皮生物炭不同施用水平下对菜心体内可溶性糖的影响可以看出，当桉树皮生物炭施用水平为10 t/hm² 及以上时，对菜心体内可溶性糖含量产生了显著性影响（$P < 0.05$），尤其是桉树皮生物炭施加水平为40 t/hm² 时最为显著。与不施加生物炭处理相比，各处理菜心体内可溶性糖的增加幅度分别为5.68%、15.51%、19.47% 和26.11%。由此可知，10~40 t/hm² 的桉树皮生物炭施加水平为促进菜心体内可溶性糖增加的较佳生物炭施用水平。

从表19-9可以看出，当桉树皮生物炭施用水平为10 t/hm² 时，对菜心体内硝酸盐含量产生了显著性影响（$P < 0.05$），尤其是桉树皮生物炭施加水平为40 t/hm² 时最为显著。与不施加生物炭处理相比，各处理菜心体内硝酸盐含量的降低幅度分别为0.54%、8.19%、18.09% 和27.61%。由此可知，10~40 t/hm² 的桉树皮生物炭施加水平为降低菜心体内硝酸盐含量的较佳生物炭施用水平。说明在菜心种植当中施加一定水平的桉树皮生物炭能够明显减小菜心体内的硝酸盐含量。

与不施加生物炭处理相比，各处理菜心体内蛋白质含量的增加幅度分别为2.34%、6.40%、28.54% 和56.70%。由此可知，20~40 t/hm² 的桉树皮生物炭施加水平为增加菜心体内蛋白质含量的较佳生物炭施用水平。说明在菜心种植当中施加一定水平的桉树皮生物炭能够明显增加菜心体内的蛋白质含量。

总之，研究说明在菜心种植当中施加一定水平的桉树皮生物炭，能够明显增加菜心体内的维生素 C、可溶性糖和蛋白质含量，降低硝酸盐含量，进而有利于达到提升菜心品质的目的。

表19-9　桉树皮生物炭对菜心维生素 C、可溶性糖、硝酸盐、蛋白质的影响

指标	维生素 C （mg/100 g）	可溶性糖 （mg/100 g）	硝酸盐 （mg/kg）	蛋白质 （mg/100 g）
CK	44.88 c	25.01 c	491.23 a	8.13 c
Bc5	45.15 c	26.43 c	488.57 a	8.32 c

续表

指标	维生素 C （mg/100 g）	可溶性糖 （mg/100 g）	硝酸盐 （mg/kg）	蛋白质 （mg/100 g）
Bc10	46.78 c	28.89 b	451.02 b	8.65 c
Bc20	49.56 b	29.88 b	402.36 c	10.45 b
Bc40	52.87 a	31.54 a	355.59 d	12.74 a

2.3 蔗渣生物炭施用对红壤小白菜农艺性状及品质的影响

由表19-10可知，蔗渣生物炭可以显著提高红壤小白菜的出苗率，各处理的小白菜出苗率分别较 CK 上升了3.56%、13.15%、27.14% 和39.84%，蔗渣生物炭的施入缓解了红壤中小白菜出苗受抑制的现象，出苗率随着蔗渣生物炭施用量的增加而上升。蔗渣生物炭的施用显著增加了小白菜的叶片数，并促使叶片长大和植株伸长，增加叶面积和株高，进而增加了小白菜鲜重和干重的生物量，明显改善了红壤小白菜生长发育状况。赵倩雯等（2015）发现，生物炭能提高小白菜株高、茎粗等农艺性状。本研究与林庆毅等（2017）的结果一致，在土壤中施用蔗渣生物炭后，小白菜的生物量显著提高，且叶片数、叶面积、株高等农艺性状均得到显著改善，促进了小白菜的生长发育。

表19-10　蔗渣生物炭对小白菜农艺性状的影响

指标	出苗率（%）	叶片数（片）	叶面积（cm²）	株高（cm）	鲜重（g）	干重（g）
CK	62.12 c	6.84 c	13.54 c	6.35 d	2.15 d	0.23 c
Bc5	64.33 c	7.22 c	14.01 c	7.89 d	4.99 d	0.34 c
Bc10	70.29 b	8.95 b	15.66 c	10.66 c	10.75 c	1.17 b
Bc20	78.98 b	10.26 b	17.98 b	12.57 b	19.26 b	2.28 a
Bc40	86.87 a	13.54 a	19.58 a	14.44 a	24.55 a	2.55 a

表19-11是不同施用量蔗渣生物炭对小白菜维生素 C、可溶性糖、硝酸盐、蛋白质含量的影响，由表可知，施用蔗渣生物炭显著提高了小白菜的维生素 C、可溶性糖和蛋白质含量，降低了硝酸盐含量。与对照相比，各处理维生素 C 分别增加了4.02%、27.48%、44.99% 和74.58%；可溶性糖分别增加了6.90%、34.48%、75.86% 和115.52%；蛋白质分别增加了12.77%、30.32%、52.13% 和68.09%；硝酸盐则分别降低了7.14%、19.05%、23.81% 和45.24%。本研究结果与其他研究结果类似，崔亚男等（2017）研究表明1% 的猪粪生物炭施用到土壤中能够增加小白菜的可溶性蛋白质含量且改善小白菜品质。本研究中，20~40 t/hm² 的蔗渣生物炭施加水平为增加小白菜维生素 C、可溶性糖、蛋白质含量的较佳生物炭施用量水平。

表19-11 蔗渣生物炭对小白菜维生素C、可溶性糖、硝酸盐、蛋白质的影响

指标	维生素C（mg/kg）	可溶性糖（g/kg）	硝酸盐（g/kg）	蛋白质（g/kg）
CK	36.54 d	0.58 b	0.42 a	1.88 c
Bc5	38.01 d	0.62 b	0.39 a	2.12 c
Bc10	46.58 c	0.78 b	0.34 b	2.45 b
Bc20	52.98 b	1.02 a	0.32 b	2.86 b
Bc40	63.79 a	1.25 a	0.23 c	3.16 a

2.4 蔗渣生物炭施用处理下小白菜镉含量变化

表19-12是蔗渣生物炭施用到土壤中对小白菜体内镉含量的影响，由表可知，蔗渣生物炭的施用量增加能够显著降低小白菜体内的镉含量（$P < 0.05$），蔗渣生物炭各处理小白菜体内镉含量分别降低了7.69%、19.23%、46.15%、57.69%。《食品安全国家标准 食品中污染物限量》（GB 2762—2017）规定叶菜中镉限量为0.2 mg/kg，在蔗渣生物炭施用量为20~40 t/hm² 时，小白菜镉含量较低，分别为0.14 mg/kg、0.11 mg/kg，达到相关标准中镉含量要求。20~40 t/hm² 的蔗渣生物炭施加水平为降低小白菜镉含量的较佳生物炭施用量水平。

表19-12 蔗渣生物炭施用对小白菜镉含量的影响

处理	CK	Bc5	Bc10	Bc20	Bc40
镉（mg/kg）	0.26 a	0.24 a	0.21 a	0.14 b	0.11 b

3 讨论与小结

3.1 生物炭施用对菜地土壤理化性质及蔬菜产量的影响

土壤容重是表征土壤物理性状的重要指标之一，其大小影响养分在土壤中的扩散及作物对养分的吸收。土壤pH值是影响土壤有机质分解速率的重要因素。本研究中，水稻秸秆生物炭本身呈碱性，施用到土壤后对菜地土壤的pH值产生了一定程度的影响，菜地土壤pH值随着生物炭施用量水平的提高而升高。当施用量较高时，水稻秸秆生物炭使菜地土壤容重显著降低。这与陈红霞等（2011）和段春燕等（2020）的研究结果一致。此外，本研究中土壤有机碳含量随着水稻秸秆生物炭施用量的增加而升高，这是由于生物炭具有较强的生物"惰性"，施入土壤后较难被微生物所降解，因而可以长期存留于土壤

并成为土壤有机碳的组成部分。施加高施用量的水稻秸秆生物炭后土壤全氮含量显著增加，这与郭伟等（2011）的研究结果一致。此外，生物炭具有比表面积大、孔隙结构发达的特点，施入土壤后使得土壤通气性得到改善，抑制了氮素微生物的反硝化作用从而减少 NOx 的形成和排放（Lehmann 等，2006），进而使得土壤中全氮增加。本研究中小青菜土壤速效钾含量随着水稻秸秆生物炭施用量的增加而升高，这与水稻秸秆生物炭中富含钾元素有关。

荔枝枝条生物炭施入黄瓜菜地的研究表明，荔枝枝条生物炭通过增加土壤有机碳、铵态氮、有效钾等养分含量，达到改善土壤质量、提高养分有效性的效果，与前人的研究结果（Sun 等，2014；牛亚茹等，2017）相似。可能是因为生物炭具有丰富的孔隙结构，促进土壤团聚体的形成，有效地改善土壤的通气状况（Sun 等，2014）。生物炭较大的比表面积，带有负电荷，具有较高的阳离子交换量（Taghizadeh-Toosi 等，2012），可以提高土壤对养分 K^+ 和 NH_4^+ 的吸附能力，增加土壤铵态氮和速效钾的含量。本试验中，土壤有机碳随荔枝枝条生物炭施用量的增加而显著提高，这是由于生物炭主要是以具有较高稳定性的高度芳香化有机物为主，在土壤环境中具有较高的稳定性（Wang 等，2015）。

研究表明，通过在热带草原氧化土中连续 4 年施加生物炭，玉米产量在第一年没有显著增加，而后续 3 年分别增产 8%、30% 和 140%（Major 等，2010）。Chan 等（2007）研究发现，在氮肥配施条件下，施用 100 t/hm^2 的生物炭可使萝卜的干物质量增加 95%~266%。不同的是，有部分学者的研究结果并不一致（高海英等，2012）。有研究发现生物炭对作物产量的提高没有促进作用，可能与土壤本底肥力及肥料管理等因素有关（Asai 等，2009），也有学者发现分别施入 5 t/hm^2 和 15 t/hm^2 生物炭后，大豆和玉米的产量皆有所下降（Rondon 等，2007）。另有研究表明，通过盆栽试验发现，生物炭与氮肥配施可提高菠菜产量及硝酸盐含量（张万杰等，2011）。可见生物炭对作物的增产效果还没有取得共识。本研究中，添加 5 t/hm^2 及以上时，水稻秸秆生物炭显著增加了小青菜的生物量，说明生物炭对作物生长或产量有积极的促生效应。对于大部分土壤而言，生物炭对作物生长与产量的促进作用与其直接养分作用的关系较小，而在很大程度上与其对土壤物理、化学性质及微生物活性的改善等的间接作用，以及对降低土壤肥料养分淋失作用有关（何绪生等，2011）。另有生物炭高施用量条件下作物产量降低的报道，指出减产效应易出现在低氮或有效养分低的土壤中（Asai 等，2009）。本试验中当水稻秸秆生物炭施用量较高时（40 t/hm^2）对小青菜有显著的增产效果，原因可能是施入大量生物炭提高了菜地土壤有机碳等土壤养分的含量。

有研究表明，生物炭在菠菜、辣椒等蔬菜种植中有增产效应（张万杰等，2011；Pudasaini 等，2012）。然而生物炭的增产效应受生物炭自身特性、土壤类型、农田管理措施等诸多因素制约，具有很大的不确定性（Jeffery 等，2011）。本研究结果表明，不同用量的生物炭施入土壤显著提高黄瓜根系的生物量，这与生物炭对土壤理化性质的改善有关。一方面生物炭提高土壤的通气性，为根系的伸展提供足够的空间；另一方面生物炭能够提高土壤营养元素的有效性，调节土壤的供肥状况。前人研究表明，生物炭在低肥力土壤中的增产效应大于高肥力土壤（Abiven 等，2014）。Haefele 等（2011）将稻壳生物炭施入 3 种肥力不同的土壤发现，生物炭应用于低肥力土壤时，作物产量显著提高，而在中、高肥力土壤上没有增产效果。本研究所选的试验地土壤肥力较高，土壤有机质为 23.7 g/kg，全氮为 1.62 g/kg，黄瓜种植过程中施肥量也较大，这些因素并没有削弱生物炭的增产效应。此外，本试验的时间为黄瓜一个生长季，生物炭对黄瓜生长的影响是否存在年际的变异性，需要进一步的持续观察。

3.2　生物炭施用对蔬菜营养品质的影响

维生素 C 是衡量蔬菜营养品质的重要指标之一。施用高水平水稻秸秆生物炭显著提高了小青菜维生素 C 含量，这可能是生物炭施用提高了土壤的钾素有效性，有利于促进维生素 C 的形成。这与其他研究结果接近（刘玉学等，2013），适宜的钾、氮配施能有效提高蔬菜维生素 C 含量（李录久等，2009）。蔬菜食用部分的硝酸盐含量是衡量蔬菜卫生质量状况的一个重要指标，蔬菜中积累过量的硝酸盐会对人体健康造成潜在危害。研究表明，蔬菜中硝酸盐含量通常与施氮量有关（都韶婷等，2010）。前人研究表明，在施氮量 90 mg/kg 水平下，施用 5 g/kg 和 10 g/kg 生物炭均显著提高菠菜硝酸盐含量，而在不施氮肥和施氮量为 120 mg/kg 水平时，生物炭对菠菜硝酸盐含量的影响并不显著（张万杰等，2011）。本试验在 200 kg/hm^2 施氮情况下（约合 85 mg/kg），当水稻秸秆生物炭施用水平较低时（5 t/hm^2）未对小青菜硝酸盐含量产生显著性影响，但当添加量达 10 t/hm^2 及以上时使小青菜硝酸盐含量显著降低。这可能是当水稻秸秆生物炭施用量较高时提高了土壤 C/N 比，进而引起小青菜硝酸盐含量降低。

荔枝枝条生物炭输入黄瓜菜地的研究表明，生物炭显著降低黄瓜果实中硝酸盐的含量，这与刘玉学等（2013）的研究结果相似。一方面，可能是生物炭对土壤中的铵根离子的吸附性较强，减少黄瓜植株对氮素的吸收；另一方面，可能是由于生物炭能够调控土壤含水量进而抑制黄瓜蒸腾作用，减少黄瓜对氮素的吸收，有效降低黄瓜中硝酸盐的积累（李艳梅等，2015）。施用生物炭可显著增加黄瓜果实中可溶性糖和有机酸的含量。可能原因是，生物炭能够有效保持土壤含水量（刘园等，2015；Zhang 等，2016），而土壤含水量控制在适宜水平有助于提高果蔬中可溶性糖含量（Li 等，2012）。总体上，生物炭在温室大棚蔬菜种植中能够有效改善黄瓜品质。本研究中发现，在施用生物炭处理下黄瓜根系单株卵块数及单位根重卵块数显著降低，说明生物炭施用量的增加在一定程度上抑制了黄瓜根结线虫的生长繁殖。Huang 等（2015）研究发现，生物炭用量在 1.2% 以上水平能显著减少水稻根结线虫病。George 等（2016）研究了 5 种不同材料（4 种生物炭和沸石）对胡萝卜穿刺短体线虫的影响，发现松树皮、松针等生物炭对线虫的侵染均有抑制作用，但松木生物炭对线虫没有抑制效应。这说明生物炭对根结线虫病的影响，会因生物炭种类、施用量等的不同而具有不同的效应。此外，根结线虫病主要发生在作物根系上，以侧根和须根的部位最易受害（Elsen 等，2003）。已有研究表明，施用生物炭显著促进番茄和大麦等作物须根（或侧根）的生长（Prendergast-Miller 等，2014；陈威等，2015）。根系体积的增大，特别是须根增多，增加了根结线虫的侵染位点。而本研究显示生物炭对根系生长具有抑制作用，这可能也是荔枝枝条生物炭抑制黄瓜根结线虫病发病率的原因之一。

根结线虫在土壤中的孵化、存活及完成生活史与土壤环境密切相关，如土壤中的离子、酸碱性、温度、湿度、土壤类型和微生物等（伏召辉等，2012）。本研究中生物炭增加土壤通气性和土壤有机质含量、改变土壤环境，进而影响根结线虫的生存与繁殖。生物炭对根结线虫病的影响可能因生物炭种类、施用量、土壤类型以及作物种类的不同而存在差异，而生物炭与土壤的相互作用以及生物炭对植物根系的影响也会随着生物炭施用时间的推移而发生改变，这些变化均会影响线虫对生物炭措施的响应。因此，生物炭对根结线虫生长的影响需要进一步长期的试验观测。本研究也进一步说明，生物炭对作物生长或产量的效应因生物炭类型而异，同时也受生物炭施用量的影响（何绪生等，2011）。

菜心根系浅，须根多，生长周期短，所以短期内对土壤的养分需求量比较大，菜心的产量和品质也受土壤养分的限制。桉树皮生物炭类似于木炭，比较难降解，在一定程度上提高了菜地土壤的碳库容量。同时生物炭具有很大的表面积，吸附性能和持水性能都较强，在一定的水平下，施加生物炭可提高土壤阴阳离子交换量、吸附氮、磷营养元素及各种矿物离子，减少养分流失（袁伟等，2010）。本研究中，施加生物炭对菜心各生物指标（鲜重、株高、维生素 C 含量、可溶性糖含量、蛋白质含量）均呈现出促进作用，对硝酸盐含量呈现出抑制作用。主要原因可能是，桉树皮生物炭有一定的持水性，因其拥有丰富的孔隙结构，所以具有很大的表面积，能明显提升土壤的保水性能，促进菜心根系的生长；桉树皮生物炭具有很大的内表面积，所以在一定程度上提升了土壤的通气性能，增加了氧化时间，使氧化过程逐步进行，同时为吸附养分和微生物群落的生存提供较大空间，通过土壤有益微生物也能对菜心的生长起到一定的促进作用；本研究中土壤为偏酸性，而桉树皮生物炭呈碱性，施加桉树皮生物炭，增加了土壤的 pH 值，增加了有效磷、有效钾等含量，为菜心增加了各种营养元素含量。本研究结果与蔗渣生物炭输入对菜心产量和品质影响的其他相关研究结论（周畅和郑超，2018）类似。

本研究结果表明蔗渣生物炭的施用能够改善小白菜的品质，在生物炭施用量为5%时，增加了小白菜的可溶性糖、维生素 C 含量和蛋白质含量，降低了硝酸盐含量，这些改善效果与其他文献中类似（崔亚男等，2017）。生物炭的施用能显著降低小白菜体内的镉含量，陈威等（2015）的研究中表现出类似的结果，表明主要原因为生物炭的添加能够提高土壤 pH 值，降低了土壤中可交换态镉的含量，高有机质含量的土壤增强了土壤对镉的吸附固定等，从而降低小白菜体内镉的积累。这说明对于重度镉污染土壤，不适宜种植农产品，在利用生物炭修复时，要与其他修复措施配合使用，从而进一步提高修复效果，降低农产品的镉富集量，实现农产品的安全生产。

3.3　小结

（1）施加水稻秸秆生物炭显著降低了小青菜土壤容重，提高了土壤 pH 值，增加了阳离子交换量、有机碳、全氮、有效磷和有效钾含量，对小青菜的生长具有促进作用。当生物炭施加量为 20 t/hm² 及以上时，小青菜维生素 C、总糖、粗纤维、蛋白质、可溶性糖和品质指数均呈现逐渐增加的趋势，硝酸盐含量呈现逐渐减小的趋势，在一定程度上改善了小青菜品质。

（2）施用荔枝枝条生物炭显著提高了土壤有机碳、全氮、铵态氮和有效钾的含量。土壤中施用生物炭显著增加黄瓜果实中可溶性糖和有机酸的含量，降低黄瓜硝酸盐含量，改善了黄瓜品质和提高了黄瓜产量。高施用量条件下（20 t/hm² 及以上）显著减小了黄瓜根系生物量，减少了根结线虫卵块数，有利于菜地根结线虫的防治。

（3）桉树皮生物炭在一定的施用水平下对菜心的产量和品质具有促进作用。当桉树皮生物炭施加量为 20~40 t/hm² 时，桉树皮生物炭使菜心鲜重、株高、维生素 C 含量、可溶性糖含量和蛋白质含量显著升高，并显著降低了硝酸盐含量。桉树皮生物炭施用可以提升菜心的产量和品质，需要根据菜心种植土壤及生产实际来确定合适的桉树皮生物炭施用量。生物炭能作为土壤改良剂施用于菜地土壤，但要根据生物炭材料类型和蔬菜种类来确定实践中适宜的生物炭施用量。

（4）蔗渣生物炭的施用显著增加了小白菜的叶片数、叶面积、株高、鲜重和干重的生物量；提高了小白菜的维生素 C、可溶性糖和蛋白质含量，降低了硝酸盐含量；有利于改善红壤小白菜生长发育状况及其品质。在蔗渣生物炭施用量为 20~40 t/hm² 时，小白菜镉含量较低，为 0.11~0.14 mg/kg，达到相关标准中镉含量阈值的要求。

参考文献

[1] 崔亚男，张旭辉，刘晓雨，等.不同猪粪施用方式对小白菜生长、产量及品质的影响[J].南京农业大学学报，2017，40（2）：281-286.

[2] 陈红霞，杜章留，郭伟，等.施用生物炭对华北平原农田土壤容重、阳离子交换量和颗粒

有机质含量的影响［J］.应用生态学报，2011，22（11）：2930-2934.

［3］陈威，胡学玉，张阳阳，等.番茄根区土壤线虫群落变化对生物炭输入的响应［J］.生态环境学报，2015，24（6）：998-1003.

［4］都韶婷，金崇伟，章永松.蔬菜硝酸盐积累现状及其调控措施研究进展［J］.中国农业科学，2010，43（17）：3580-3589.

［5］段春燕，沈育伊，徐广平，等.桉树枝条生物炭输入对桂北桉树人工林酸化土壤的作用效果［J］.环境科学，2020，41（9）：4234-4245.

［6］伏召辉，杜超，仵均祥.温湿度及酸碱度对南方根结线虫生长发育的影响［J］.北方园艺，2012（6）：137-140.

［7］高海英，何绪生，陈心想，等.生物炭及炭基硝酸铵肥料对土壤化学性质及作物产量的影响［J］.农业环境科学学报，2012，31（10）：1948-1955.

［8］郭伟，陈红霞，张庆忠，等.华北高产农田施用生物质炭对耕层土壤总氮和碱解氮含量的影响［J］.生态环境学报，2011，20（3）：425-428.

［9］何绪生，张树清，佘雕，等.生物炭对土壤肥料的作用及未来研究［J］.中国农学通报，2011，27（15）：16-25.

［10］李录久，金继运，陈防，等.钾、氮配施对生姜产量和品质及钾素利用的影响［J］.植物营养与肥料学报，2009，15（3）：643-648.

［11］李艳梅，杨俊刚，孙焱鑫，等.炭基氮肥与灌水对温室番茄产量、品质及土壤硝态氮残留的影响［J］.农业环境科学学报，2015，34（10）：1965-1972.

［12］林庆毅，应介官，张梦阳，等.生物炭对红壤中不同铝形态及小白菜生长的影响［J］.沈阳农业大学学报，2017，48（4）：445-450.

［13］刘玉学，王耀锋，吕豪豪，等.不同稻秆炭和竹炭施用水平对小青菜产量、品质以及土壤理化性质的影响［J］.植物营养与肥料学报，2013，19（6）：1438-1444.

［14］刘园，Khan M J，靳海洋，等.秸秆生物炭对潮土作物产量和土壤性状的影响［J］.土壤学报，2015，52（4）：849-858.

［15］闵炬，陆扣萍，陆玉芳，等.太湖地区大棚菜地土壤养分与地下水水质调查［J］.土壤，2012，44（2）：213-217.

［16］牛亚茹，付祥峰，邱良祝，等.施用生物质炭对大棚土壤特性、黄瓜品质和根结线虫病的影响［J］.土壤，2017，49（1）：57-62.

［17］石晓宇，张婷，贾浩，等.生物炭对设施土壤化学性质及黄瓜产量品质的影响［J］.农学学报，2019，9（4）：59-65.

［18］孙旭霞，尹丽红，薛玉花.设施蔬菜施肥存在的问题及对策［J］.西北园艺：蔬菜专刊，2007（4）：8-9

［19］王柳.京郊日光温室土壤环境特征与黄瓜优质高产相关性的研究［D］.北京：中国农业

大学，2003.

［20］袁伟，董元华，王辉．菜园土壤不同施肥模式下小青菜生长和品质及其生态化学计量学特征［J］．土壤，2010，42（6）：987–992.

［21］张万杰，李志芳，张庆忠，等．生物质炭和氮肥配施对菠菜产量和硝酸盐含量的影响［J］．农业环境科学学报，2011，30（10）：1946–1952.

［22］张文玲，李桂花，高卫东．生物质炭对土壤性状和作物产量的影响［J］．中国农学通报，2009，25（17）：153–157.

［23］赵倩雯，孟军，陈温福．生物炭对大白菜幼苗生长的影响［J］．农业环境科学学报，2015，34（12）：2394–2401.

［24］周畅，郑超．蔗渣生物炭对菜心产量和品质的影响［J］．甘蔗糖业，2018（3）：15–19.

［25］Abiven S，Schmidt M W I，Lehmann J. Biochar by design［J］. Nature Geoscience，2014，7（5）：326–327.

［26］Asai H，Samson B K，Stephan H M，et al. Biochar amendment techniques for upland rice production in Northern Laos：1. Soil physical properties，leaf SPAD，and grain yield［J］. Field Crops Research，2009，111：81–84.

［27］Chan K Y，Van Zwieten L，Meszaros I，et al. Agronomic values of green waste biochar as a soil amendment［J］. Australian Journal of Soil Research，2007，45：629–634.

［28］Elsen A，Beeterens R，Swennen R，et al. Effects of an arbuscular mycorrhizal fungus and two plant–parasitic nematodes in Musa genotypes differing in root morphology［J］. Biology and Fertility of Soils，2003，38（6）：367–376.

［29］George C，Kohler J，Rillig M C. Biochars reduce infection rates of the root–lesion nematode Pratylenchus penetrans and associated biomass loss in carrot［J］. Soil Biology and Biochemistry，2016，95：11–18.

［30］Haefele S M，Konboon Y，Wongboon W，et al. Effects and fate of biochar from rice residues in rice–based systems［J］. Field Crops Research，2011，121（3）：430–440.

［31］Huang W K，Ji H L，Gheysen G，et al. Biochar–amended potting medium reduces the susceptibility of rice to root–knot nematode infections［J］. BMC Plant Biology，2015，15（1）：1–15.

［32］Jeffery S，Verheijen F G A，Van D V M，et al. A quantitative review of the effects of biochar application to soils on crop productivity using meta–analysis［J］. Agriculture，Ecosystems and Environment，2011，144（1）：175–187.

［33］Lehmann J，Gaunt J，Rondon M. Bio-char sequestration in terrestrial ecosystems– a review［J］. Mitigation and Adaptation Strategies for Global Change，2006，11（2）：403–427.

［34］Li Y J，Yuan B Z，Bie Z L，et al. Effect of drip irrigation criteria on yield and quality of muskmelon grown in greenhouse conditions [J] . Agricultural Water Management，2012，109：30–35.

[35] Major J，Rondon M，Molina D，et al. Maize yield and nutrition during 4 years after biochar application to a Colombian savanna oxisol [J] . Plant Soil，2010，333：117–128.

[36] Novak J M，Busscher W J，Laird D L，et al. Impact of biochar amendment on fertility of a southeastern coastal plain soil [J] . Soil Science，2009，174（2）：105–112.

[37] Prendergast–Miller M T，Duvall M，Sohi S P. Biochar–root interactions are mediated by biochar nutrient content and impacts on soil nutrient availability [J] . European Journal of Soil Science，2014，65（1）：173–185.

[38] Pudasaini K，Ashwath N，Walsh K，et al. Biochar improves plant growth and reduces nutrient leaching in red clay loam and sandy loam [J] . Hydro Nepal：Journal of Water，Energy and Environment，2012，11（1）：86–90.

[39] Rondon M A，Lehmann J，Ramírez J，et al. Biological nitrogen fixation by common beans (*Phaseolus vulgaris* L.) increases with bio-char additions [J] . Biology and Fertility of Soils，2007，43：699–708.

[40] Sun F F，Lu S G. Biochars improve aggregate stability，water retention，and pore–space properties of clayey soil [J] . Journal of Plant Nutrition and Soil Science，2014，177（1）：26–33.

[41] Taghizadeh–Toosi A，Clough T J，Sherlock R R，et al. Biochar adsorbed ammonia is bioavailable [J] . Plant and Soil，2012，350（1–2）：57–69.

[42] Wang J Y，Xiong Z Q，Kuzyakov Y. Biochar stability in soil：Meta–analysis of decomposition and priming effects [J] . GCB Bioenergy，2016，8（3）：512–523.

[43] Zhang D X，Pan G X，Wu G，et al. Biochar helps enhance maize productivity and reduce greenhouse gas emissions under balanced fertilization in a rainfed low fertility inceptisol [J] . Chemosphere，2016，142：106–113.

第二十章
生物炭施用对酸化茶园土壤养分及茶叶质量的影响

茶树是热带及亚热带地区重要的经济作物，中国是最早发现和利用茶树的国家。由于茶树自身根际长期聚铝、分泌有机酸、吸收 NH_4^+ 而释放 H^+ 以及长期施用酸性化肥和酸沉降作用等，茶园土壤逐步酸化（苏有健等，2018）。茶树具有喜酸怕碱的生长习性，但并非土壤越酸越适宜茶树生长。研究表明，茶树适合生长的土壤 pH 值为 4.5~6.0，pH 值为 5.5 是最适宜茶树生长的土壤酸度（樊战辉等，2020）。在茶叶产业发展的同时，由于长期不合理的施肥、茶树的自身物质循环特性、大气酸沉降等因素的影响（杨向德等，2015），近几十年来我国以过度酸化为主要特征的茶园土壤退化趋势日渐明显。

土壤酸化造成 Ca^{2+}、Mg^{2+}、K^+ 等盐基离子大量淋失，土壤中磷和微量元素钼和硼有效性降低，导致土壤肥力下降（Wang 等，2010）；土壤酸化促进铝、锰等毒性元素以及重金属元素的活化，从而抑制植物的正常生长（徐仁扣，2015）。而且，土壤酸化会减少土壤中有益微生物的数量和降低活性，改变土壤的碳、氮、磷、硫的循环（徐仁扣等，2011；徐仁扣，2015），影响茶树根系发育和养分吸收，导致茶树生长受到影响和茶叶品质严重下降（郑慧芬等，2019；李昌娟等，2021）。因此，采取有效措施减缓茶园土壤酸化进程，并对严重酸化的茶园土壤进行改良和修复，是保障茶园可持续发展所面临的重要问题。

生物炭是一种由农业废弃物在厌氧高温条件下热解炭化所得的具有多孔性、吸附能力强、碱性的高碳稳定物，是一种较好的土壤改良剂（Lehmann and Joseph，2015）。已有研究证明，施用生物炭可以改良酸化土壤，增加酸化土壤养分含量（Dai 等，2017）。目前生物炭对玉米、烤烟等农作物生长的影响已有报道（陈懿等，2019；殷大伟等，2019），而对酸化茶园的茶树生长和品质影响研究的报道较少（李昌娟等，2021），对茶叶的增产提质作用机理尚需深入探究。

因此，利用农林废弃物制备生物炭田间试验，研究香蕉茎叶生物炭不同施用量对红壤茶园土壤化学性状、土壤微生物量、土壤酶活性及茶叶品质等的影响，分析土壤理化性状、微生物、相关酶活性和茶叶品质等之间的相关性，旨在为生物炭在红壤茶园土壤改良中的应用研究提供科学依据。

1 生物炭对酸性红壤茶园土壤养分含量及微生物学特性的影响

1.1 施用香蕉茎叶生物炭对茶园土壤理化性质的影响

从表20-1可看出，施用香蕉茎叶生物炭改善了茶园土壤结构和土壤理化性质。施用生物炭显著降低了茶园土壤容重，土壤的pH值随香蕉茎叶生物炭施用量的增加而上升，土壤有机碳和全氮含量显著提高，显著增加了土壤碱解氮、有效磷和速效钾含量（$P < 0.05$）。与对照相比，施用香蕉茎叶生物炭各处理土壤容重分别降低了7.76%、12.07%和18.97%；土壤有机碳分别增加了11.15%、27.77%和66.33%；土壤全氮分别增加了2.84%、9.09%和27.84%；土壤碱解氮分别增加了19.17%、67.01%和131.49%；土壤有效磷分别增加了63.17%、89.75%和156.38%；土壤有效钾分别增加了20.28%、99.04%和189.05%。施用香蕉茎叶生物炭有利于改善红壤茶园的土壤理化性质。

表20-1 香蕉茎叶生物炭施用对红壤茶园土壤理化性质的影响

指标	BD（g/cm³）	pH 值	SOC（g/kg）	TN（g/kg）	AN（mg/kg）	AP（mg/kg）	AK（mg/kg）
CK	1.16 a	4.26 c	19.01 c	1.76 c	123.01 c	73.55 c	99.87 c
Bc10	1.07 b	4.56 b	21.13 b	1.81 b	146.59 c	120.01 b	120.12 b
Bc20	1.02 b	4.79 b	24.29 b	1.92 b	205.44 b	139.56 b	198.78 b
Bc40	0.94 c	5.15 a	31.62 a	2.25 a	284.75 a	188.57 a	288.67 a

注：同一列不同小写字母表示不同处理间差异显著（$P < 0.05$）；CK、Bc10、Bc20、Bc40分别表示施用量为0 t/hm²、10 t/hm²、20 t/hm²、40 t/hm²，下同。

1.2 施用香蕉茎叶生物炭对土壤有效态铅、镉、铜、锌、铁的影响

从表20-2可看出，施用香蕉茎叶生物炭显著降低了茶园土壤有效态重金属元素铅、镉和铜的含量。与对照相比，香蕉茎叶生物炭各处理土壤有效态铅分别降低了30.49%、60.79%和81.09%；土壤有效态镉分别降低了32.03%、61.11%和83.33%；土壤有效态铜分别降低了8.83%、36.59%和66.40%。施用香蕉茎叶生物炭不仅对茶园土壤中的重金属元素铅、镉、铜等起到固定作用，同样对土壤中游离的微量元素锌、铁也有一定的固定作用。与对照相比，香蕉茎叶生物炭各处理土壤有效态锌分别降低了11.31%、21.21%和43.83%；土壤有效态铁分别降低了18.37%、37.71%和48.87%。可见，香蕉茎叶生物炭对茶园土壤有效态铅、镉、铜、锌和铁含量有显著影响（$P < 0.05$）。

表20-2 香蕉茎叶生物炭对茶园土壤有效态铅、镉、铜、锌和铁的影响（mg/kg）

指标	有效态 Pb	有效态 Cd	有效态 Cu	有效态 Zn	有效态 Fe
CK	33.26 a	6.12 a	6.34 a	58.79 a	522.15 a

续表

指标	有效态 Pb	有效态 Cd	有效态 Cu	有效态 Zn	有效态 Fe
Bc10	23.12 b	4.16 b	5.78 a	52.14 a	426.22 b
Bc20	13.04 c	2.38 c	4.02 b	46.32 b	325.24 c
Bc40	6.29 d	1.02 d	2.13 c	33.02 c	266.97 d

1.3　施用香蕉茎叶生物炭对茶园土壤微生物生物量碳的影响

土壤微生物生物量碳能在很大程度上表征土壤微生物数量，是评价土壤生物学性状及土壤肥力的重要指标。从表20-3可看出，与对照处理相比，施用香蕉茎叶生物炭对红壤茶园土壤微生物生物量碳有一定的影响，结果表明，生物炭施用能显著增加土壤微生物生物量碳含量，BC10、BC20和BC40处理土壤的微生物生物量碳分别提高了9.60%、44.88%和74.21%（$P < 0.05$），BC40处理土壤微生物生物量碳达到最高值（428.97 mg/kg）。结合生物炭的施用成本，采用20~40 t/hm²的香蕉茎叶生物炭施用量较为合适。

表20-3　香蕉茎叶生物炭施用处理下微生物生物量碳含量（mg/kg）

指标	CK	Bc10	Bc20	Bc40
MBC	246.23 c	269.87 c	356.75 b	428.97 a

1.4　施用香蕉茎叶生物炭对茶园土壤微生物数量的影响

细菌是茶园土壤微生物中数量最多的微生物，其次是放线菌和真菌。从表20-4可知，香蕉茎叶生物炭显著提高了茶园土壤微生物的数量，其增幅随生物炭施用量的增加而增大。与对照处理相比，施用生物炭处理土壤细菌、放线菌和真菌的增幅分别为44.38%、88.19%和127.95%；31.13%、88.81%和129.74%；19.87%、24.85%和43.17%。解钾细菌、解磷细菌有促进土壤中钾、磷的释放与植物生长的作用，茶园施用香蕉茎叶生物炭后土壤解钾细菌以及解磷细菌的增幅分别为112.52%、172.71%和222.66%；148.41%、288.10%和345.14%。

表20-4　香蕉茎叶生物炭施用处理下微生物数量

指标	细菌 （10⁶cfu/gDW）	放线菌 （10⁴cfu/gDW）	真菌 （10³cfu/gDW）	解钾细菌 （10⁴cfu/gDW）	解磷细菌 （10⁴cfu/gDW）
CK	83.26 d	20.01 c	37.55 c	45.11 d	35.22 d
Bc10	120.21 c	26.24 c	45.01 b	95.87 c	87.49 c
Bc20	156.69 b	37.78 b	46.88 b	123.02 b	136.69 b
Bc40	189.79 a	45.97 a	53.76 a	145.55 a	156.78 a

1.5 施用香蕉茎叶生物炭对茶园土壤酶活性的影响

土壤酶能催化土壤中的生物化学反应，因而土壤酶活性可以表征土壤养分转化过程和土壤肥力。从表20-5可以看出，本研究中施用香蕉茎叶生物炭显著影响了红壤茶园土壤与碳、氮、磷循环相关的土壤酶活性。土壤 β- 葡萄糖苷酶以及脲酶活性均随生物炭施用量的增加而提高，与对照相比，各处理土壤 β- 葡萄糖苷酶与脲酶活性分别增加了38.33%、54.63% 和109.00%；8.17%、13.50% 和16.73%，达到显著差异（$P < 0.05$）。同时，施用生物炭明显降低土壤酸性磷酸酶活性，与对照相比，BC10、BC20、BC40 处理分别下降了14.16%、18.98% 和30.72%，差异显著（$P < 0.05$）。而碱性磷酸酶活性却随着生物炭的施用量增加而显著提高，与对照相比，BC10、BC20、BC40 处理分别增加了55.88%、83.82% 和264.71%，差异显著（$P < 0.05$）。所有处理中土壤酸性磷酸酶活性的数值显著高于碱性磷酸酶，表明酸性磷酸酶在红壤茶园土壤中占据主要地位。

表20-5 香蕉茎叶生物炭施用处理下土壤酶活性

指标	β- 葡萄糖苷酶（μg/g）	脲酶（mg/g）	酸性磷酸酶（μg/g）	碱性磷酸酶（μg/g）
CK	26.01 d	5.26 c	23.44 a	0.68 c
Bc10	35.98 c	5.69 b	20.12 a	1.06 b
Bc20	40.22 b	5.97 b	18.99 b	1.25 b
Bc40	54.36 a	6.14 a	16.24 c	2.48 a

1.6 土壤微生物、酶活性及土壤养分的相关性分析

表20-6是土壤微生物、酶活性、有机碳、pH 值和土壤养分之间的相关性分析，结果显示，pH 值与土壤有机碳、全氮、碱解氮、有效磷、有效钾、土壤 β- 葡萄糖苷酶和微生物生物量碳呈极显著正相关（$P < 0.01$），表明酸性茶园土壤 pH 值状况与土壤养分状况之间的密切关系。而且，pH 值与土壤碱性磷酸酶、土壤脲酶活性之间有显著正相关性（$P < 0.05$），与土壤酸性磷酸酶之间存在极显著负相关关系（$P < 0.01$），说明施用香蕉茎叶生物炭引起土壤 pH 值变化，从而也影响了茶园土壤的生物化学过程。解磷细菌和解钾细菌类似，除均分别与脲酶活性呈显著正相关性（$P < 0.05$），与酸性磷酸酶存在极显著负相关关系（$P < 0.01$）外，均分别与 pH 值、有机碳、全氮、碱解氮、有效磷、有效钾、β- 葡萄糖苷酶、碱性磷酸酶和微生物生物量碳均呈极显著正相关（$P < 0.01$）。此外，土壤 β- 葡萄糖苷酶分别与解无机磷细菌数量、解钾细菌数量、pH 值、有机碳、全氮、碱解氮、有效磷和有效钾呈极显著正相关性（$P < 0.01$）。有机碳、全氮、碱解氮、有效磷和有效钾两两间存在极显著正相关性（$P < 0.01$），均与碱性磷酸酶呈极显著正相关性

（$P < 0.01$）。说明本研究中土壤酶活性与土壤微生物数量息息相关，能在一定程度表征茶园土壤微生物的活性。

表20-6　土壤微生物、酶活性及土壤养分的相关性分析

指标	JLXJ	JJXJ	pH值	SOC	TN	AN	AP	AK	BG	UR	ACP	ALP
JJXJ	0.87**	1										
pH值	0.86**	0.77**	1									
SOC	0.94**	0.82**	0.92**	1								
TN	0.78**	0.71**	0.74**	0.87**	1							
AN	0.69**	0.75**	0.76**	0.79**	0.76**	1						
AP	0.82**	0.83**	0.95**	0.86**	0.75**	0.69**	1					
AK	0.79**	0.79**	0.84**	0.83**	0.81**	0.66**	0.91**	1				
BG	0.91**	0.89**	0.96**	0.88**	0.87**	0.82**	0.96**	0.85**	1			
UR	0.67*	0.66*	0.56*	0.61*	0.66*	0.58*	0.87**	0.66*	0.65*	1		
ACP	−0.79**	−0.86**	−0.91**	−0.87**	0.76**	0.75**	0.88**	0.84**	0.76**	0.51	1	
ALP	0.68**	0.69**	0.69**	0.86**	0.76**	0.74**	0.67**	0.69**	0.69*	0.45	—	1
MBC	0.69**	0.75**	0.71**	0.69**	0.67*	0.59*	0.62*	0.59*	0.79**	0.74**	0.68*	0.41

注：JLXJ、JJXJ、SOC、TN、AN、AP、AK、BG、UR、ACP、ALP和MBC分别表示解磷细菌、解钾细菌、有机碳、全氮、碱解氮、有效磷、有效钾、β-葡萄糖苷酶、脲酶、酸性磷酸酶、碱性磷酸酶和微生物生物量碳。** 表示在0.01水平上极显著相关（$P < 0.01$），* 表示在0.05水平上显著相关（$P < 0.05$）。

2　生物炭施用对酸性红壤茶叶养分累积动态及营养品质的影响

2.1　施用香蕉茎叶生物炭对茶园土壤硝态氮、铵态氮的影响

从表20-7可以看出，与不施加生物炭处理CK相比，香蕉茎叶生物炭不同处理土壤硝态氮和铵态氮变化规律一致，随着香蕉茎叶生物炭施用量的增加而呈现逐渐升高的变化规律，铵态氮含量高于硝态氮。香蕉茎叶生物炭各处理的硝态氮含量的增幅分别为8.59%、23.44%和45.31%；香蕉茎叶生物炭各处理的铵态氮的增幅分别为94.64%、204.54%和280.93%，施用香蕉茎叶生物炭能显著提高酸化茶园土壤矿质态氮含量，其中以Bc40处理的效果更为明显。

表20-7　香蕉茎叶生物炭施用处理对土壤硝态氮、铵态氮的影响（mg/kg）

指标	CK	Bc10	Bc20	Bc40
硝态氮	1.28 c	1.39 c	1.58 b	1.86 a
铵态氮	26.85 d	52.26 c	81.77 b	102.28 a

2.2　施用香蕉茎叶生物炭对土壤交换性钙镁的影响

从表20-8可以看出，与不施加生物炭处理CK相比，香蕉茎叶生物炭不同处理土壤交换性钙和交换性镁变化规律一致，随着香蕉茎叶生物炭施用量的增加而呈现逐渐升高的变化规律，交换性钙含量高于交换性镁含量。香蕉茎叶生物炭各处理交换性钙含量的增幅分别为5.67%、11.45%和16.83%；香蕉茎叶生物炭各处理交换性镁含量的增幅分别为15.54%、20.66%和31.77%。可见，施用香蕉茎叶生物炭在一定程度上提高了酸化茶园土壤交换性钙、交换性镁含量，其中以BC40处理的效果更为显著。

表20-8　香蕉茎叶生物炭施用处理对土壤交换性钙、交换性镁的影响（mg/kg）

指标	CK	Bc10	Bc20	Bc40
交换性钙	1189.56 c	1256.95 b	1325.77 a	1389.79 a
交换性镁	146.23 c	168.95 b	176.44 b	192.68 a

2.3　施用香蕉茎叶生物炭对茶叶养分累积量的影响

不同香蕉茎叶生物炭处理的茶叶氮、磷、钾、钙和镁累积量分析结果表明（表20-9），与CK相比，施用香蕉茎叶生物炭处理均可在一定程度上增加茶叶氮、磷、钾、钙和镁的累积量，其中各处理氮的增加幅度分别为5.36%、8.65%和15.35%；磷的增加幅度分别为7.65%、17.18%和23.81%；钾的增加幅度分别为2.45%、10.96%和15.25%；钙的增加幅度分别为7.41%、22.22%和70.37%；镁的增加幅度分别为8.00%、16.00%和28.00%。施用香蕉茎叶生物炭不同程度促进了茶叶氮、磷、钾、钙和镁的吸收，进而促进茶树的生长，其中以BC40处理的效果最佳。

表20-9　香蕉茎叶生物炭施用处理的茶叶氮、磷、钾、钙和镁累积量（g/kg）

指标	N	P	K	Ca	Mg
CK	40.12 c	5.88 b	11.41 c	0.27 b	0.25 b
Bc10	42.27 b	6.33 b	11.69 c	0.29 b	0.27 b
Bc20	43.59 b	6.89 a	12.66 b	0.33 b	0.29 b
Bc40	46.28 a	7.28 a	13.15 a	0.46 a	0.32 a

2.4　施用香蕉茎叶生物炭对茶树光合作用的影响

茶树的光合作用强弱可用叶片的叶绿素相对含量（SPAD值）高低来表示（任伟等，2014）。香蕉茎叶生物炭不同处理茶树鲜叶叶绿素相对含量变化如表20-10所示，与对照比较，施用香蕉茎叶生物炭处理均提高了茶树叶片的叶绿素相对含量，促进茶叶的光合作用，叶绿素相对含量大小表现为BC40＞BC20＞BC10＞CK。香蕉茎叶生物炭各处理叶绿素相对含量的增幅分别为4.91%、12.35%和22.63%。可见，施用香蕉茎叶生物炭可以显著提高茶树鲜叶的叶绿素相对含量，促进酸化茶园茶树的光合作用，有利于茶叶中碳水化合物的积累，其中以BC40处理的效果较好。

表20-10　香蕉茎叶生物炭施用处理对茶树光合作用的影响

指标	CK	Bc10	Bc20	Bc40
SPAD	46.88 c	49.18 b	52.67 a	57.49 a

2.5　施用香蕉茎叶生物炭对茶叶产量的影响

茶树的百芽重和芽头密度是表征茶叶产量的两个主要指标。从表20-11可以看出，香蕉茎叶生物炭不同处理百芽重、芽头密度和茶叶产量从高到低均依次为Bc40＞Bc20＞Bc10＞CK。与对照相比，各处理百芽重的增幅分别为11.77%、25.84%和36.36%，芽头密度的增幅分别为5.68%、13.28%和15.56%，茶叶产量的增幅分别为9.35%、33.33%和49.87%。可见，施用香蕉茎叶生物炭可以显著增加茶树的百芽重、芽头密度和茶叶产量，不同处理间茶叶产量有显著差异（$P < 0.05$），且以BC40处理的效果最佳。

表20-11　香蕉茎叶生物炭施用处理对茶树百芽重、芽头密度和茶青产量的影响

指标	CK	Bc10	Bc20	Bc40
百芽重（g）	58.36 c	65.23 b	73.44 a	79.58 a
芽头密度（g/m²）	450.12 c	475.69 c	509.89 b	520.14 a
茶叶产量（kg/hm²）	2602.04 d	2845.26 c	3469.35 b	3899.79 a

2.6　施用香蕉茎叶生物炭对茶叶产量的主要影响因素

以茶叶产量为母序列，将可能的影响因子作为子序列进行灰色关联分析。从表20-12可以看出，土壤pH值、铵态氮含量与茶叶产量的关联程度最高，关联系数分别为0.902

和0.825；其次为茶叶SPAD值、氮积累量、镁积累量、钾积累量、速效钾、速效磷和交换性镁，与茶叶产量的关联系数介于0.605~0.765；而磷积累量、钙积累量、硝态氮及交换性钙均与茶叶产量的关联程度相对较低，关联系数介于0.526~0.588。表明土壤pH值和铵态氮含量是影响酸化茶园茶叶产量的关键因素；SPAD值、氮积累量、镁积累量、钾积累量、速效钾、速效磷和交换性镁等因子是影响酸化茶园茶叶产量的较重要因素。可见，茶园施用香蕉茎叶生物炭对茶叶产量有显著的影响（$P < 0.05$）。

表20-12　香蕉茎叶生物炭施用下茶叶产量与可能影响因子的灰色关联分析

排序	影响因子	灰色关联系数	排序	影响因子	灰色关联系数
1	pH值	0.902	8	速效磷	0.617
2	铵态氮	0.825	9	交换性镁	0.605
3	SPAD	0.765	10	磷积累量	0.588
4	氮积累量	0.731	11	钙积累量	0.568
5	镁积累量	0.685	12	硝态氮	0.549
6	钾积累量	0.656	13	交换性钙	0.526
7	速效钾	0.624			

2.7　施用香蕉茎叶生物炭对茶叶品质的影响

从表20-13可以看出，各处理茶叶水浸出物含量介于40.36%~51.37%，茶叶水浸出物含量随生物炭施用量的增加而逐渐增加（$P < 0.05$），与CK处理相比，各处理增幅分别为7.66%、20.89%和27.28%。与CK处理相比，施用香蕉茎叶生物炭后茶叶咖啡碱含量均显著增加（$P < 0.05$），各处理分别增加了37.84%、50.81%和68.65%；不同处理茶叶氨基酸含量高低表现为Bc40＞Bc20＞Bc10＞CK，其中Bc40处理茶叶氨基酸含量最高（3.28%），显著高于CK和其他处理（$P < 0.05$）。不同处理茶叶酚氨比大小关系依次为CK＞Bc10＞Bc20＞Bc40，与CK处理相比，施用香蕉茎叶生物炭处理后茶叶酚氨比分别显著降低了6.16%、11.23%和17.57%，当香蕉茎叶生物炭施用量为40 t/hm²时，茶叶酚氨比最低为4.55。不同处理茶叶品质综合指数大小关系表现为Bc40＞Bc20＞Bc10＞CK，其中Bc40处理茶叶品质综合指数最高（$P < 0.05$），除与Bc20处理间无显著性差异外（$P > 0.05$），与其他处理间均存在显著差异（$P < 0.05$）。说明施用香蕉茎叶生物炭处理能提高酸化茶园茶叶的各品质成分含量，茶叶的综合品质提升效果以高施用量处理（Bc40）较为显著（$P < 0.05$）。

表20-13　香蕉茎叶生物炭施用处理下茶叶品质的差异分析

指标	水浸出物（%）	咖啡碱（%）	茶多酚（%）	氨基酸（%）	酚氨比	品质综合指数
CK	40.36 c	1.85 c	13.69 c	2.48 b	5.52 a	12.79 b
Bc10	43.45 c	2.55 b	14.18 b	2.74 b	5.18 a	14.69 b
Bc20	48.79 b	2.79 b	14.45 b	2.95 a	4.90 b	15.88 a
Bc40	51.37 a	3.12 a	14.92 a	3.28 a	4.55 b	16.47 a

2.8　施用香蕉茎叶生物炭对茶叶品质的主要影响因素

以茶叶品质综合指数为母序列，可能的影响因子为子序列进行灰色关联分析（表20-14），结果表明，土壤铵态氮含量、茶叶氮积累量与茶叶品质的关联程度较高，灰色关联系数分别为0.874和0.782；其次为有效磷、镁积累量、SPAD值、pH值、有效钾、磷积累量及钾积累量，与茶叶品质的关联系数介于0.611~0.686；而交换性镁、钙积累量、交换性钙、硝态氮与茶叶品质的关联程度较低，关联系数介于0.529~0.599。这表明土壤铵态氮含量和茶叶氮积累量是影响酸化茶园茶叶品质的关键因素，供试茶园的茶叶品质主要受土壤铵态氮含量与茶叶氮积累量的影响；其次，速效磷、镁积累量、SPAD值、速效钾、pH值、磷积累量及钾积累量等因子是影响酸化茶园茶叶品质的较重要因素。

表20-14　香蕉茎叶生物炭施用下茶叶品质与可能影响因子的灰色关联分析

排序	影响因子	灰色关联系数	排序	影响因子	灰色关联系数
1	铵态氮	0.874	8	磷积累量	0.623
2	氮积累量	0.782	9	钾积累量	0.611
3	有效磷	0.686	10	交换性镁	0.599
4	镁积累量	0.665	11	钙积累量	0.567
5	SPAD	0.660	12	交换性钙	0.548
6	pH 值	0.629	13	硝态氮	0.529
7	有效钾	0.621			

3　讨论与小结

3.1　生物炭施用对酸化茶园土壤的改良效果

茶树是喜酸植物，但土壤pH值并非越低越好，茶树生长适宜的土壤pH值为4.5~6.5，最适为5.5，因此土壤过度酸化不仅会直接影响茶树生长，降低茶叶的产量和品质，而且会增强土壤中重金属的活性，从而大大增加了重金属向茶叶中转移的风险（李荣林等，2011）。当茶园土壤 pH ＜ 4.5 时，不仅会阻碍茶树生长，还容易导致土壤中矿质养分的流失，铝及重金属元素活化，影响茶叶产量和品质（苏有健等，2018）。有研究表明生物炭的强烈吸附性、多孔性可以明显改良土壤物理性能（李荣林等，2012），本研究表明香蕉茎叶生物炭施用对茶园土壤重金属、磷等具有强烈吸附作用，也进一步说明在强烈酸化的茶园土壤中施用生物炭能够提高茶园土壤的 pH 值，这对抑制茶园土壤的酸化具有一定应用价值，它能够极显著地降低铅、镉、铜等对茶叶食品安全性具有重大影响的重金属元素的活性，也降低了茶叶营养必需元素锌、铁的活性，这对降低茶叶质量安全风险，提高茶叶的整体质量水平具有现实的意义（张文锦等，2011）。长期的茶园种植导致了土壤酸化，不仅不利于茶树生长，而且易引起土壤养分流失（杨向德等，2015）。本研究中，施用香蕉茎叶生物炭提高了红壤茶园土壤 pH 值，茶园土壤 pH 值随施用量的增加而升高，对土壤酸度有显著的改良效果，这与很多酸性土壤施用生物炭的研究结果相一致（Dai 等，2017）。生物炭能改善土壤酸性是因为其含有一定量的碱性基团，能对土壤酸度起到直接中和作用（Yuan and Xu，2011）。生物炭还含有可溶态的灰分元素如钾、钙、镁等，可提高酸性土壤的盐基饱和度，并通过吸持作用来降低土壤氢离子和交换性铝的含量，降低土壤酸度（Van Zwieten 等，2010）。

香蕉茎叶生物炭施入酸化茶园土壤中，不仅能中和土壤中的 H^+ 以及茶树根系释放的 H^+，而且可以增加土壤阳离子交换量和盐基物质含量，增强茶园土壤对酸的缓冲性，从而提高酸化茶园土壤的 pH 值。生物炭减缓茶树根系吸收 NH_4^+ 并减少 H^+ 的释放（张帅等，2019），也致使茶园土壤 pH 值明显上升。本研究表明，与 CK 处理相比，施用生物炭显著增加了茶园土壤 NH_4^+-N 和 NO_3^--N 含量，这是因为南方高温多雨且土壤阳离子交换量低，在常规化肥施入茶园土壤后，铵态氮易发生硝化作用转化为硝态氮而发生淋失（王子腾等，2018），而生物炭因其具有丰富的微孔结构以及较高的阳离子交换量和 pH 值，不仅可以吸附土壤和肥料中 NH_4^+-N（张旭辉等，2017），提高氮素有效性；而且提高了氨化细菌的丰度和活性（张萌等，2019），从而显著提高茶园土壤的 NH_4^+-N 含量。本研究中，生物炭施用后提高了土壤有效磷、有效钾和交换性钙镁含量，究其原因，首先是炭基肥中含有较多的可溶磷酸盐及钾、钙和镁等盐基物质，施用后明显增加土壤磷、钾、钙和镁的输入；其次是生物炭施用后明显提高土壤 pH 值，从而减少土壤对磷的固定作用（Louis 等，2014）；第三是生物炭保留了生物炭的多微孔结构性，可为土壤微生物提供良好的生存环境，增加土壤溶磷菌和硅酸盐解钾菌活性（姜敏等，2016），提高与土壤钾素转化相关的酶活性（王雪玉等，2018），从而提高茶园土壤有效养分含量。

前人研究表明，施用生物炭可增加土壤中矿质养分含量（江福英等，2015；Dai 等，2017），与其结果类似，本研究中施用香蕉茎叶生物炭显著提高了红壤茶园土壤中有效磷和速效钾的含量。红壤茶园土壤中绝大部分磷为固定态，不能为植物所吸收利用，有效磷含量很低。本研究中，施用生物炭后土壤有效磷和有效钾增加，可能有以下几个方面的原因，一是生物炭材料本身携带有一定磷、钾养分（Dai 等，2017）；二是施用生物炭改变土壤理化性质（如 pH 值、阳离子交换量、吸附能力等），间接提高了土壤矿质养分的有效性（李明等，2015）；三是施用生物炭增加了与磷、钾代谢相关的功能微生物的数量和活性（Liu 等，2017）。不同的是，施入低灰分含量生物炭会降低黄壤有效磷含量（Van Zwieten 等，2010）。因此，生物炭对土壤养分性质的效应，受其本身特性及土壤类型的影响（李明等，2015）。

土壤微生物群落数量与活性是影响土壤肥力的主要因素之一。而酸化茶园低产、减产的重要原因之一，是土壤中绝大多数适宜于中性环境的有益微生物大量减少，不利于茶园土壤中有机质的矿化和养分的转化（王世强等，2011）。本研究发现施用生物炭显著增加了茶园土壤细菌、真菌和放线菌的数量，与以往多数的研究结果一致（陈伟等，2013）。有研究发现某些微生物把生物炭作为唯一的碳源（Hamer 等，2004），而且生物炭引起的土壤理化性质变化也会间接影响土壤微生物群落，因而施用生物炭后可能会促进某些土壤微生物类群及数量的增加（Warnock 等，2007）。解钾菌能促进难溶性的钾、磷、硅、镁等养分元素转化成可溶性养分，增加土壤中速效养分的含量。解磷细菌能把土壤中的难溶性或不溶性磷素转化为根系能利用的可溶性磷。本研究表明施用香蕉茎叶生物炭显著提高了红壤茶园土壤解钾细菌和解磷细菌数量。与本研究的结果类似，Fox 等（2014）报道了生物炭能促进土壤细菌活化磷酸盐；Liu 等（2017）研究发现稻壳生物炭增加了红壤中土壤解磷细菌 Pseudomonas（假单胞菌属）和 Flavobacterium（黄杆菌属）的丰富度；也有研究表明，生物炭的施用导致烟田土壤解磷细菌和解钾细菌的数量分别提高了 35.7% 和 16.1%（陈敏和杜相革，2015）。

土壤酶参与土壤养分的物质循环，其活性大小可以表征土壤中物质代谢程度，是土壤质量水平的一个重要指标。本研究表明，土壤 β- 葡萄糖苷酶和土壤脲酶活性均随生物炭施用量的增加而显著提高，这与黄剑（2012）和陈心想等（2014）的研究结果一致，说明施用香蕉茎叶生物炭会促进土壤的生物化学反应，加速土壤养分元素的循环，提高土壤养分的可利用性（Gul and Whalen，2016）。此外，土壤磷酸酶催化土壤有机磷化合物的矿化，其活性直接影响土壤中有机磷的分解转化及其生物有效性。酸性磷酸酶是诱导酶，其主要来自于植物根系分泌物（Jin 等，2016）。本研究发现茶园土壤酸性磷酸酶活性随着生物炭的施用量增加而下降，而且酸性磷酸酶活性与土壤 pH 值、有机碳含量显著负相关，因而酸性磷酸酶活性下降可能是由于施用生物炭提高了 pH 值和土壤有机碳含量所致。与酸性磷酸酶活性不同，茶园土壤碱性磷酸酶活性随生物炭施用量的增加而增加。与本研究结果一致，Du 等（2014）报道在小麦玉米轮作的砂壤土施用生物炭后表层土壤的碱性磷酸酶活性增加了 2~3 倍。土壤碱性磷酸酶源自土壤细菌、真菌和其他的土壤动物（Jin 等，2016），并且 Yoo 等（2012）认为土壤磷酸酶活性增加是因为微生物增殖造成的。本研究表明，解磷细菌分别与 pH 值、有机碳、全氮、碱解氮、有效磷、有效钾、β - 葡萄糖苷酶、碱性磷酸酶和微生物生物量碳均呈极显著正相关（$P < 0.01$），说明红壤茶园施用生物炭引起土壤微生物群落和酶活性的变化，有利于土壤磷的转化（Gul and Whalen，2016）。

3.2　生物炭施用对茶叶增产提质的影响

作物产量是肥料肥效的最终体现，百芽重和芽头密度可在一定程度反映茶叶产量的高低。有研究证实施用有机肥可以提高茶叶产量（Zhang 等，2020）。本研究结果表明，与 CK 相比，香蕉茎叶生物炭施用提高了茶叶百芽重、芽头密度和茶叶产量，表明生物炭处理可以促进茶树新梢发芽，增加茶叶百芽重和产量。这是由于生物炭能发挥其表面疏松多孔性和强离子吸附能力，改良土壤酸性，吸附土壤和肥料中的氮、磷、钾等养分，降低土壤养分的淋失及固定损失，提高了土壤对矿质养分的吸持容量（Zhang 等，2017），延长矿质养分的释放时间，从而满足茶树整个生育期的养分需求，显著增强茶叶氮、磷、钾和钙镁养分的吸收和累积。茶树是多年生喜铵植物，施用生物炭可以显著提高土壤铵态氮的供给，促进茶树对铵态氮的吸收以及叶片细胞分裂伸长，增加茶树的发芽数。此外，有研究表明施用生物炭促进茶树对镁元素的吸收，提高茶叶叶绿素的含量，促进茶叶的光合作用和碳水化合物的合成（李相楹等，2014）。因此，生物炭可促进茶树叶片新梢的萌发伸长，增强光合作用及其代谢产物的积累，使茶树营养生长旺盛，发芽数增多进而增加茶叶的百芽重和产量。

茶园土壤有效养分的丰缺变化能够影响茶树次生代谢产物的积累，进而影响茶叶品质。茶叶品质的高低通常以水浸出物、咖啡碱、茶多酚、氨基酸和酚氨比等指标来进行判定，这些茶叶生化成分与茶汤的香气和滋味密切相关（杨浩瑜等，2020）。氮是茶叶氨基酸和咖啡碱等滋味物质的重要构成成分，土壤磷、钾含量增加有利于茶多酚和水浸出物的增加（陈婵婵，2008），镁是茶树叶片叶绿素的主要成分，影响茶树叶片光合作用，故对新梢茶芽的生长和品质起决定作用。本研究表明，施用生物炭可显著增加茶叶氮、磷、钾、镁的累积量和 SPAD 值，促进茶叶对氮、磷、钾、镁的吸收和碳水化合物的合成。这主要是由于生物炭对养分的吸持和缓释作用（李艳梅等，2017），调节了茶园土壤的有效养分状况，减少矿质养分的淋失，从而增加后期茶叶养分吸收累积量，使其效果优于常规化肥处理。前人研究表明，游离氨基酸是一种含氮有机物，其含量高低取决于茶叶氮的累积量；茶多酚适宜含量在20% 左右，过高会导致茶苦涩，直接影响茶叶的品质（朱旭君等，2015）。本研究表明，各处理茶叶茶多酚的含量均在13.69%~14.92% 之间波动；水浸出物、咖啡碱含量随着生物炭施用量的增加而增加；BC40 处理的氨基酸含量最高，显著高于其他处理（$P < 0.05$）。主要原因是茶多酚含量与叶片中氮、磷、钾元素密切相关，随着氮、磷、钾养分累积量的增加，茶树合成的茶多酚、氨基酸、水浸出物、咖啡碱总量也随之增加，使其茶汤鲜爽，香气高长，品质更优良（罗凡等，2014）。灰色关联分析结果表明，供试酸化茶园茶叶产量和品质的高低主要取决于茶园土壤 pH 值、铵态氮和速效钾含量以及茶叶的 SPAD 值、氮积累量和镁积累量等因子，表明酸化茶园这些因子的变化对茶叶的产量和品质具有显著影响。茶树生长具有喜铵特性，氮元素含量的高低直接影响茶叶生长以及氨基酸的合成（李俊强等，2019），故土壤铵态氮含量和茶叶氮积累量的增加促进茶叶产量的提升。

施用石灰是一种简单易行的克服土壤酸化的方法，前期试验发现石灰的施用有可能对土壤某些性状（例如土壤质地、团粒结构）造成破坏性影响，对土壤生物产生杀伤作用。施用生理碱性肥料是另一种常见方法，一般是使用硝酸钾、草木灰，但硝酸钾极易淋失，在茶园化肥用量过度、氮素过剩的情形下，大量使用硝酸钾并不适宜，而产生草木灰要燃烧秸秆，容易产生二次污染（徐仁扣等，2011）。本研究中，在茶园土中施用生物炭一方面可以减少有效矿物元素的淋失，达到提高养分利用效率、保护土壤环境的效果，另一方面当茶树处于快速生长季节时，生物炭引起的土壤养分的固定有可能会导致茶树某些营养的缺乏，使茶树生长受到阻碍，影响到茶的产量和品质。近年来中国生物炭农用研究已经开始起步，获得了一些初步结果（Zhang 等，2010），目前基于农林废弃物资源化利用途径，以生物炭的制备为主要生产目标，生物炭制备在技术上和经济上都应当是可行的，因此后续应加强关于生物炭在农业生产中的应用对农业生产过程的影响，对农田生态系统的短期和长期效应，对提高农业生产力和提高农产品质量安全水平的实际效果的比较研究。同时，生物炭在茶园中如何使用（施用量、施用时期）以及生物炭在茶园使用所能获得的经济和生态效益等都需要进一步研究和评估（吴志丹等，2012）。

3.3 小结

（1）香蕉茎叶生物炭施用显著降低了茶园土壤容重，提高了土壤 pH 值，增加了土壤有机碳、全氮、碱解氮、有效磷和有效钾，明显降低了茶园土壤中有效态重金属铅、镉和铜的含量，土壤中有效铁、锌也显著降低。随着生物炭施用量的增加，提高了茶园土壤中细菌、放线菌、真菌、解钾细菌以及解磷细菌的数量；显著增加了 β-葡萄糖苷酶、脲酶和碱性磷酸酶活性，降低了土壤酸性磷酸酶活性。香蕉茎叶生物炭施用改善了酸性红壤茶园土壤的酸碱环境和微生物活性，有利于促进土壤养分的转化，促进了土壤磷、钾元素的循环。

（2）香蕉茎叶生物炭施用显著提升了酸化茶园土壤 pH 值以及速效养分含量，增强了茶叶的光合作用和对矿质养分的吸收利用能力，从而明显提升酸化茶园的茶叶产量和质量。综合考虑改良土壤和提高茶叶品质的效果，以施用40 t/hm² 生物炭处理下茶叶增产提质效果较佳，说明香蕉茎叶生物炭在酸化茶园的土壤改良和茶叶增产提质方面具有较好的应用前景。

参考文献

［1］陈婵婵.陕西茶园土壤养分与茶叶相应成分关系的研究［D］.咸阳：西北农林科技大学，2008.

［2］陈敏，杜相革.生物炭对土壤特性及烟草产量和品质的影响［J］.中国土壤与肥料，2015（1）：80-83.

［3］陈伟，周波，束怀瑞.生物炭和有机肥处理对平邑甜茶根系和土壤微生物群落功能多样性的影响［J］.中国农业科学，2013，46（18）：3850-3856.

［4］陈心想，耿增超，王森，等.施用生物炭后土壤微生物及酶活性变化特征［J］.农业环境科学学报，2014，33（4）：751-758.

［5］陈懿，林英超，黄化刚，等.炭基肥对植烟黄壤性状和烤烟养分积累、产量及品质的影响［J］.土壤学报，2019，56（2）：495-504.

［6］樊战辉，唐小军，郑丹，等.茶园土壤酸化成因及改良措施研究和展望［J］.茶叶科学，2020，40（1）：15-25.

［7］黄剑.生物炭对土壤微生物量及土壤酶的影响研究［D］.北京：中国农业科学院，2012.

［8］江福英，吴志丹，尤志明，等.生物黑炭对茶园土壤理化性状及茶叶产量的影响［J］.茶叶学报，2015，56（1）：16-22.

［9］姜敏，汪霄，张润花，等.生物炭对土壤不同形态钾素含量的影响及机制初探［J］.土壤通报，2016，47（6）：1433-1441.

［10］李昌娟，杨文浩，周碧青，等.生物炭基肥对酸化茶园土壤养分及茶叶产质量的影响［J］.土壤通报，2021，52（2）：387-397.

［11］李俊强，林利华，张帆，等.施肥模式对茶叶营养累积及土壤肥力的影响［J］.江苏农业科学，2019，47（7）：170-174.

［12］李明，李忠佩，刘明，等.不同秸秆生物炭对红壤性水稻土养分及微生物群落结构的影响［J］.中国农业科学，2015，48（7）：1361-1369.

［13］李荣林，彭英，周建涛，等.茶的生态栽培与茶叶质量安全风险［J］.中国茶叶，2011（3）：23-25.

［14］李荣林，黄继超，黄欣卫，等.生物炭对茶园土壤酸性和土壤元素有效性的调节作用［J］.江苏农业科学，2012，40（12）：345-347.

［15］李相楹，张珍明，张清海，等.茶园土壤氮磷钾与茶叶品质关系研究进展［J］.广东农业科学，2014，41（23）：56-60.

［16］李艳梅，张兴昌，廖上强，等.生物炭基肥增效技术与制备工艺研究进展分析［J］.农业机械学报，2017，48（10）：1-14.

［17］罗凡，张厅，龚雪蛟，等.不同施肥方式对茶树新梢氮磷钾含量及光合生理的影响［J］.应用生态学报，2014，25（12）：3499-3506.

［18］任伟，赵鑫，黄收兵，等.不同密度下增施有机肥对夏玉米物质生产及产量构成的影响［J］.中国生态农业学报，2014，22（10）：1146-1155.

［19］苏有健，王烨军，张永利，等.茶园土壤酸化阻控与改良技术［J］.中国茶叶，2018，40（3）：9-11，15.

［20］王世强，胡长玉，程东华，等.调节茶园土壤 pH 对其土著微生物区系及生理群的影响［J］.土壤，2011，43（1）：76-80.

［21］王雪玉，刘金泉，胡云，等.生物炭对黄瓜根际土壤细菌丰度、速效养分含量及酶活性的影响［J］.核农学报，2018，32（2）：370-376.

［22］王子腾，耿元波，梁涛，等.减施化肥和配施有机肥对茶园土壤养分及茶叶产量和品质的影响［J］.生态环境学报，2018，27（12）：2243-2251.

［23］吴志丹，尤志明，江福英，等.生物黑炭对酸化茶园土壤的改良效果［J］.福建农业学报，2012，27（2）：167-172.

［24］徐仁扣.土壤酸化及其调控研究进展［J］.土壤，2015，47（2）：238-244.

［25］徐仁扣，赵安珍，姜军.酸化对茶园黄棕壤 CEC 和粘土矿物组成的影响［J］.生态环境学报，2011，20（10）：1395-1398.

［26］杨浩瑜，刘惠见，张乃明，等.化肥减施处理对茶园土壤养分及茶叶品质的影响［J］.南方农业学报，2020，51（4）：887-896.

［27］杨向德，石元值，伊晓云，等.茶园土壤酸化研究现状和展望［J］.茶叶学报，2015，56（4）：189-197.

［28］殷大伟，金梁，郭晓红，等.生物炭基肥替代化肥对砂壤土养分含量及青贮玉米产量的影响［J］.东北农业科学，2019，44（4）：19-24.

［29］张帅，户杉杉，潘荣艺，等.茶园土壤酸化研究进展［J］.茶叶，2019，45（1）：17-23.

［30］张文锦，王峰，翁伯琦.中国茶叶质量安全的现状、问题及保障体系构建［J］.福建农林大学学报（哲学社会科学版），2011，14（4）：27-33.

［31］张旭辉，李治玲，李勇，等.施用生物炭对西南地区紫色土和黄壤的作用效果［J］.草业学报，2017，26（4）：63-72.

［32］张萌，魏全全，肖厚军，等.不同用量专用生物炭基肥对贵州朝天椒提质增效的影响［J］.核农学报，2019，33（7）：1457-1464.

［33］郑慧芬，吴红慧，翁伯琦，等. 施用生物炭提高酸性红壤茶园土壤的微生物特征及酶活性［J］. 中国土壤与肥料，2019（2）：68-74.

［34］朱旭君，王玉花，张瑜，等. 施肥结构对茶园土壤氮素营养及茶叶产量品质的影响［J］. 茶叶科学，2015，35（3）：248-254.

［35］Dai Z M，Zhang X J，Tang C，et al. Potential role of biochars in decreasing soil acidification-A critical review［J］. Science of the Total Environment，2017，581-582：601-611.

［36］Du Z L，Wang Y D，Huang J，et al. Consecutive biochar application alters soil enzyme activities in the winter wheat-growing season［J］. Soil Science，2014，179：75-83.

［37］Fox A，Kwapinski W，Griffiths B S，et al. The role of sulfur and phosphorus-mobilizing bacteria in biochar-induced growth promotion of Lolium perenne［J］. FEMS Microbiology Ecology，2014，90（1）：78-91.

［38］Gul S，Whalen J K. Biochemical cycling of nitrogen and phosphorus in biochar-amended soils［J］. Soil Biology & Biochemistry，2016，103：1-15.

［39］Hamer U，Marschner B，Brodowski S，et al. Interactive priming of black carbon and glucose mineralization［J］. Organic Geochemistry，2004，35：823-830.

［40］Jin Y，Liang X Q，He M M，et al. Manure biochar influence upon soil properties，phosphorus distribution and phosphatase activities：A microcosm incubation study［J］. Chemosphere，2016，142：128-135.

［41］Lehmann J，Joseph S. Biochar for environmental management：science，technology and implementation［M］. New York：Routledge，2015.

［42］Liu S N，Meng J，Jiang L L，et al. Rice husk biochar impacts soil phosphorus availability，phosphatase，activities and bacterial community characteristics in three different soil types［J］. Applied Soil Ecology，2017，116：12-22.

［43］Louis M M，Thomas E S，Rajesh C，et al. Phosphorus sorption and availability from biochars and soil/biochar mixtures［J］. Clean-Soil，Air，Water，2014，42（5）：626-634.

［44］Van Zwieten L，Kimber S，Morris S，et al. Effects of biochar from slow pyrolysis of papermill waste on agronomic performance and soil fertility［J］. Plant and Soil，2010，327：235-246.

［45］Wang H，Xu R K，Wang N，et al. Soil acidification of Alfisols as influenced by tea cultivation in eastern China［J］. Pedosphere，2010，20（6）：799-806.

［46］Warnock D D，Lehmann J，Kuyper T W，et al. Mycorrhizal responses to biochar in soil-concepts and mechanisms［J］. Plant and Soil，2007，300：9-20.

［47］Yoo G，Kang H. Effects of biochar addition on greenhouse gas emission and microbial response in a short-term laboratory experiment［J］. Journal of Environmental Quality，2012，41（4）：1193-1202.

［48］Yuan J H，Xu R K. The amelioration effects of low temperature biochar generated from nine crop residues on an acidic Ultisol［J］. Soil Use and Management，2011，27（1）：110-115.

［49］Zhang L H，Xu C B，Champagne P. Overview of recent advances in thermo-chemical conversion of biomass［J］. Energy Conversion and Management，2010，51（5）：969-982.

［50］Zhang X，Luo J L，Zhang C，et al. The Effects of three fertilization treatments on soil fertility and yield and quality of fresh leaves in tea gardens［J］. Materials Science Forum，2020，984：153-159.

［51］Zhang A F，Zhou X，Li M，et al. Impacts of biochar addition on soil dissolved organic matter characteristics in a wheat-maize rotation system in Loess Plateau of China［J］. Chemosphere，2017，186（11）：986-993.

第二十一章

研究结论与展望

1 研究结论

1.1 不同裂解温度下，不同材料制备的生物炭其元素组成存在较大差异性

随裂解温度升高，青冈栎枝条生物炭、毛竹生物炭、杉木枝条生物炭和香蕉茎叶生物炭的 pH 值和灰分含量均升高，产率逐渐下降，其中青冈栎枝条生物炭的产率明显高于其他材料，同时生物炭的芳香性增强，极性则减弱，比表面积均呈显著增大的趋势，官能团总量呈现下降趋势，其中碱性官能团数量呈现上升趋势，较高裂解温度有利于碱性官能团的形成。

不同裂解温度下，青冈栎枝条生物炭、毛竹生物炭、杉木枝条生物炭和香蕉茎叶生物炭中元素含量由大到小顺序依次为碳、氧、氢、氮，玉米秸秆、香蕉秸秆和桉树枝条生物质的最佳热解温度为400~500℃，该温度下制备的生物炭产出率相对较高，氮、碳养分损失较少，生物炭的理化性能和养分利用均达到最优。

1.2 广西农林废弃物生物炭速效钾、钠、钙、镁等盐基矿质元素含量的差异较大

广西9种不同废弃物制备生物炭中的碳含量、碳氮比及磷、钾、钙、镁含量与原料来源属性呈极显著正相关，原料中钾含量是影响生物炭 pH 值、电导率和阳离子交换量的重要因素。9种生物炭可分成3类：肥力品质较高的木薯秆炭、水稻秆炭和香蕉茎叶炭；品质中等的玉米渣炭、荔枝枝条炭和桉树皮炭；其他品质稍低的炭，包括木薯渣炭、花生壳炭和甘蔗渣炭。生物炭含有大量稳定的碳、大量矿质元素、微量元素和少量重金属元素。综合考虑产率、含碳量、比表面积、阳离子交换量以及矿质元素等性质，木薯秆、玉米渣、荔枝枝条、桉树皮、香蕉茎叶、水稻秆生物炭表现较好，相对而言，来源是原生生物质的生物炭表现较优。

1.3 玉米秸秆生物炭高施用量（12 t/hm^2）对红壤土壤理化性质的改良效果较好

红壤施用玉米秸秆生物炭3年后，随着生物炭施用量的增加，土壤容重、比重呈明显降低趋势，土壤pH值、有机质、全氮、全磷、全钾、速效氮、速效磷和速效钾呈明显升高趋势；孔径小于2 μm和2~20 μm的孔隙度分布分别降低，孔径大于20 μm的孔隙度分布分别增加。秸秆生物炭的施用提高了红壤中阳离子、交换性钠、交换性钙、交换性镁、交换性钾含量以及盐基饱和度，交换性酸含量则随着生物炭施用量的增加而减小。

随着玉米秸秆生物炭施用量的增加，土壤活性铝总量、交换性铝离子、胶体铝离子、腐殖酸铝含量均逐渐减少；单聚体羟基铝离子则呈现增大的趋势；施用生物炭前交换性铝离子及腐殖酸铝占据主要铝形态，施用后单聚体羟基铝离子占比最大。降低活性铝含量，促进了具有生物毒害的交换性铝离子向其他形态铝转化，达到了降低土壤酸化的目的，减少了铝毒害。施用玉米秸秆生物炭可以改变土壤孔隙度、容重和比重，提高土壤养分，改良土壤化学性质，增大基盐离子的含量，减缓土壤酸化，高施用量（12 t/hm^2）对红壤土壤理化性质的改良效果较好。

1.4 生物炭施用可以有效改善蕉园土壤的供水能力，提升土壤持水能力

不同类型生物炭的施用均对土壤物理性状有一定影响，土壤总孔隙度、毛管孔隙度和非毛管孔隙度随生物炭施用量的增加而增大；土壤容重随生物炭施用量的增加而减小。土壤的水分常数随不同类型生物炭用量的增加呈现上升的趋势，水分常数的增加幅度与生物炭类型和施用量相关。生物炭类型与输入比例是影响生物炭对土壤结构改变的主要因素，香蕉茎叶生物炭施用效果较好。

随着生物炭施用量的增加，蕉园土壤有效水的范围增大，速效水、中效水和难效水范围均呈增大的趋势，增加的速效水与中效水部分有利于提高水分的有效水，而难效水部分的增加相对增加了香蕉对水分的利用难度。生物炭的施用能够提高土壤的保水性能，降低土壤的水分蒸发速率，延长土壤水分贮存时间，进而增强了蕉园土壤的保水保湿的能力。

青冈栎枝条生物炭和桉树枝条生物炭显著增加了土柱的入渗耗时和总水分入渗量，毛竹生物炭和香蕉茎叶生物炭次之，蔗渣生物炭的入渗耗时和总水分入渗量较低，均明显大于对照处理。青冈栎枝条生物炭和桉树枝条生物炭明显增加了湿润锋运移速度，而毛竹生物炭和香蕉茎叶生物炭在中后期明显减缓了湿润锋的运移速度。生物炭施用提高了初始水分入渗速率，青冈栎枝条生物炭较显著，同时生物炭施用显著改变了土壤水分入渗过程，而且不同来源材料生物炭的影响存在差异性。

施用生物炭处理均提高了土壤早期的入渗速率，降低了土壤后期的稳定入渗速率，其中青冈栎枝条生物炭和桉树枝条生物炭表现较好。在模拟施炭土壤的入渗过程方面，

Kostiakov 模型表现最优。生物炭施用对于前期土壤蒸发无显著影响，但显著提高了后期的土壤蒸发量。蒸发30天后，生物炭各处理的累积蒸发量显著大于不施炭处理对照。

1.5 香蕉茎叶生物炭能增加菜地土壤水稳性大团聚体稳定性，促进水稳性大团聚体形成

菜地施用香蕉茎叶生物炭3年后，香蕉茎叶生物炭能够显著增加土壤机械稳定性大团聚体含量，显著降低机械稳定性微团聚体含量，促进机械稳定性微团聚体形成机械稳定性大团聚体。显著增加了粒径为1~2 mm 和0.5~1 mm 水稳性团聚体含量，显著降低粒径为0.25~0.5 mm 水稳性团聚体含量，增加了几何平均直径与平均重量直径，显著降低了团聚体分形维数、平均重量比表面积和破坏率。

香蕉茎叶生物炭能够增加粒径0.02~0.002 mm 和＜0.002 mm 微团聚体含量，降低粒径为0.25~0.05 mm 微团聚体含量，促进小粒径微团聚体形成。施用香蕉茎叶生物炭后菜地土壤相对松散，通透性相对较好。施用香蕉茎叶生物炭短期内有利于提高土壤团聚体的水稳定性和抗蚀性。综合考虑作物的产量和团聚体结构指标，在菜地采用香蕉茎叶生物炭施用量为40 t/hm² 及以上时，团聚体稳定性强，团聚体结构良好。

1.6 蕉园施用生物炭有利于降低胡敏酸的氧化度，增加胡敏酸的芳香性，促进了土壤有机质的积累

蕉园施用香蕉茎叶生物炭3年后，提高了土壤有机碳、胡敏酸和胡敏素的含量，降低富里酸的含量。土壤有机碳的增加主要分布在胡敏素中，胡敏酸和胡敏素所占有机碳的比例增加，表明增加了土壤中相对稳定性碳的比例。土壤 PQ 值逐渐升高，提高了土壤的腐殖化程度。当生物炭施用量为3% 时，土壤 PQ 值最高，有机碳增量最多，腐殖质组分水溶性物质、胡敏素中有机碳含量最高；胡敏素占有机碳比例最高；胡敏酸/有机碳比例最低。随着施用量的增加，土壤腐殖酸碳含量呈现逐渐升高的趋势。不同来源生物炭处理的作用效果大小顺序为青冈栎枝条生物炭＞毛竹生物炭＞香蕉茎叶生物炭＞桉树枝条生物炭。研究结果可为分析不同来源的生物炭与腐殖质的关系以及增加土壤有机质积累提供理论依据。

1.7 生物炭单施及其配施农家肥，可以增加土壤碳库指数，提升土壤碳库管理指数

香蕉茎叶生物炭与农家肥，香蕉茎叶生物炭与香蕉茎叶秸秆配施能提升菜地壤质潮

土的有机碳和易氧化有机碳含量，促进了土壤基础呼吸。生物炭配施农家肥对土壤有机碳的提升作用最显著，且表现出对土壤易氧化有机碳和土壤基础呼吸有显著的最佳促进作用。施用生物炭可以显著提高土壤总有机碳含量，且与生物炭施用量呈正相关关系；生物炭可以提高土壤 pH 值，对土壤全氮含量具有一定增加作用。

生物炭可以提高土壤活性有机碳含量，主要提高了高活性有机碳。生物炭的施用显著降低了土壤水溶性有机碳含量。生物炭施用有利于促进土壤碳素积累与稳定，提高土壤碳库管理指数和土壤肥力，生物炭用量为 60 t/hm² 时效果较好，对城郊菜地潮土土壤的施肥措施具有指示作用。

1.8 生物炭施用提升了菜地表层（0~10 cm）土壤氮素矿化量，促进了土壤氮素矿化速率

不同热解温度蔗渣生物炭施用土壤后能够增强土壤对 NH_4^+-N 的吸附能力，结合菜地现有的施肥量，施用 6%（Bc500）的蔗渣生物炭混合土壤对 NH_4^+-N 的吸附量最大。有效降低了土壤对 NH_4^+-N 的解吸，其中 Bc700 最为明显。蔗渣生物炭施用土壤后对 NH_4^+-N 的吸附主要是不可逆吸附，阳离子交换量含量是影响土壤吸附 NH_4^+-N 能力的主要因素。3 种温度下制备的蔗渣生物炭均不具备吸附溶液中 NO_3^--N 的能力，其施用土壤后，在一定范围内降低了土壤对 NO_3^--N 的吸附。

生物炭施用后能显著提高菜地土壤全氮的含量，且随着生物炭施用量的增加而显著增加。土壤全氮含量随着热解温度的升高而降低，Bc500 处理土壤全氮含量最高。各热解温度生物炭处理间，培养前期土壤 NH_4^+-N 含量增幅低温大于高温，后期高温处理降幅高于低温处理。生物炭对土壤硝化反应有抑制作用。不同热解温度生物炭处理间，土壤 NO_3^--N 含量表现为 Bc300 > Bc500 > Bc700，热解温度越高，生物炭对硝化反应的抑制作用越强。

生物炭施用提升了表层（0~10 cm）土壤氮素矿化量，显著促进了表层土壤氮素矿化速率，硝化速率和氨化速率则处于一种相对平衡的状态。生物炭施用量对菜地下渗水量产生了影响，且各处理均降低了氮、磷流失。生物炭施用对降低总磷流失效果优于总氮。当毛竹生物炭和水稻秸秆生物炭施用量为 6% 时，对总氮、总磷流失的降低效果较佳，可作为实际应用参考施用量。

1.9 施用生物炭降低了土壤对磷的吸附量，随着生物炭热解温度的增加，土壤对磷的吸附量显著增加

随着热解温度的升高，水稻秸秆生物炭的碳化程度、比表面积、氮和磷含量逐渐增

加，相对在500℃制备的生物炭的理化性质较高。施用水稻秸秆生物炭能显著降低土壤对磷的吸附量，而且随着水稻秸秆生物炭热解温度的增加，土壤对磷的吸附量显著增加。Langmuir方程和Freundlich方程均能够较好地拟合施用水稻秸秆生物炭对土壤的磷等温吸附曲线。水稻秸秆生物炭可以减少土壤对磷的吸附并增加土壤有效磷的含量，在土壤磷肥肥效改良方面具有一定的应用潜力。

准一级动力学方程和准二级动力学方程均可较好地表述施用生物炭土壤的磷吸附动力学特征。不同生物炭对土壤磷吸附的影响取决于土壤溶液中磷的浓度，在较高磷浓度时，水稻秸秆生物炭、玉米秸秆生物炭、蔗渣生物炭和香蕉茎叶生物炭均抑制了土壤磷的吸附。生物炭影响下的土壤磷吸附等温线用Freundlic方程的拟合效果相对更好。

不同来源生物质材料的生物炭均能显著提高土壤对磷的解吸，其对土壤磷的解吸量和解吸率的大小顺序表现为香蕉茎叶生物炭＞蔗渣生物炭＞水稻秸秆生物炭＞玉米秸秆生物炭。生物炭施用提高了土壤pH值等，解吸土壤磷的过程容易释放磷素到土壤中使解吸量升高，对磷素表现出较高的固定能力，加之不同来源生物质材料生物炭因其自身丰富的磷素直接释放，使土壤磷素含量升高。

1.10 生物炭施用对提高蔗田根际土壤微生物群落数量，改善微生物群落构成和代谢具有显著的正向作用

施用生物炭可显著增加蔗田土壤中微生物数量，较高生物炭施用量显著提高蔗田土壤细菌、氨化细菌和固氮菌数量。BIOLOG–ECO分析表明，生物炭施用提高了蔗田土壤微生物群落平均颜色变化率、多样性指数和碳源利用丰度，且提高了蔗田根际微生物对碳源的利用能力。在同一时期，微生物对不同碳源的利用能力均表现为高施用量处理组最高，CK较低。生物炭的施加可显著提高蔗田根际土壤微生物群落的物种丰度、均匀度，对碳源利用丰度有显著差异。促进了蔗田根际微生物群落对糖类、羧酸类和氨基酸类碳源的利用能力。较高浓度的生物炭施加对蔗田土壤微生物群落利用酚类、胺类碳源的能力有促进作用。生物炭的施用对蔗田土壤微生物群落具有积极的促进作用。

高生物炭施用量处理对细菌、真菌优势菌群相对丰度影响明显，显著提高了变形菌门、放线菌门、拟杆菌门、绿弯菌门、子囊菌门、被孢霉菌门和担子菌门的相对丰度，显著降低了酸杆菌门的相对丰度。土壤全氮、铵态氮与细菌群落结构具有极显著相关关系，土壤铵态氮、有效钾、土壤容重与真菌群落结构分布具有显著相关性。施用生物炭显著提高红壤茶园土壤溶磷细菌的数量和有效磷含量，高生物炭施用量处理的土壤有效磷含量显著增加，生物炭施用对茶园土壤磷素起到活化作用，主要是土壤磷酸酶活性增强和溶磷细菌定殖能力提高的共同相互作用的结果。

1.11　桉树枝条生物炭还田后，促进了桉树林土壤酶活性的提高

在桉树人工林施用桉树枝条生物炭对土壤酶活性有着明显的影响，在0~30 cm 土层中，随着生物炭施用量的增加，土壤过氧化氢酶、脲酶、脱氢酶和β-葡萄糖苷酶含量显著增加，均在6%施用量时最高；酸性磷酸酶和亮氨酸氨基肽酶含量均呈现先增加后降低的趋势，在2%施用量时最高；纤维二糖苷酶和蔗糖酶含量则在4%施用量时最高。随着土层深度的增加，生物炭对酶活性的影响逐渐减弱，土壤酶活性与土壤理化性质密切相关。总体上，施用桉树枝条生物炭提高了桉树人工林土壤酶活性，桉树枝条生物炭还田后，通过改善土壤的理化性质，促进了土壤酶活性的提高。

1.12　生物炭施用能改变菜地土壤动物类群的群落组成，土壤养分含量是影响土壤节肢动物群落最主要的环境因子

施用生物炭处理均能改变城郊菜地土壤动物类群的群落组成，20 t/hm² 生物炭施用有助于提高土壤节肢动物个体数，施用生物炭40 t/hm² 后土壤节肢动物群落逐渐降低，土壤养分含量的改变是影响土壤节肢动物群落最主要的环境因子。在城郊菜地中施用生物炭可使土壤线虫种类更丰富，提高了线虫的总数量、食细菌性线虫数量、食真菌性线虫数量和植食性线虫数量；捕食性线虫数量在生物炭高施用量时得到增加。施用生物炭提高了城郊菜地土壤线虫的通道指数、多样性指数、均匀度指数和成熟度指数。短期内施用生物炭对城郊菜地土壤生态系统的健康表现出积极的正向的作用效果。

1.13　生物炭降低了土壤有效态镉含量和镉向上部迁移能力，使土壤铅向较稳定的可氧化态与残渣态转化，降低了残渣态砷（O-As）含量

施用毛竹枝秆、木薯秆和蔗渣生物炭可有效提高镉污染水稻土的 pH 值，降低土壤有效态镉含量和镉向地上部迁移能力，进而降低稻秆和稻米对镉的吸收量。施用毛竹生物炭对稻米镉含量的降低效果优于木薯秆生物炭和蔗渣生物炭，且施用量为6%时降幅最大。在镉污染稻田土壤中施用6% 毛竹生物炭可最大程度地缓解稻米对镉的吸收，降低水稻生产的镉污染风险。

施用毛竹枝秆、木薯秆和蔗渣生物炭后，可以显著促进镉污染水稻土壤中的铅由弱酸可提取态与可还原态向较稳定的可氧化态与残渣态转化，降低铅的生物有效性。可以促进青菜的生长，抑制铅在青菜根部和地上部的累积，降低了铅进入食物链的可能风险。

施用蔗渣生物炭后，可显著提高土壤 pH 值，促进了菜地土壤交换态砷（AE-As）、钙结合态砷（Ca-As）、铝结合态砷（Al-As）和铁结合态砷（Fe-As）含量的逐渐上升，残

渣态砷（O–As）含量逐渐下降；土壤 pH 值与交换态砷含量之间呈显著正相关关系。增加了土壤可交换态砷含量，促进了砷的生物有效性。研究结果可为砷污染稻田安全生产与阻控提供理论依据。

1.14　水稻秸秆生物炭施用能有效处理水环境中的磺胺类抗生素污染，可降低土壤氧氟沙星含量

水稻秸秆生物炭对 SDZ 和 SCP 的吸附效果主要受施用量、吸附时间、初始浓度、吸附温度以及 SDZ 和 SCP 溶液的 pH 值等因素的影响。在 25℃、pH 值为 5、吸附时间为4 h、初始质量浓度为 10 mg/L 的条件下，水稻秸秆生物炭对 SDZ 的去除率较高（生物炭添加量 8 g/L），对 SCP 的去除率也较高（生物炭添加量 5 g/L）。Freundlich 等温吸附方程和准二级动力学方程能较好地描述吸附过程，吸附过程为快速反应控制、自发的放热过程，主要为化学吸附。水稻秸秆生物炭在 3 个循环后仍能保持良好的吸附能力，对磺胺类抗生素具有良好的吸附效果。由于生物炭原材料来源丰富、制作成本较低，可用作优良吸附材料的水稻秸秆生物炭，能有效处理水体环境中的磺胺类抗生素污染。

蔬菜土壤施用水稻秸秆生物炭增加了土壤中有机质、全氮和其他养分元素的含量，提高了 pH 值促进了沙门氏菌在红壤和棕壤中的存活。生物炭的制备温度对沙门氏菌的存活有不同的影响，沙门氏菌在施用了 500℃制备的生物炭的土壤中的存活时间大于 300℃和 700℃制备的生物炭，其中沙门氏菌在添加 500℃制备的生物炭的红壤中存活时间最长。输入生物炭后土壤养分含量是影响沙门氏菌存活动态的主控因子。氧氟沙星在水稻秸秆生物炭土壤中的解吸滞后指数高于未添加生物炭的红壤，施用生物炭后土壤可降低有机污染物的生态环境风险。

1.15　施用香蕉茎叶废弃物生物炭有利于蕉园酸化土壤的改良，输入量为 3% 对土壤质量的提升和香蕉枯萎病的防控效果较好

施用香蕉茎叶废弃物生物炭对蕉园土壤理化性质有显著影响，随着生物炭输入量的增加，显著降低了土壤容重；增加了土壤田间持水量、毛管孔隙度和总毛管孔隙；增加了土壤阳离子交换量、有机质、全氮、全磷、全钾、有效氮、有效磷和有效钾含量；土壤 pH 值增加了 1.38~1.99 个单位。香蕉茎叶生物炭改善了土壤结构，增加了土壤养分含量，促进了蕉园土壤的培肥效应，对蕉园酸化土壤有积极的正效应和一定的改良效果，提高了土壤质量。

施用香蕉茎叶废弃物生物炭增加了蕉园土壤中细菌、放线菌和固氮菌的数量，降低了与枯萎病传染相关联的真菌和尖孢镰刀菌的数量，增加了土壤微生物多样性，显著提

高了土壤脲酶、蔗糖酶、过氧化氢酶和酸性磷酸酶的活性；提高了蕉园土壤微生物群落的代谢活性，对香蕉枯萎病有显著的防控效果。

香蕉黄叶率、枯萎病发病率和病情指数随香蕉茎叶生物炭施用量的增加而降低。在蕉园0~20 cm土层，施用香蕉茎叶废弃物生物炭是蕉园酸化土壤的有效改良措施，输入量在3%时，对土壤质量的提升和香蕉枯萎病的防控效果较好。香蕉茎叶生物炭可作为香蕉茎叶废弃物资源化利用的有效途径。

1.16　木薯秸秆生物炭提高了土壤 pH 值和土壤肥力，促进了番茄的生长，对番茄青枯病有良好的防治效果

木薯秸秆生物炭提高了土壤 pH 值及有机碳、有效磷和有效钾含量，促进了番茄的生长，提高了根际土壤微生物群落的 Alpha 多样性，增加了对青枯菌有抑制作用的放线菌门的相对丰度。生物炭对青枯菌有抑制作用，能吸附青枯菌、减弱其运动并抑制青枯菌的生长，从而降低青枯菌的侵染能力，生物炭用量超过3%时效果显著。木薯秸秆生物炭对土壤 pH 值和化学性质的改善，是抑制番茄青枯病发生的主要原因。木薯秸秆生物炭对番茄青枯病有良好的防治效果。

香蕉茎叶生物炭施用使番茄土壤逐渐趋于中性，显著增加了番茄土壤全碳、全氮、有效硅含量，可以改变根区土壤不同有机酸和氨基酸的含量，增加微生物生物量碳、微生物生物量氮和微生物生物量磷的含量，增强了微生物活性，促进了有益微生物的生长，抑制了番茄青枯菌生长。香蕉茎叶生物炭的施用显著增加了番茄植株全碳、全氮和硅含量，促进番茄植株生长，增加番茄植株生物量，增强了番茄植株对青枯病的抗性。

1.17　生物炭改善了菜地土壤理化性质，对蔬菜生长具有促进作用，提高了蔬菜品质

施加水稻秸秆生物炭显著降低了小青菜土壤容重，提高了土壤 pH 值及阳离子交换量、有机碳、全氮、有效磷和速效钾含量，对小青菜的生长均具有促进作用。当生物炭施用量为20 t/hm^2 及以上时，小青菜维生素 C、总糖、粗纤维、蛋白质、可溶性糖含量和品质指数均呈现逐渐增加的趋势，硝酸盐含量呈现逐渐减小的趋势，在一定程度上改善了小青菜品质。

施用荔枝枝条生物炭显著提高了菜地土壤有机碳、全氮、铵态氮和速效钾的含量。土壤中施用生物炭显著增加黄瓜果实中可溶性糖和有机酸的含量，降低黄瓜硝酸盐含量，改善了黄瓜品质和提高了黄瓜产量。高生物炭施用量条件下（20 t/hm^2 及以上）显著减小了黄瓜根系生物量，减少了根结线虫卵块数，有利于菜地根结线虫的防治。

桉树皮生物炭在一定的施加水平下对菜心的产量和品质具有促进作用。当桉树皮生物炭施加量为20~40 t/hm²时，桉树皮生物炭使菜心鲜重、株高、维生素 C 含量、可溶性糖含量和蛋白质含量显著升高，并显著降低了硝酸盐含量。桉树皮生物炭施用可以提升菜心的产量和品质，需要根据菜心种植土壤及生产实际来确定合适的桉树皮生物炭施用量。生物炭可以作为土壤改良剂施用于菜地土壤，但要根据生物炭材料类型和蔬菜种类来确定实践中适宜的生物炭施用量。

蔗渣生物炭的施用显著增加了小白菜的叶片数、叶面积、株高、鲜重和干重的生物量；提高了小白菜的维生素 C、可溶性糖和蛋白质含量，降低了硝酸盐含量；有利于改善红壤小白菜生长发育状况及其品质。在蔗渣生物炭施用量为20~40 t/hm²时，小白菜镉含量较低，达到相关标准中镉含量阈值的要求。

1.18 生物炭施用提高了红壤茶园土壤养分含量，增加了土壤微生物数量和土壤酶活性，促进了茶叶品质的提升

香蕉茎叶生物炭施用显著降低了茶园土壤容重，提高了土壤 pH 值，增加了土壤有机碳、全氮、碱解氮、有效磷和速效钾，明显降低了茶园土壤中有效态重金属铅、镉和铜的含量，土壤中有效铁、锌也显著降低。随着生物炭施用量的增加，提高了茶园土壤中细菌、放线菌、真菌、解钾细菌以及解磷细菌的数量，显著增加了 β – 葡萄糖苷酶、脲酶和碱性磷酸酶活性，降低了土壤酸性磷酸酶活性。香蕉茎叶生物炭施用改善了酸性红壤茶园土壤的酸碱环境和微生物活性，有利于促进土壤养分的转化，促进了土壤磷、钾元素的循环。

香蕉茎叶生物炭施用显著提升了酸化茶园土壤 pH 值以及速效养分含量，增强了茶叶的光合作用和对矿质养分的吸收利用能力，从而明显提升酸化茶园的茶叶产量和质量。综合考虑改良土壤和提高茶叶品质的效果，以施用 40 t/hm² 生物炭处理下茶叶增产提质效果相对较佳，香蕉茎叶生物炭在酸化茶园的土壤改良和茶叶增产提质方面具有较好的应用前景。

2 研究展望

在不同地区，对于不同来源的生物质材料，还需要因地制宜，深入开展生物炭制备及其在推广应用中长期的综合试验观测，继续为农林业废弃物资源化利用提供科技支撑，为生物炭在生态环境保护中的应用提供科学依据。

（1）按照"生态、循环、再生"的原则，重点研究农林废弃物生物炭利用在收集、运输、储存、再生利用等诸环节中的新技术、新工艺、新方法的引进和应用，通过技术培

训、宣传咨询，加大对先进适用技术的示范和应用推广，提高废弃物生物炭利用的可操作性，降低产品生产成本，拓宽生物炭利用途径。同时，建立和完善我国农林牧废弃物生物炭利用技术规范体系，促进农林牧废弃物生物炭的绿色健康发展。

（2）农林牧废弃物生物炭利用是一个涉及农村经济社会可持续发展和生态文明建设的重要领域，建议完善落实废弃物生物炭利用的扶持政策，建立激励和补偿机制。通过政策的引导，切实调动和保护农民及企业收集、利用废弃物生物炭的积极性和主动性，建立起政府、企业、个人等相结合的废弃物生物炭利用社会化、多元化的投资融资体制，使农民和企业的利益实现双赢，从而形成有利于废弃物生物炭利用发展的政策环境，推进废弃物生物炭的研发和利用进程。

（3）将农林类废弃物作为生物质材料资源应用于环保和能源等领域，该方法不但具有来源广泛、价格低廉等优势，同时大规模应用还可减少农林废弃物对环境的不良影响，提升经济效益，起到"变废为宝"的效果。在实际应用中，还需要筛选廉价、高效、易得的生物质材料，拓宽可资源化利用材料来源范围，提升其商业价值和实用性；同时深入探究农林类生物质材料资源化利用的机理，建立完善的理论依据，以指导农林废弃物材料在不同领域的实践和应用；进一步加强研究包括物理、化学、生物等处理工艺的综合利用技术，拓宽开发农林废弃物生物炭材料的应用范围。